JN431417

제2판

CIMON 활용, 모니터에 의한

PLC 제어

황 석 렬 저

D.B.Info

머리말

최근 정보 통신 기술의 발달과 컴퓨터에 의한 제어 기술의 향상으로 산업 전반에 걸쳐 모니터에 의한 제어 기술이 적용되고 있다. 예로 현금인출기, 차량에 부착되어 있는 네비게이션 및 AV시스템, 터치기능을 가진 휴대용 전자제품 등은 시스템을 모니터로 제어가 가능하도록 되어있다.

이런 모니터에 의한 제어 기술은 모든 산업 분야 자동화 설비 부분에 단위 기계부터 시스템 전체에 널리 사용되고 있는 PLC를 제어할 수 있다. 따라서 현재의 시스템은 PLC를 HMI (Human Machine Interface) 소프트웨어를 이용하여 원격제어, 원격감시를 할 수 있는 시스템으로 되어 있다. 이러한 HMI 시스템을 교육하기 위해선 각종 소프트웨어 기능과 PLC 프로그램을 체계적이고 효과적으로 교육하여야 한다.

여기에 사용하는 CIMON HMI 소프트웨어는 간단한 기능으로 다양한 PLC를 제어할 수 있는 우수한 프로그램을 이용하여 모니터에 의한 PLC 제어 기술을 공부하고자 하는 공학도들에게 조금이나마 도움을 주고자 다음과 같은 내용으로 정리하였다.

제1장은 CIMON HMI 소프트웨어 설치 방법과 데모용 다운로드 할 수 있는 방법을 서술하였다.

제2장은 CIMON HMI 소프트웨어의 기본기능을 따라하기 형식으로 쉽게 기능을 익힐 수 있도록 하였다.

제3장은 CIMON HMI 소프트웨어의 기능을 응용한 프로젝트를 실습과제 형식으로 쉽게 접근 할 수 있도록 하였다.

제4장은 실제로 PLC를 제어할 수 있도록 PLC 프로그램의 상세한 설명과 모니터와의 통신 방법을 자세히 서술하였다.

이번에는 "모니터에 의한 PLC제어"란 이름으로 쉽게 접근할 수 있도록 하였고 다음 기회에는 인터넷을 이용한 통신제어 분야로 접근하고자 한다. 아무쪼록 이 책을 통하여 자동제어 기술을 한 단계 레벨-업 시킬 수 있길 바랄 뿐이다.

마지막으로 이 책이 나올 수 있도록 자습서 내용을 사용할 수 있도록 허락해 주신 (주)케이디티시스템즈와 복두출판사 여러분께 진심으로 감사를 드린다.

저자 황석렬

목차

1장

CIMON HMI 시작하기

1-1 프로그램 설치

CIMON 소프트웨어는 http://www.kdtsys.com에서 무료 다운로드받을 수 있다.

CimonDsSetup_V2.7_R090714_SP4와 실행 파일인 CimonRsSetup_V2.7_R090714_SP4를 다운받아 아래와 같이 설치한다.

1-1-1 설치 방법

① CD 드라이브에 CD를 삽입한다.

② “CimonDsSetup_V2.7_R090714_SP4.exe”를 더블 클릭하여 실행한다.

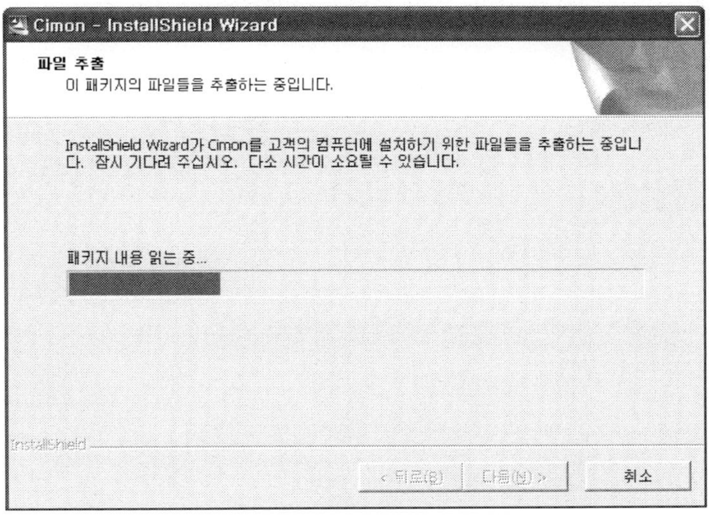

[그림 1-1]

③ CIMON-SCADA V2.7 설치 중이라는 화면이 나타난다.

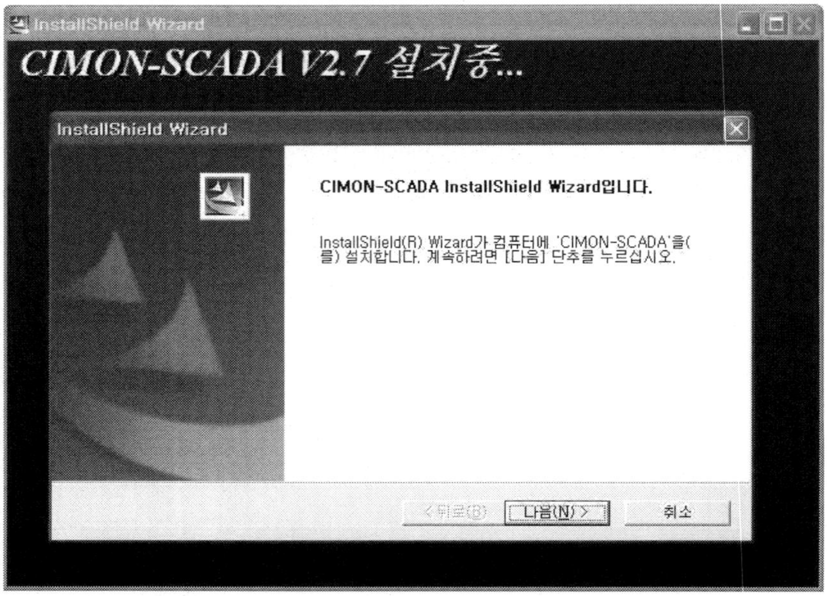

[그림 1-2]

④ [다음(N) >] 단추를 눌러 다음 화면으로 이동한다.
⑤ 설치 대상 위치 선택 화면이 나타난다.

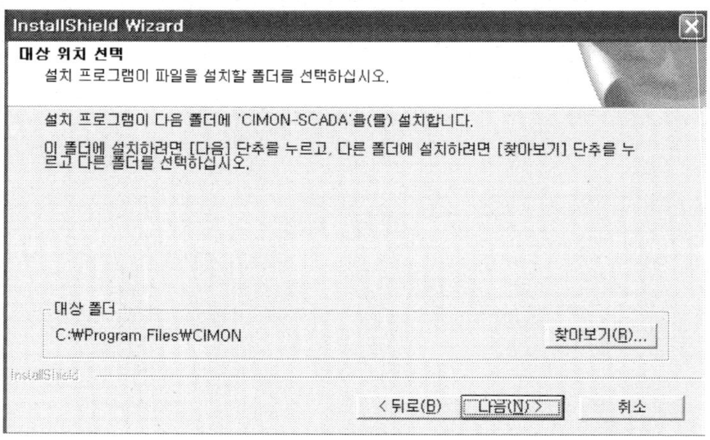

[그림 1-3]

⑥ [다음(N) >] 단추를 눌러 다음 화면으로 이동한다.
⑦ 설치 유형 선택 화면이 나타난다.

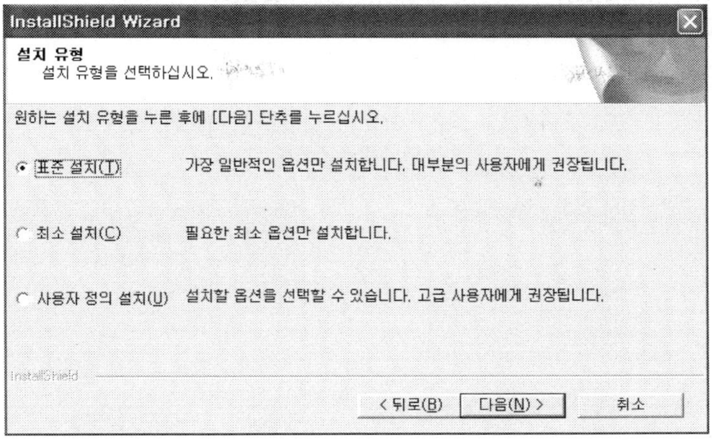

[그림 1-4]

⑧ 다음(N) > 단추를 눌러 다음 화면으로 이동한다.

⑨ 프로그램 선택 화면이 나타난다.

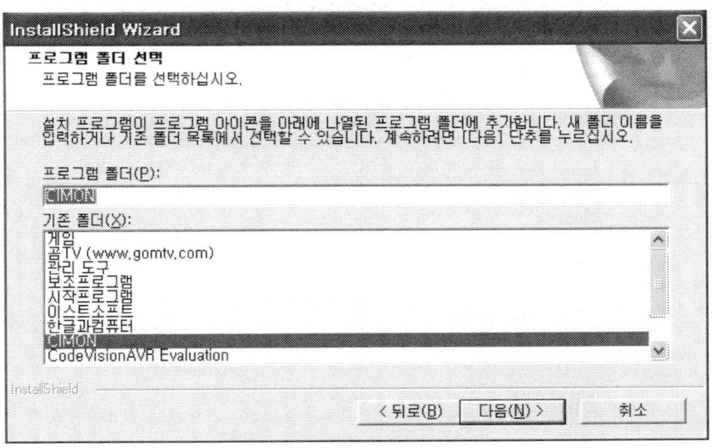

[그림 1-5]

⑩ 다음(N) > 단추를 눌러 다음 화면으로 이동한다.

⑪ 프로그램 설치중 화면이 나타난다.

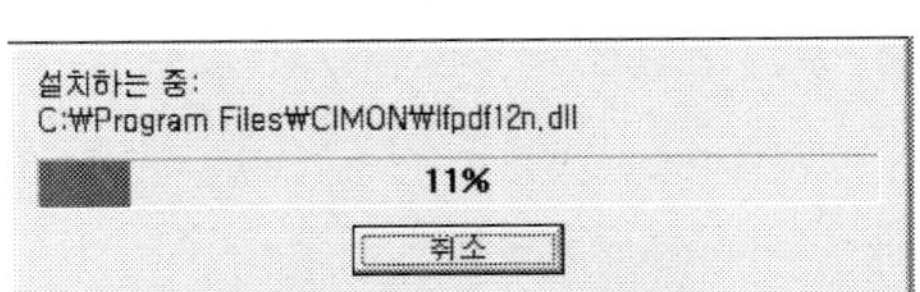

[그림 1-6]

⑫ 프로그램 설치 후 [다음(N) >] 단추를 눌러 다음 화면으로 이동한다.
⑬ 키락 설치 프로그램 설치 실행 화면이 나타나면 확인 버턴을 클릭한다.
⑭ 언어 선택화면이 나타나면 "U.S. English"를 선택하고 "OK" 버턴을 클릭한다.

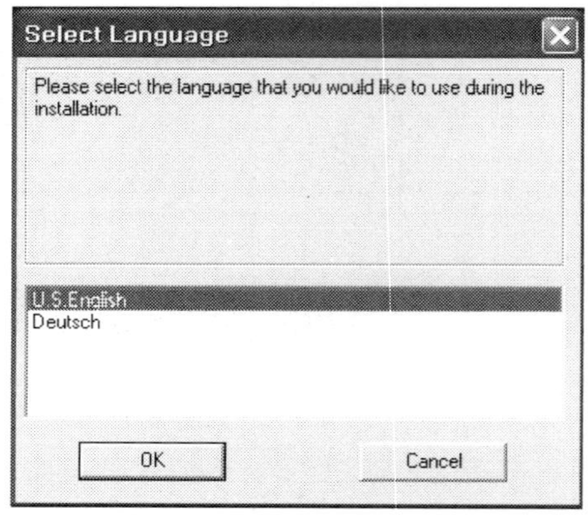

[그림 1-7]

⑮ Hardlock Device Drivers 화면이 나타나면 "Next"버턴을 클릭한다.

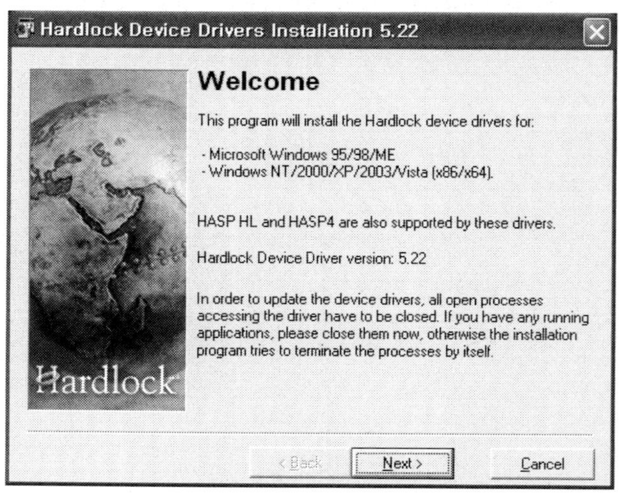

[그림 1-8]

⑯ 프로그램 설치 완료 화면이 나타나면 "완료" 버턴을 클릭한다.

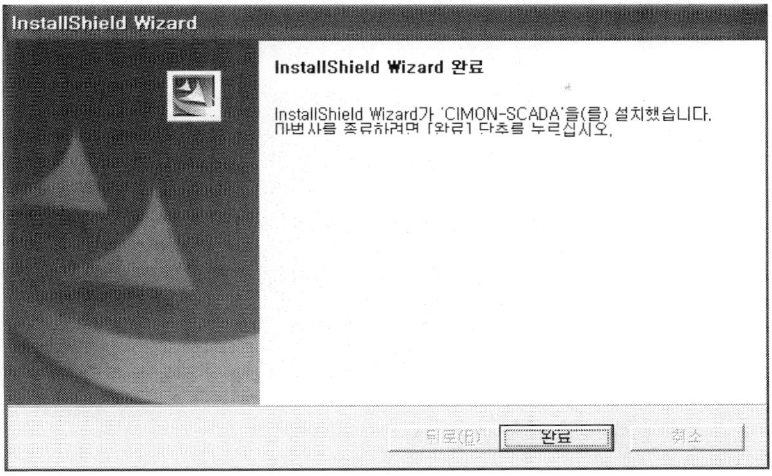

[그림 1-9]

⑰ 같은 방법으로 실행 프로그램인 "CimonRsSetup_V2.7_R090714_SP4.exe"을 설치한다.

❖ 사이먼 데모 버전은 프로그램은 태그 수에는 제한이 없으나 실행 시간이 단 30분으로 제한된다. 하지만 프로그램 개발이나 학습에는 영향을 미치지 않으므로 많이 이용하여 프로그램 기술 향상에 많은 도움을 얻자.

1-2 CIMON 프로그램 들어가기

CIMON 소프트웨어는 화면 디자인 프로그램인 CIMON_D와 실행 프로그램인 CIMON_X로 되어있다. 이 단원을 2~3회 반복하여 익히면 모든 과제를 쉽게 해결할 수 있다.

☑ 1-2-1 화면 디자인하기

화면 디자인은 프로젝트를 만들어 프로젝트 폴더 내에 페이지화면, 데이터베이스, 스크립터 등 저장하여 각 기능을 부여하는 작업이다.

(1) 프로젝트 작성

① **시작-모든프로그램-CIMON-CIMON D**를 클릭하여 CIMON D화면을 띄운다.

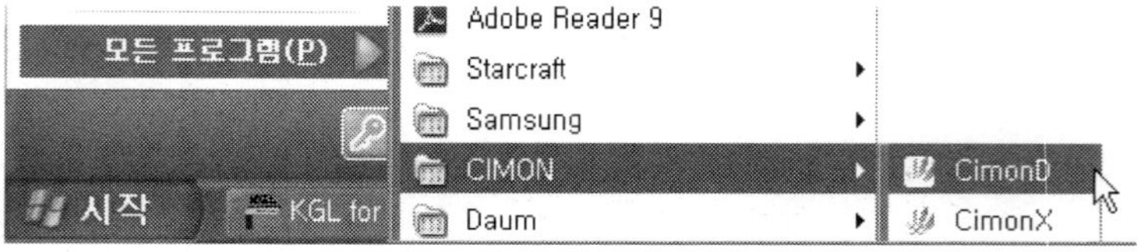

[그림 1-10]

② 화면을 띄우면 아래와 같이 사이먼 로고 화면과 오류 표시화면이 나타난다. 키락이 없이 데모용으로 사용하기 때문이다.
** 데모용으로 사용하면 실행 프로그램인 CIMON X 실행 시간이 30분만 동작하고 HMI 프로그램 작성에는 문제가 없다.

[그림 1-11]

③ 오류 표시화면의 "확인" 버턴을 누른다.
확인버턴을 누르면 다음과 같은 기본화면이 나타난다.

[그림 1-12]

④ **프로젝트를 작성**한다.
파일-새 프로젝트를 클릭한다.

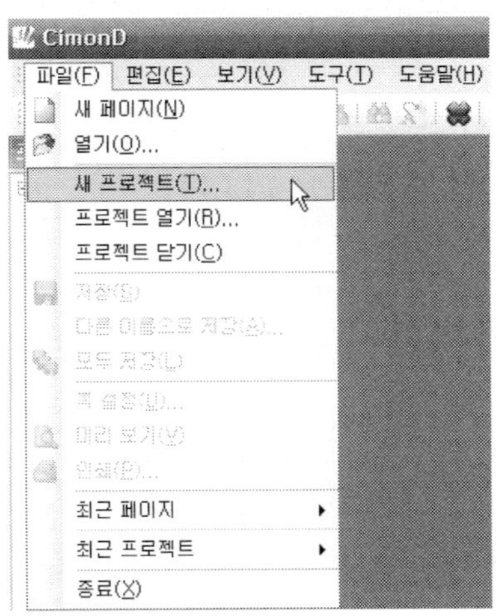

[그림 1-13]

⑤ 프로젝트 구성 마법사 (첫 번째) 화면이 나타난다.

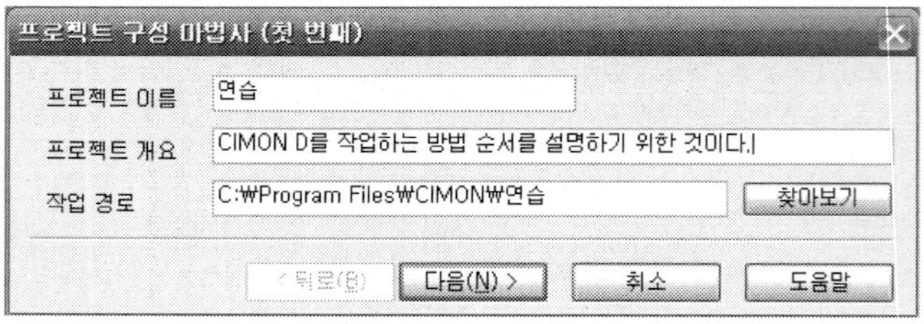

[그림 1-14]

- 프로젝트 이름 : 연습
- 작업경로는 찾아보기에서 정할 수 있으며 디폴드 값으로는 **C:₩Program Files₩CIMON₩연습**으로 저장된다.(꼭 숙지할 것!)

⑥ **다음** 버턴을 눌러 다음 화면으로 이동한다.
프로젝트 구성 마법사 (두 번째) 화면이 나타난다.

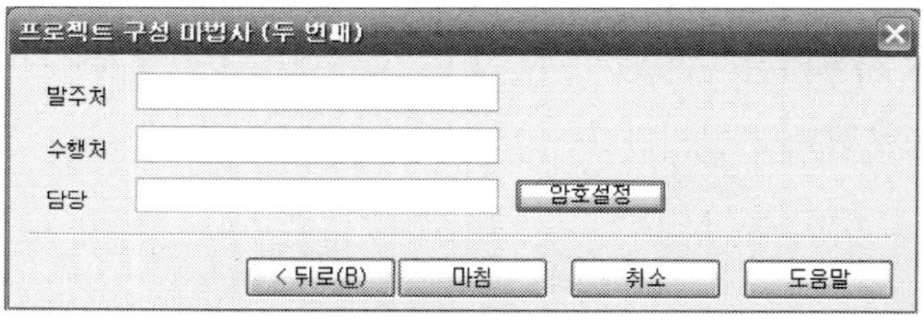

[그림 1-15]

- 발주처, 수행처, 담당, 암호설정을 생략할 수 있다.

⑦ **마침** 버턴을 누른다. 디자인 작업을 할 수 있는 Page 화면이 나타난다.

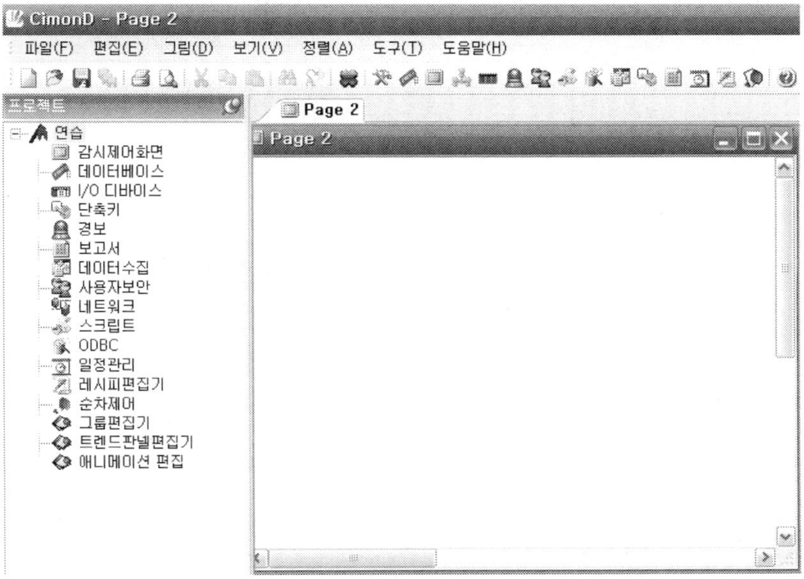

[그림 1-16]

(2) 화면 디자인하기

화면에서 원격제어, 모니터링 부분을 구상하여 디자인 한다.

아래 화면은 카운터에 의한 램프 출력을 PLC로 제어할 수 있는 화면이다.

① 메뉴에서 **그림-라이브러리**를 선택하여 클릭하면 아래와 같은 라이브러리 화면이 나타난다.

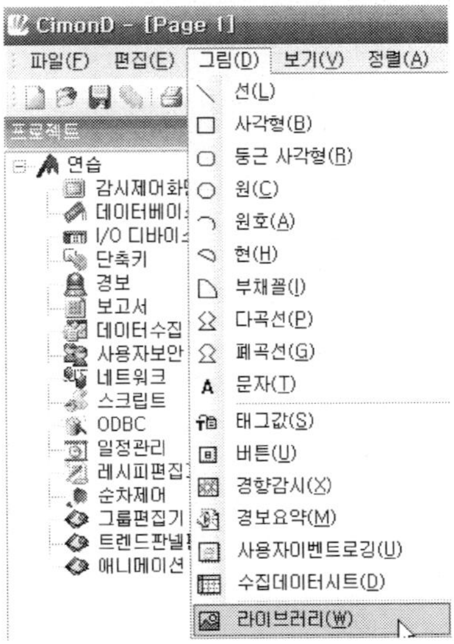

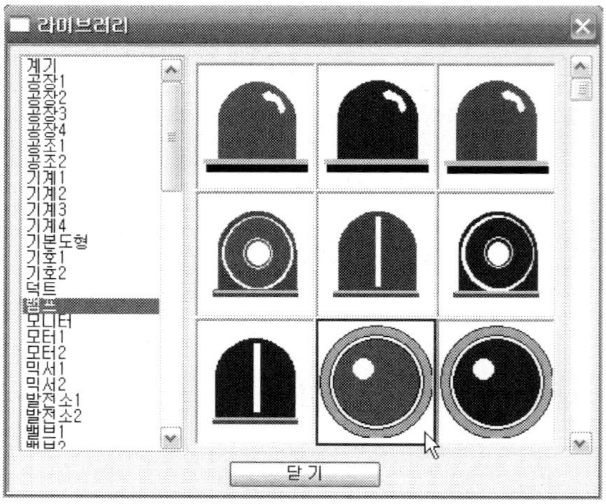

[그림 1-17]

② **라이브러리-램프**를 선택하여 아래와 같은 램프를 선택하여 화면에 드래그하여 붙인다.(선택한 램프를 더블클릭 하여도 화면에 붙여진다.)

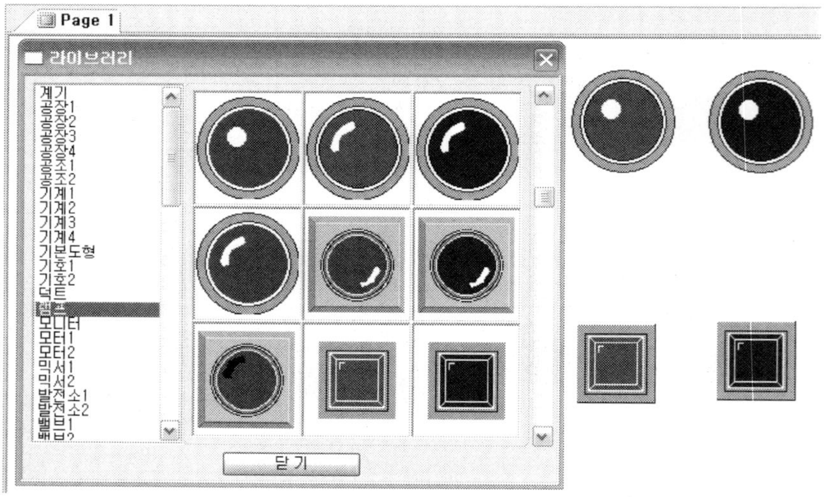

[그림 1-18]

- 위의 램프에서 원형은 램프 출력으로 사각형은 버턴스위치로 모니터에서 카운터 펄스 입력용과 리셋용으로 사용한다.

③ **라이브러리-태그값 표시**를 선택하여 아래와 같은 태그값 표시를 화면에 붙인다.
- 태그값 표시는 카운터의 현재값과 설정값을 표시한다.

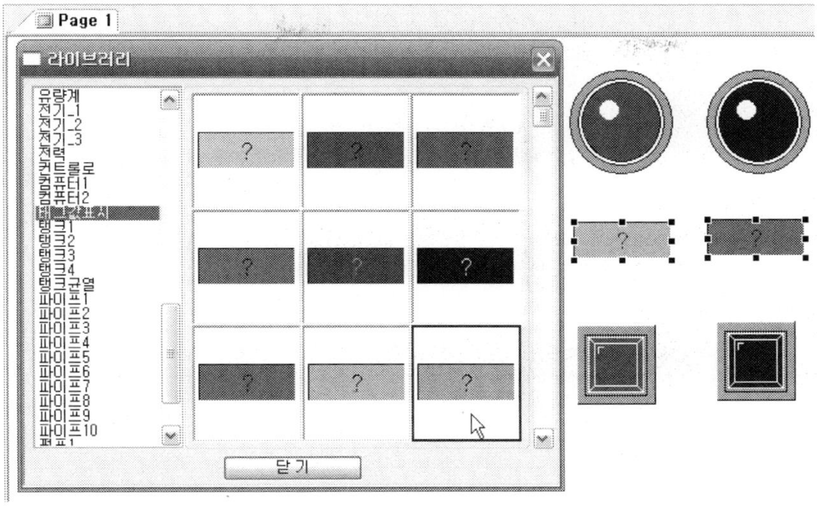

[그림 1-19]

④ 화면에 작화가 끝나면 Page를 다음과 같이 **저장 후 꼭 확인**한다.**(매우 중요)**

- 프로젝트의 "**연습**"**폴더를 클릭하여** "MAIN"**이란 페이지명**으로 저장한다.
- **저장장소 : C:₩Program Files₩CIMON₩연습₩MAIN**
- 확인은 "**도구**"-"**CIMONX 환경**" 클릭하여 **CIMONX 환경 설정**에서 **초기화면**에 "MAIN.PGX" 파일이 있는지 확인하고 초기화면에 "MAIN.PGX"를 설정한다. (물론 저장시 "메인"으로 저장하면 "메인.PGX"로 되어 있을 것이고 이 페이지가 CIMON 실행시 초기 화면으로 설정되어 나타난다.)

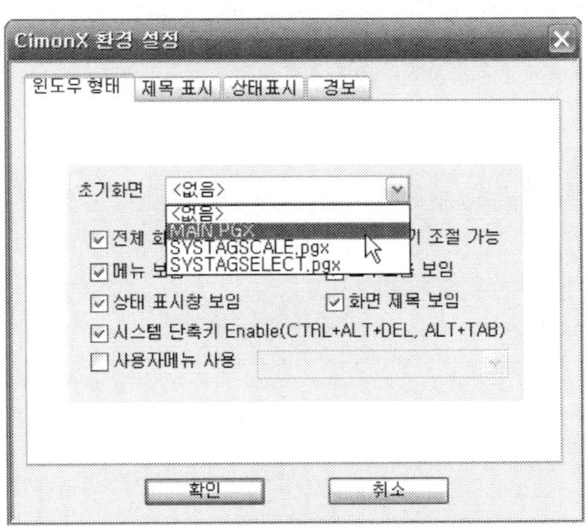

[그림 1-20]

⑤ 라이브러리의 "**닫기**" 버턴을 눌러 메인 화면에서 각 개체의 위치를 적당하게 배치하고 개체명을 표시한다.

⑥ 메뉴에서 "**그림**"-"**문자**"를 선택하여 클릭하고 메인화면에서 개체의 밑 부분에서 클릭한다.

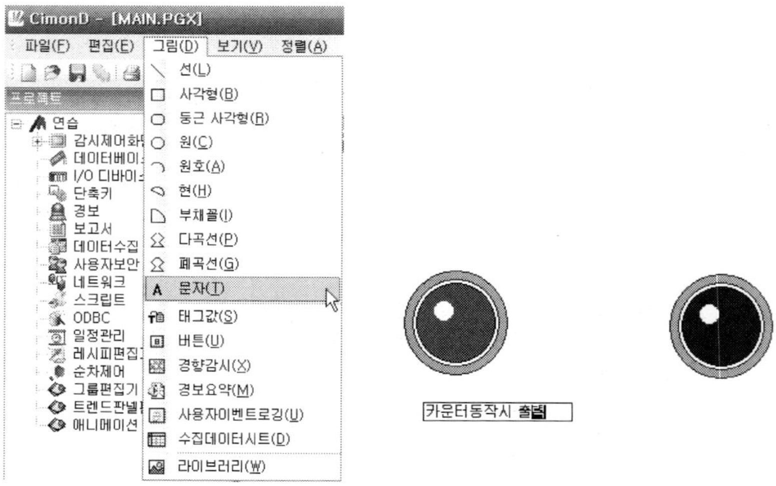

[그림 1-21]

⑦ 위의 그림과 같이 문자를 입력한 다음 "**도구**"-"**글꼴설정**"을 한다.
아래와 같은 글꼴 화면에서 그림과 같이 설정한다.
- 글꼴 : 굴림
- 글꼴스타일 : 굵게
- 크기 : 181

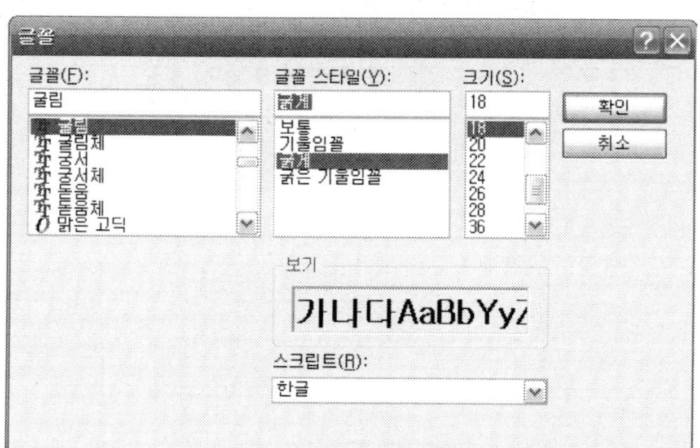

[그림 1-22]

⑧ 이와 같은 방법으로 아래 화면과 같이 문자를 입력한다.
(문자 내용을 위와 같이 완전히 한 다음 복사하여 붙이고 문자 내용을 바꾸는 방법도 있다.)

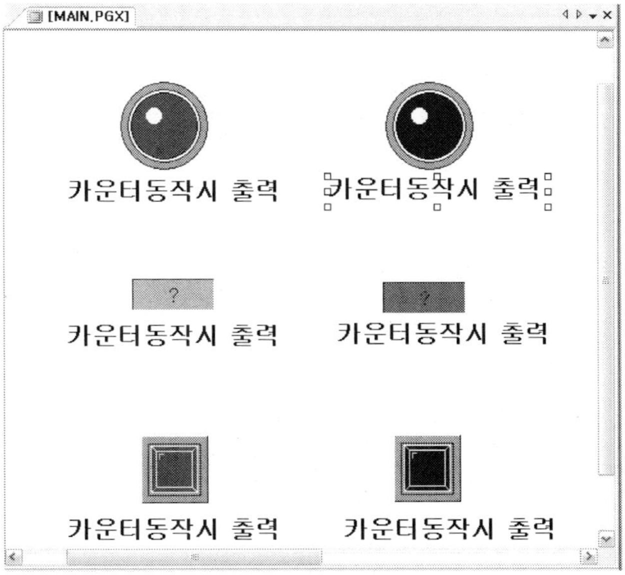

[그림 1-23]

⑨ 위의 그림과 같이 문자를 복사 후 붙인 다음 문자의 내용을 다음과 같이 수정하여 붙인다.

- 수정할 문자를 더블클릭 하면 그림설정 화면에서 "문자편집"을 클릭하여 화면의 오른쪽에서 수정할 문자 내용 "카운터 정지시 출력"을 입력하고 등록 버턴을 누른다.

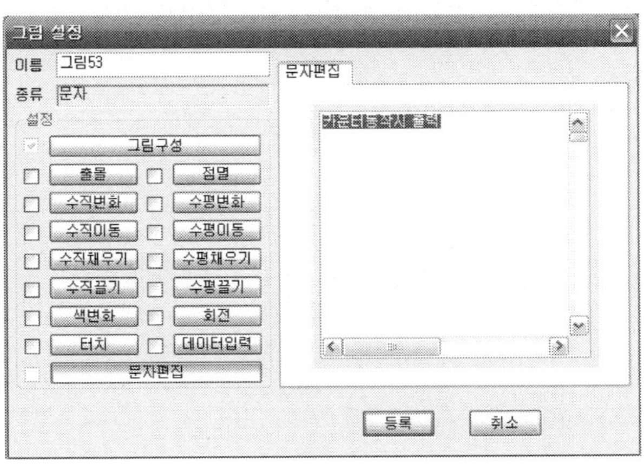

[그림 1-24]

⑩ 위와 같은 방법으로 모두 수정하면 다음 화면과 같다.

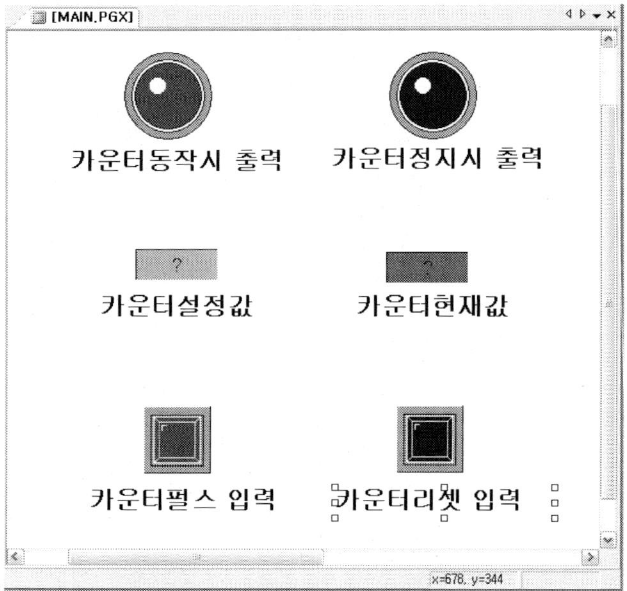

[그림 1-25]

⑪ 화면을 저장한다.

(3) PLC 프로그래밍 하기

실태그를 만들기 위하여 PLC의 입출력 I/O 번지와 내부 메모리 등 디바이스를 설정하기 위하여 데이터베이스 작성 전에 필요하고 실태그를 사용하지 않고 가상태그만 사용하면 후에 프로그래밍 하여도 무관하다.(사양에 맞게 프로그래밍을 한다.)

아래 PLC 프로그램은

- 시스템의 외부입력 스위치 P0001에 의해서 펄스가 입력되어 C001의 현재 값이 설정값 "D0000"의 값 이상이 되면 카운터의 출력이 "1"이 되어 P0040은 "OFF", P0041은 "ON" 된다.
  *** 설정값 "D0000"의 값은 모니터에서 "카운터설정값" 박스를 클릭하여 변경이 가능하다.
- 시스템의 외부입력 스위치 P0000에 의해서 리셋 신호가 입력되어 C001의 현재값이 "0"이 되어 카운터의 출력은 "0"이 되어 P0040은 "ON", P0041은 "OFF" 된다.
- M0001과 M0000은 모니터(PC화면, 터치패널)에서 각각 펄스와 리셋 역할을 한다.

[그림 1-26]

- 외부 입출력 배선도

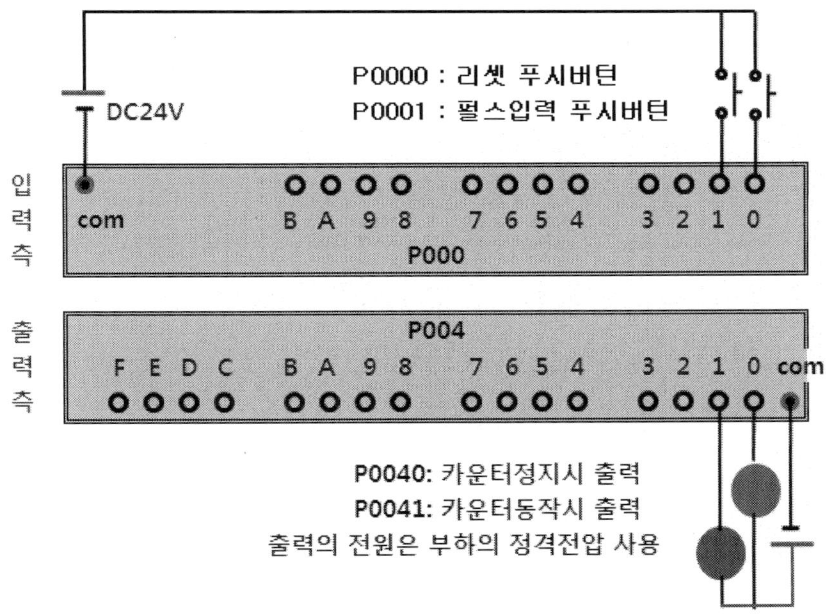

[그림 1-27]

- PLC프로그램을 온라인 메뉴에서 접속+쓰기+모드전환(런)+모니터시작을 선택하여 PLC로 전송한다.

- 전송후 PLC와 컴퓨터와 접속을 온라인 메뉴에서 접속/해제를 선택하여 접속 해제를 시킨다.
  *** CIMON X를 실행 시킬 때 : PLC와 프로그램 SW의 KGL-WK 온라인 메뉴에서 접속/해제를 선택하여 접속 해제후 실행
  *** PLC 프로그램을 재편집 할 때 : CIMON X의 실행을 중단하고 PLC 프로그램을 편집한다.
  *** PLC 프로그램을 편집과 CIMON X의 실행이 동시에 되지 않는다.
  (RS232 통신선으로 동시에 통신이 불가능 하다.)

(4) I/O 디바이스 설정하기

여기에서는 사용할 PLC의 디바이스를 CIMON S/W와 통신을 하기 위한 설정이다.

① CimonD의 메뉴 중에서 "도구"- "I/O 디바이스"를 선택한다.
다음과 같은 "I/O 디바이스 설정"대화상자가 표시된다.

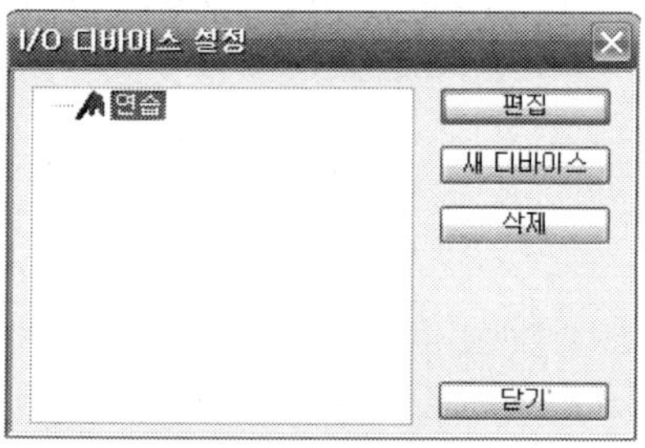

[그림 1-28]

② "새 디바이스"버튼을 클릭한다.
"I/O 디바이스 종류 선택" 대화상자가 표시된다.

③ 디바이스 이름을 "MK"으로 입력한다.

④ 디바이스 종류를 "LS산전 MASTER-K S Series Loader Port"를 선택한다.

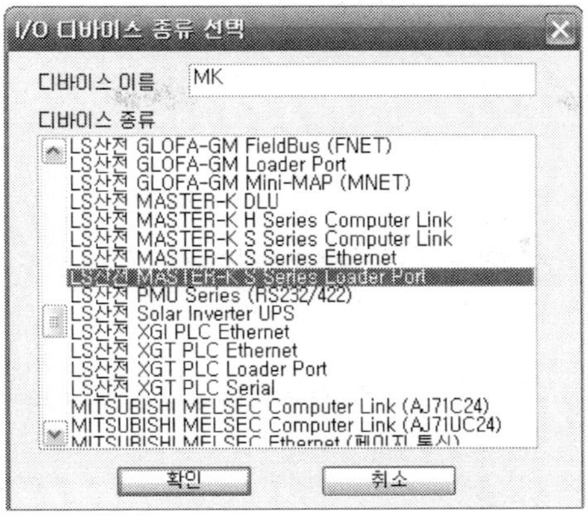

[그림 1-29]

⑤ "I/O 디바이스 종류 선택" 대화상자의 "확인" 버튼을 클릭한다.

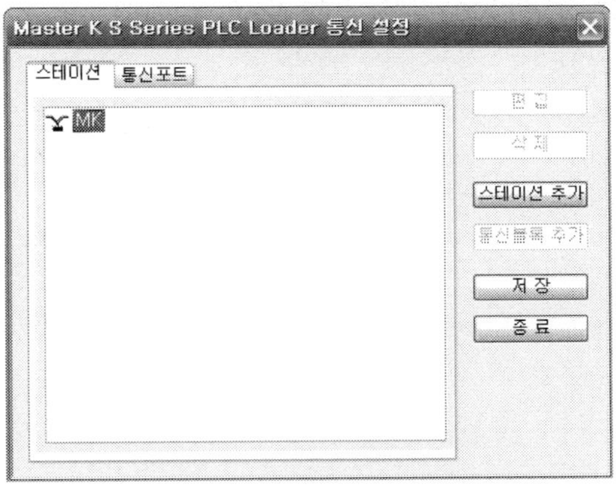

[그림 1-30]

⑥ 탭 컨트롤 중에서 "스테이션"을 클릭한 다음 우측의 "스테이션 추가"버튼을 클릭한다.
  - "스테이션 설정"대화상자가 표시된다.

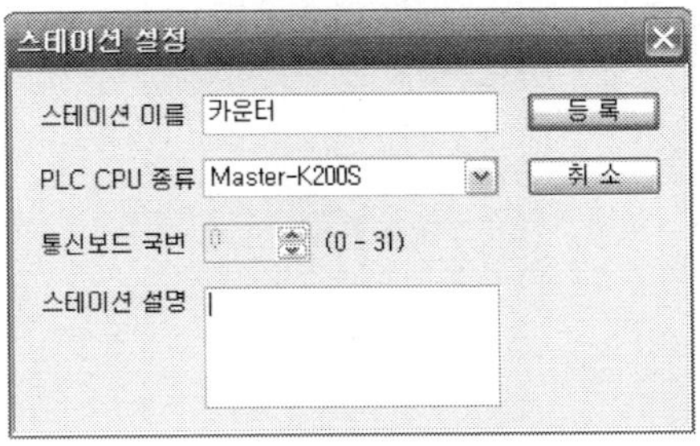

[그림 1-31]

- 스테이션 이름을 "카운터"로 입력한다.
- PLC CPU 종류를 "Master-k200s"로 선택한다.

⑦ "스테이션 설정" 대화상자의 "등록"버튼을 클릭한다.
다음과 같이 스테이션이 추가된다.

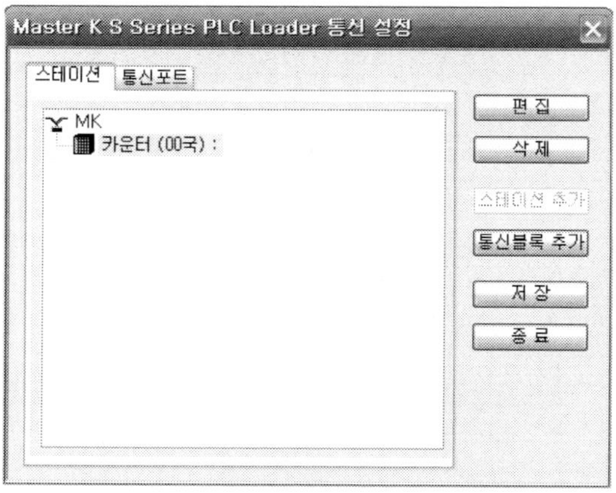

[그림 1-32]

⑧ "통신블록 추가" 버튼을 클릭한다.
"통신블록 설정" 대화상자가 표시된다.

- 어드레스를 "P000"로 입력한다.(워드단위로 입력한다. 자연적으로 P0000으로 입력된다. 실태그로 데이터베이스 작성 시에는 워드는 "P000", 접점(비트)은 "P000 0"으로 작성해야 한다.)
- 워드 수를 1로 입력한다.
- 통신주기를 0.1(초)로 입력한다.

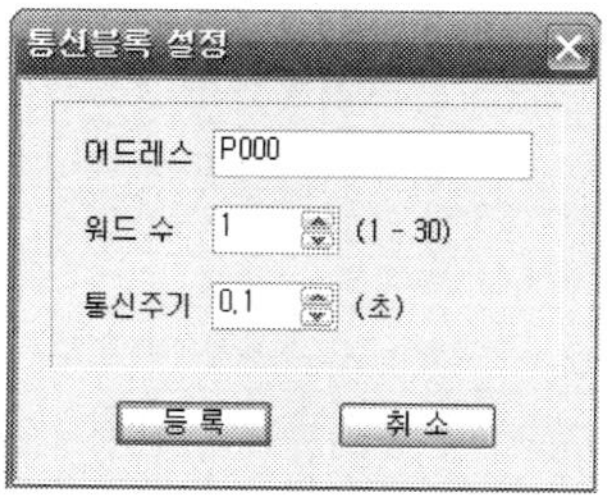

[그림 1-33]

⑨ "통신블록 설정"대화상자의 "등록"버튼을 클릭한다.

⑩ "통신블록 추가"버튼을 클릭한다.
다시 "통신블록 설정"대화상자가 표시된다.

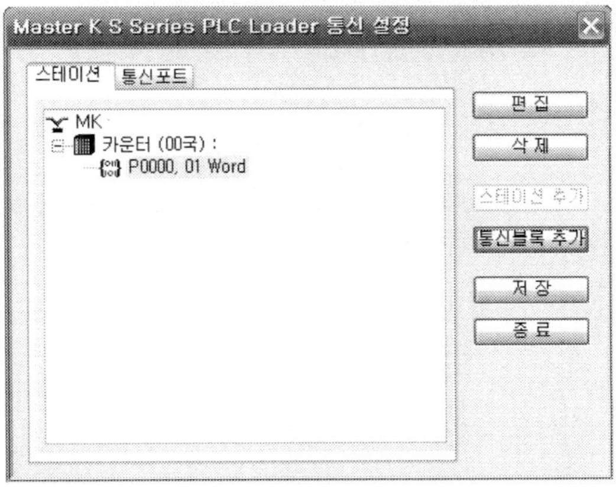

[그림 1-34]

- 어드레스를 "P004"로 입력한다.
- 워드 수를 1로 입력한다.
- 통신주기를 0.1(초)로 입력한다.

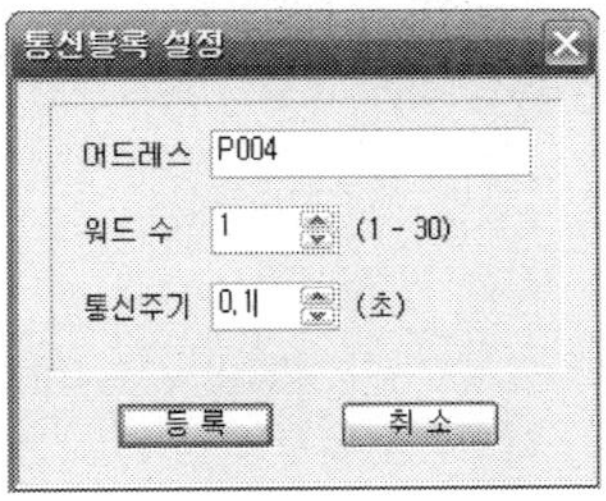

[그림 1-35]

⑪ 위와 같은 방법으로
- 어드레스를 "M000"를 입력한다.
- 워드 수를 5로 입력한다.(M000~M004 워드까지 사용가능)
- 통신주기를 0.1(초)로 입력한다.

⑫ 같은 방법으로
- 어드레스를 "C000"를 입력한다.
- 워드 수를 5로 입력한다.(C000~C004 카운터까지 사용가능)
- 통신주기를 0.1(초)로 입력한다.

⑬ 같은 방법으로

- 어드레스를 "D000"를 입력한다.
- 워드 수를 5로 입력한다.(D0000~D0004 데이터레지스터까지 사용가능)
- 통신주기를 0.1(초)로 입력한다.
- 아래와 같이 설정이 된다.

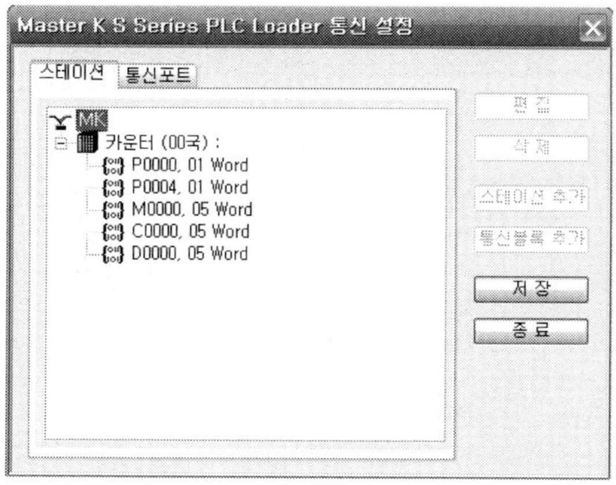

[그림 1-36]

⑭ 탭 컨트롤 중에서 "통신포트"를 클릭한다.

통신과 관련된 특성을 설정한다. 여기서는 디폴트 값을 그대로 사용한다. 단, 주의할 것은 통신포트를 컴퓨터와 맞추어야 한다.

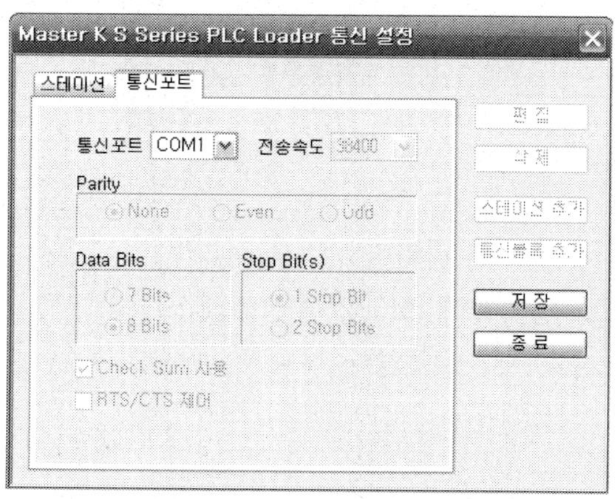

[그림 1-37]

⑮ “MASTER-K S Series PLC Loader 통신설정” 대화상자의 “저장”버튼과 “종료” 버턴을 순서대로 클릭한다.

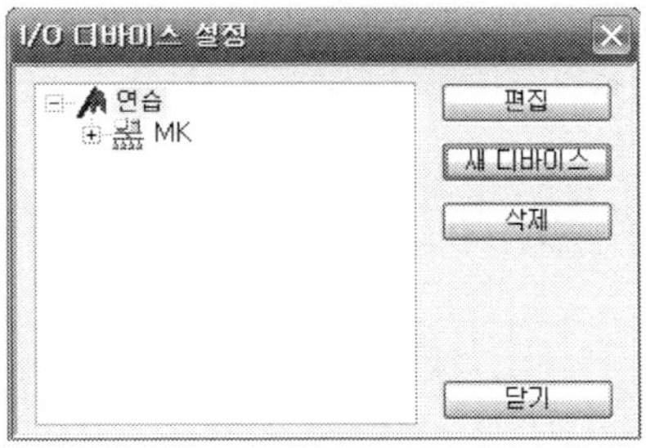

[그림 1-38]

⑯ “I/O 디바이스 설정” 대화상자의 “닫기”버튼을 클릭한다.

(5) 실태그 등록하기

실태그를 다음과 같이 등록한다.

① “도구” - “데이터베이스”를 클릭하여 데이터베이스 관리기를 이용해서 “입력”, “태그값”, “출력”그룹태그를 추가한다.

- 좌측의 “연습”을 선택하고 그 위의 새태그  를 클릭한다.

  태그편집 대화상자가 나타난다.

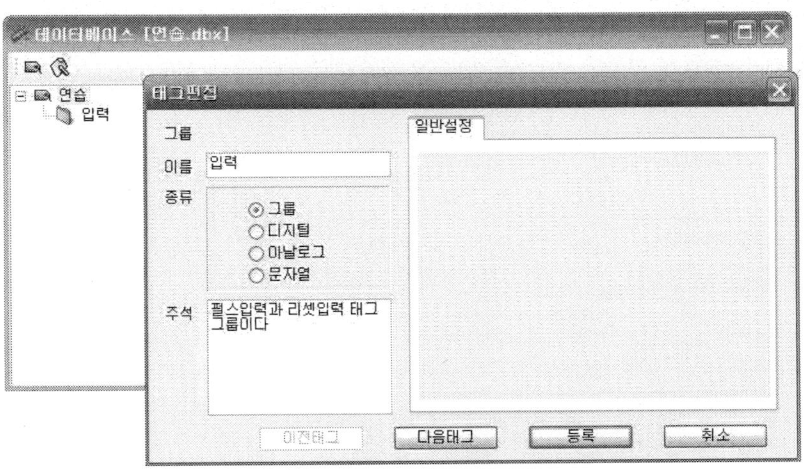

[그림 1-39]

- 이름 : 입력
- 종류 : 그룹

  태그편집 대화상자의 등록버턴을 클릭한다.
- 이와 같이 "태그값", "출력"을 등록하면 아래와 같이 그룹의 태그가 등록된다.

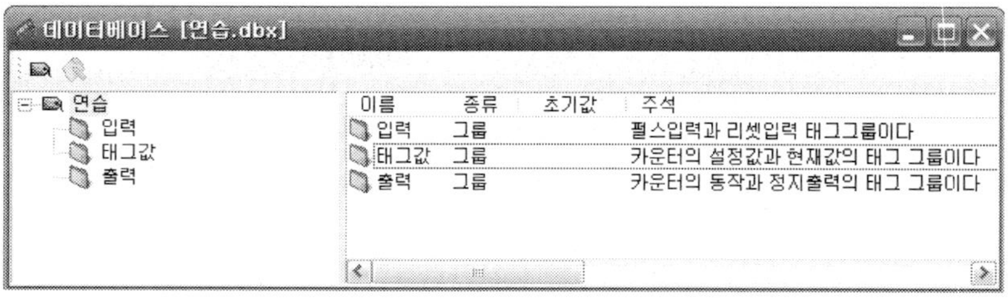

[그림 1-40]

② 좌측의 "입력" 그룹태그를 선택한다.

- "새태그" 아이콘을 클릭한다.

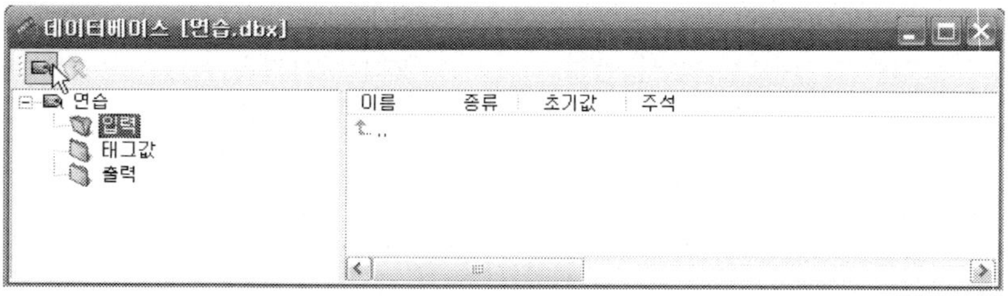

[그림 1-41]

- 아래 그림의 태그편집기에서

  이름 : S_펄스

  종류 : 디지털

일반설정 탭에서 "실태그"로 선택하고 I/O 디바이스를 우측 콤보박스의 선택버턴을 눌러 "**MK.카운터**"를 선택

I/O 어드레스 : P0001

고급설정 탭에서 "초기값"을 "OFF"로 설정한다.

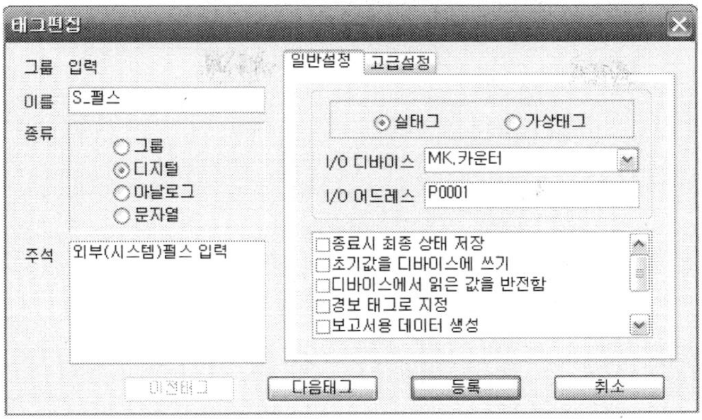

[그림 1-42]

- "다음태그" 버튼을 클릭한다.
- 아래와 같이 "입력" 그룹 내에 "S_펄스"이라는 태그가 등록된다,

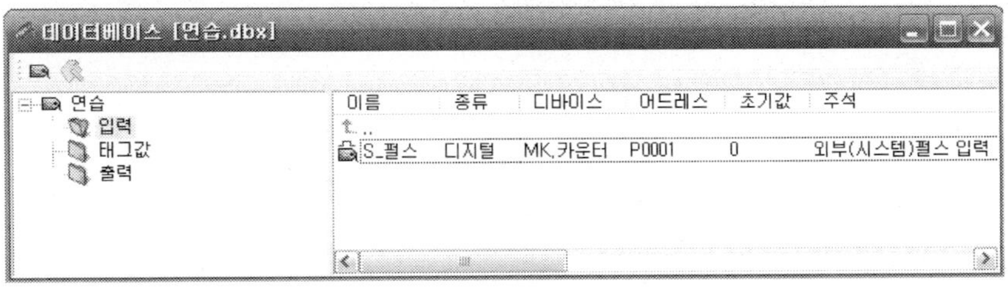

[그림 1-43]

③ 이와 같이 하여 다음을 입력시킨다.(다음태그를 누르면 이름과 I/O 어드레스만 변경하면 된다.)

이 름	종 류	I/O 어드레스	주석(생략가능)
S_리셋	디지털	P0000	외부(시스템)리셋 입력
M_펄스	디지털	M0001	모니터에서 펄스 입력
M_리셋	디지털	M0000	모니터에서 리셋 입력

- 아래 그림과 같이 실태그가 추가 등록된다.

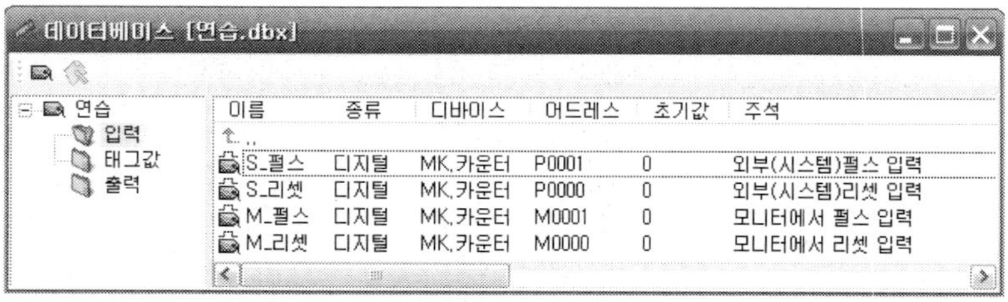

[그림 1-44]

④ 이와 같이 "태그값" 그룹의 실태그를 다음과 같이 입력한다.

- 그룹 : 태그값

이 름	종 류	I/O 어드레스	주석(생략가능)
현재값	아날로그	C001	카운터의 현재값
설정값	아날로그	D0000	카운터의 설정값

*** 종류는 숫자로 표기하여야 하기 때문에 "아날로그"로 선택한다.

*** 아날로그의 **고급설정 탭**에서는 데이터의 형태와 내부데이터 최소값과 최대값을 설정한다.(아래그림 참고)

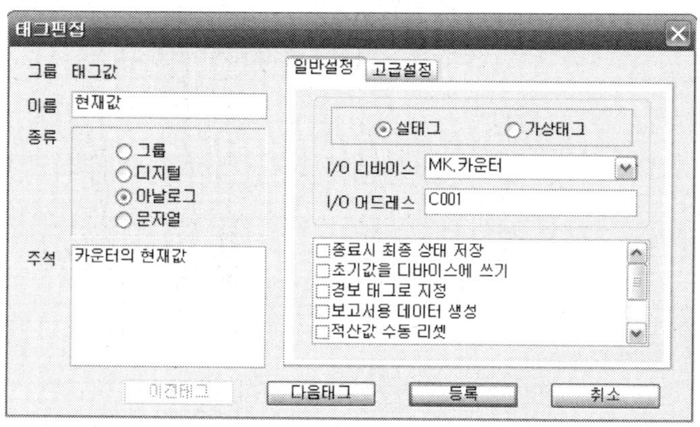

[그림 1-45]

- 아래 화면과 같이 실태그가 추가 등록된다.

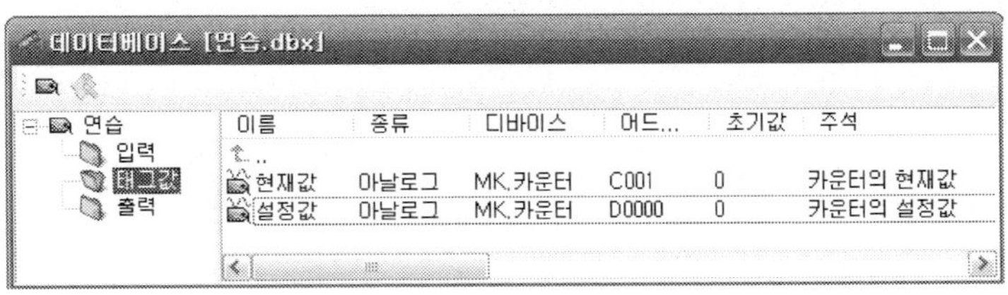

[그림 1-46]

⑤ 이와 같이 "출력" 그룹의 실태그를 다음과 같이 입력 한다.

- 그룹 : 출력

이 름	종 류	I/O 어드레스	주석(생략가능)
GL	디지털	P0040	카운터의 정지램프(Green Lamp)
RL	디지털	P0041	카운터의 동작램프(Red Lamp)

- 아래 화면과 같이 실태그가 추가 등록된다.

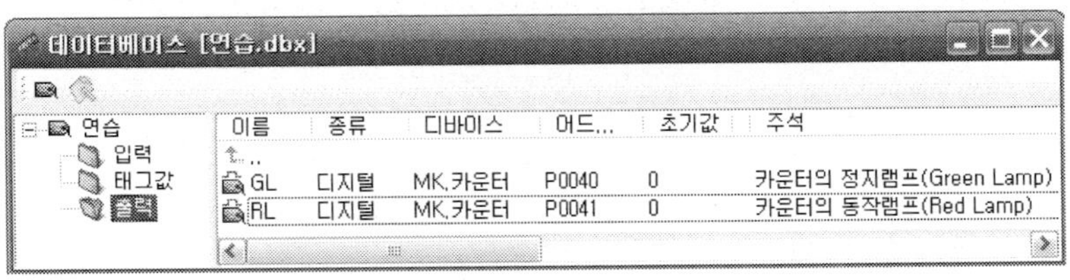

[그림 1-47]

(6) 오브젝트에 기능 부여하기

각 오브젝트(그림)에는 몇 종류의 개체가 묶여져 그룹으로 이루어져 있다. 그러므로 정확한 기능을 부여하기 위해서는 그룹을 해제하여 기능을 주면 정교한 모니터링과 동작 할 수 있다.

① 입력그룹 태그

- 카운터입력 버턴 을 선택하고 마우스 오른쪽을 클릭하여 단축메뉴에서 그룹해제 클릭 ==〉 전체가 선택되면 화면을 클릭하여 전체를 해제하고 가운데 버턴 부분만 클릭하여 선택한다.(아래그림 참고)

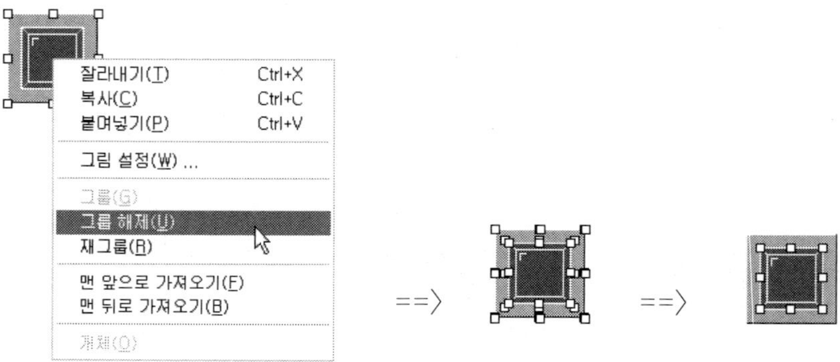

[그림 1-48]

- 선택된 부분에서 더블클릭을 하면 그림설정의 대화상자가 나타난다.

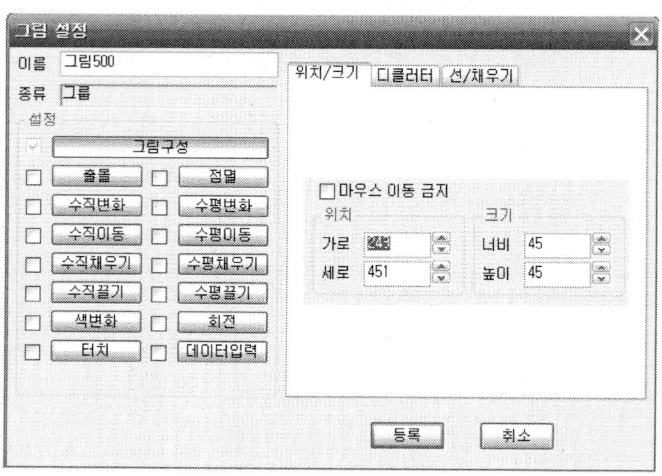

[그림 1-49]

*** 순서는 아래와 같이 한다.

ⓐ 

그림설정의 대화상자에서 "터치" 버턴을 클릭한다.

ⓑ 

오른쪽 탭에서 "동작정의" 탭을 클릭한다.

ⓒ 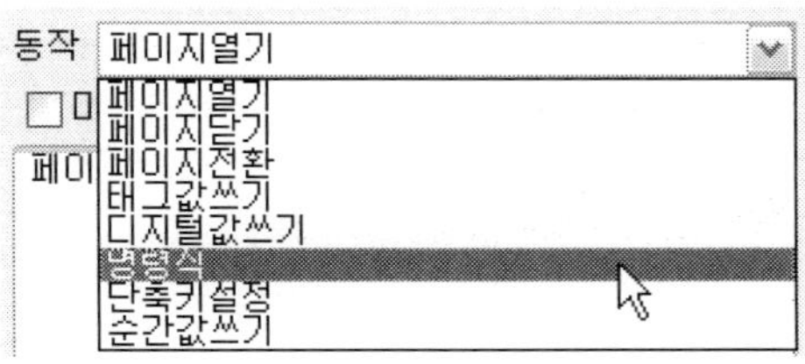

"동작" 선택버턴에서 "명령식"을 선택한다.

ⓓ 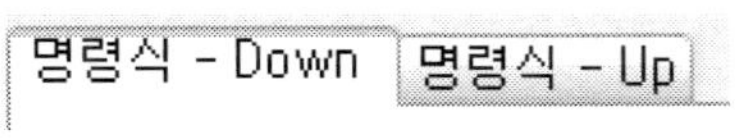

"명령식-Down" 탭을 선택한다.

ⓔ 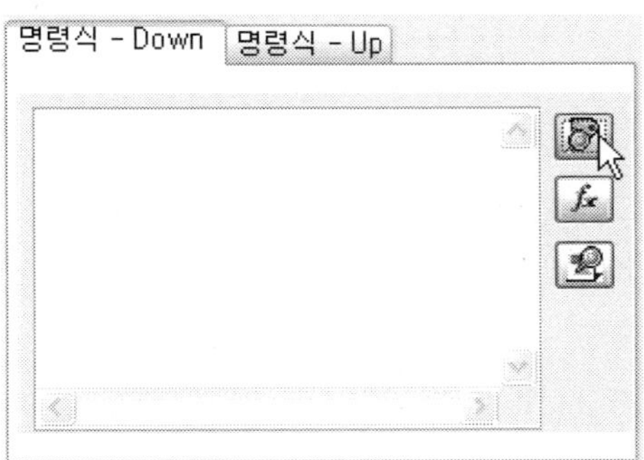

오른쪽의 첫 번째 버튼을 누르면 "태그찾아보기" 대화상자가 나타난다.

ⓕ 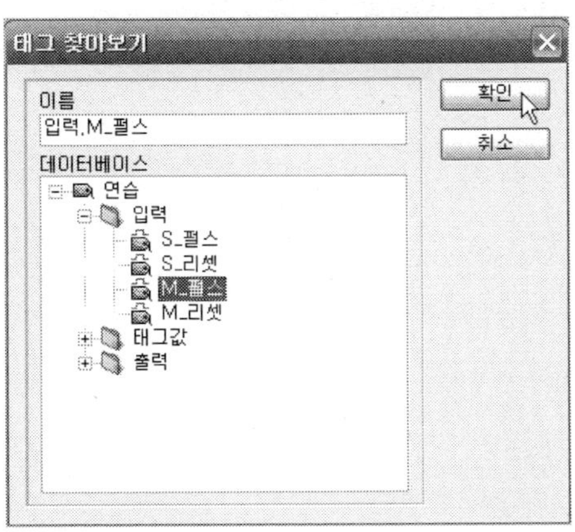

"입력"그룹을 더블클릭 -"M_펄스"선택하여 "확인" 클릭

ⓖ 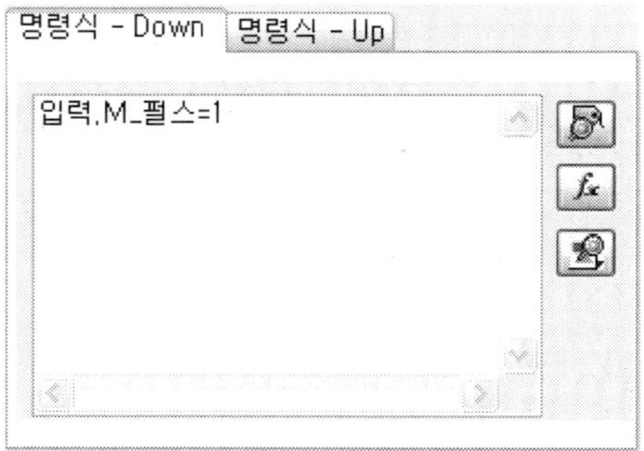

명령식-Down탭에서
"입력.M_펄스"가 설정되면 화면과 같이 "=1"로 지정한다. 이것은 푸쉬버턴을 누를 때 "ON"역할을 한다.

ⓗ 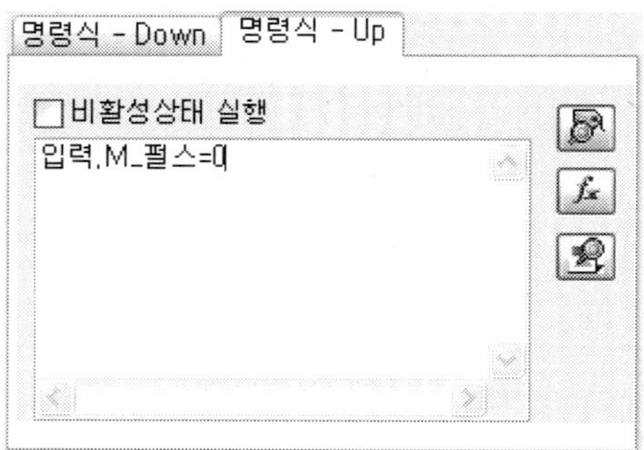

명령식-Up탭에서
"입력.M_펄스"가 설정되면 화면과 같이 "=0"로 지정한다. 이것은 푸쉬버턴을 UP하면 "OFF"역할을 한다.

[그림 1-50]

- 위와 같은 방법으로

  카운터리셋 버턴 을 선택하고 마우스 오른쪽을 클릭하여 단축메뉴에서 그룹해제 클릭 ==> 전체가 선택되면 화면을 클릭하여 전체를 해제하고 가운데 버턴 부분만  클릭하여 선택하고 위의 ⓐ~ⓕ까지는 동일하고 ⓖ, ⓗ부분에서 태그명만 "입력.M_펄스"를 "입력.M_리셋"으로 입력하면 된다.

② 출력그룹 태그

- 카운터동작출력 램프 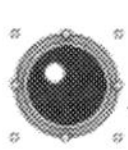을 선택하고 마우스 오른쪽을 클릭하여 단축 메뉴에서 그룹해제 클릭 ==> 전체가 선택되면 화면을 클릭하여 전체를 해제하고 가운데 램프  부분만 클릭하여 선택한다.
- 선택된 부분에서 더블클릭을 하면 그림설정의 대화상자가 나타난다.
- 그림설정의 대화상자에서 "색변환"을 클릭한다.

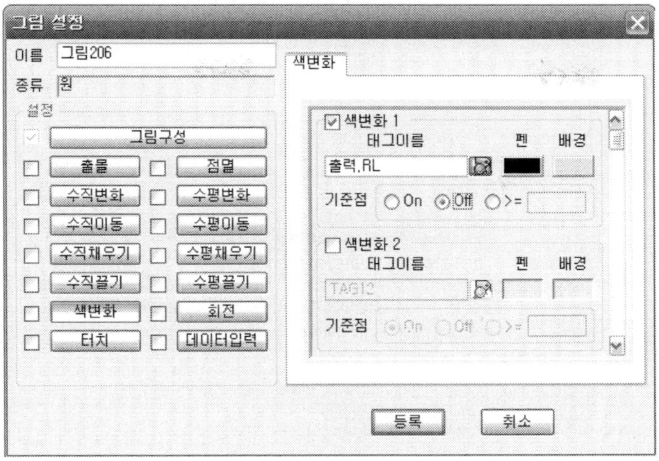

[그림 1-51]

ⓐ 오른쪽 화면의 "색변환1"을 선택한다.
ⓑ 태그이름 오른쪽의 버튼을 누르면 태그찾아보기 대화상자가 나타난다.
ⓒ 데이터베이스의 "출력"그룹태그를 더블클릭하면 그룹태그가 열립니다.
ⓓ "RL"을 선택하여 더블클릭이나 확인을 누르면 이름에 "출력.RL"이 표시된다.

설정 : 기준점 : OFF

배경 : 연분홍색

*** 램프의 출력은 "P0001"이 ON 상태면 적색, OFF 상태면 연분홍색으로 변하여 램프가 소등한 것으로 보인다.

- 같은 방법으로 카운터정지출력 램프 를 더블클릭한다.

ⓐ 오른쪽 화면의 "색변환1"을 선택한다.
ⓑ 태그이름 오른쪽의 버튼을 누르면 태그찾아보기 대화상자가 나타난다.
ⓒ 데이터베이스의 "출력"그룹태그를 더블클릭하면 그룹태그가 열립니다.
ⓓ "GL"을 선택하여 더블클릭이나 확인을 누르면 이름에 "출력.GL"이 표시된다.

설정 : 기준점 : OFF

배경 : 연하늘색

*** 램프의 출력은 "P0000"이 ON 상태면 청색, OFF 상태면 연하늘색으로 변하여 램프가 소등한 것으로 보인다.

③ 태그값 그룹 태그

태그값 그룹의 태그를 사용하는 이유는 카운터의 현재값과 화면상에서 카운터의 설정값을 변경하고 모니터링 하기위한 방법이다.

- 카운터 현재값 태그표시기  를 더블클릭한다.
- "태그값 표시" 대화상자가 나타난다.

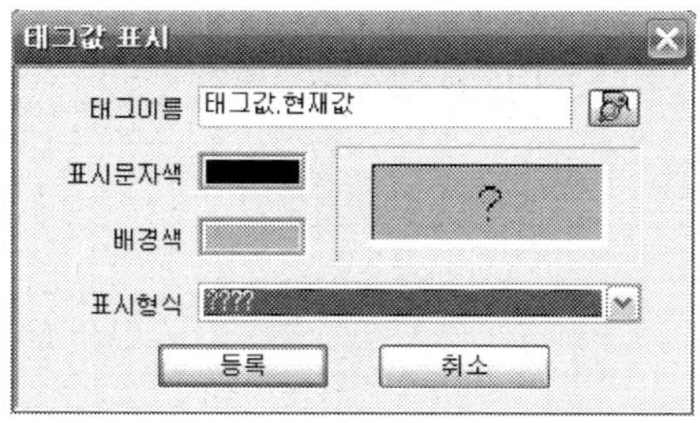

[그림 1-52]

ⓐ "태그이름"의 오른쪽의 버튼을 누르면 "태그찾아보기" 대화상자가 나타난다.

ⓑ 데이터베이스의 "태그값" 그룹태그를 더블클릭하면 그룹태그가 열린다.

ⓒ "현재값"을 선택하여 더블 클릭이나 확인을 누르면 이름에 "태그값.현재값"이 표시된다.

ⓓ 설정 :

문자표시색 : 흑색

배경색 : 연하늘색

표시형식 : ????

ⓔ "태그값 표시" 대화상자의 "등록" 버턴을 클릭한다.

- 카운터 설정값  을 선택하고 마우스 오른쪽을 클릭하여 단축 메뉴에서 "그룹해제" 클릭한다.
- 2개의 개체로 되어 있음을 알 수 있다. 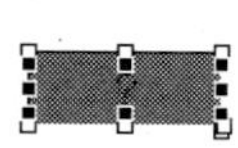
- 사각형 개체는 카운터 설정값 입력기로 사용하고 물음표(?)는 태그값표시기로 사용한다. 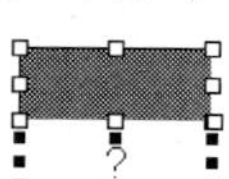
- 먼저  를 더블클릭한다.

"그림설정" 대화상자에서 "태그값" 버턴을 클릭하면 아래 그림과 같다.

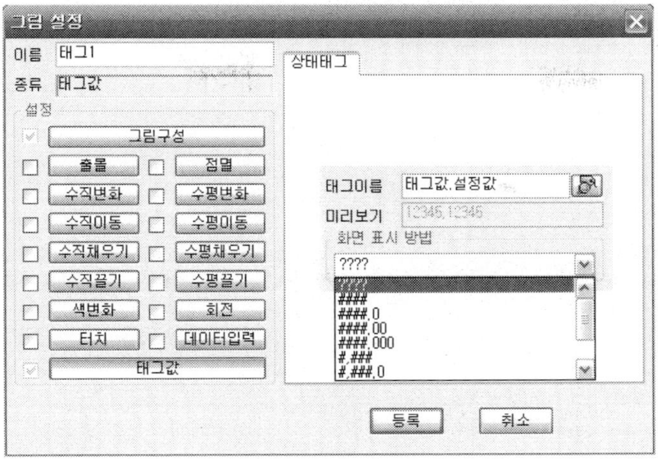

[그림 1-53]

ⓐ 오른쪽 "상태태그" 탭에서 "태그이름"의 오른쪽의 버튼을 누르면 "태그 찾아보기" 대화상자가 나타난다.
ⓑ 데이터베이스의 "태그값" 그룹태그를 더블클릭하면 그룹태그가 열린다.
ⓒ "설정값"을 선택하여 더블 클릭이나 확인을 누르면 이름에 "태그값.설정값"이 표시된다.
ⓓ 화면표시방법 : ????
ⓔ 그림설정 대화상자의 "등록" 버턴을 클릭한다.

- 외곽의 사각박스 를 더블클릭한다.
  그림설정 대화상자에서 "데이터입력" 버턴을 클릭한다.(아래 그림 참고)
ⓐ 오른쪽 "동작정의" 탭에서 "동작"은 "수치형태" 선택하고 태그이름의 오른쪽의 버튼을 누르면 "태그찾아보기" 대화상자가 나타난다.
ⓑ 데이터베이스의 "태그값" 그룹 태그를 더블클릭하면 그룹태그가 열린다.
ⓒ "설정값"을 선택하여 더블 클릭이나 "확인"을 누르면 이름에 "태그값.설정값"이 표시된다.
ⓓ 화면표시방법 : 윈도우형태 입력창1
ⓔ 그림설정 대화상자의 등록 버턴을 클릭한다.

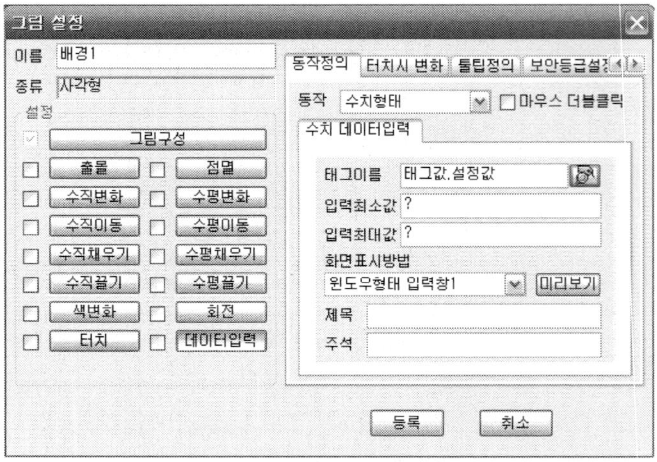

[그림 1-54]

(7) CIMON X 프로그램 실행하기

- CimonD의 메뉴 중에서 "도구"-"Cimonx 환경"을 선택하여 클릭하면 Cimonx 환경 설정 대화상자가 나타난다.
- 윈도우 형태 탭에서 초기화면에 "MAIN.PGX"으로 되어있는지 확인한다.
- CimonD의 메뉴 중에서 "도구"-"Cimonx 실행"을 선택하여 클릭한다.
- 아래와 같은 오류 화면은 키락을 꼽지않으면 나타나고 확인 버턴을 누르면 데모 모드로 실행이 30분간만 작동한다.

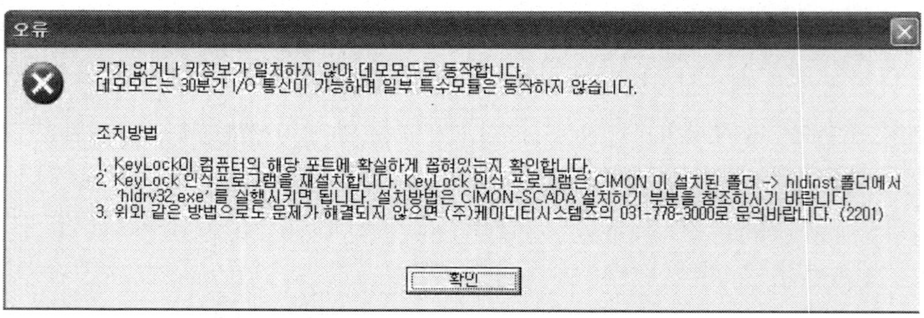

[그림 1-55]

(8) 동작 상태 확인

① 카운터 동작등이 "연분홍색", 카운터 정지등은 "청색"으로 되어 있는지 확인한다.

② 카운터의 설정값 사각박스를 클릭하여 수치입력기에 "10"을 입력시켜 사각 박스에 "10"이 입력되는지 확인한다.

③ 모니터의 카운터 펄스입력을 클릭하면 카운터의 현재값 사각박스에 값이 “1”씩 증가하는지 확인한다.

④ 카운터의 현재값이 “10” 이상 되면 카운터 동작등이 “적색”, 카운터 정지등은 “연하늘색”으로 되는지 확인한다.

⑤ 모니터의 카운터 리셋입력을 클릭하면 카운터의 현재값 사각박스에 값이 “0”이 되는지 확인한다.(이때 ①의 상태인지 확인)

⑥ PLC의 P0001에 접속된 외부 스위치로 클릭하면 카운터의 현재값 사각박스에 값이 “1”씩 증가하는지 확인한다.(이때 ④의 상태인지 확인)

⑦ PLC의 P0000에 접속된 외부 스위치를 클릭하면 카운터의 현재값 사각박스에 값이 “0”이 되는지 확인한다.(이때 ①의 상태인지 확인)

CIMON 기능

2장

2-1 출몰과 점멸

출몰 기능은 오브젝트를 보임/안보임 상태로 제어하는 기능
점멸 기능은 오브젝트를 일정 주기로 점멸시키는 제어 기능
작성할 페이지의 완성된 화면은 다음과 같다.

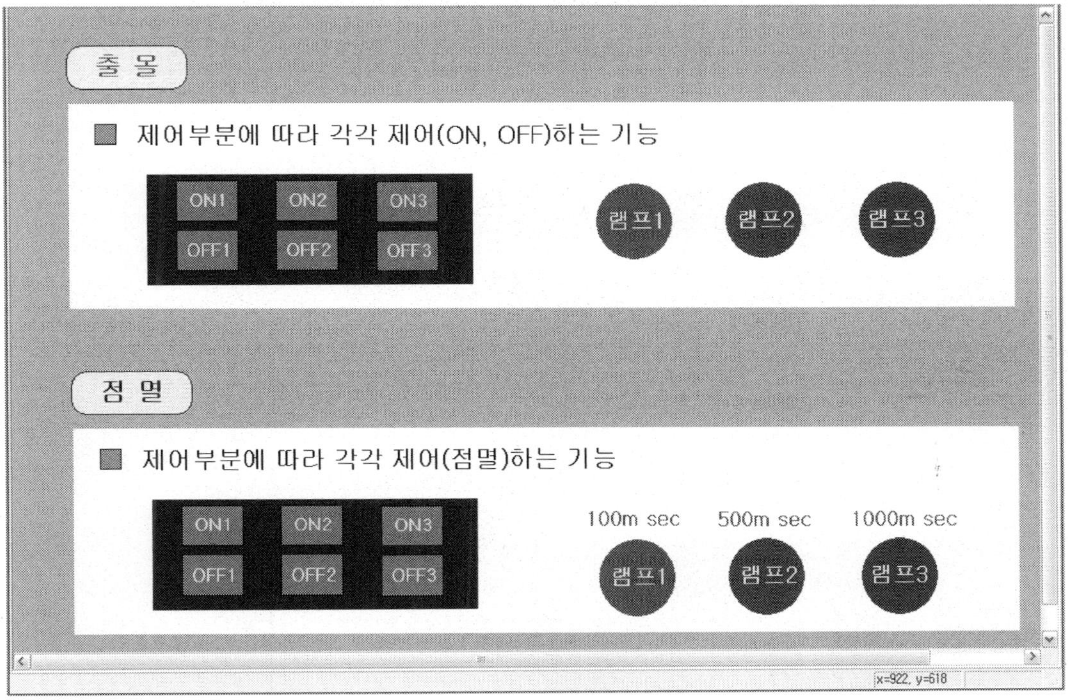

[그림 2-1]

출몰 기능으로써 "ON" 사각형을 선택하면 각각의 원형 오브젝트를 보이게 하고 "OFF" 사각형을 선택하면 각각의 원형 오브젝트를 안보이게 한다. 그리고 점멸 기능은 "ON", "OFF" 사각형 버턴에 의하여 3개의 원형 오브젝트를 각각 주어진 주기로 점멸시킨다.

2-1-1 페이지 환경설정

메뉴 중에서 "도구"-"페이지 환경 설정"을 선택 - "Page 설정" 대화상자

(1) 제목 : 출몰과 점멸

(2) **배경색** : 버턴을 눌러 원하는 색을 선택(여기서는 청색 사각표시의 연회색을 지정).

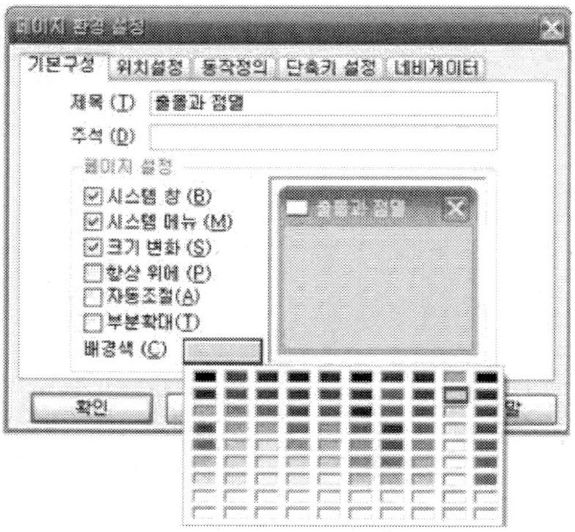

[그림 2-2]

(3) 위치설정 탭 컨트롤 선택

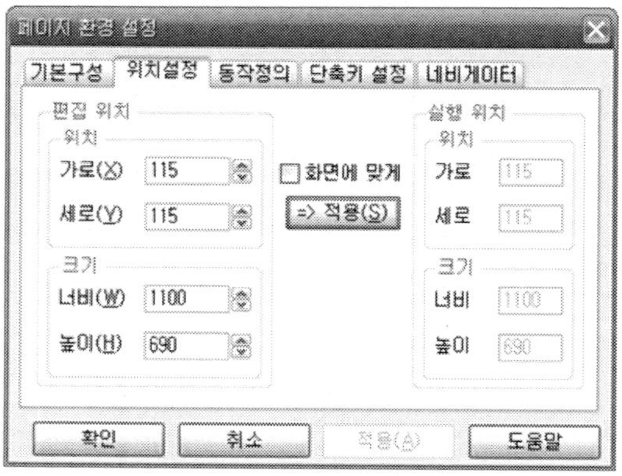

[그림 2-3]

위 그림과 같이 "=> 적용(S)" 버턴을 클릭하여 실행시의 페이지 초기 위치와 크기 값을 설정한다.

(4) 확인 버턴을 클릭하면 페이지의 제목과 배경색이 지정된다.

☑ 2-1-2 그림 및 글자 오브젝트 생성

(1) 둥근 사각형 오브젝트를 생성하기

- 그림 도구 모음 중에서 "둥근 사각형" 아이콘을 선택한다.

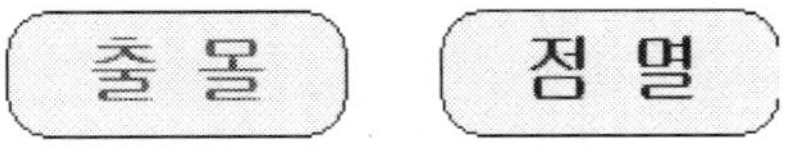

[그림 2-4]

- 페이지 윈도우에 둥근 사각형을 그린다.
- 페이지 윈도우의 좌측 상단에서 마우스 왼쪽 버턴을 누르고, 누른 상태로 마우스를 원하는 위치까지 끌면 둥근 사각형 오브젝트가 생성된다.
- 오브젝트가 생성된 다음에는 자동적으로 선택이 된다.
- 둥근 사각형 오브젝트의 "그림 설정" 대화상자를 표시한다.
  오브젝트가 선택된 상태에서 오른쪽 마우스 버턴을 누르면 플로팅 메뉴가 나타나며, 메뉴 중에서 "그림 설정"을 선택한다.
  선택되면 다음과 같은 "그림 설정" 윈도우가 나타난다.

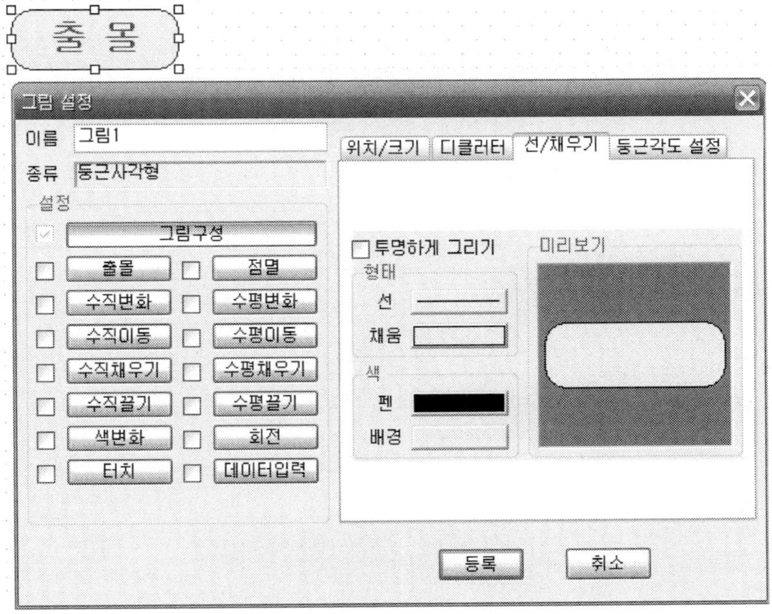

[그림 2-5]

❖ CimonD의 메뉴 중에서 "편집"-"그림 설정"을 선택할 수도 있다. 또 원하는 오브젝트 위에서 마우스를 더블 클릭해도 "그림 설정" 윈도우를 표시할 수 있다.

- 위치와 크기를 지정하여 입력할 수도 있으나 보통 위치와 크기를 드래그하여 설정한다.
- "선/채우기" 탭에서 배경색과 선의 종류, 색을 지정할 수 있다.
- "둥근각도 설정" 탭에서 모서리 부분을 조금 더 둥글게 만들 수 있다.
- "등록" 버턴을 선택한다.
- "격자 선에 맞추기" 기능을 오프시킨다.
  정렬 도구모음 중에서 "격자 선에 맞추기" 아이콘을 선택한다.
  선택되면 둥근 사각형 오브젝트를 격자에 관계없이 위치를 정할 수 있다.

(2) 문자 오브젝트를 생성

- 그림 도구 모음 중에서 "문자" 아이콘을 선택한다.
- 페이지의 원하는 위치에서 마우스를 클릭한다.
  다음과 같이 문자 입력 윈도우가 표시되면 키보드를 이용하여 "출몰"을 입력한다.

[그림 2-6]

- 입력이 완료된 후에 마우스를 문자 외부 영역에서 클릭한다.
  문자 오브젝트가 생성된다.
- 문자 오브젝트를 마우스로 클릭한다.
- 문자 오브젝트의 크기와 위치를 지정한다.
  오브젝트 주위의 사각형을 마우스로 선택하여 크기를 조절한다.
  드래그-앤-드롭 방식으로 오브젝트의 위치를 지정하여 다음과 같이 정렬시킨다.

[그림 2-7]

- 출몰 글자를 선택한 후 "그림설정" - "선/채우기" 탭에서 "투명하게 그리기"를 선택하여 글자 배경과 둥근 사각형 배경색을 같게 한다.

(3) 그룹 만들기

여러 개의 오브젝트를 하나의 그룹으로 만드는 기능이다.

1) 그룹으로 만들 오브젝트들을 선택한다.
   앞에서 만든 둥근 사각형, 문자 오브젝트를 다중 선택한다.
   오브젝트를 다중 선택하는 방법은 두 가지가 있다.
   - 영역으로 선택하기
   - Shift 키를 누른 상태에서 오브젝트 선택하기(이 방법은 오브젝트 선택이 토글식으로 동작한다.)
     여기서는 현재 문자 오브젝트가 선택되어 있는 상태이므로 Shift 키를 누른 상태로 둥근 사각형 오브젝트를 선택한다.

2) 정렬 도구 중에서 "그룹" 아이콘을 클릭한다.

❖ 메뉴 중에서 "정렬" - "그룹"을 선택할 수도 있고, 여러 개가 선택된 상태에서 마우스 오른쪽 버턴으로 플로팅 메뉴를 표시한 다음 메뉴중의 "그룹"을 선택할 수도 있다.

3) 클릭하면 선택된 오브젝트들이 그룹으로 되면서 화면이 다음과 같이 변한다.

[그림 2-8]

(4) 큰 사각형 오브젝트 생성하기

- 그림 도구 중에서 "사각형" 아이콘을 클릭한다.
- "둥근 사각형"을 그리는 방법과 마찬가지로 적당한 위치와 크기로 "사각형" 오브젝트를 그린다.
- 사각형의 위치와 크기를 지정한다.

"그림 설정" 대화 상자를 이용하여 입력하는 방법과 그림 메뉴에서 사각형을 선택하여 드래그를 하여 그리는 두 가지 방법이 있다.

- 사각형의 펜과 배경색을 지정한다.
  펜, 배경색 : 연한 노란색

[그림 2-9]

(5) 사각형 오브젝트 생성하기

[그림 2-10]

- 사각형 오브젝트를 생성한 후 다음의 특성으로 지정한다.
  펜색 : 검정 색
  배경색 : 파란 색

(6) 문자 오브젝트 생성하기

■ 제어부분에 따라 각각 제어(ON, OFF)하는 기능

[그림 2-11]

- 문자 오브젝트를 생성한 후 다음의 특성으로 지정한다.
  문자 : 제어 부분에 따라 각각 제어(ON, OFF)하는 기능
  펜색 : 검정색
  배경색 : 연한 노란색
- 글꼴 크기를 지정한다.
  글꼴 도구 중에서 "글꼴 크기" 콤보 박스에서 크기를 설정한다.

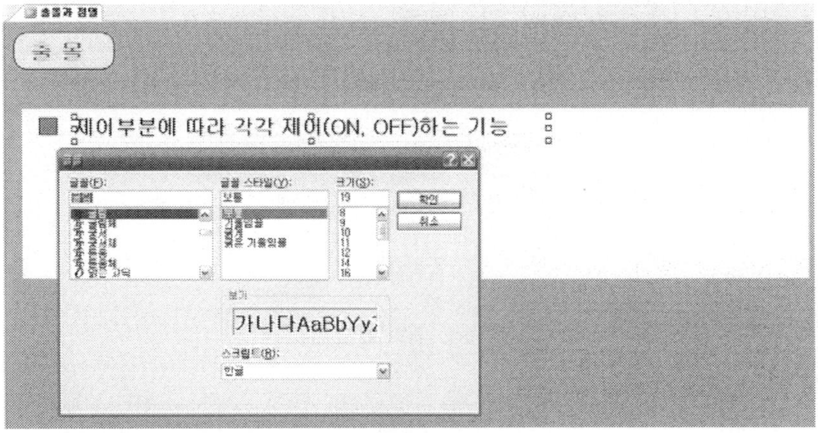

[그림 2-12]

(7) 작은 사각형 오브젝트 복사하기

파란색 작은 사각형 오브젝트를 복사한다.

1) 파란색 작은 오브젝트를 마우스로 선택한다.

2) 클립보드로 복사한다.
   세 가지 방법이 있다.
   - 표준 도구모음 중 "복사" 아이콘 선택
   - 플로팅 메뉴에서 "복사" 선택
   - "Ctrl + C" 단축키 누름

3) 클립보드로부터 붙여 넣는다.
   세 가지 방법이 있다.
   - 표준 도구모음 중 "붙여넣기" 아이콘 선택
   - 플로팅 메뉴에서 "붙여넣기" 선택

- "Ctrl + V" 단축키 누름

[그림 2-13]

4) 복사된 오브젝트를 더블 클릭하여 "그림설정" - "선/채우기"에서 배경색을 주황색으로 지정한다.

5) 문자 오브젝트와 작은 사각형 오브젝트는 다음과 같이 변경한다.

[그림 2-14]

(8) ON, OFF 사각형 오브젝트 생성

[그림 2-15]

1) "2-1-2의 그림 및 글자 오브젝트 생성"과 같이 하여 

을 생성한다.

2) 

을 선택하여 복사 후 붙이기를 한다.
(선택 후 Ctrl을 누른 상태에서 지정위치까지 드래그 한다.)

3) 

과 같이 글자를 선택한 후 "그림설정" - "문자편집"에서 ON1을 OFF1으로 변경한다.

4) 아래와 같이 드래그하면 오른쪽 모양으로 선택되어 진다.

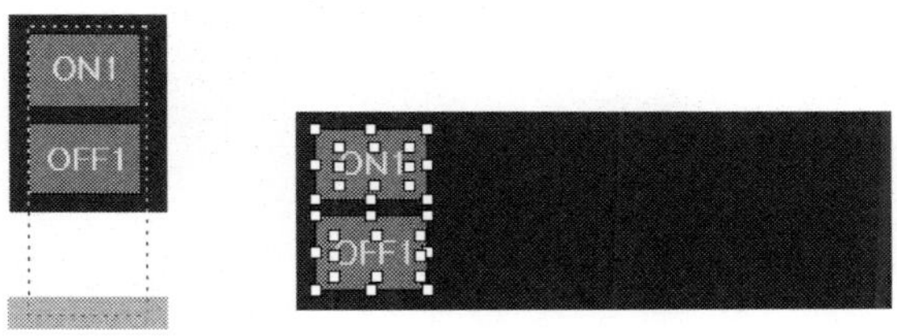

[그림 2-16]

5) Ctrl을 누른 상태에서 지정위치까지 드래그한다.(복사 후 붙이기)

[그림 2-17]

6) 글자를 선택한 후 "그림설정" - "문자편집"에서 ON1을 ON2, ON3으로 변경한다.
같은 방법으로 OFF1을 OFF2, OFF3으로 변경한다.

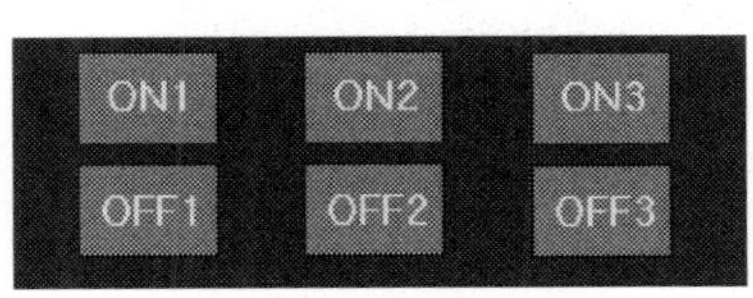

[그림 2-18]

7) 그룹 만들기
글자와 사각형 각각을 선택하여 그룹으로 만든다.

(9) 원 오브젝트를 생성

1) 그림 도구 중에서 "원" 아이콘을 클릭한다.

2) 원 오브젝트를 적당한 크기로 그린다.

3) 원 오브젝트를 위의 "(8) ON, OFF 사각형 오브젝트 생성"과 같은 방법으로 그림과 문자를 설정하면 아래와 같다.

[그림 2-19]

4) 지금까지 편집한 페이지 화면은 아래와 같다.

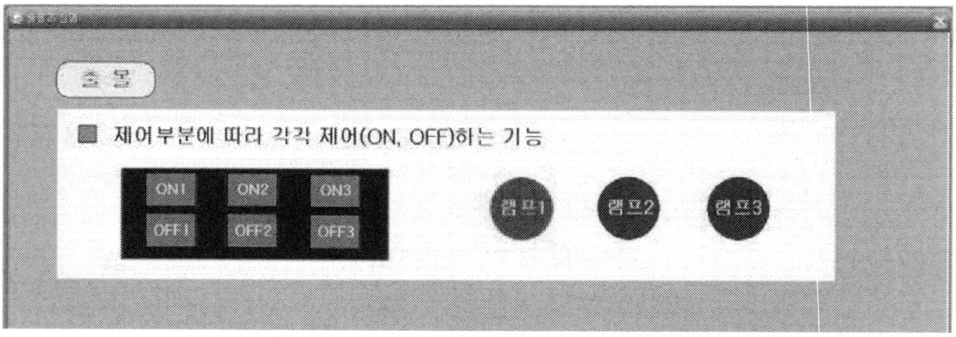

[그림 2-20]

(10) 출몰 오브젝트를 이용하여 점멸 오브젝트를 작성

1) 아래 그림과 같이 전체를 드래그하여 선택한다.

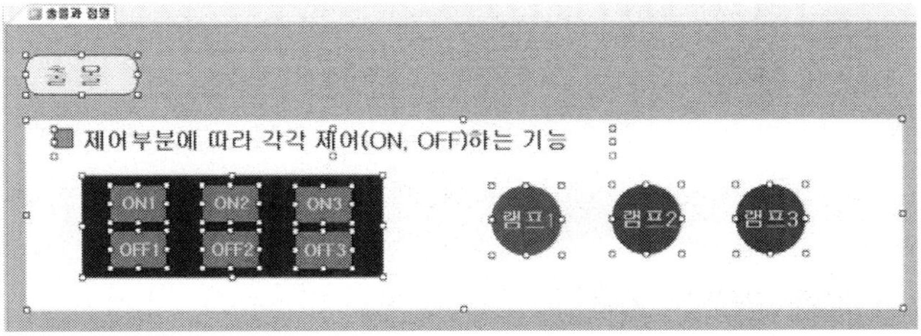

[그림 2-21]

2) 선택 후 Ctrl을 누른 상태에서 지정위치까지 드래그한다.

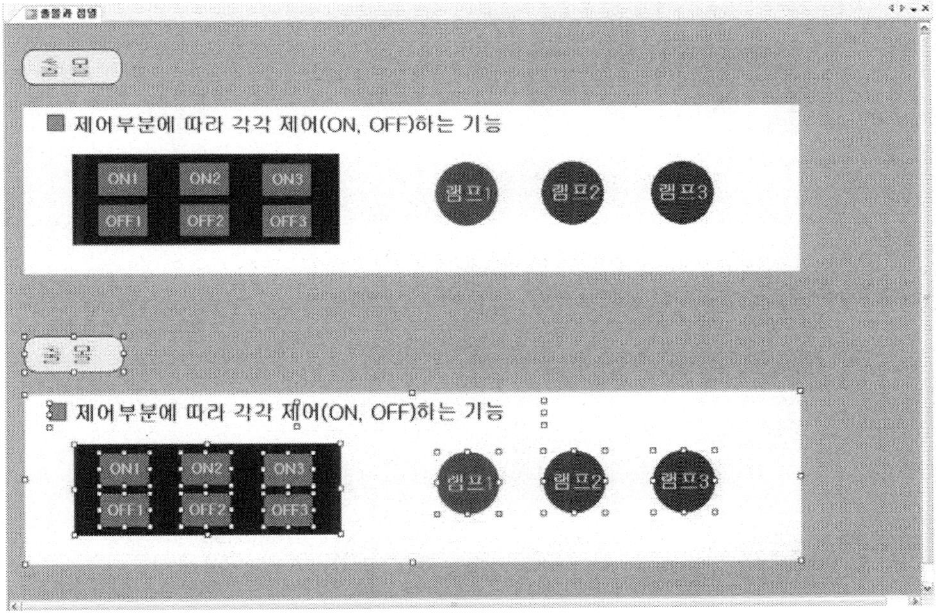

[그림 2-22]

3) 아래의 복사된 부분을 한 개씩 선택한 후 더블 클릭하여 "그림설정"에서 문자 편집, 그림구성의 선/채우기를 이용하여 다음과 같이 변경한다. (이때 각각의 그룹은 모두 해제한다.)
   - 출몰 ==〉 점멸로 변경한다.
   - 제어 부분에 따라 각각 제어(ON, OFF)하는 기능 ==〉
     제어 부분에 따라 각각 제어(점멸)하는 기능
   - 100 msec, 500 msec, 1000 msec를 그림메뉴의 문자를 이용하여 만든다.

4) 변경 후 전제 페이지 화면은 아래와 같다.

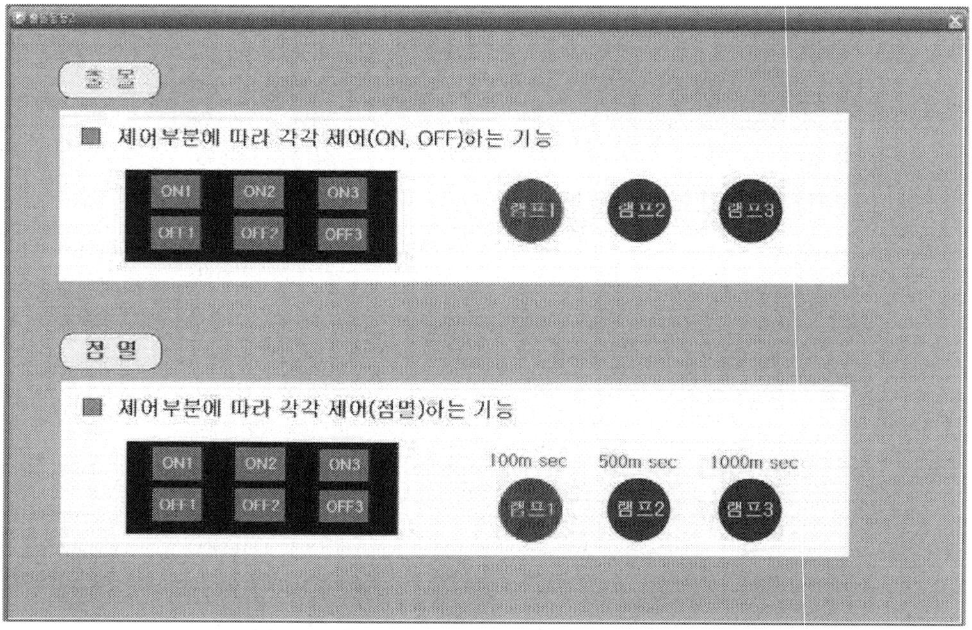

[그림 2-23]

☑ 2-1-3 출몰 제어 기능 설정하기

(1) 램프1 오브젝트에 출몰 제어 기능을 추가한다.

1) 램프1 오브젝트를 더블 클릭해서 "그림 설정" 대화상자를 표시한다.

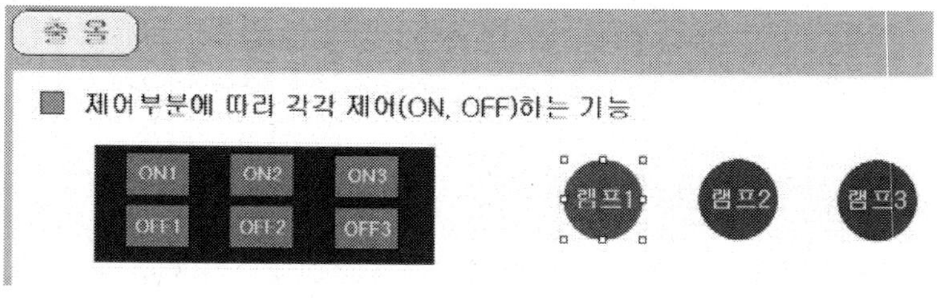

[그림 2-24]

2) "그림 설정" 대화 상자의 "출몰" 버턴을 클릭한다.

[그림 2-25]

3) 태그이름을 "L1"로 입력한다.

4) 출몰조건 : On

5) "등록" 버턴을 클릭한다.
입력한 태그가 데이터베이스에 존재하지 않을 경우에, 다음과 같은 대화상자가 표시되면 "예" 버턴을 클릭한다.

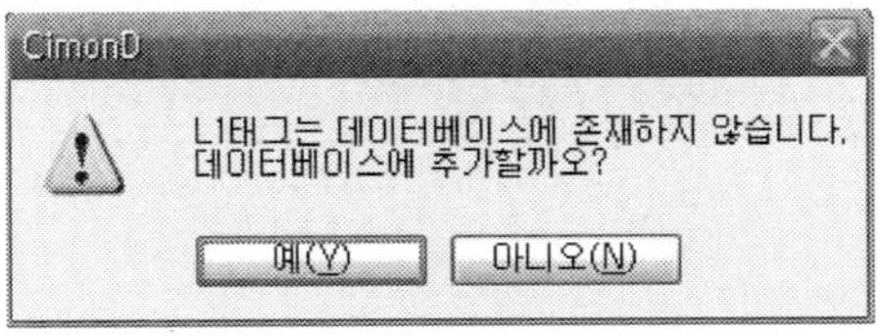

[그림 2-26]

6) 다음과 같은 태그편집기가 표시된다.

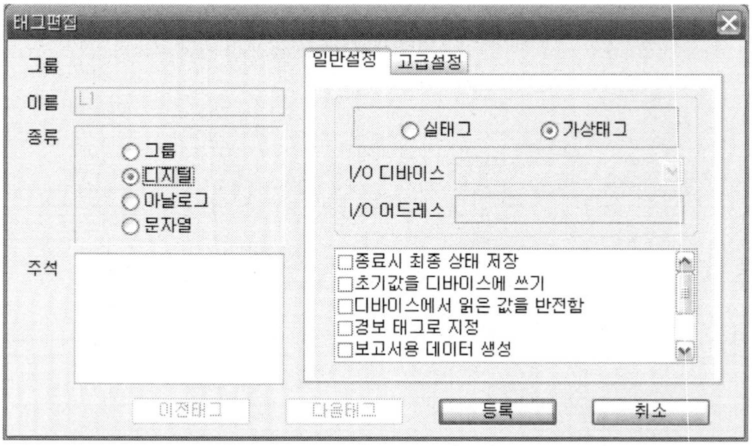

[그림 2-27]

태그 종류가 디지털, 가상태그 인지를 확인한다.

7) “등록” 버턴을 클릭한다.
태그편집기가 사라지면서 태그가 데이터베이스에 등록된다.

8) 같은 방법으로 L2, L3 원 오브젝트의 기능을 지정한다.
- 램프2 원
  · 태그명 : L2
  · 출몰조건 : On
- 램프3 원
  · 태그명 : L3
  · 출몰조건 : On

❖ 물론 데이터 베이스를 작성한 후 기능을 부여해도 무방하다.

(2) “ON1” 사각 버턴의 오브젝트에 터치 제어 기능을 부여한다.

1) “ON1” 사각 버턴의 오브젝트를 더블 클릭하여 “그림 설정” 대화상자를 표시한다.

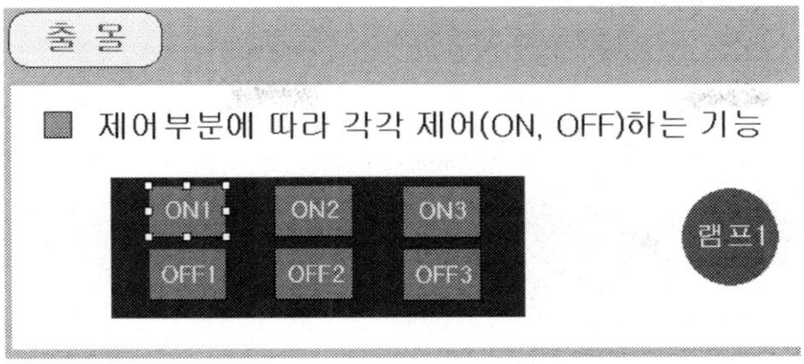

[그림 2-28]

2) "그림 설정" 대화 상자의 "터치" 버턴을 클릭한다.

3) 동작 정의 탭 컨트롤 중에서 "동작정의" 콤보 박스를 클릭한다.

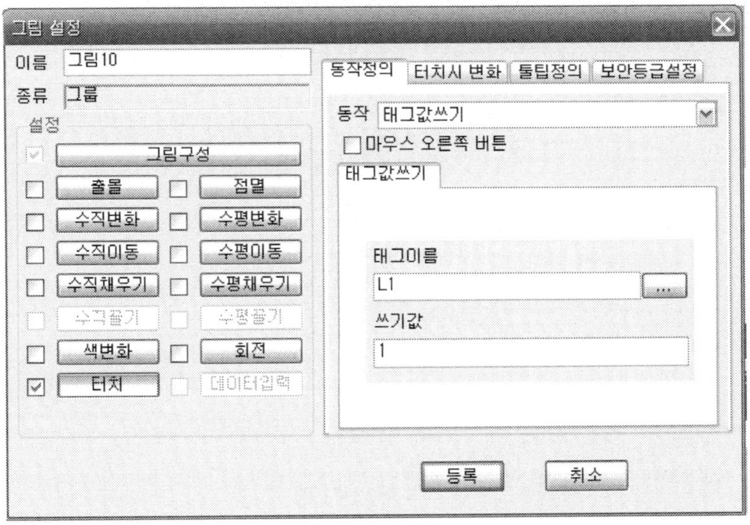

[그림 2-29]

4) "태그값쓰기"를 선택하여 태그이름과 쓰기값을 입력한다.
   - 태그이름 : L1
   - 쓰기값 : 1

5) "등록" 버턴을 클릭한다.

6) 같은 방법으로 ON2, ON3 사각 버턴의 오브젝트의 기능을 지정한다.

- ON2 사각 버턴
  - 태그명 : L2
  - 쓰기값 : 1
- ON3 사각 버턴
  - 태그명 : L3
  - 쓰기값 : 1

(3) "OFF1" 사각 버턴의 오브젝트에 터치 제어 기능을 지정 한다.

1) 쓰기값을 제외한 모든 부분은 앞의 "ON1" 사각 버턴의 오브젝트 지정한 방법과 같이 입력한다. 쓰기값은 0으로 입력한다.

2) 같은 방법으로 OFF2, OFF3 사각 버턴의 오브젝트의 기능을 지정한다.

- OFF2 사각 버턴
  - 태그명 : L2
  - 쓰기값 : 0
- OFF3 사각 버턴
  - 태그명 : L3
  - 쓰기값 : 0

☑ 2-1-4 점멸 제어 기능 설정하기

(1) "램프1" 원 오브젝트에 점멸 제어 기능을 추가한다.

1) "램프1" 원 오브젝트를 더블 클릭해서 "그림 설정" 대화상자를 표시한다.

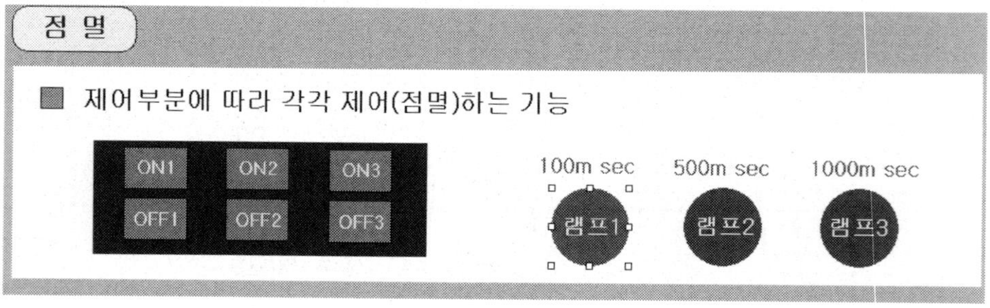

[그림 2-30]

2) "그림 설정" 대화상자의 "점멸" 버턴을 클릭한다.

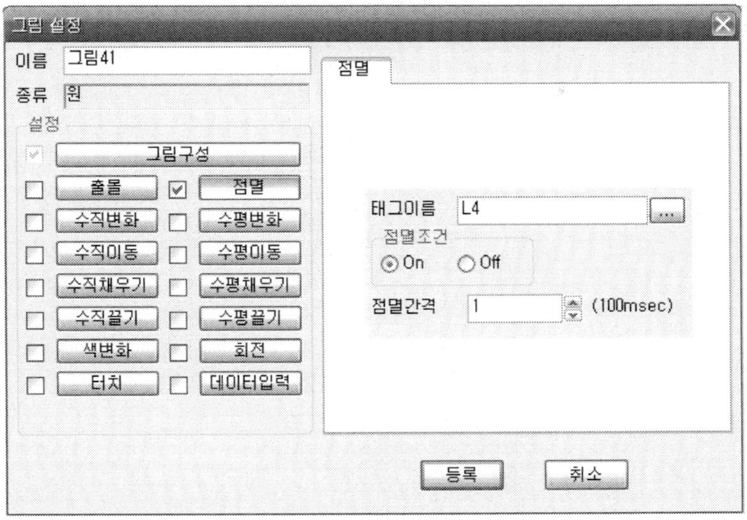

[그림 2-31]

- 태그이름 : "L4"
- 점멸 조건 : On
- 점멸 간격 : 1 (100 msec)

3) "등록" 버턴을 클릭한다.
데이터베이스 저장문의 대화상자가 표시된다.

4) "예" 버턴을 클릭한다.
태그편집기가 표시된다.

5) 태그 종류가 디지털, 가상태그 인지를 확인한다.

6) 태그편집기의 탭 컨트롤 중에서 "고급 설정"을 클릭한다.

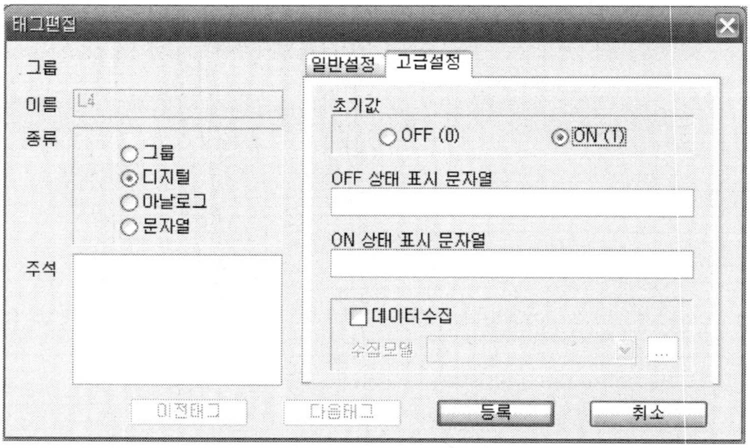

[그림 1-32]

7) 초기값을 “ON(1)”으로 설정한다.

8) “등록” 버턴을 클릭한다.

9) 같은 방법으로 램프2, 램프3 원 오브젝트의 기능을 지정한다.
- 램프2 원
  - 태그명 : L5
  - 점멸조건 : On
  - 점멸 간격 : 5 (500 msec)
- 램프3 원
  - 태그명 : L6
  - 점멸조건 : On
  - 점멸 간격 : 10 (1000 msec)

(2) “ON1” 사각 버턴의 오브젝트에 터치 제어 기능을 지정한다.

출몰의 터치제어 기능과 동일하다. 태그값만 다음과 같이 지정한다.

1) 같은 방법으로 ON2, ON3 사각 버턴의 오브젝트의 기능을 지정한다.
- ON1 사각 버턴
  - 태그명 : L4
  - 쓰기값 : 1
- ON2 사각 버턴

· 태그명 : L5
· 쓰기값 : 1

– ON3 사각 버턴
· 태그명 : L6
· 쓰기값 : 1

(3) "OFF1" 사각 버턴의 오브젝트에 터치 제어 기능을 지정한다.

출몰의 터치제어 기능과 동일하다. 테그값만 다음과 같이 지정한다.

1) 같은 방법으로 ON2, ON3 사각 버턴의 오브젝트의 기능을 지정한다.
OFF1 사각 버턴 : 태그명 : L4　　쓰기값 : 0
OFF2 사각 버턴 : 태그명 : L5　　쓰기값 : 0
OFF3 사각 버턴 : 태그명 : L6　　쓰기값 : 0

• 설정된 데이터베이스는 아래와 같다.

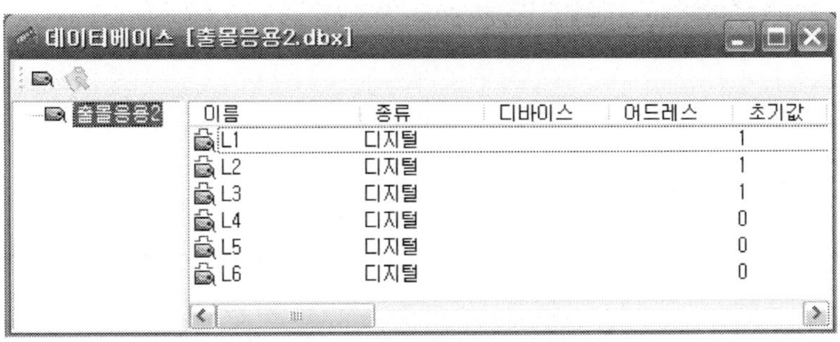

[그림 2-33]

2-1-5 페이지 저장하기

(1) 표준 도구 중에서 "저장" 아이콘을 클릭한다.

(2) 다음과 같은 저장 대화상자가 나타난다.

[그림 2-34]

(3) "저장" 버턴을 클릭한다.

페이지가 "출몰과 점멸.pgx" 파일로 저장이 된다.

❖ 메뉴 중에서 "파일" - "저장"을 선택할 수도 있다.

☑ 2-1-6 CimonX 환경 설정하기

CIMON HMI의 실행 프로그램인 CimonX의 환경을 설정한다.

(1) CimonD의 메뉴 중에서 "도구" - "CimonX 환경"을 선택한다.

(2) 다음과 같은 "CimonX 환경설정" 대화상자가 나타난다.

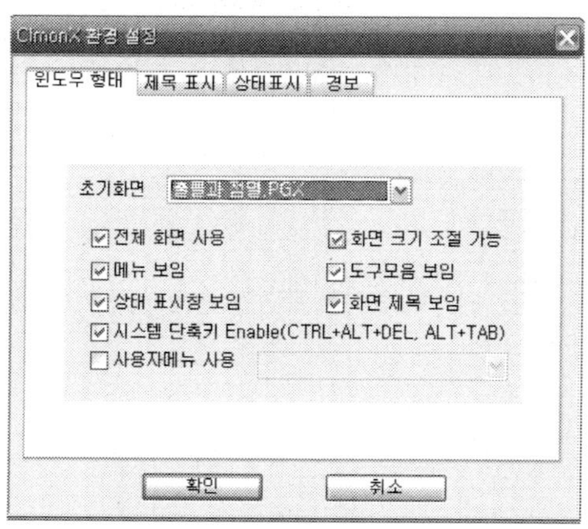

[그림 2-35]

(3) "초기 화면" 콤보 박스를 클릭해서 "출몰과 점멸.PGX"를 선택한다.

(4) "확인" 버턴을 클릭한다.

2-1-7 CimonD 종료하기

CimonD 프로그램을 종료시킨다.

(1) CimonD의 메뉴 중에서 "파일"-"종료"를 선택한다.

(2) 다음과 같은 문의 대화상자가 나타난다.

[그림 2-36]

데이터베이스 작업 내용의 저장 여부를 문의하는 대화상자이다.

(3) "예" 버턴을 클릭한다.

CimonD 화면이 사라지면서 프로그램이 종료된다.

2-1-8 출몰 점멸 기능 검사하기

이제까지 작성한 출몰 점멸 기능이 제대로 동작하는지 검사한다.

(1) CIMON HMI의 실행 프로그램인 CimonX를 실행시킨다.

(2) CIMON HMI가 설치되어 있는 폴더로 이동한다.

(3) "CimonX.exe"를 더블 클릭해서 실행시킨다.

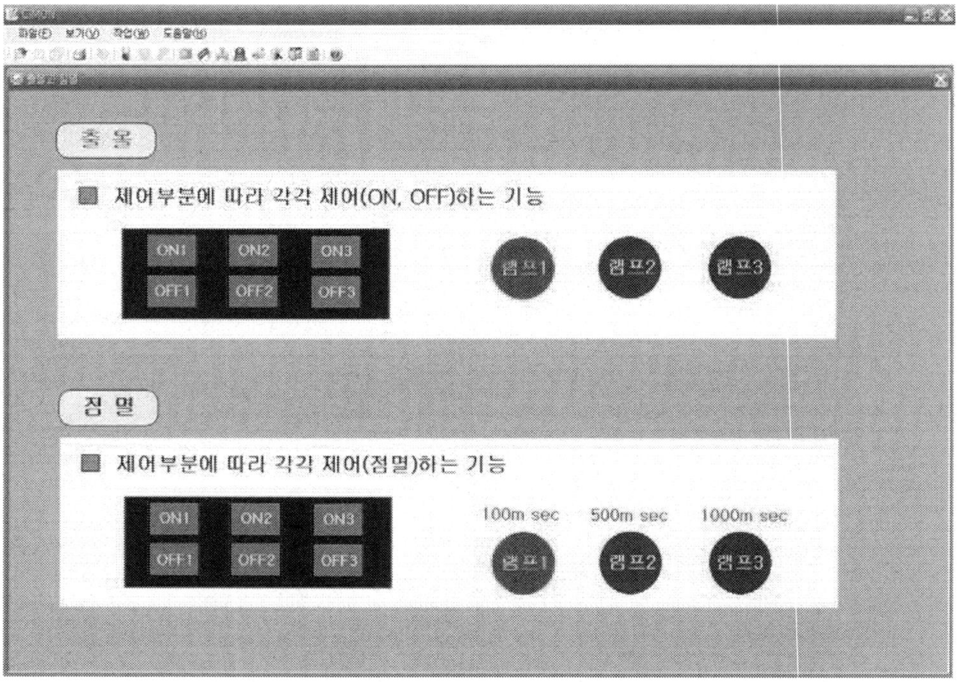

[그림 2-37]

위와 같이 "출몰/점멸" 페이지가 화면에 표시되는 지를 확인한다.

▶ 출몰 제어 기능 검사

실행 화면은 램프1, 램프2, 램프3이 모두 태그값 고급 설정에서 ON(1)을 설정하였으므로 보입니다.

1) "OFF1" 사각형 버턴 그룹 오브젝트를 클릭한다.

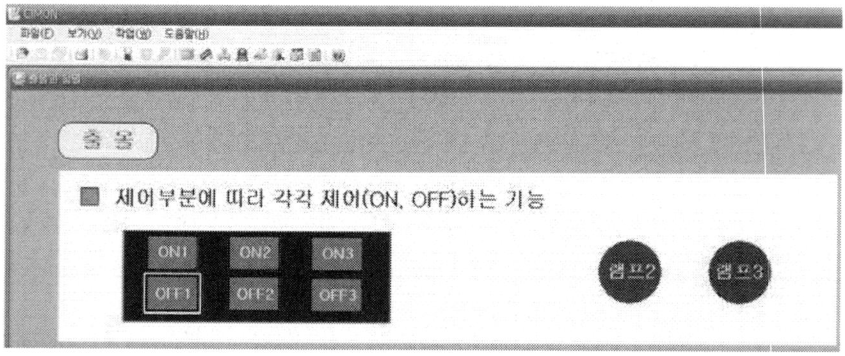

[그림 2-38]

위의 그림과 같이 적색 "램프1" 원형 오브젝트가 화면에서 OFF된 것을 확인한다.

2) "ON1" 사각형 버턴 그룹 오브젝트를 클릭한다.

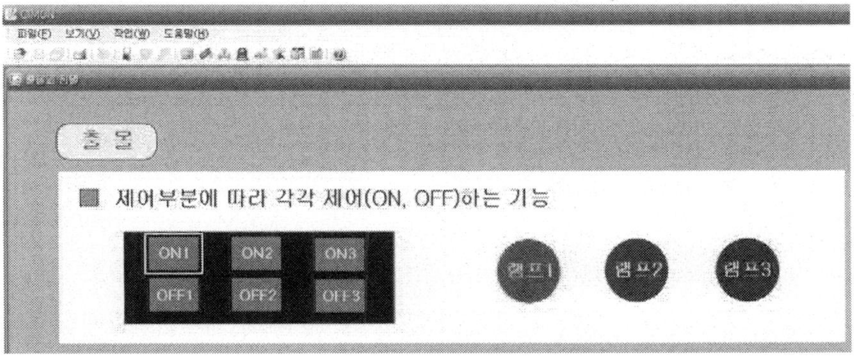

[그림 2-39]

위의 그림과 같이 적색 "램프1" 원형 오브젝트가 화면에서 ON된 것을 확인한다.

3) 이와 같이 "OFF2", "OFF3"를 클릭하여 "램프2", "램프3"가 사라지는가를 확인한다.

4) 사라진 "램프2", "램프3"가 "ON2", "ON3"에 의하여 다시 나타나는가를 확인한다.

▸ **점멸 제어 기능 검사실행 화면은 램프1, 램프2, 램프3이 모두 태그값 고급 설정에서 ON(1)을 설정하였으므로 점멸하고 있다.**
  ① "OFF1", "OFF2", "OFF3", 사각형 버턴 그룹 오브젝트를 각각 클릭하여, 위의 세 원형 오브젝트가 모두 사라지는 지를 확인한다.
  ② "ON1", "ON2", "ON3", 사각형 버턴 그룹 오브젝트를 각각 클릭하여, 위의 세 원형 오브젝트가 모두 주기에 맞게 점멸 하는지를 확인한다.

▸ CimonX 종료하기
  ① CimonX의 메뉴 중에서 "파일"-"종료"를 선택한다.
  ② CimonX 화면이 사라지면서 프로그램이 종료된다.

2-2 크기변화와 이동

이번 장에서는 오브젝트의 크기를 변화시키는 제어 기능과 위치를 이동시키는 제어 기능을 구현해 봅시다.

- 크기 변화 기능은 오브젝트의 크기를 변화시키는 제어 기능
- 이동 기능은 오브젝트를 위치를 이동시키는 제어 기능

작성할 페이지의 완성된 화면은 다음과 같다.

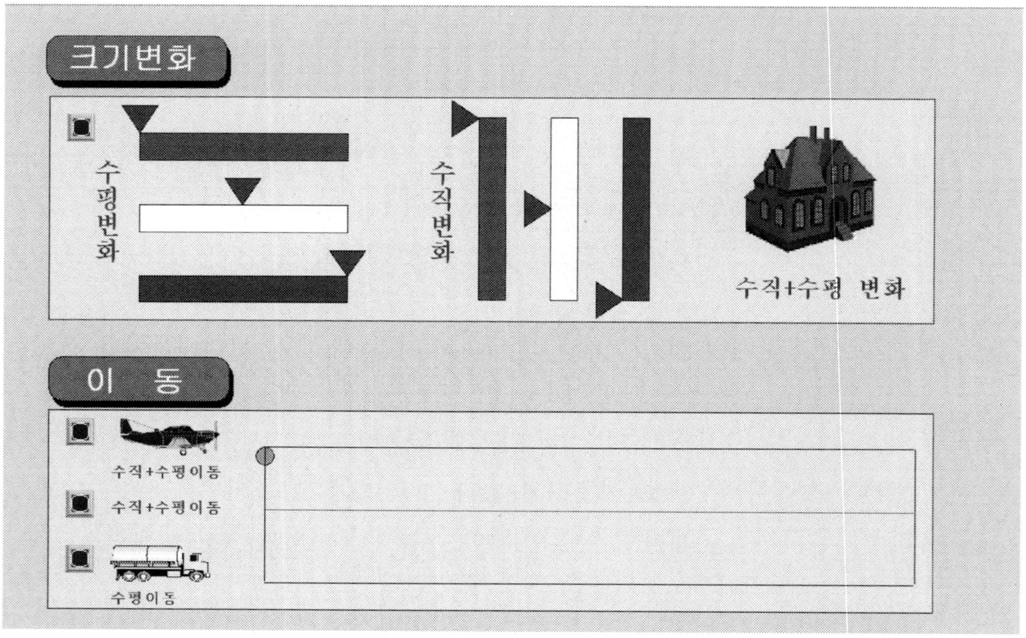

[그림 2-40]

오브젝트 크기 변화 기능으로 수평 변화, 수직 변화, 수평/수직 변화 기능을 만들어보고, 오브젝트의 위치를 수평, 수직/수평, Cosine 함수 값에 따라서 이동시키는 기능을 만들어 보자.

☑ 2-2-1 페이지 환경설정

메뉴 중에서 "도구"-"페이지 환경 설정"을 선택-"Page 설정" 대화상자

(1) **제목** : 크기변화와 이동

(2) **배경색** : 버턴을 눌러 원하는 색을 선택(여기서는 연회색을 지정)

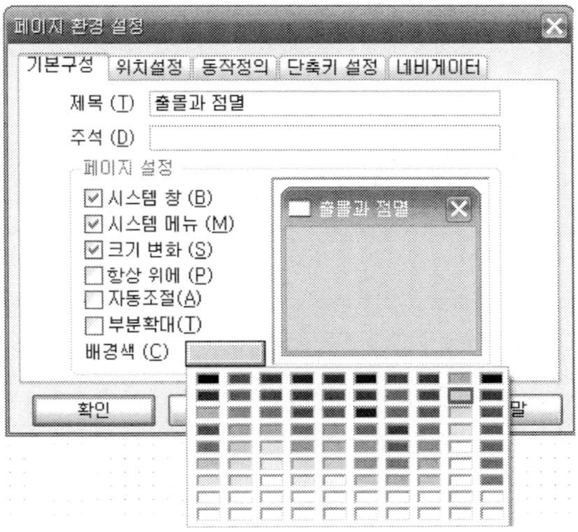

[그림 2-41]

(3) 위치설정 탭 컨트롤 선택

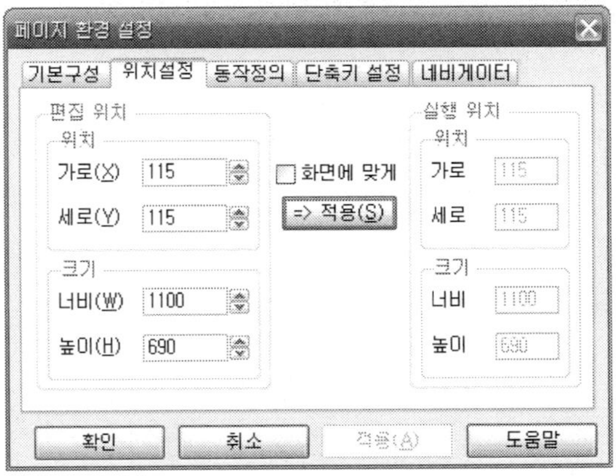

[그림 2-42]

위 그림과 같이 "=> 적용(S)" 버턴을 클릭하면 실행시의 페이지 초기 위치와 크기값을 설정한다.

(4) 확인 버턴을 클릭하면 페이지의 제목과 배경색이 지정된다.

☑ 2-2-2 그림 및 글자 오브젝트 생성

(1) 폐곡선 그리기(수평, 수직크기 변화의 기준점 표시)

다음과 같은 모양의 삼각형 오브젝트를 생성한다.

- 그림 도구모음 중에서 폐곡선 아이콘을 선택한다. 
- 첫 번째 꼭지점 위치에서 마우스 왼쪽 버턴을 클릭한다.
- 두 번째 꼭지점까지 마우스를 이동시킨다.
- 두 번째 꼭지점 위치에서 마우스 왼쪽 버턴을 클릭한다.
- 세 번째 꼭지점까지 마우스를 이동시킨다.
- 세 번째 꼭지점 위치에서 마우스의 왼쪽 버턴을 더블 클릭한다.
  그러면 삼각형 오브젝트가 생성된다.
- 삼각형 오브젝트의 색을 설정한다.
  배경색 : 녹색
  펜색 : 흑색

(2) 수평 크기 변화의 기준점 표시

- 삼각형 오브젝트의 위치를 설정한다.
  수평크기변화의 적색 사각형의 좌측 상단에 위치시킨다.

- 연황색과 녹색 사각형 오브젝트에도 다음과 같이 기준점 표시를 한다.

(3) 수직 크기 변화의 기준점 표시

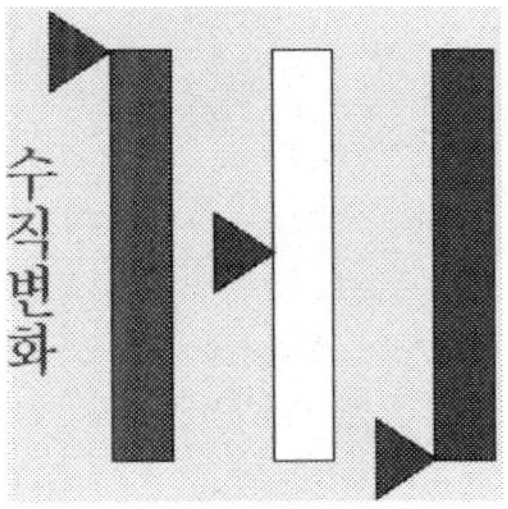

- 앞에서 설명한 방법으로 위 그림 모양의 삼각형을 만들고 위치를 설정한다.

(4) 건물 개체 삽입하기

- CimonD의 메뉴 중에서 "그림"-"라이브러리"를 선택하여 라이브러리 화면에서 "빌딩과 집1"을 선택하면 다음과 같은 화면이 표시된다.

[그림 2-43]

- 윗 화면에서 중앙에 있는 집을 선택하여 끌어서 바탕화면에 놓는다.
- 크기 변환의 오브젝트의 전체 모양이 아래와 같이 배치된다.

[그림 2-44]

☑ 2-2-3 크기변화 제어 기능 설정하기

(1) 수평 크기변화 제어 기능 설정하기(왼쪽 기준)

- 수평 크기변화의 적색 사각형 오브젝트의 "그림 설정" 대화상자를 표시한다.
- 설정 부분의 "수평변화" 버턴을 클릭한다.
- 태그이름을 "사각1"로 입력한다.
- 변화 기준 설정은 "왼쪽"으로 선택한다.(디폴트로 왼쪽에 설정되어 있다.)
- "등록" 버턴을 클릭한다.

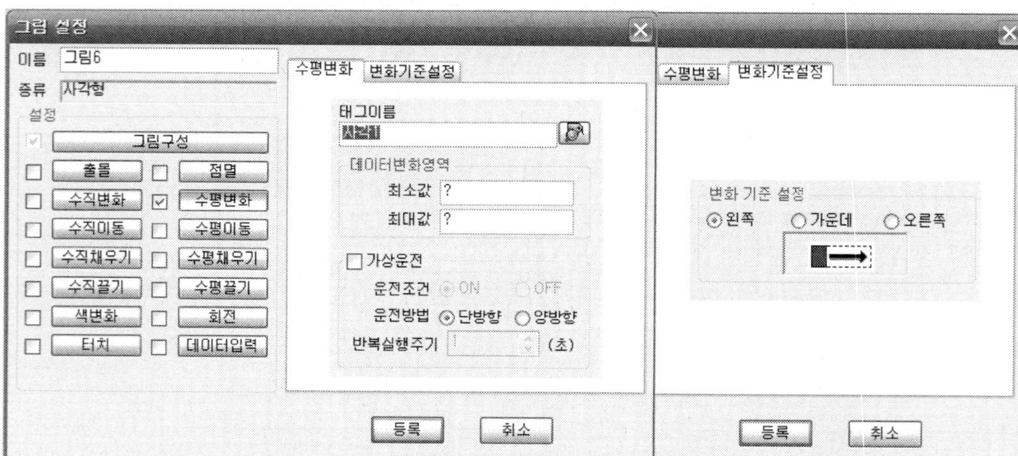

[그림 2-45]

❖ 데이터베이스 추가를 문의하는 대화상자가 표시된다.
- "예(Y)" 버턴을 클릭한다. 태그편집기가 표시된다.
- 태그 종류를 아날로그로 선택한다.
  편집기 화면이 다음과 같이 변경된다.

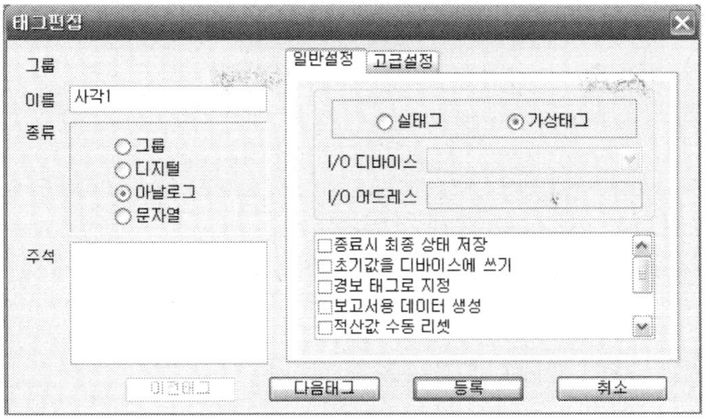

[그림 2-46]

- 고급설정 탭 컨트롤을 클릭한다.

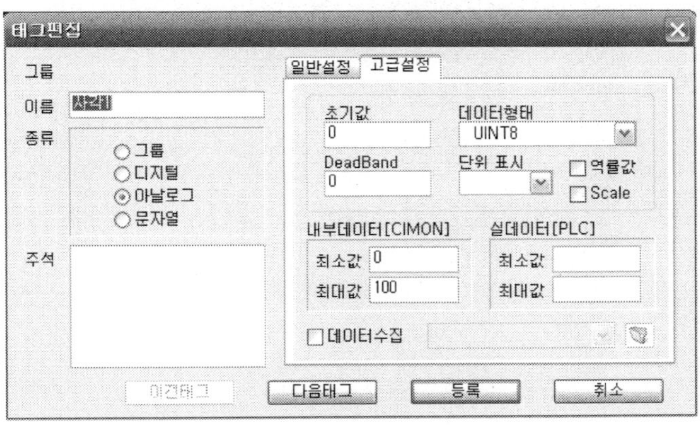

[그림 2-47]

- 데이터형태 콤보 박스를 클릭해서 "UINT8"로 선택한다.
- 내부데이터의 최대값을 100으로 입력한다.
- "등록" 버턴을 클릭한다.

(2) 수평 크기변화 제어 기능 추가하기(가운데 기준)

- 수평 크기변화의 연황색 사각형 오브젝트의 "그림 설정" 대화상자를 표시한다.
- 설정 부분의 "수평변화" 버턴을 클릭한다.
- 태그이름을 "사각1"로 입력한다.
- 변화 기준 설정은 "가운데"로 선택한다.
- "등록" 버턴을 클릭한다.

(3) 수평 크기변화 제어 기능 추가하기(오른쪽 기준)

- 수평 크기변화의 녹색 사각형 오브젝트의 "그림 설정" 대화상자를 표시한다.
- 설정 부분의 "수평변화" 버턴을 클릭한다.
- 태그이름을 "사각1"로 입력한다.
- 변화 기준 설정은 "오른쪽"으로 선택한다.
- "등록" 버턴을 클릭한다.

(4) 수직 크기변화 제어 기능 추가하기(위 기준)

- 수직 크기변화의 적색 사각형 오브젝트의 "그림 설정" 대화상자를 표시한다.
- 설정 부분의 "수직변화" 버턴을 클릭한다.

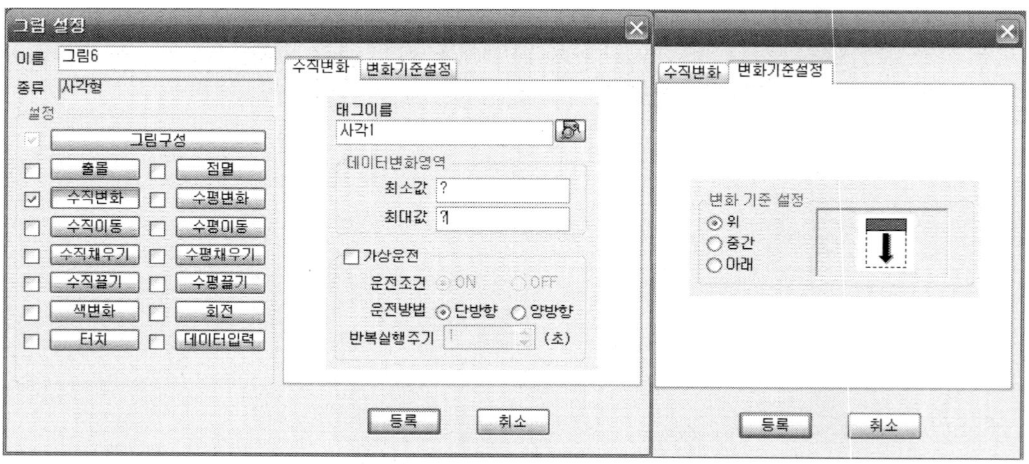

[그림 2-48]

- 태그이름을 "사각1"로 입력한다.
- 변화 기준 설정은 "위"로 선택한다.
- "등록" 버턴을 클릭한다.

(5) 수직 크기변화 제어 기능 추가하기(중간 기준)

- 수직 크기변화의 연황색 사각형 오브젝트의 "그림 설정" 대화상자를 표시한다.
- 설정 부분의 "수직변화" 버턴을 클릭한다.
- 태그이름을 "사각1"로 입력한다.
- 변화 기준 설정은 "중간"으로 선택한다.
- "등록" 버턴을 클릭한다.

(6) 수직 크기변화 제어 기능 추가하기(아래 기준)

- 수직 크기변화의 파란색 사각형 오브젝트의 "그림 설정" 대화상자를 표시한다.
- 설정 부분의 "수직변화" 버턴을 클릭한다.
- 태그이름을 "사각1"로 입력한다.
- 변화 기준 설정은 "아래"로 선택한다.
- "등록" 버턴을 클릭한다.

(7) 수평 + 수직 크기변화 제어 기능 추가하기

- 라이브러리 집 오브젝트의 "그림 설정" 대화상자를 표시한다.
- 설정 부분의 "수직변화" 버턴을 클릭한다.
- 태그이름을 "사각1"로 입력한다.
- 변화 기준 설정
  "중간"으로 선택한다.
- 설정 부분의 "수평변화" 버턴을 클릭한다.
- 태그이름을 "사각1"로 입력한다.
- 변화 기준 설정
  "가운데"로 선택한다.
- "등록" 버턴을 클릭한다.

☑ 2-2-4 크기변화용 스크립트 작성하기

스크립트를 이용해서 "사각1"의 값을 변경시키는 방법을 알아보자.

(1) CimonD의 메뉴 중에서 "도구"-"스크립트"를 선택한다.

다음과 같은 스크립트 편집기가 표시된다.

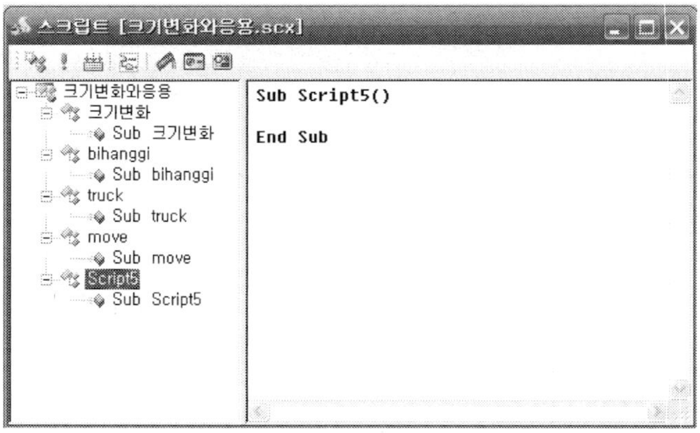

[그림 2-49]

(2) 스크립트를 작성한다.

스크립트는 Visual Basic 언어를 사용하여 작성한다.

이번의 작성할 스크립트의 알고리즘은 다음과 같다.

"사각1"의 값을 0-100 사이의 경계 범위 내에서 계속적으로 10 만큼씩 증가 또는 감소시킨다. 즉 처음에는 값을 10씩 증가시키다가 값이 100이 되면 10씩 감소시킨다. 다시 값이 0이 되면 10씩 증가시킨다. 이런 식으로 계속 태그의 값을 증가, 감소시킨다. 값 변경 주기는 200 msec로 한다.

위와 같은 알고리즘을 Visual Basic으로 작성하면 다음과 같다.

```
Sub 크기변화()
        delta = 10
        While 1
            Tag5 = GetTagVal("사각1")
            if ((delta = 10) AND (Tag5 = 100)) Then
                delta = -10
            elseif ((delta = -10) AND (Tag5 = 0)) Then
                delta = 10
            end if
                SetTagVal "사각1", Tag5 + delta
                sleep(200)
        Wend
End Sub
```

스크립트를 입력한 화면은 다음과 같다.

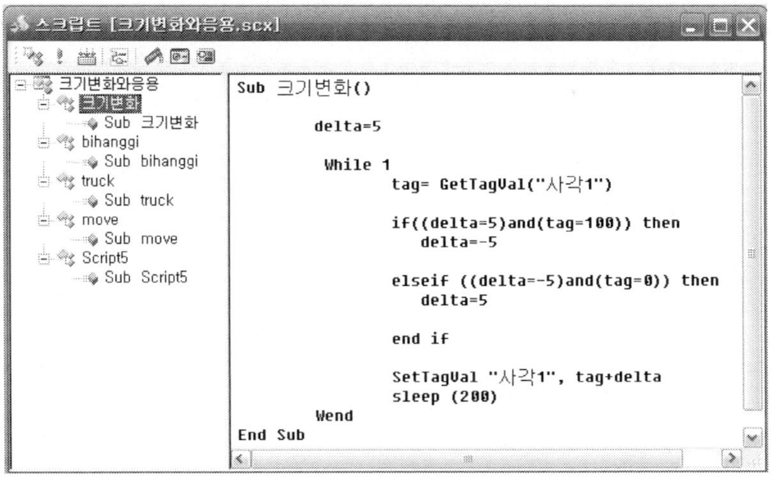

[그림 2-50]

(3) 스크립트를 검사한다.

- 스크립트 편집기 도구모음 중에서 "스크립트 검사" 아이콘 ( ) 을 클릭한다.
- 만약 에러가 발생하면 에러 내용을 보여주는 대화상자가 표시된다.
- 그러면 대화상자를 닫고 에러를 수정한 다음, 다시 스크립트를 검사하면 된다.

(4) 스크립트를 저장한다.

- CimonD의 표준 도구모음 중에서 저장 아이콘을 클릭한다.
- 컨트롤 영역의 닫기 아이콘을 클릭해서 스크립트 편집기를 종료한다.

(5) 크기변화 좌측 상단의 버턴에 ( ) 터치 기능을 부여한다.

- 버턴을 더블 클릭하여 그림설정 화면에서 "터치"기능을 선택한다.
- "동작정의" 탭에서 동작을 명령식으로 선택한다.
- "명령식-DOWN" 화면에서 runscript("크기변화")를 입력한다.

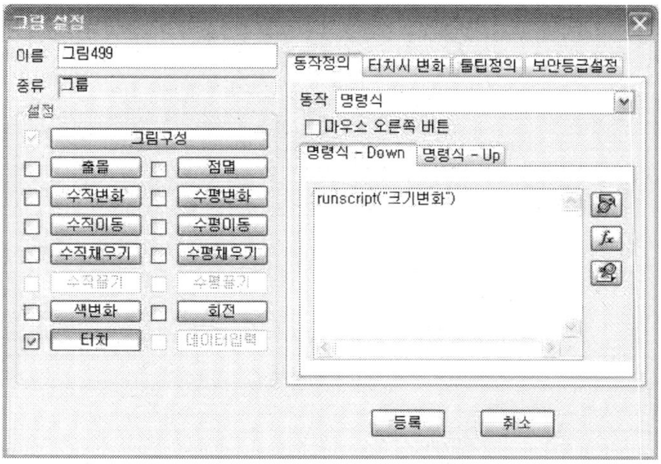

[그림 2-51]

2-2-5 이동 그림 오브젝트 생성하기

앞에서 설명한 문자, 사각형 오브젝트 및 복사 기능을 이용하여 화면을 다음과 같이 편집한다.

[그림 2-52]

- 비행기와 트럭은 메뉴의 그림-라이브러리의 운송1에서 드래그하여 화면에 입력한다.

2-2-6 이동 제어 기능 설정하기

(1) 원 오브젝트에 수평 수직 이동 제어 기능을 설정

1) 수직기능 설정하기

- 원 오브젝트의 "그림 설정" 대화상자를 표시한다.
- 설정 부분에서 수직이동 버턴을 선택한다.

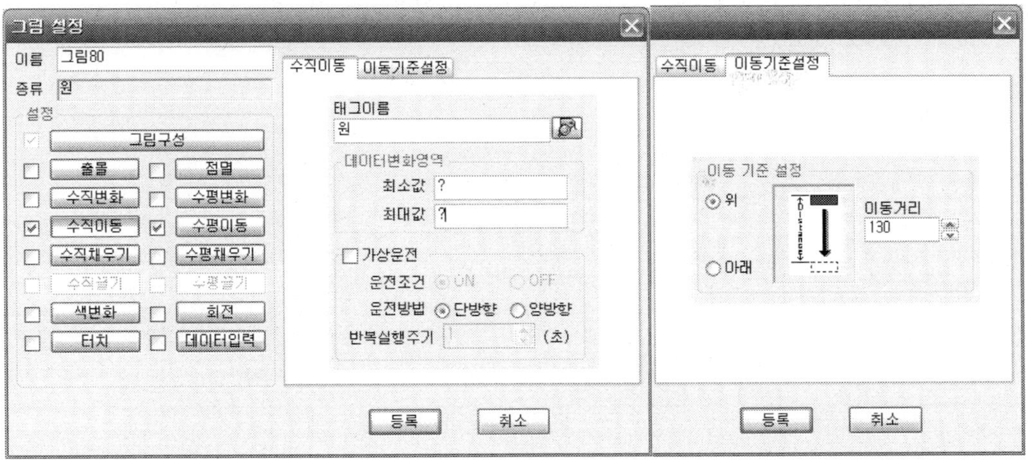

[그림 2-53]

- 태그이름을 "원"으로 입력한다.
- 이동 기준은 "위"로 설정한다.
- 이동거리는 130으로 설정한다.
  이동거리는 사각형 오브젝트의 높이(150)에서 원 오브젝트의 높이(20)를 뺀 값이다.
- 등록 버턴을 누르면 데이터베이스 저장 문의 대화상자가 표시된다.
- "예(Y)" 버턴을 클릭한다.
  태그 편집기가 표시된다.
- 태그 종류를 아날로그로 선택한다.
- 일반 설정에서 가상태그로 설정한다.
- 탭 컨트롤 부분에서 고급설정을 선택한다.
  - 데이터형태 - "UINT8"
  - 내부데이터 최대값 - 130
  - 아래와 같이 표시된다.

[그림 2-54]

- "등록" 버턴을 클릭한다.

2) 수평기능 설정하기

- 그림설정 대화 상자에서 수평이동을 선택하여 태그이름을 "원1"로 입력한다.
  - 이동 기준은 "왼쪽"으로 설정한다.
  - 이동거리는 720으로 설정한다.
  - 이동거리는 사각형 오브젝트의 너비(740)에서 원 오브젝트의 너비(20)를 뺀 값이다.
- "등록" 버턴을 클릭한다.
- "원1"의 데이터 베이스작성
  - 데이터베이스 저장문의 대화상자가 표시된다.
  - "예(Y)" 버턴을 클릭한다.
  - 태그 편집기가 표시된다.
  - 태그 종류를 아날로그로 선택한다.(가상태그로 설정)
  - 탭 컨트롤 부분에서 고급설정을 선택한다.
  - 데이터형태 콤보 박스를 클릭해서 "UINT16"로 선택한다.
  - 내부데이터 최대값을 720으로 입력한다.

❖ (U)INT

- □ UINT는 음수를 제외한 0부터 양의 정수
- □ INT는 음의정수, 0, 양의정수
- □ **는 비트크기를 나타낸다. : 8, 16, 32

예를 들면 INT32 : −2147483648 ~ 2147483647
UINT16 : 0 ~ 65535
INT16 : −32768 ~ 32767
INT8 : −128 ~ 127

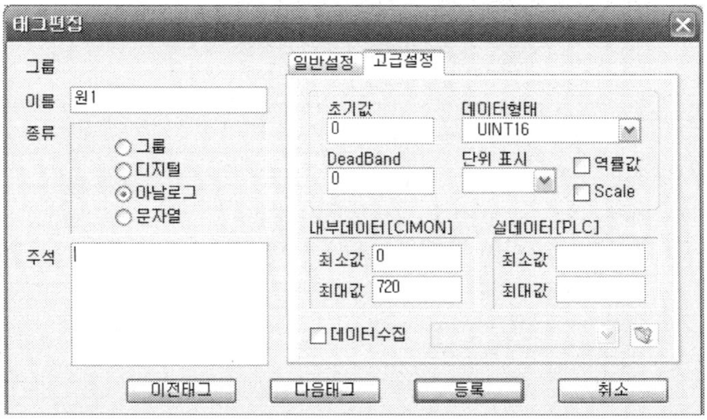

[그림 2-55]

− "등록" 버턴을 클릭한다.

(2) 비행기 오브젝트에 수평 수직 이동 제어 기능을 설정

1) 수직기능 설정하기

− 비행기 오브젝트의 "그림 설정" 대화상자를 표시한다.

− 설정 부분에서 수직이동 버턴을 선택한다.

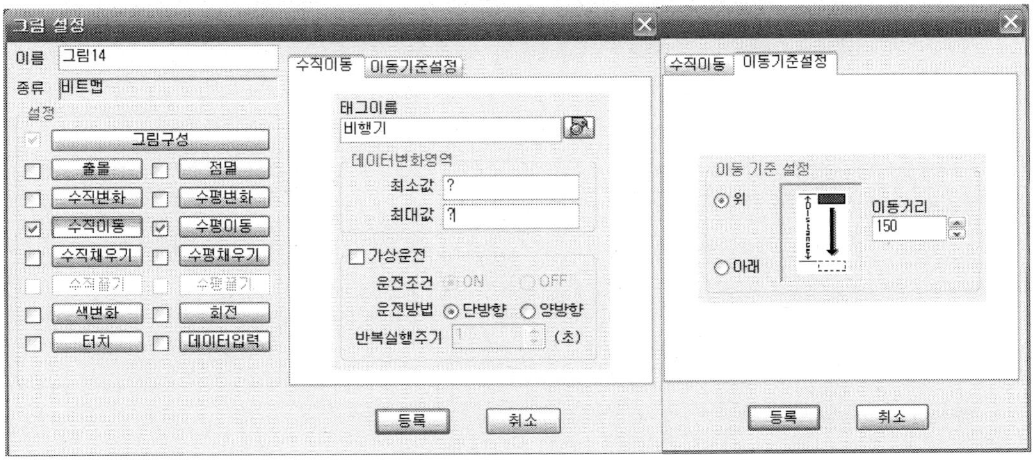

[그림 2-56]

- 태그이름을 "비행기"으로 입력한다.
- 이동 기준은 "위"로 설정한다.
- 이동거리는 150으로 설정한다.
- 등록 버턴을 누르면 데이터베이스 저장 문의 대화상자가 표시된다.
- "예(Y)" 버턴을 클릭한다.
  태그 편집기가 표시된다.
- 태그이름을 비행기로 선택한다.
- 태그 종류를 아날로그로 선택한다.
- 일반 설정에서 가상태그로 설정한다.
- 탭 컨트롤 부분에서 고급설정을 선택한다.
  · 데이터형태-"UINT8"
  · 내부데이터 최대값-150
  · 아래와 같이 표시된다.

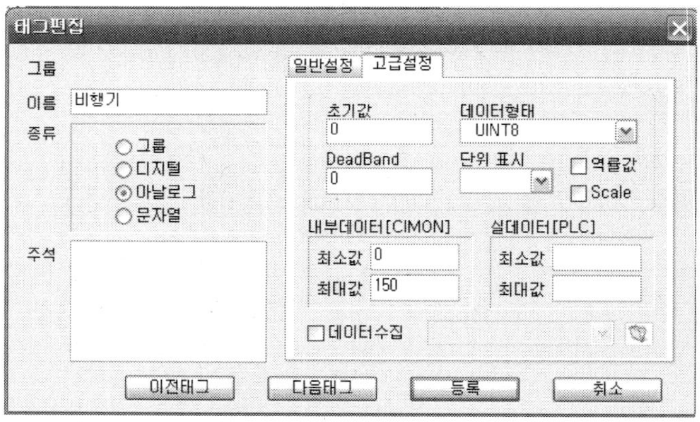

[그림 2-57]

- "등록" 버턴을 클릭한다.

2) 수평기능 설정하기
- 그림설정 대화 상자에서 수평이동을 선택하여 태그이름을 "비행기"로 입력한다.
  · 이동 기준은 "왼쪽"으로 설정한다.
  · 이동거리는 700으로 설정한다.

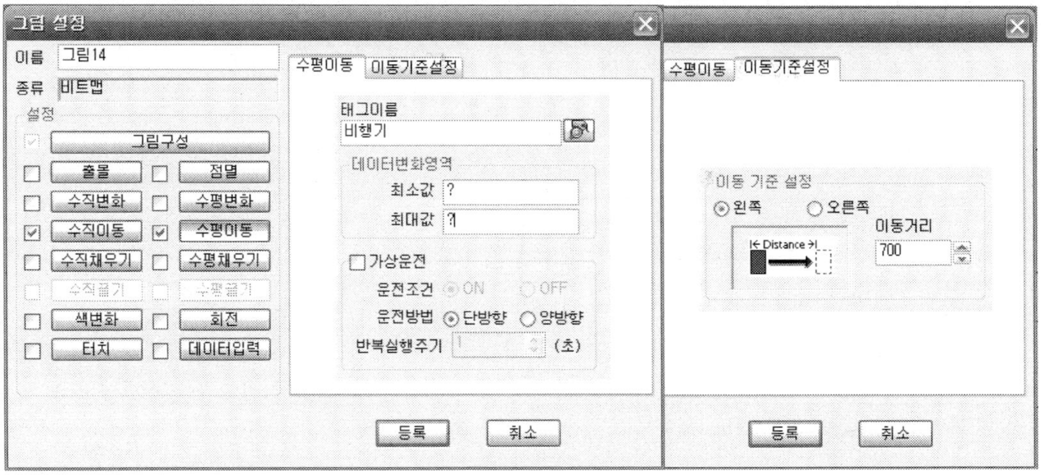

[그림 2-58]

- "등록" 버턴을 클릭한다.

(3) 트럭 오브젝트에 수평 이동 제어 기능을 설정

1) 수평기능 설정하기

- 트럭 오브젝트의 "그림 설정" 대화상자를 표시한다.
- 설정 부분에서 수평이동 버턴을 선택한다.

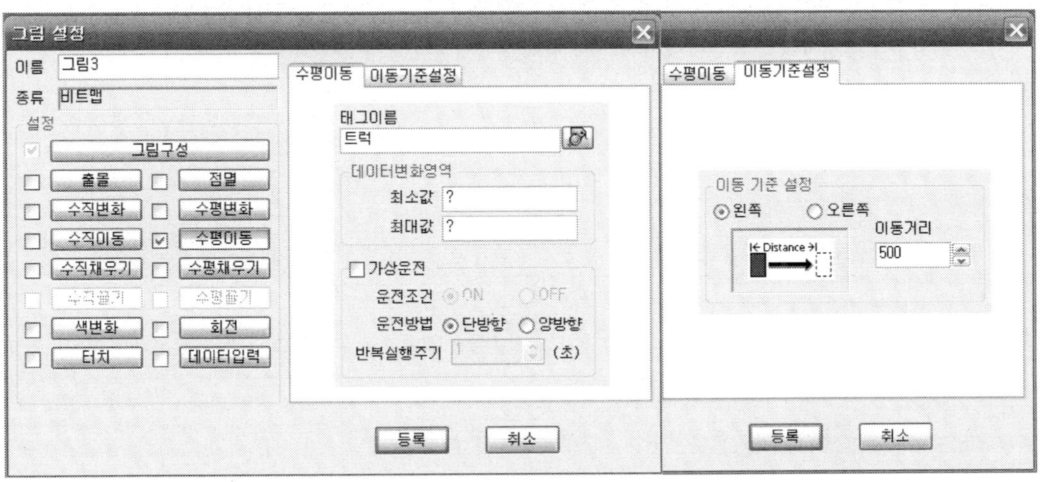

[그림 2-59]

- 태그이름을 "트럭"으로 입력한다.
- 이동 기준은 "왼쪽"로 설정한다.

- 이동거리는 500으로 설정한다.
- 등록 버턴을 누르면 데이터베이스 저장 문의 대화상자가 표시된다.
- "예(Y)" 버턴을 클릭한다.
  태그 편집기가 표시된다.
- 태그이름을 트럭으로 선택한다.
- 태그 종류를 아날로그로 선택한다.
- 일반 설정에서 가상태그로 설정한다.
- 탭 컨트롤 부분에서 고급설정을 선택한다.
  · 데이터형태-"UINT8"
  · 내부데이터 최대값-100
  · 아래와 같이 표시된다.

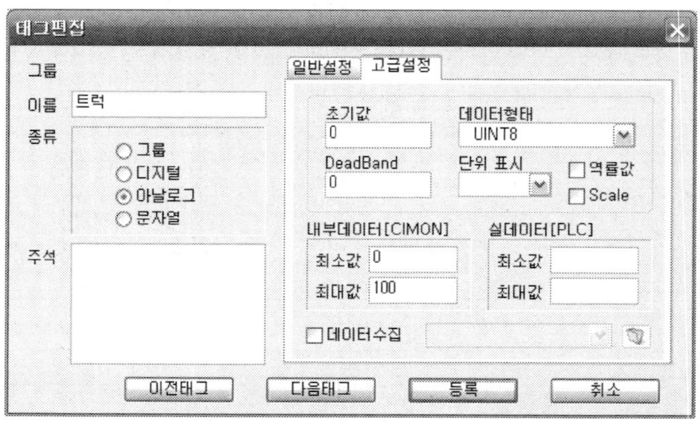

[그림 2-60]

- "등록" 버턴을 클릭한다.

2-2-7 이동용 스크립트 작성하기

(1) 원 오브젝트 수평 수직 이동 제어 기능을 위한 스크립트

- CimonD의 메뉴 중에서 "도구"-"스크립트"를 선택한다.
  스크립트 편집기가 표시된다.
- 스크립트 편집기의 도구모음 중에서 "스크립트 추가" 아이콘 ( )을 클릭한다.
- 스크립트를 작성한다.
  이번의 작성할 스크립트의 알고리즘은 다음과 같다.
  "원"의 값이 그래프의 Y축 값에 해당하고 "원1"의 값이 X축에 해당한다. "원1"의 값을 0에서부터 720까지 10씩 증가시킨다. 값이 720이 되면 0으로 재설정한다. "원"의 값은 "원1"의 값에 대한 Cosine 값이다. 이동간의 간격은 200 msec로 한다.

이 알고리즘을 스크립트로 작성하면 다음과 같다.

```
Sub Move()
    While 1
        Tag7 = GetTagVal("원1")
        if (원1 = 720) Then
            SetTagVal "원1", 0
        else
            SetTagVal "원1", Tag7 + 10
        end if
            SetTagVal "원", 65 - 65 * cos (3.141592 * Tag7 / 180)
            sleep(200)
    Wend
End Sub
```

- 스크립트를 검사한다.
- 스크립트를 저장한다.
- 스크립트 편집기를 종료한다.
- 작성된 스크립트는 아래 화면과 같다.

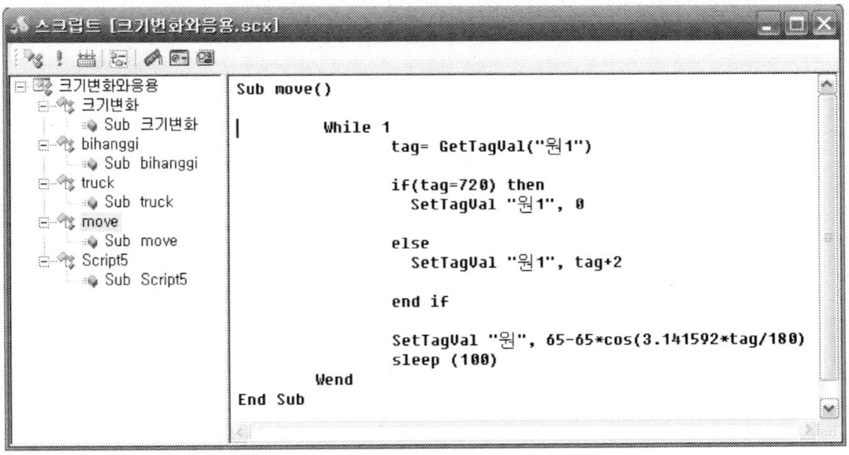

[그림 2-61]

(2) 비행기 오브젝트 수평 수직 이동 제어 기능을 위한 스크립트

- CimonD의 메뉴 중에서 "도구"-"스크립트"를 선택한다.
  스크립트 편집기가 표시된다.
- 스크립트 편집기의 도구모음 중에서 "스크립트 추가" 아이콘 ( )을 클릭한다.
- 스크립트를 작성한다.

```
Sub bihanggi()

   delta=2

            While 1
        tag= GetTagVal("비행기")

               if((delta=2)and(tag=100)) then
                  delta=-100
                elseif ((delta=-100)and(tag=0)) then
                  delta=2
               end if
               SetTagVal "비행기", tag+delta
        sleep (100)
   Wend
End Sub
```

- 스크립트를 검사한다.
- 스크립트를 저장한다.
- 스크립트 편집기를 종료한다.
- 작성된 스크립트는 아래 화면과 같다.

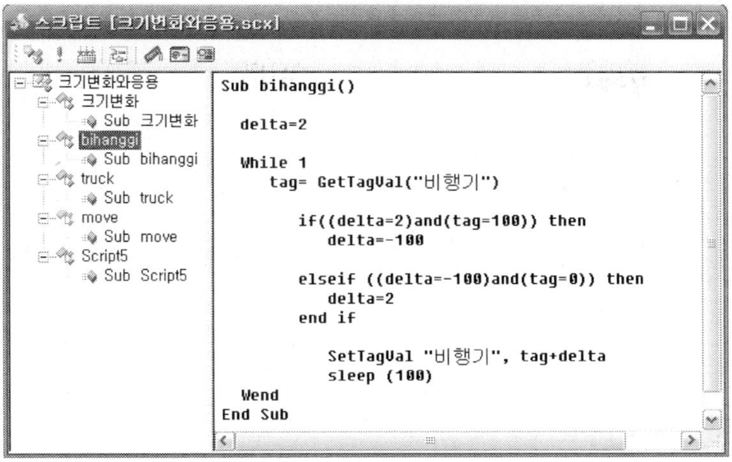

[그림 2-62]

(3) 트럭 오브젝트 수평 수직 이동 제어 기능을 위한 스크립트

- CimonD의 메뉴 중에서 "도구"-"스크립트"를 선택한다.
  스크립트 편집기가 표시된다.
- 스크립트 편집기의 도구모음 중에서 "스크립트 추가" 아이콘 ( )을 클릭한다.
- 스크립트를 작성한다.

```
Sub truck()

  delta=1

         While 1
     tag= GetTagVal("트럭")

            if((delta=1)and(tag=100)) then
              delta=-100
            elseif ((delta=-100)and(tag=0)) then
              delta=1
            end if
             setTagVal "트럭", tag+delta
     sleep (100)
  Wend
End Sub
```

- 스크립트를 검사한다.
- 스크립트를 저장한다.
- 스크립트 편집기를 종료한다.
- 작성된 스크립트는 아래 화면과 같다.

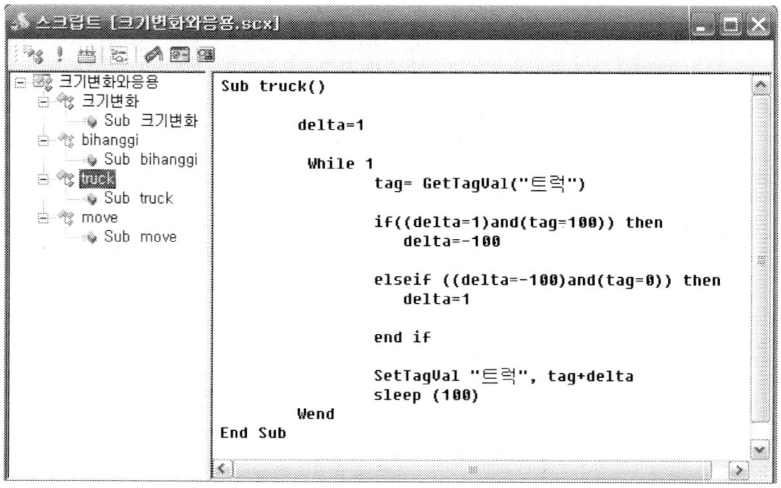

[그림 2-63]

2-2-8 스크립트 실행과 중단 정의하기

(1) 비행기 오브젝트 스크립트 실행

- 이동 화면의 비행기 오브젝트 좌측의 버턴에 (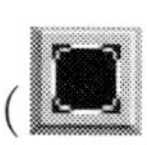) 터치 기능을 부여한다.
- 버턴을 더블 클릭하여 그림설정 화면에서 "터치"기능을 선택한다.
- "동작정의" 탭에서 동작을 명령식으로 선택한다.
- "명령식-DOWN" 화면에서 runscript("bihanggi")를 입력한다.

[그림 2-64]

(2) 원 오브젝트 스크립트 실행

▸ 같은 방법으로 스크립트 실행을 다음과 같이 한다.

- 이동 화면의 원 오브젝트 좌측의 버턴에 () 터치 기능을 부여한다.
- 버턴을 더블 클릭하여 그림설정 화면에서 "터치"기능을 선택한다.
- "동작정의" 탭에서 동작을 명령식으로 선택한다.
- "명령식-DOWN" 화면에서 runscript("move")를 입력한다.

(3) 트럭 오브젝트 스크립트 실행

▸ 같은 방법으로 스크립트 실행을 다음과 같이 한다.

- 이동 화면의 트럭 오브젝트 좌측의 버턴에 () 터치 기능을 부여한다.
- 버턴을 더블 클릭하여 그림설정 화면에서 "터치"기능을 선택한다.
- "동작정의" 탭에서 동작을 명령식으로 선택한다.
- "명령식-DOWN" 화면에서 runscript"truck"를 입력한다.

❖ 실행시 초기 화면에서 스크립트 실행하려면 "크기변화/이동" 페이지 열기 시에 앞에서 정의한 스크립트를 실행시키고 페이지 닫기 시에 스크립트가 중단되도록 정의한다.

- "크기변화/이동" 페이지의 "Page 설정" 대화상자를 표시한다.
- 탭 컨트롤 중에서 동작정의를 선택한다.

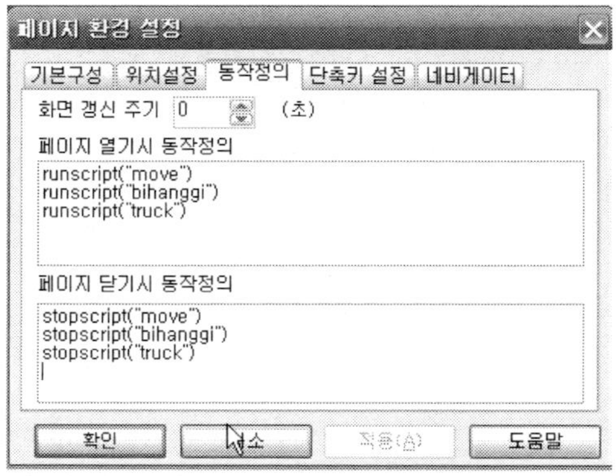

[그림 2-65]

- "페이지 열기시 동작정의"를 설정한다.
  페이지 열기시에 앞에서 정의한 스크립트를 실행하도록 다음과 같이 정의한다.

  runScript("move") ;; RunScript("bihanggi") ;; RunScript("truck")

- "페이지 닫기시 동작정의"를 설정한다.
  페이지 닫기시에 스크립트가 중단되도록 다음과 같이 정의한다.

  stopScript("move") ;; stopScript("bihanggi") ;; stopScript("truck")

- "확인" 버턴을 클릭한다.

[참고] RunScript("move") ;; RunScript("bihanggi") ;; RunScript("truck")에서 ";"는 줄바꿈의 의미를 갖고 있습니다.

① RunScript("move") ;; RunScript("bihanggi") ;; RunScript("truck")

② RunScript("move")
RunScript("bihanggi")
RunScript("truck")

따라서 ①과 ②는 같은 기능을 수행하는 명령문이 되는 것입니다.
단, ""와 "" 사이에 스페이스를 두면 위와 같은 줄바꿈의 기능을 수행하지 않습니다.

2-2-9 페이지 저장과 초기화면 확인

이제까지 작성한 화면을 프로젝트 폴더 내에 저장하여야 한다.(중요)

(1) "크기변화/이동" 페이지를 저장한다.

- 표준 도구모음 중에서 저장 아이콘을 클릭한다.
  저장 대화상자가 표시된다.
- 파일이름을 "크기변화.pgx"로 저장한다.

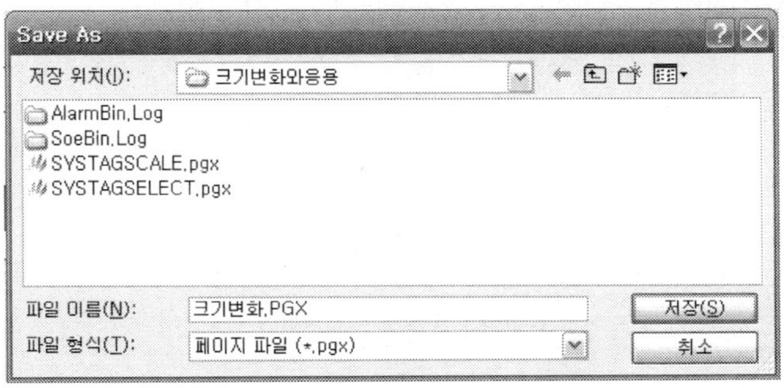

[그림 2-66]

(2) "CimonX 환경설정" 대화상자에서 초기화면을 "크기변화.pgx"로 설정한다.

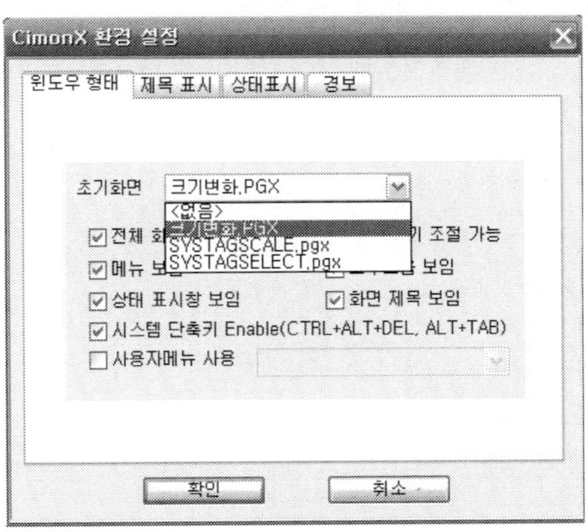

[그림 2-67]

(3) CimonD를 종료한다.

데이터베이스와 스크립트 저장 문의 대화상자가 표시되면 "예"를 선택한다.

(4) CimonX를 실행시킨다.

- "크기변화/이동" 페이지가 초기 페이지로 표시되는지를 확인한다.

☑ 2-2-10 크기변화와 이동 기능 검사하기

이제까지 설정한 크기변화와 이동 기능을 검사해 봅시다.

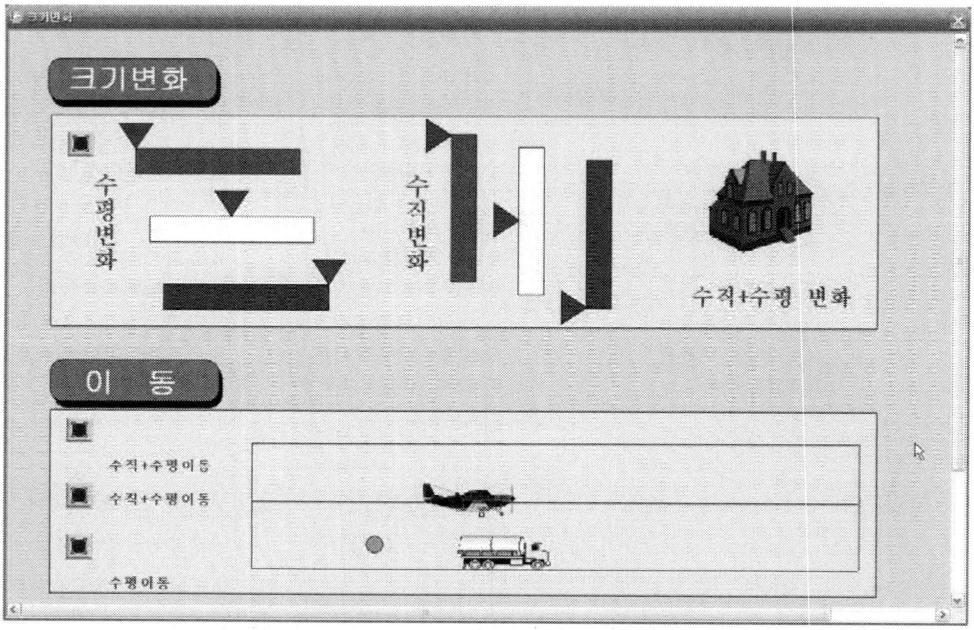

[그림 2-68]

- 오브젝트의 수평 크기변화 동작을 확인한다.
  3개의 수평 크기변화 사각형 오브젝트가 각각의 기준점에 따라서 크기가 변화되는지를 확인한다.
- 오브젝트의 수직 크기변화 동작을 확인한다.
  같은 방법으로 수직 크기변화 동작을 확인한다.
- 오브젝트의 수평 + 수직 크기변화 동작을 확인한다. 클립아트 오브젝트가 가운데를 기준으로 수평 수직 크기 변화가 동시에 되는 지를 확인한다.
- 오브젝트의 이동 기능을 확인한다.(비행기, 트럭, 원)
  원 오브젝트가 Cosine 함수 값에 따라서 이동되는지를 확인한다.
- CimonX를 종료시킨다.

2-3 채움과 색변환

2-3-1 페이지 환경설정

1) 제목 : 채움과 색변환
2) 배경색 설정

2-3-2 화면 작화

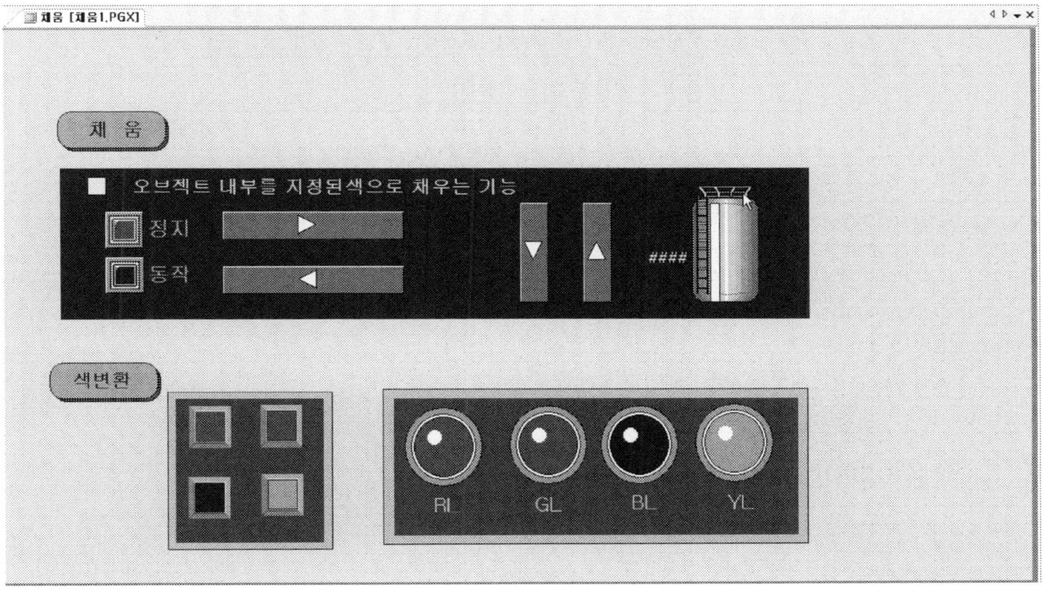

[그림 2-69]

1) 다음의 오브젝트는 “그림”메뉴 – “라이브러리” – “램프”에서 불러옵니다.

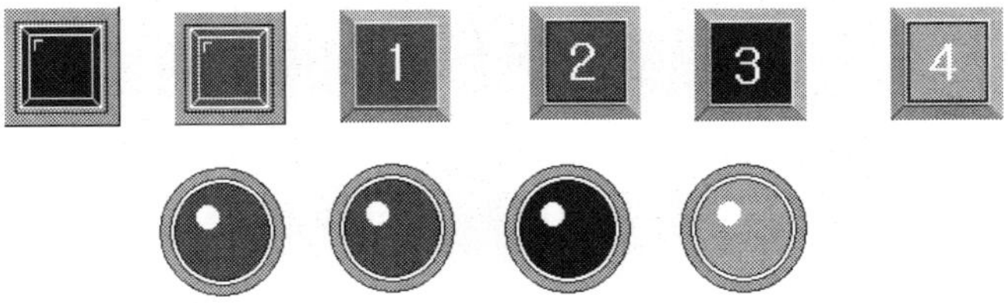

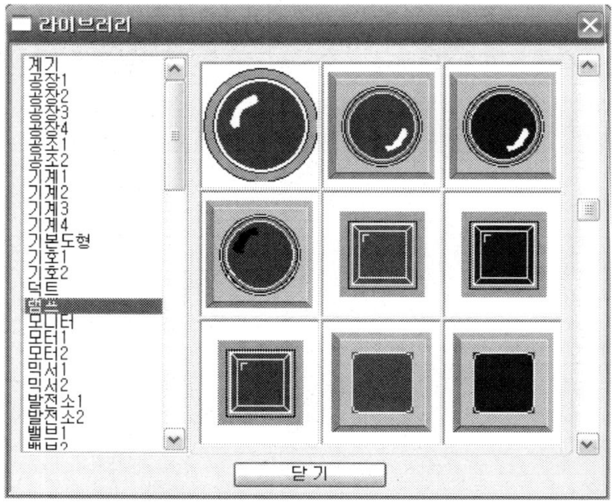

[그림 2-70]

2) 의 오브젝트는 "그림"메뉴 - "라이브러리" - "탱크2"에서 불러옵니다.

3) 그 외 오브젝트와 문자는 "그림"메뉴의 그리기 도구와 문자를 사용하여 그림 설정 대화상자를 이용하여 작성한다.

☑ 2-3-3 데이터 베이스 작성하기

1) 각 테그를 작성하면서 각 테그의 기능을 부여한다. 이때 동작시키고자 하는 오브젝트를 대상으로 한다.(채우기 대상, 각종 램프 등)

2) "도구" 메뉴 - "데이터베이스"에서 데이터 베이스 창의 좌상귀에 "새태그" 만들기를 클릭하여 하나하나 등록한다.

[표 2-1]

태그이름	종류	초기값
RL	디지털	0
GL	디지털	0
BL	디지털	0
YL	디지털	0
채우기	아날로그	0

3) 데이터 베이스의 새태그 만들기 창

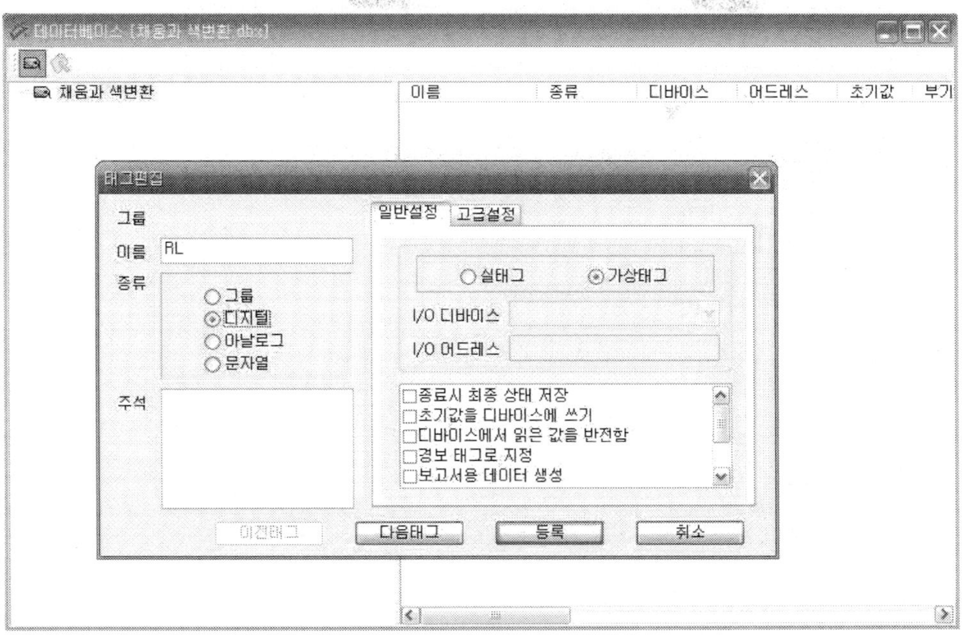

[그림 2-71]

4) 채우기의 아날로그는 고급설정을 클릭하여 다음과 같이 한다.

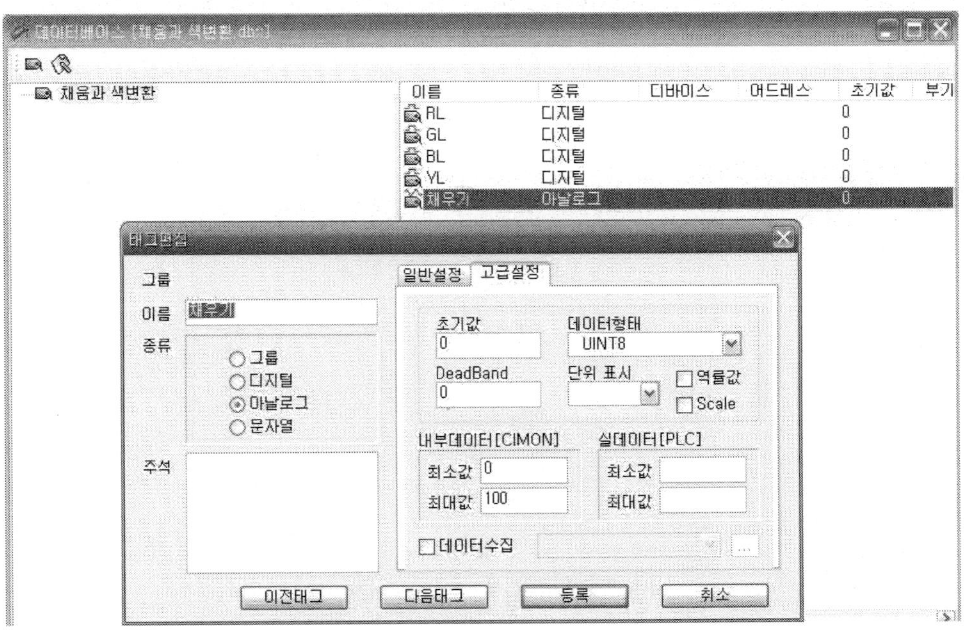

[그림 2-72]

☑ 2-3-4 스크립트를 작성

1) 스크립트는 Visual Basic 언어를 사용하여 작성한다.

2) 이번의 작성할 스크립트의 알고리즘은 다음과 같다.
"채우기"의 값을 0-100 사이의 경계 범위 내에서 계속적으로 2 만큼씩 증가 또는 감소시킨다. 즉 처음에는 값을 2씩 증가시키다가 값이 100이 되면 2씩 감소시킨다. 다시 값이 0이 되면 2씩 증가시킨다. 이런 식으로 계속 태그의 값을 증가, 감소시킨다. 값 변경 주기는 200 msec로 한다.

3) 위와 같은 알고리즘을 Visual Basic으로 작성하면 다음과 같다.

```
Sub fill()
        delta = 2
        While 1
              Tag = GetTagVal("채우기")
              if ((delta = 2) AND (Tag = 100)) Then
                   delta = -2
              elseif ((delta = -2) AND (Tag = 0)) Then
                   delta = 2
              end if
                   SetTagVal "채우기", Tag + delta
                   sleep(200)
        Wend
End Sub
```

4) 위의 스크립트를 스크립트 편집기를 이용해서 입력한다.

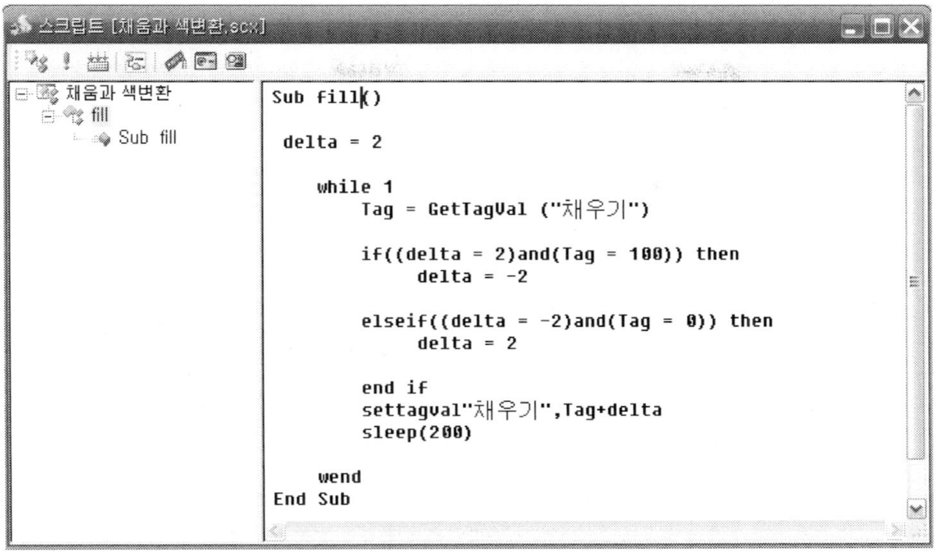

[그림 2-73]

5) 스크립트를 검사한다.(스크립트 편집기의 좌상 그림의 두 번째 !를 클릭한다.)

6) 스크립트를 저장한다.

7) 스크립트 편집기를 종료한다.

❖ 태그명에는 항상 “태그명”의 형식으로 입력한다.

예) Tag = GetTagVal(“채우기”)

SetTagVal “채우기”, Tag + delta

runscript(“FILL”)

☑ 2-3-5 채움의 오브젝트에 태그와 기능을 부여

1)  시작과 정지 버턴은 먼저 버턴을 더블 클릭하고 스크립터를 동작시키는 “터치” - “동작정의” 탭 - “동작”(명령어) 사용한다.

명령어는 시작버턴 : runscript(“fill”)

정지버턴 : stopscript(“fill”)

설정 후 그림이다.

[그림 2-74]

2) 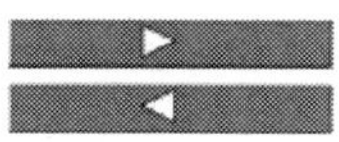 수평 채우기 막대를 더블 클릭 후
"수평채우기" - "수평채우기" 탭 - "태그이름"(채우기)
"수평채우기" - "채움기준설정"탭 - "채움기준설정"(왼쪽), (오른쪽) 각각 설정 채움색 배경(채움 막대와 다른색) 등록 버턴을 누른다.
설정 후 그림입니다.

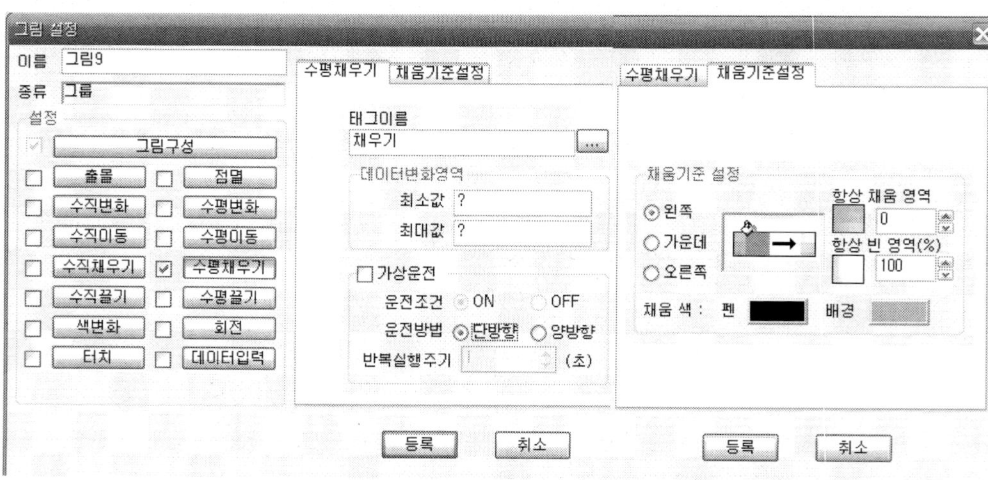

[그림 2-75]

3) 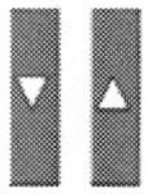 수직 채우기 막대를 더블 클릭 후
"수직채우기" - "수직채우기" 탭 - "태그이름" (채우기)
"수직채우기" - "채움기준설정" 탭 - "채움기준설정" (위), (아래) 각각 설정 채움색 배경(채움 막대와 다른색) 등록 버턴을 누른다.

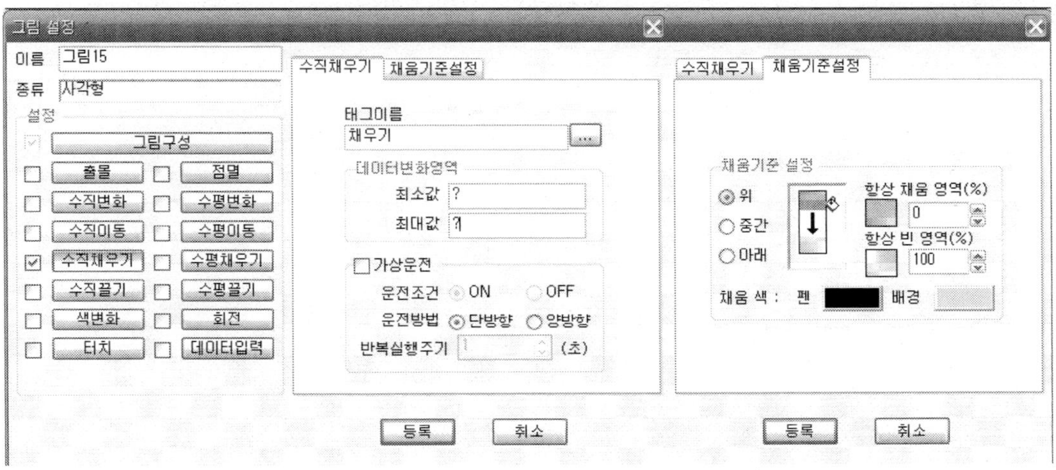

[그림 2-76]

4) ### 태그값은 "그림" 메뉴 - "태그값"을 클릭하여 붙일 곳에서 클릭하면 아래와 같이 태그값 대화 상자가 나타난다.

[그림 2-77]

· 태그이름 : 채우기
· 화면 표시 방법 : ####을 선택한 후 등록한다.

5) 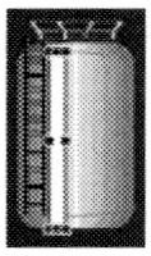 탱크의 검은점 부분만 선택하여 수직 채우기와 같은 방법으로 설정한다.(참고 : 모니터링시 탱크 오브젝트에 직사각형 오브젝트를 붙인다.)

6)  각각의 버턴을 더블 클릭하여 아래와 같이 지정한다.(그림은 1번 버턴 지정시 태그이름 : RL) 2번 : GL, 3번 : BL, 4번 : YL

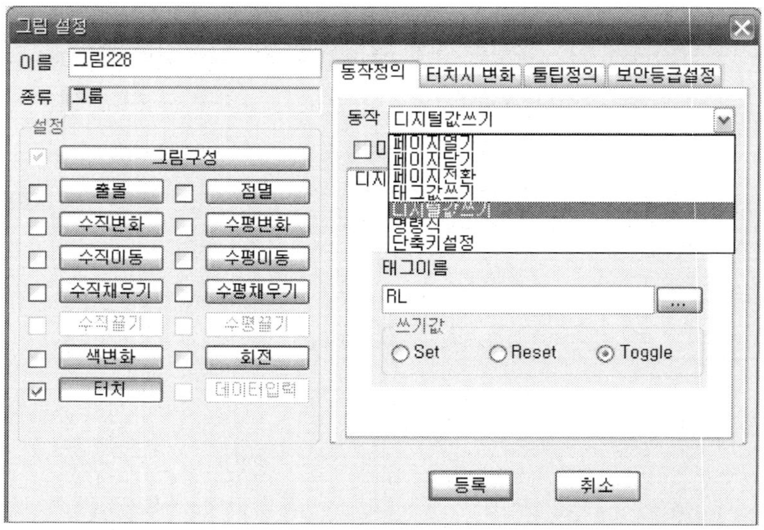

[그림 2-78]

7) 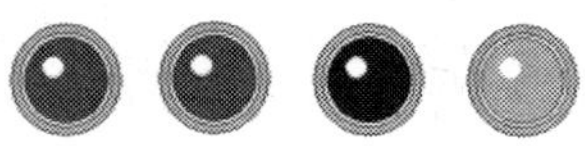 각각의 램프를 더블 클릭하여 "색변환"을 선택하여 아래와 같이 지정한다.(그림은 적색 램프 지정시 태그이름 : RL)

[표 2-2]

	태그이름	배경색	기준접
적색 램프	RL	분홍색	OFF
녹색 램프	GL	연녹색	OFF
청색램프	BL	연청색	OFF
황색 램프	YL	연황색	OFF

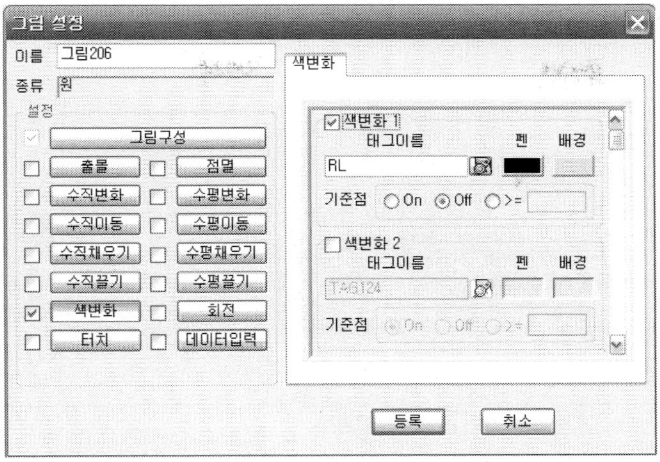

[그림 2-79]

2-3-6 채움과 색변화 제어 기능 검사하기

1) CimonX를 실행시킨다.
2) "채움과 색변화" 페이지가 초기화면으로 표시되는 지를 확인한다.
3) 수평 채움 수직 채움 제어 기능이 동작하는 지를 확인한다.
4) 오브젝트가 자동적으로 색이 변화되는 지를 확인한다.
5) 1번~4번 버턴을 눌러 원하는 램프가 색변화 되는 지를 확인한다.
6) CimonX를 종료한다.

2-4 끌기와 회전

2-4-1 페이지 환경설정

1) 제목 : 끌기와 회전(교재)
2) 배경색 설정 : 연회색

☑ 2-4-2 화면 작화

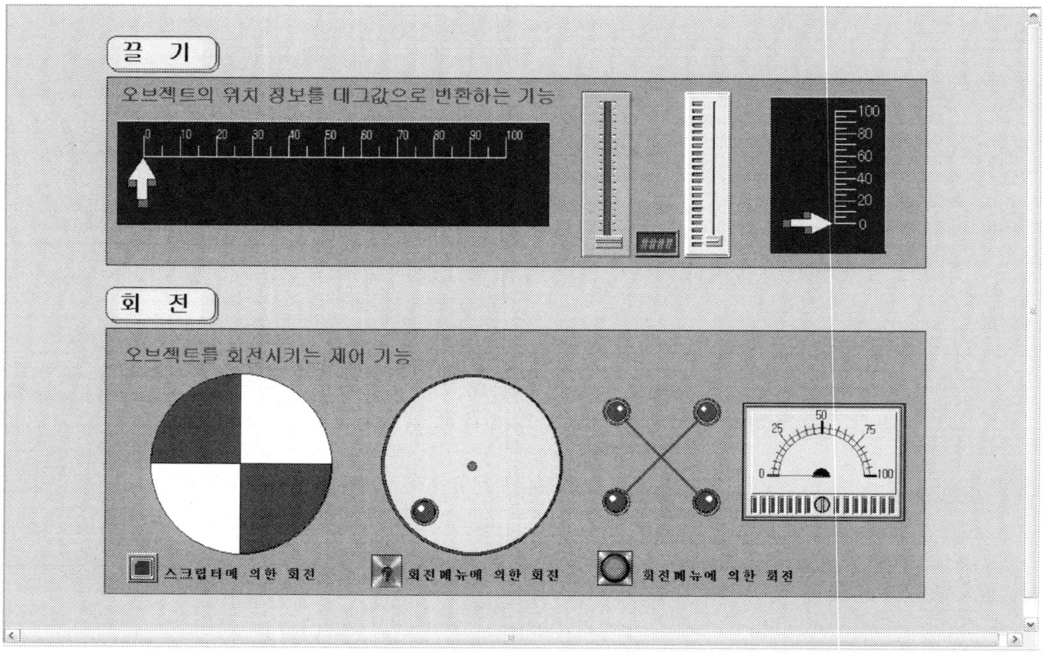

[그림 2-80]

(1) 끌기화면 오브젝트 생성하기

1) 아래의 오브젝트는 3개의 그림으로 되어있다.

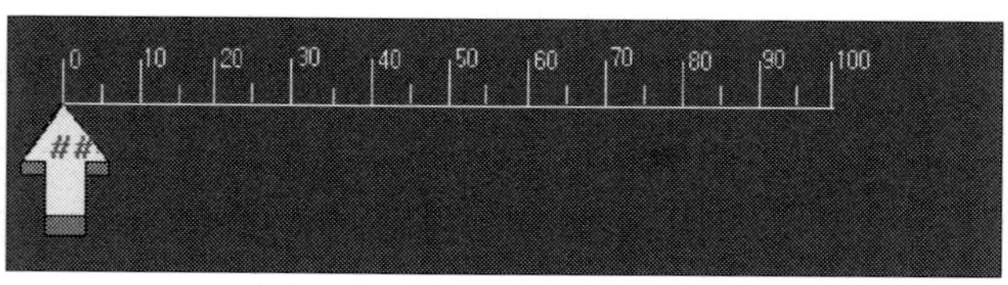

- 청색 바탕의 사각형
- 흰색의 눈금자
- 노란색의 화살표

2) 아래의 오브젝트 3개는 “그림” – “라이브러리” – “계기”에서 불러온다.

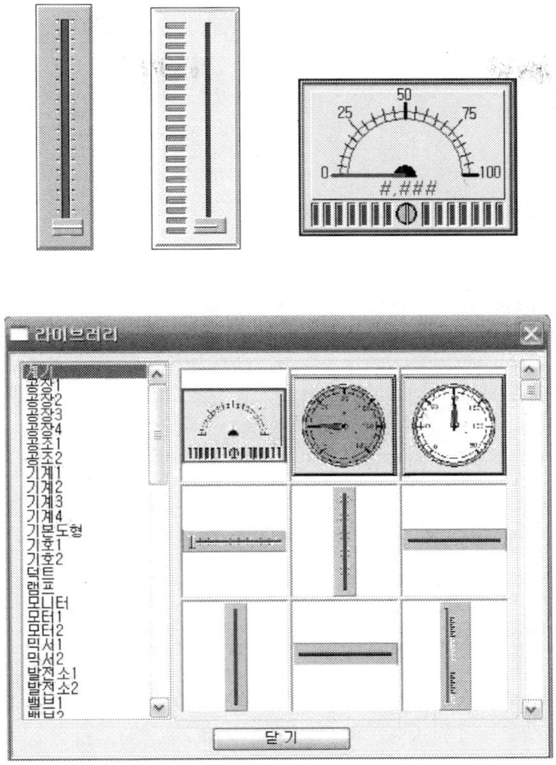

[그림 2-81]

3) 태그값 오브젝트 #### 는 "그림" - "라이브러리" - "태그값 표시"에서 불러온다.

(2) 회전화면 오브젝트 생성하기

1) 아래의 오브젝트는 2개의 그림으로 되어있다.

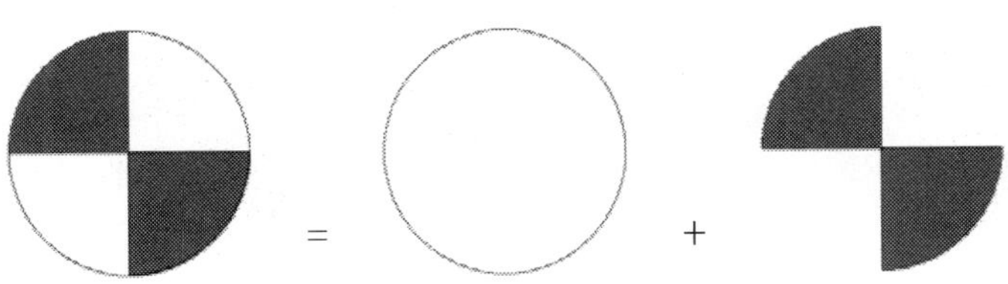

- 하나의 원과 2개의 부채꼴의 도형으로 되어있다.

2) 아래의 오브젝트는 3개의 그림으로 되어있다.

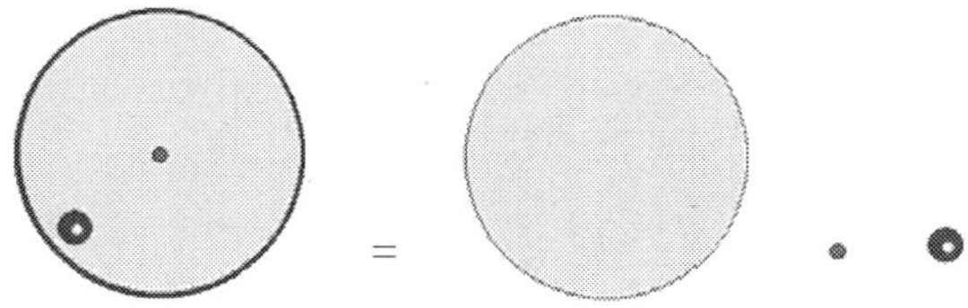

3) 아래의 오브젝트는 4개의 그림으로 되어있다.

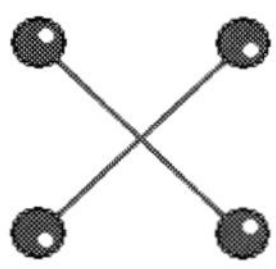

- 아래 그림의 오브젝트를 3개를 복사하여 "정렬" - "회전" - "90° 시계방향 회전"을 이용하여 4개를 접속한다.(그룹으로 설정한다.)

4) 아래의 오브젝트는 3개의 그림으로 되어있다.

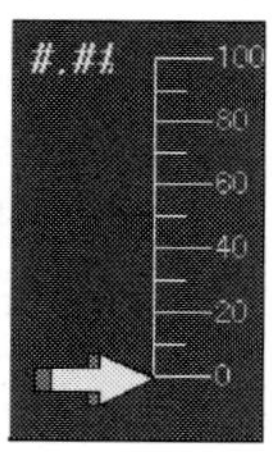

- 끌기에 있는 가로로 되어있는 오브젝트를 복사하여 "정렬" - "회전" - "90° 시계 방향회전"을 이용하면 쉽게 그릴 수 있다.

5) 스크립터에 의한 회전버턴() 오브젝트는 "그림" - "라이브러리" - "램프"에서 불러온다.

6) 회전메뉴에 의한 회전버턴() 오브젝트는 "그림" - "라이브러리" - "스위치"에서 불러온다.

7) 회전메뉴에 의한 회전버턴(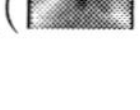) 오브젝트는 "그림" - "라이브러리" - "램프"에서 불러온다.

2-4-3 데이터베이스 생성하기

(1) "도구" - "데이터베이스" 하여 태그를 생성한다.

1) 끌기

- 태그명 : 끌기
- 일반설정에서 아날로그, 가상태그
- 고급설정에서
  - · 데이터 형태 : uint8
  - · 최소값 : 0
  - · 최대값 : 100

2) 위와 같은 방법으로 원1, 원2, 원3을 태그명만 바꾼다.

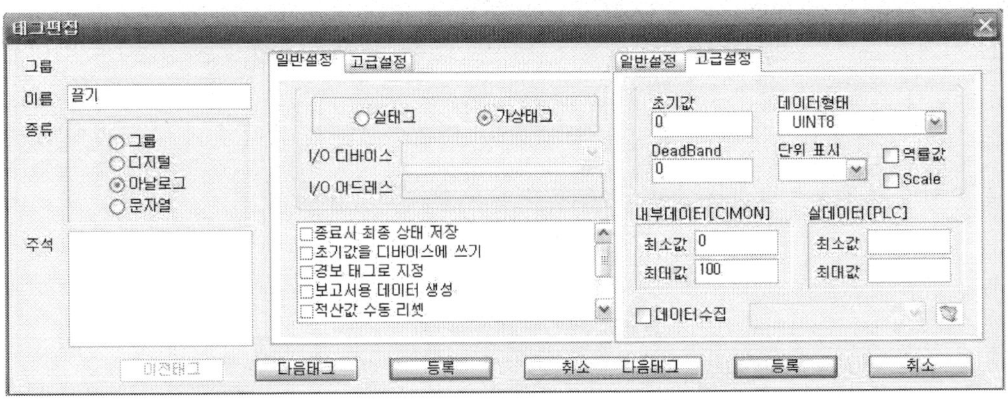

[그림 2-82]

(2) 아래와 같이 태그가 생성된다.

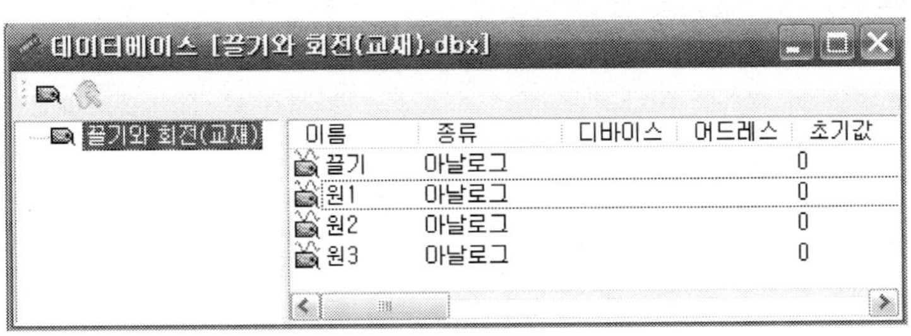

[그림 2-83]

2-4-4 오브젝트에 기능 부여하기

(1) 화살표 오브젝트

1) 화살표에 수평끌기, 수직끌기 기능부여

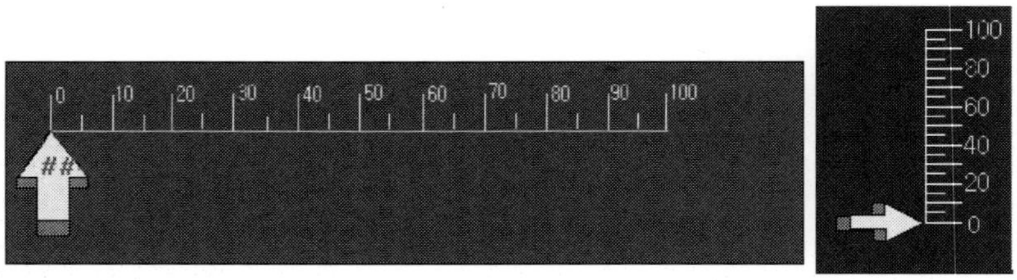

①  에 태그값 기능을 부여한다.(끌면 현재의 태그값이 나타난다.)

- "그림"
- "태그값"을 선택하여 화살표 위에 클릭하면 아래와 같은 태그값 입력 대화상자가 나타난다.
- 태그이름 : 끌기, 표시방법 : ####

[그림 2-84]

②  에 수평끌기 기능을 부여

- 화살표를 더블 클릭하면 그림설정 화면이 나타난다.
- 수평끌기를 선택한다.
- 오른 쪽 수평끌기 탭에서
  - · 태그이름 : 끌기
  - · 이동 설정 기준 : 왼쪽
  - · 이동거리 : 400(이동거리는 눈금자 "0"에서 "100"까지의 거리를 말한다.)

  측정 방법은 "0"에 마우스를 대면 화면의 우측 하단 코너에 X, Y 좌표값이 표시된다. "100"에서의 X 값에서 "0"의 X 값을 빼면 된다.

예) “0”에서의 값, “100”에서의 값

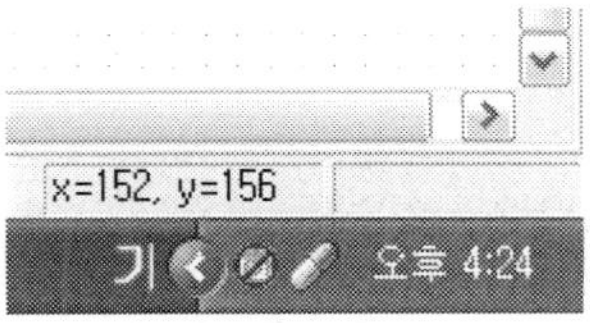

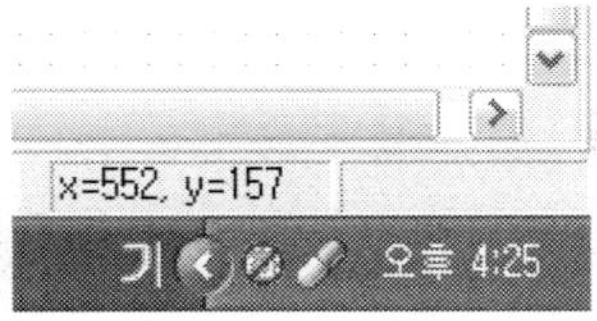

이동거리 = 552 - 152 = 400

- 다음 화면과 같다.

[그림 2-85]

③ 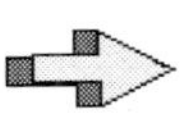 에 수직끌기 기능을 부여

- 화살표를 더블 클릭하면 그림설정 화면이 나타난다.
- 수직끌기를 선택한다
- 오른 쪽 수직끌기 탭에서
  - · 태그이름 : 끌기
  - · 이동 설정 기준 : 아래
  - · 이동거리 : 130(이동거리는 눈금자 “0”에서 “100”까지의 거리를 말한다.)
  - · 이동거리는 y축 좌표를 계산하여 결정한다.

(2) 수직 계기 오브젝트

1) 수직 계기에 수직끌기, 수직채우기 기능부여

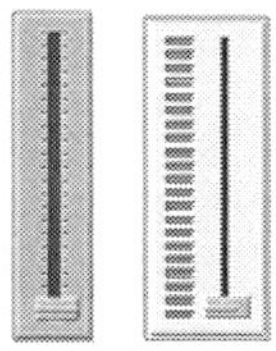

① 두 계기의 에 수직끌기 기능을 부여

- 를 더블 클릭하면 그림설정 화면이 나타난다.
- 수직끌기를 선택한다.
- 오른 쪽 수평끌기 탭에서
  - · 태그이름 : 끌기
  - · 이동 설정 기준 : 아래쪽
  - · 이동거리 : 200(이동거리는 오브젝트 의 이동거리를 말한다.)

② 계기의 에 수직채우기 기능을 부여

- 오브젝트를 더블 클릭하면 그림설정 화면이 나타난다.
- 수직채우기를 선택한다
- 오른쪽 수직채우기 탭에서
  - · 태그이름 : 끌기
- 채움기준설정 탭에서
  - · 채움 설정 기준 : 아래
  - · 채움색 : 배경을 녹색

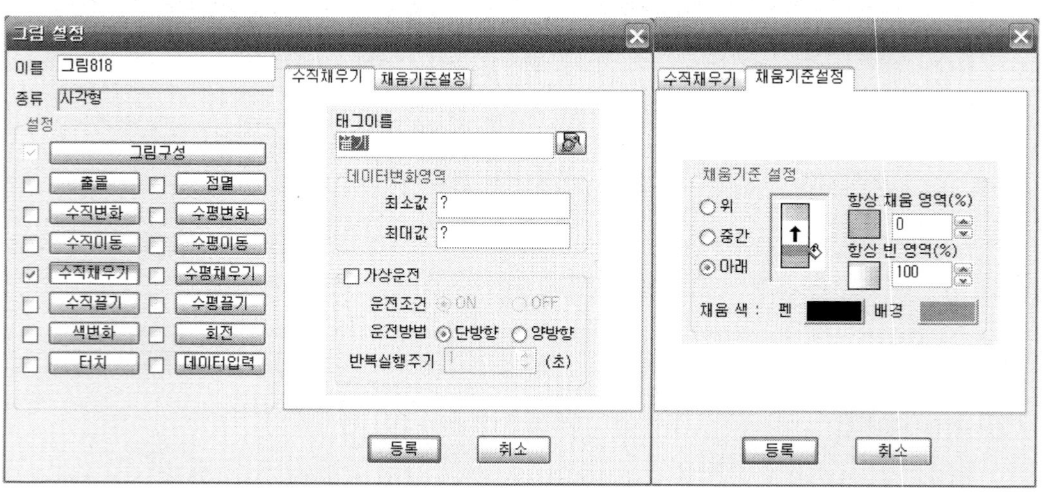

[그림 2-86]

③ 계기의 에 수직채우기 기능을 부여

같은 방법으로

- 오브젝트를 더블 클릭하면 그림설정 화면이 나타난다.
- 수직채우기를 선택한다.
- 오른 쪽 수직채우기 탭에서
  · 태그이름 : 끌기
- 채움기준설정 탭에서
  · 채움 설정 기준 : 아래
  · 채움색 : 배경을 적색

(3) 태그값 표시 오브젝트

- 오브젝트를 더블 클릭하면 태그값 표시 화면이 나타난다.
  · 태그이름 : 끌기
  · 아래와 같이 설정한다.

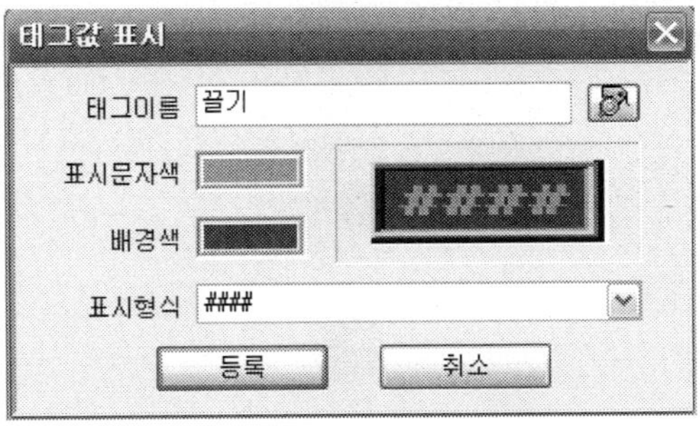

[그림 2-87]

(4) 회전기능 부여하기

1) 스크립터에 의한 회전(1) 오브젝트

- 오브젝트를 더블 클릭하면 그림 설정 화면이 나타난다.
  · 태그이름 : 원1
- 회전방법 설정 탭에서
  · 최대회전각도 : 360

· 회전방향 : 시계방향

· 회전중심점 : 가로(x좌표), 세로(y좌표)를 마우스로 아래와 같이하여 중심점을 설정한다.

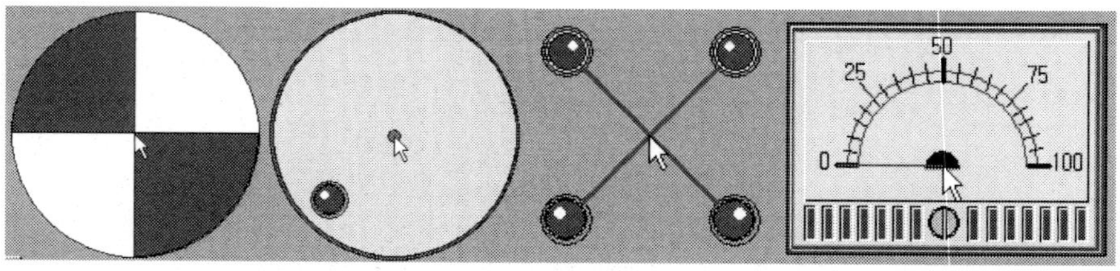

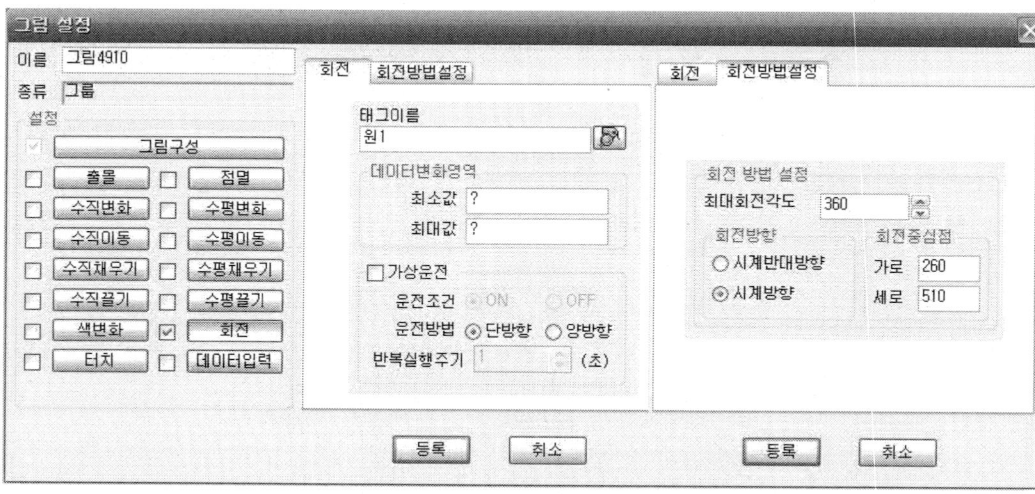

[그림 2-88]

2) 회전메뉴에 의한 회전(2) 오브젝트 

- 회전 탭에서
  · 태그이름 : 원2
  · 가상운전에서 운전조건 : on
    운전방법 : 단방향
    반복실행주기 : 1초
- 회전방법 설정 탭에서
  · 최대회전각도 : 360
  · 회전방향 : 시계방향
  · 회전중심점 : 위의 방법으로 X, Y 좌표로 설정한다.

3) 회전메뉴에 의한 회전(3) 오브젝트 

- 회전 탭에서
  - 태그이름 : 원3
  - 가상운전에서 운전조건 : on

    운전방법 : 양방향

    반복실행주기 : 2초
- 회전방법 설정 탭에서
  - 최대회전각도 : 360
  - 회전방향 : 반시계방향
  - 회전중심점 : 위의 방법으로 X, Y 좌표로 설정한다.

4) 계기의 지침 오브젝트

- 회전 탭에서
  - 태그이름 : 원3
  - 가상운전에서 운전조건 : on

    운전방법 : 양방향

    반복실행주기 : 2초
- 회전방법 설정 탭에서
  - 최대회전각도 : 180
  - 회전방향 : 반시계방향
  - 회전중심점 : 위의 방법으로 X, Y 좌표로 설정한다.

(5) 스위치 오브젝트

1) 스크립터 제어(1) 버턴 

- 터치기능을 부여
  - 동작 : 명령식
  - 명령식 Down : runscript("rotate")
  - 명령식 Up : stopscript("rotate")

2) 회전메뉴 제어(2) 토글스위치 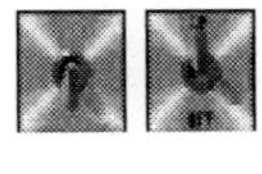

① OFF 토글스위치

- 출몰기능
  - 태그이름 : 원2
  - 조건 : off
- 터치기능
  - 동작 : 디지털값 쓰기
  - 태그이름 :원2
  - 쓰기값 : Toggle

② ON 토글스위치

- 출몰기능
  - 태그이름 : 원2
  - 조건 : on
- 터치기능
  - 동작 : 디지털값쓰기
  - 태그이름 :원2
  - 쓰기값 : Toggle

3) 회전메뉴 제어(3) 버턴 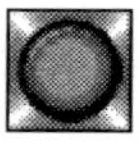

- 터치기능
  - 동작 : 디지털값쓰기
  - 태그이름 :원3
  - 쓰기값 : Toggle

☑ 2-4-5 스크립터 작성하기

(1) 원(1) 제어 스크립터

```
Sub Rotate()
  While 1
      Tag = GetTagVal("원1")
    if( Tag = 100 ) Then
            SetTagVal "원1",0
    else
            SetTagVal "원1", Tag + 2
    end if
```

```
        sleep (10)
    Wend
End Sub
```

❖ 스크립터 편집기를 사용하여 아래와 같이 입력한다.

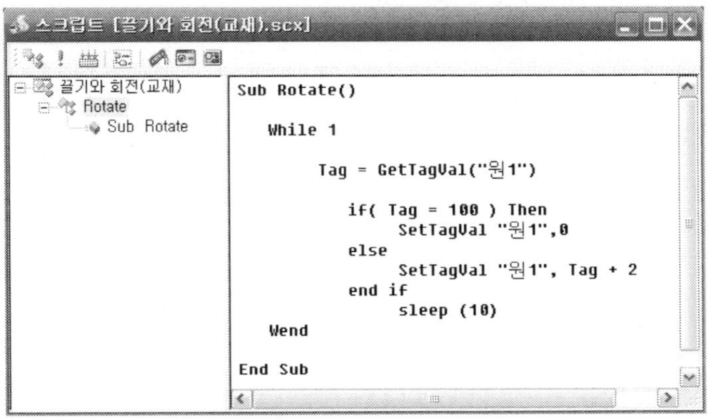

[그림 2-89]

2-4-6 CIMON X 프로그램 실행하기

- CimonD의 메뉴 중에서 "도구"-"Cimonx 환경"를 선택하여 클릭하면 Cimonx 환경 설정 대화상자가 나타난다.
- 윈도우 형태 탭에서 초기화면에 "MAIN.PGX"를 선택하여 확인을 클릭한다.
- CimonD의 메뉴 중에서 "도구"-"Cimonx 실행"을 선택하여 클릭한다.

2-4-7 동작 상태 확인

(1) 수평끌기 화살표를 오른쪽으로 끌면 계기의 손잡이(▭), 태그값 표시(####), 수직끌기 화살표가 값에 따라 동작하여야 한다.

(2) 위의 동작이 상호간 동작하여야 한다.

(3) 회전 기능에서 푸쉬버턴(■)을 누를 때만 시계 방향으로 회전하여야 한다.

(4) 회전 기능에서 토글스위치( )가 ON/OFF에 의하여 시계 방향으로 회전하여야 한다.

(5) 회전 기능에서 버턴( )의 토글 기능 ON/OFF에 의하여 반시계 방향, 시계 방향으로 교대로 회전하여야 한다.

(6) 회전 기능에서 버턴( )의 토글 기능 ON/OFF에 의하여 계기의 지침이 180도 회전하여 반시계 방향, 시계 방향으로 교대로 반회전하여야 한다.

2-5 터치와 데이터 입력

이번에 배울 기능은 마우스 및 키보드를 이용하여 오브젝트를 선택하면 미리 정의된 기능을 수행하는 터치 제어 기능과 대화상자를 통한 데이터입력 기능과 페이지 변환 기능을 배워 보기로 한다.

완성된 페이지 화면은 다음과 같다.

- Main 화면

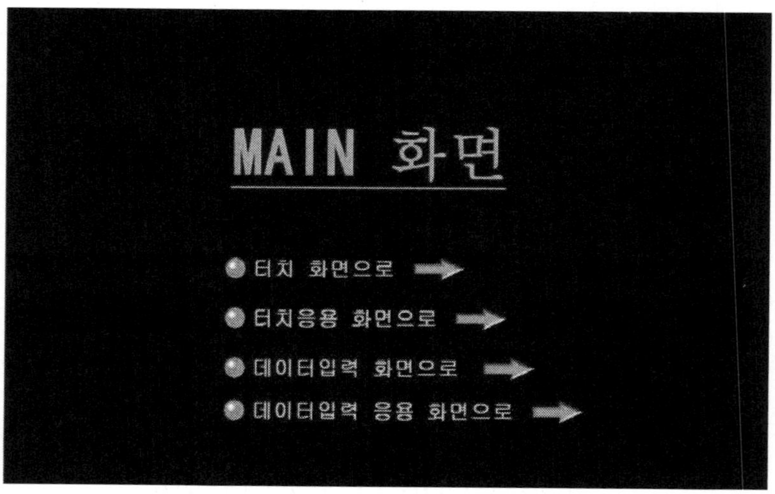

[그림 2-90]

- 터치 화면

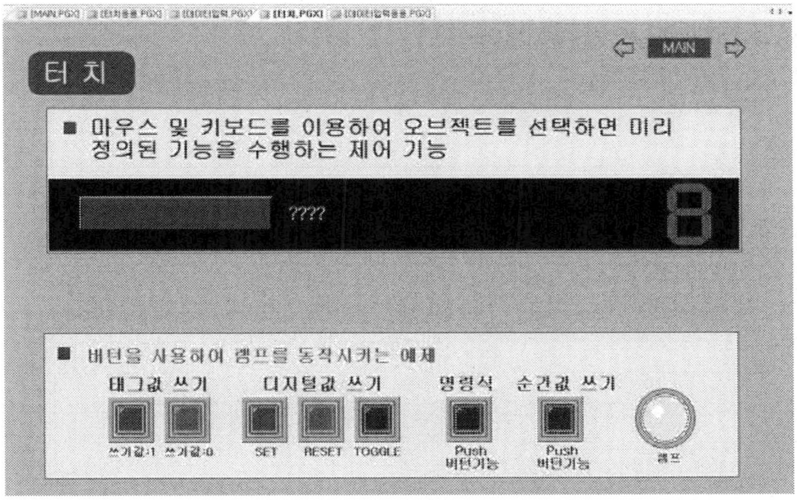

[그림 2-91]

- 터치 응용 화면

[그림 2-92]

– 데이터 입력 화면

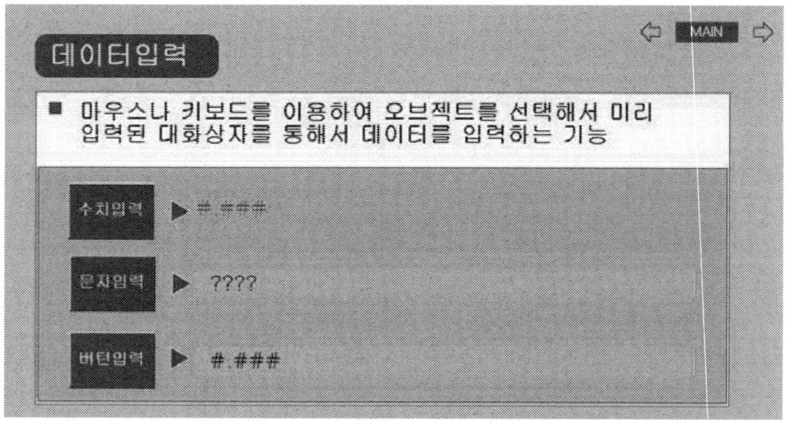

[그림 2-93]

– 데이터 입력 응용 화면

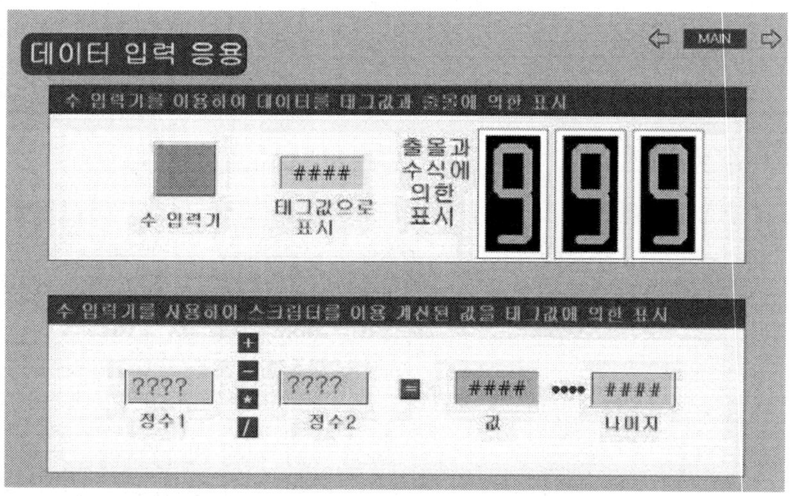

[그림 2-94]

☑ 2-5-1 그림 오브젝트 생성하기

(1) Cimon D 프로그램을 실행시킨다.

(2) 페이지 편집하기

새 페이지를 생성한 다음 오브젝트를 완성된 페이지 화면과 같이 편집한다.

태그값 표시 오브젝트는 태그를 등록한 다음에 생성한다.
 - 프로젝트명 : 터치와 데이터입력

☑ 2-5-2 태그 등록하기

터치와 데이터입력 제어 기능용으로 사용할 태그를 다음과 같이 등록한다.

(1) 데이터베이스 관리기를 표시한다.

(2) "조명", "계산", "데이터", "터치"를 태그이름으로 하는 그룹 태그를 추가한다.

[그림 2-95]

(3) "조명"그룹을 클릭하여 아래의 태그를 입력한다.

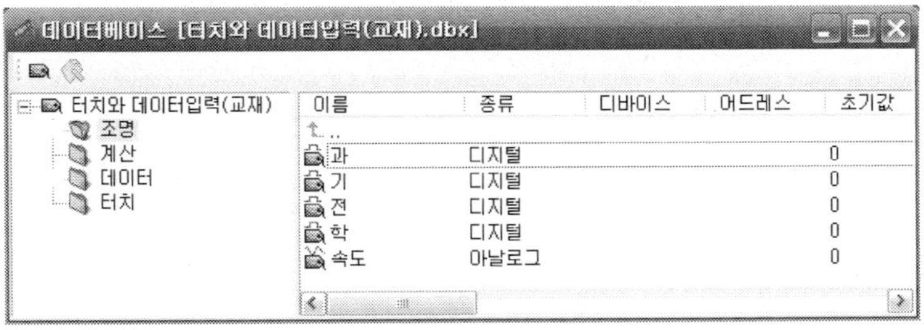

[그림 2-96]

1) "전", "기", "학", "과"의 디지털 태그는 초기값을 "0"으로 하여 입력시킨다.

2) "속도"의 아날로그 태그는 아래와 같이 입력시킨다.
 - 이름 : 속도
 - 종류 : 아날로그

- 일반 설정 탭에서 가상태그로 설정한다.
- 고급 설정 탭에서 아래 그림과 같이 입력시킨다.

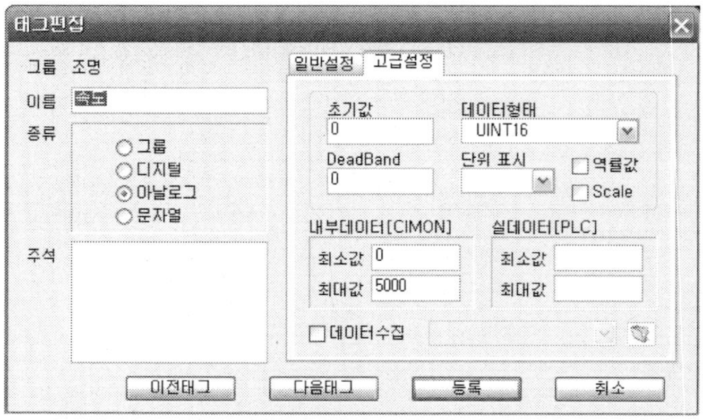

[그림 2-97]

(4) "계산" 그룹을 클릭하여 아래의 태그를 입력한다.

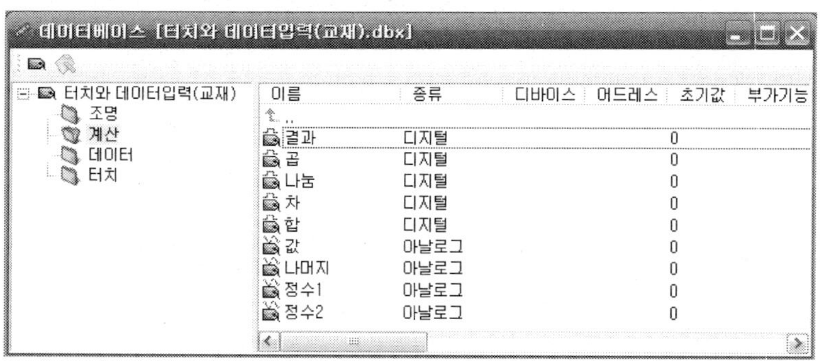

[그림 2-98]

1) "결과", "곱", "나눔", "차", "합"의 디지털 태그는 초기값을 "0"으로 하여 입력시킨다.

2) "값"의 아날로그 태그는 아래와 같이 입력시킨다.
- 이름 : 값
- 종류 : 아날로그
- 일반 설정 탭에서 가상태그로 설정한다.
- 고급 설정 탭에서 아래 그림과 같이 입력시킨다.

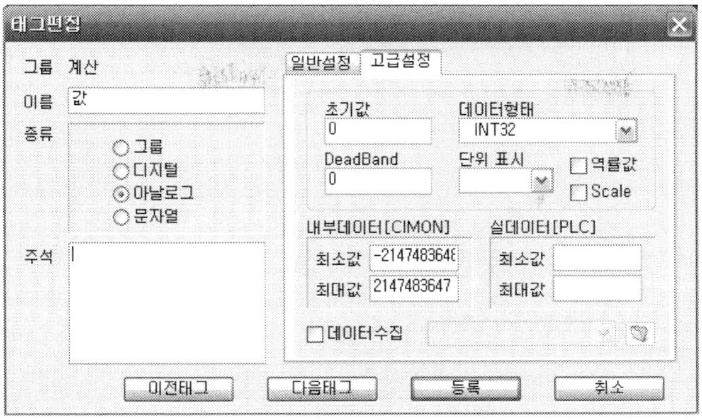

[그림 2-99]

3) "나머지"의 아날로그 태그는 아래와 같이 입력시킨다.
- 이름 : 나머지
- 종류 : 아날로그
- 일반 설정 탭에서 가상태그로 설정한다.
- 고급 설정 탭에서 아래 그림과 같이 입력시킨다.

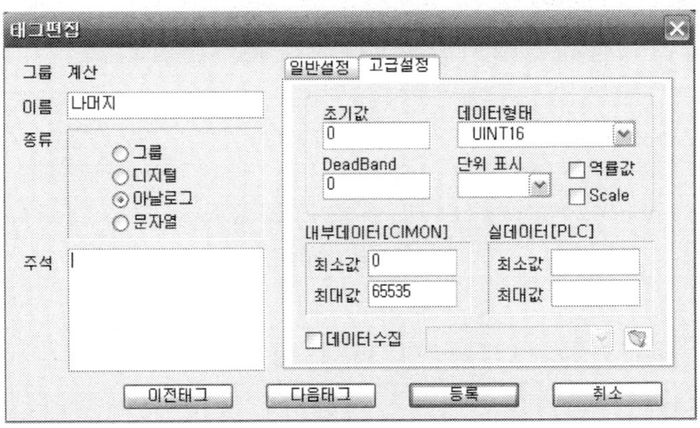

[그림 2-100]

4) "정수1", "정수2"의 아날로그 태그는 아래와 같이 입력시킨다.
- 이름 : 정수1, 정수2
- 종류 : 아날로그
- 일반 설정 탭에서 가상태그로 설정한다.
- 고급 설정 탭에서 아래 그림과 같이 입력시킨다.

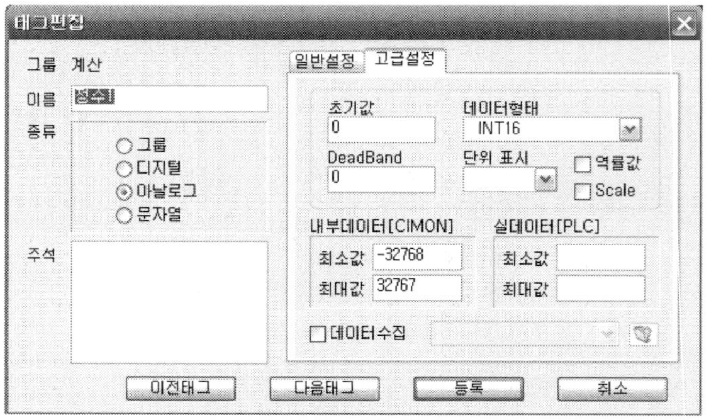

[그림 2-101]

❖ uint16 : 16bit 양의 정수를 나타낸다(0~65535).
int16 : 16bit 정수를 나타낸다(-32768~32767).

(5) "데이터" 그룹을 클릭하여 아래의 태그를 입력한다.

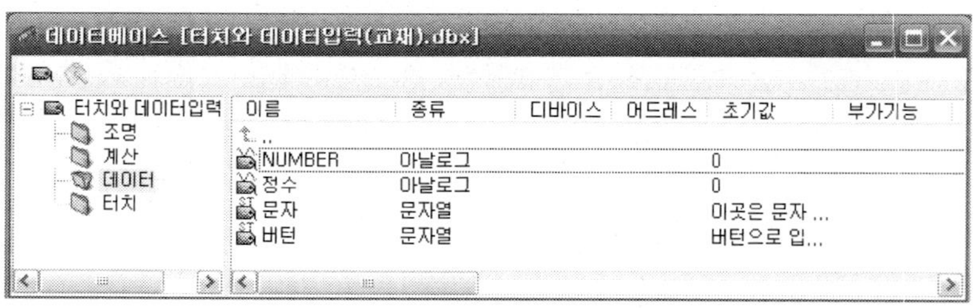

[그림 2-102]

1) "NUMBER"의 아날로그 태그는 아래와 같이 입력시킨다.

- 이름 : NUMBER
- 종류 : 아날로그
- 일반 설정 탭에서 가상태그로 설정한다.
- 고급 설정 탭에서 아래 그림과 같이 입력시킨다.

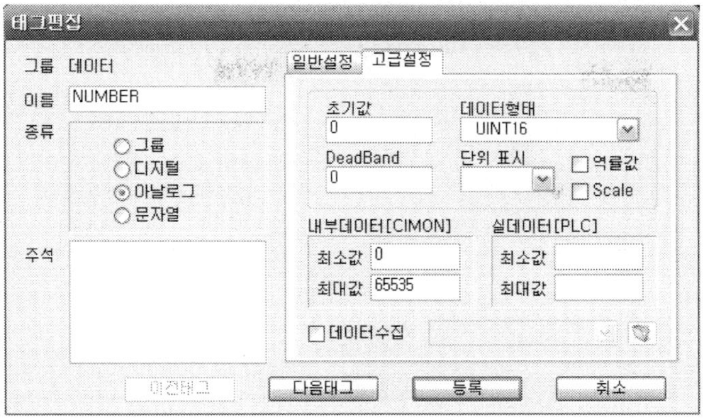

[그림 2-103]

2) "정수"의 아날로그 태그는 아래와 같이 입력시킨다.
- 이름 : 정수
- 종류 : 아날로그
- 일반 설정 탭에서 가상태그로 설정한다.
- 고급 설정 탭에서 아래 그림과 같이 입력시킨다.

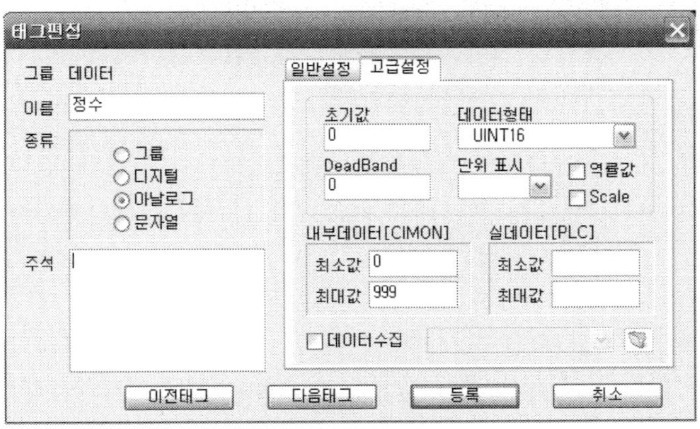

[그림 2-104]

3) "문자"문자열 태그 등록하기
- 이름 : 문자
- 종류 : 문자열
- 일반 설정 탭에서 가상태그로 설정한다.
- 고급 설정 탭에서 아래 그림과 같이 입력시킨다.

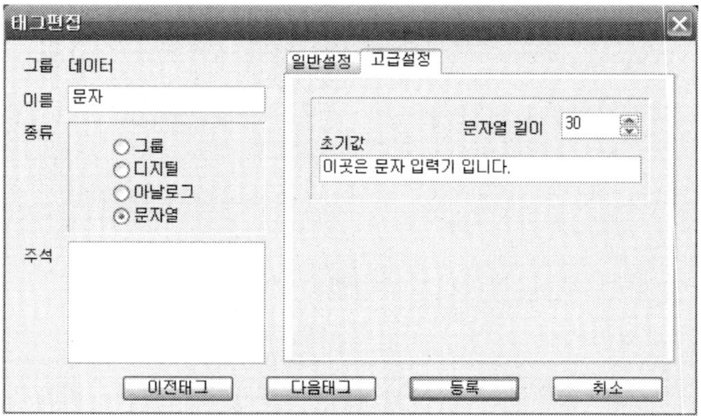

[그림 2-105]

4) "버턴"문자열 태그 등록하기

- 이름 : 버턴
- 종류 : 문자열
- 일반 설정 탭에서 가상태그로 설정한다.
- 고급 설정 탭에서 아래 그림과 같이 입력시킨다.

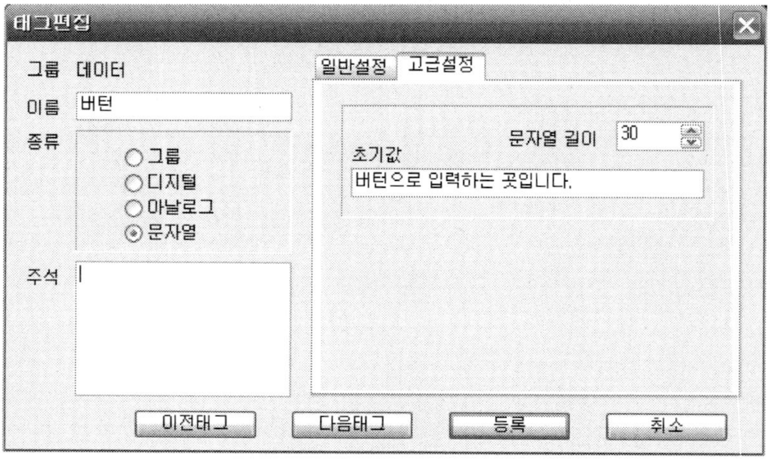

[그림 2-106]

(6) "터치" 그룹을 클릭하여 아래의 태그를 입력한다.

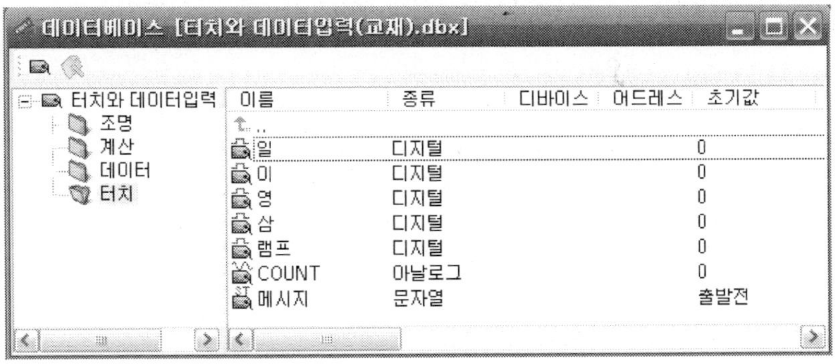

[그림 2-107]

1) "일", "이", "삼", "영", "램프"의 디지털 태그는 초기값을 "0"으로 하여 입력시킨다.

2) "COUNT"의 아날로그 태그는 아래와 같이 입력시킨다.
- 이름 : COUNT
- 종류 : 아날로그
- 일반 설정 탭에서 가상태그로 설정한다.
- 고급 설정 탭에서 아래와 같이 입력시킨다.
  · 데이터 형태 : UINT 8
  · 내부데이터 최대값 : 3

3) "메세지"문자열 태그 등록하기
- 이름 : 메세지
- 종류 : 문자열
- 일반 설정 탭에서 가상태그로 설정한다.
- 고급 설정 탭에서 아래 그림과 같이 입력시킨다.
  · 문자열 길이 : 30

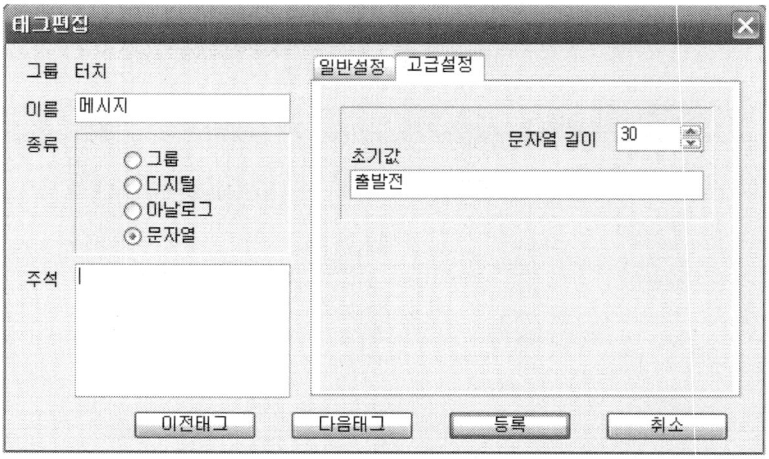

[그림 2-108]

(7) 데이터베이스 관리기를 닫는다.

☑ 2-5-3 태그값 표시 오브젝트 생성하기

(1) 터치 화면의 사각형 오브젝트 우측에 태그값 표시 오브젝트를 생성한다.

- 태그이름 : 터치.메시지
- 화면 표시 방법 : ????
- 글꼴 크기 : 18

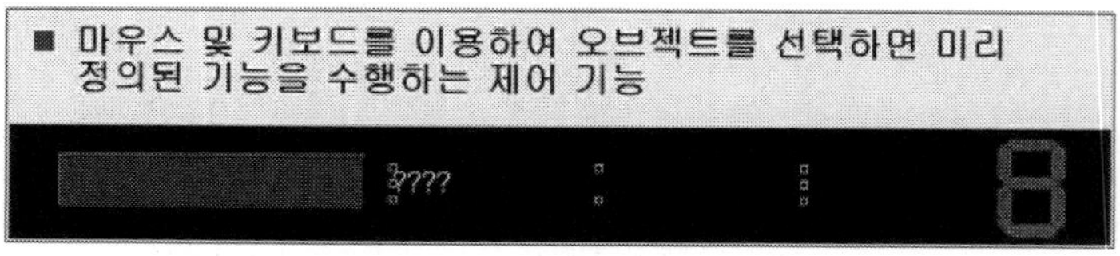

[그림 2-109]

(2) 데이터 입력 화면의 사각형 오브젝트 우측에 태그값 표시 오브젝트를 생성한다.

1) 수치입력

- 태그이름 : 데이터.NUMBER
- 화면 표시 방법 : #, ###
- 글꼴 크기 : 18

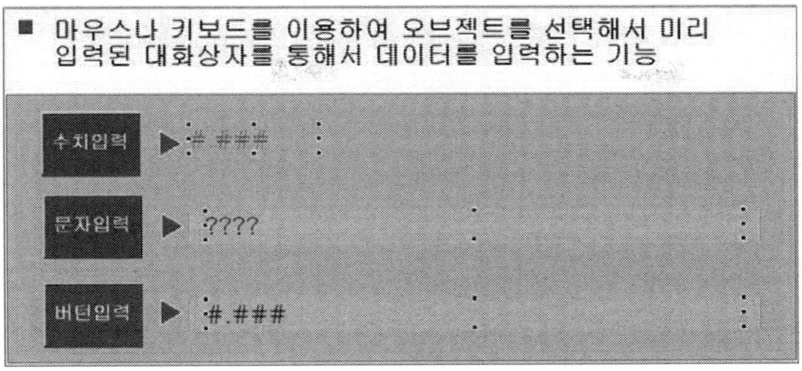

[그림 2-110]

2) 문자입력
- 태그이름 : 데이터.문자
- 화면 표시 방법 : ????
- 글꼴 크기 : 18

3) 버턴입력
- 태그이름 : 데이터.버턴
- 화면 표시 방법 : ####
- 글꼴 크기 : 18

(3) 데이터 입력 응용 화면의 정수1, 정수2 버턴 위 태그값 표시 오브젝트를 생성한다.

1) 정수1
- 태그이름 : 계산.정수1
- 화면 표시 방법 : ????
- 글꼴 크기 : 18

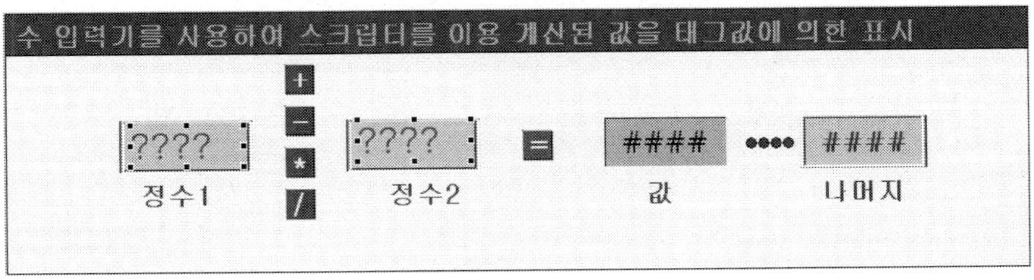

[그림 2-111]

2) 정수2
- 태그이름 : 계산.정수2
- 화면 표시 방법 : ????
- 글꼴 크기 : 18

(4) 데이터 입력 응용 화면의 #### 으로 선택된 태그값 표시 오브젝트를 생성한다.

1) 태그값으로 표시
- 태그이름 : 데이터.정수
- 표시 문자색 : 흑색,
- 배경색 : 진노랑색
- 표시형식 : ####

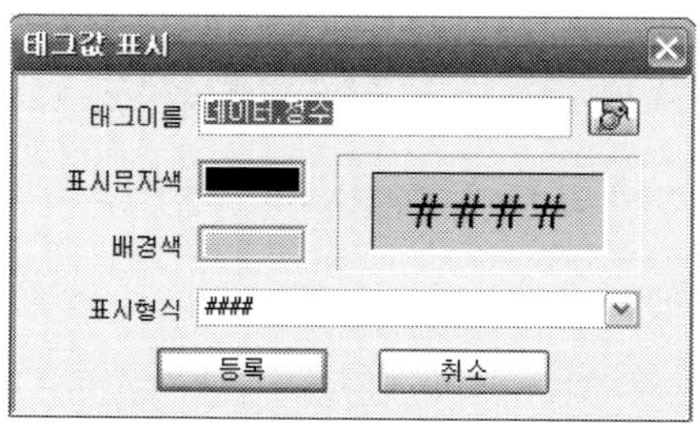

[그림 2-112]

2) 계산기의 값
- 태그이름 : 계산.값
- 표시 문자색 : 흑색,
- 배경색 : 진노랑색
- 표시형식 : ####

3) 계산기의 나머지
- 태그이름 : 계산.나머지
- 표시 문자색 : 흑색,
- 배경색 : 회색
- 표시형식 : ####

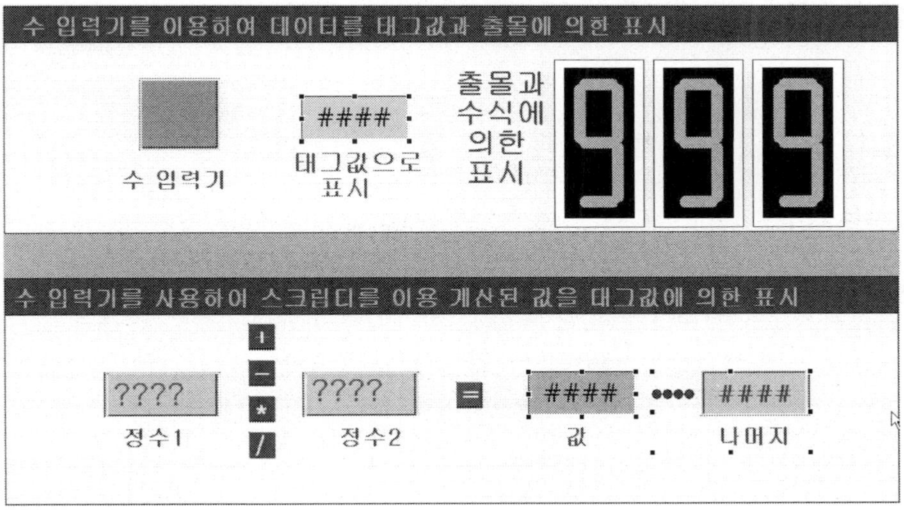

[그림 2-113]

2-5-4 제어 기능 설정하기

(1) 터치화면 제어기능 부여하기

1)  사각형 오브젝트

- 터치기능 사용
  - 명령식 : runscript("touch")
- 색변환 기능

① 색변환1
- 태그이름 : 터치.COUNT
- 배경색 : 주황색(색1)
- 기준점 : ⊙ >= 0

② 색변환2
- 태그이름 : 터치.COUNT
- 배경색 : 분홍색(색2)
- 기준점 : ⊙ >= 1

③ 색변환3
- 태그이름 : 터치.COUNT
- 배경색 : 청색(색3)
- 기준점 : ⊙ >= 2

④ 색변환4
- 태그이름 : 터치.COUNT
- 배경색 : 녹색(색4)
- 기준점 : ⊙ >= 3

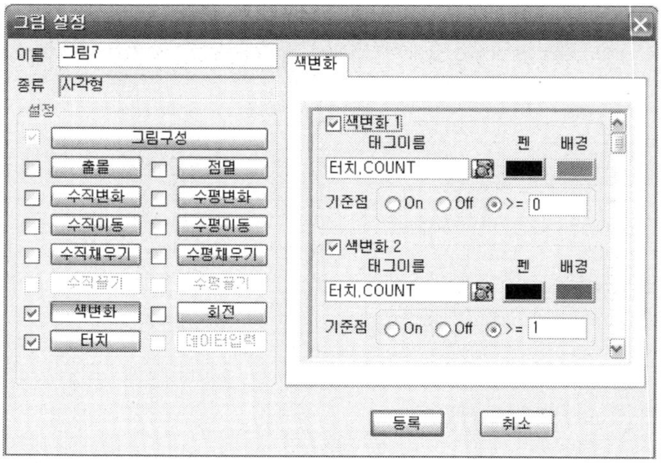

[그림 2-114]

2) 태그값 표시 오브젝트

[그림 2-115]

위의 그림에서 설정된 부분(????)의 기능을 설정한다.

- 2-5-3 태그값 표시 오브젝트 생성하기에서 태그값 기능은 설정되었다.
  색변환 기능을 설정하면 된다.(위의 사각형 오브젝트의 색변환과 같이 태그이름과 기준점은 같고 배경색을 펜색으로 바꾸면 된다.)
- 색변환 기능

① 색변환1
- 태그이름 : 터치.COUNT
- 펜색 : 주황색(색1)

· 기준점 : ⦿ 〉= 0

② 색변환2

· 태그이름 : 터치.COUNT

· 펜색 : 분홍색(색2)

· 기준점 : ⦿ 〉= 1

③ 색변환3

· 태그이름 : 터치.COUNT

· 펜색 : 청색(색3)

· 기준점 : ⦿ 〉= 2

④ 색변환4

· 태그이름 : 터치.COUNT

· 펜색 : 녹색(색4)

· 기준점 : ⦿ 〉= 3

3) 수표시기  오브젝트

위의 오브젝트는 의 4개의 오브젝트가 겹쳐있는 오브젝트이다.
각각의 오브젝트에 출몰 기능을 이용하여 스크립터 동작시 출력이 된다.

①  출몰기능 부여

· 태그이름 : 터치.영

· 출몰 조건 : ON

② 그 외 1～3까지 오브젝트의 태그이름만 각각 "터치.일", "터치.이", "터치.삼"으로 바꾼다.

4) 터치시 동작 스크립트 작성하기

터치 영역을 선택하면 동작하는 스크립트를 작성한다.
터치 동작 완료 시간을 "터치.메시지" 태그에 설정하고, "터치.COUNT" 태그값을 설정하는 알고리듬

```
Sub touch()

    settagval "터치.COUNT",1
```

```
    settagval "터치.메시지", "터치 UP : 3초 남았습니다."
    settagval "터치.삼",1
    sleep(1000)

    settagval "터치.COUNT",2
    settagval "터치.메시지", "터치 UP : 2초 남았습니다."
    settagval "터치.삼",0
    settagval "터치.이",1
    sleep(1000)

    settagval "터치.COUNT",3
    settagval "터치.메시지", "터치 UP : 1초 남았습니다."
    settagval "터치.이",0
    settagval "터치.일",1
    sleep(1000)

    settagval "터치.COUNT",0
    settagval "터치.메시지", " "
    settagval "터치.일",0
    settagval "터치.영",1
    sleep(1000)

    settagval "터치.영",0

End Sub
```

5) 

오브젝트 기능부여

- 터치 기능에서 태그값 쓰기를 사용
  - 태그이름 : 터치.램프
  - 쓰기값 : 1, 0

    쓰기값이 "1"이면 태그값이 1, "0"이면 태그값이 0이 되어 "터치.램프"의 기능이 ON/OFF 된다.

6) 

오브젝트 기능부여

- 터치 기능에서 디지털값 쓰기를 사용
  - 태그이름 : 터치.램프
  - 쓰기값 : Set, Reset, Toggle

    쓰기값이 “Set”이면 디지털값이 1, “Reset”이면 디지털값이 0, “Toggle”이면 디지털값이 “1”과 “0”이 교대로 on/off 된다.

7) 

오브젝트 기능부여

- 터치 기능에서 명령식 쓰기를 사용
  - Push Down : 터치.램프=1
  - Push Up : 터치.램프=0

8) 

오브젝트 기능부여

- 터치 기능에서 순간값 쓰기를 사용
  - 태그이름 : 터치.램프
  - Down : 1

    Up : 0

9) 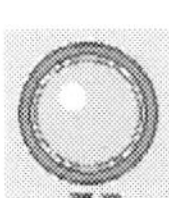

오브젝트 기능부여

- 색변환 기능 사용
  - 태그이름 : 터치.램프
  - 배경색 : 적색

    기준점 : on

(2) 터치 응용화면 제어기능 부여하기

1) 문자오브젝트 기능부여

①  색변환 기능 사용

- 태그이름 : 조명.전
- 펜색 : 적색
  기준점 : on

② 그 외 "기", "학", "과" 오브젝트의 태그이름만 각각 "조명.기", "조명.학", "조명.과"로 바꾼다.

2)  오브젝트 기능부여

– 데이터입력 기능 사용

- 동작 : 수치형태
- 태그이름 : 조명.속
- 입력 최소값 : 100
- 입력 최대값 : 5000
- 화면 표시방법 : 윈도우 입력창 형태3

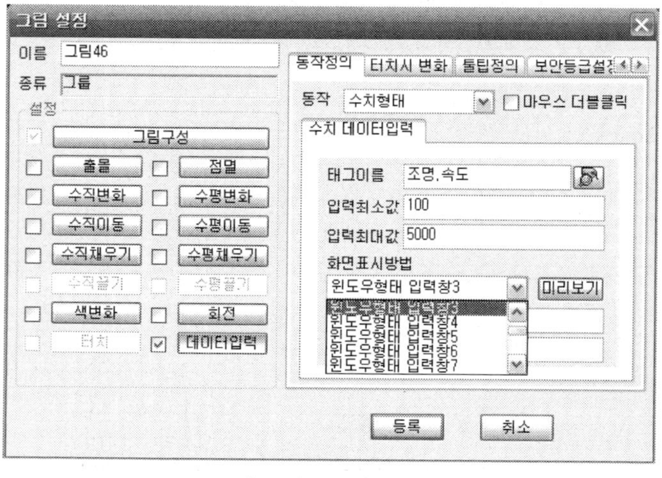

[그림 2-116]

3)  오브젝트 기능부여

- 터치 기능에서 명령식 쓰기를 사용
  - Push Down : runscript("test_A") ;; stopscript("reset")

4)  오브젝트 기능부여

- 터치 기능에서 명령식 쓰기를 사용
  - Push Down : stopscript("test_A") ;; runscript("reset")

5) 터치시 동작 스크립트 작성하기

터치 영역을 선택하면 동작하는 스크립트를 작성한다.

① Main script 작성

```
Sub test_A()

 while 1

    speed=gettagval("조명.속도")

    settagval("조명.전"),1 : sleep(speed)
    settagval("조명.기"),1 : sleep(speed)
    settagval("조명.학"),1 : sleep(speed)
    settagval("조명.과"),1 : sleep(speed)

    runscript("reset") : sleep(speed)
    settagval("조명.전"),1 : settagval("조명.기"),1 : sleep(speed)
    settagval("조명.학"),1 : settagval("조명.과"),1 : sleep(speed)

    runscript("reset") : sleep(speed)

for i=1 to 3
    runscript("동작") : sleep(speed)
    runscript("reset") : sleep(speed)
```

```
        next i
        sleep(10)
    wend
End Sub
```

② 전체 on하는 script 작성

```
Sub 동작()
    settagval("조명.전"),1
    settagval("조명.기"),1
    settagval("조명.학"),1
    settagval("조명.과"),1
End Sub
```

③ 전체 off하는 script 작성

```
Sub reset()
    settagval("조명.전"),0
    settagval("조명.기"),0
    settagval("조명.학"),0
    settagval("조명.과"),0
End Sub
```

(3) 데이터 입력화면 제어기능 부여하기

1) 수치입력 

오브젝트 기능부여하기

- 데이터 입력 기능부여
  - 동작 정의

    동작 : 수치형태

    태그이름 : 데이터.NUMBER

    화면표시방법 : 윈도우 형태 입력창3

❖ 우측의 ####에는 태그값 표시기능으로 되어있다.
(2-5-3 태그값 표시 오브젝트 생성하기 참고)

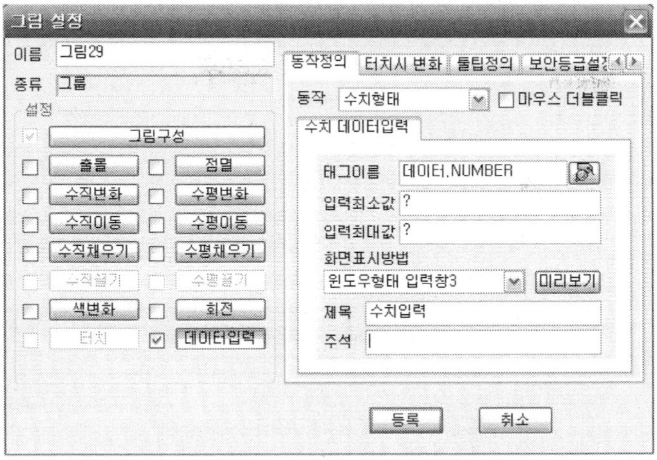

[그림 2-117]

2) 문자입력 

오브젝트 기능부여하기

- 데이터 입력 기능부여
  - 동작 정의

    동작 : 문자열형태

    태그이름 : 데이터.문자

    화면표시방법 : 윈도우 형태 입력창3

❖ 우측의 ????에는 태그값 표시기능으로 되어있다.
(2-5-3 태그값 표시 오브젝트 생성하기 참고)

3) 버턴입력 

오브젝트 기능부여하기

- 데이터 입력 기능부여
  - 동작 정의

    동작 : 버턴형태
  - 버턴데이터 설정탭에서

    태그이름 : 데이터.버턴

[표 2-3]

	버턴입력	데이터값
1	버턴입력1	123,456,789
2	버턴입력2	내 고향 남쪽바다
3	버턴입력3	My Name Hong Gil-Dong

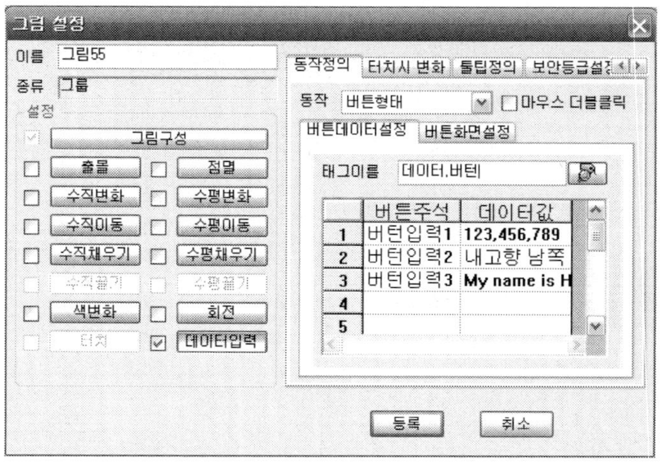

[그림 2-118]

❖ 우측의 ####에는 태그값 표시기능으로 되어있다.
(2-5-3 태그값 표시 오브젝트 생성하기 참고)

(4) 데이터 입력 응용화면 제어기능 부여하기

1) 수입력기  오브젝트 기능부여하기

- 데이터 입력 기능부여
  - 동작 정의

    동작 : 수치형태

    태그이름 : 데이터.정수

    입력최소값 : 0

    입력최대값 : 999

    화면표시방법 : 윈도우 형태 입력창3

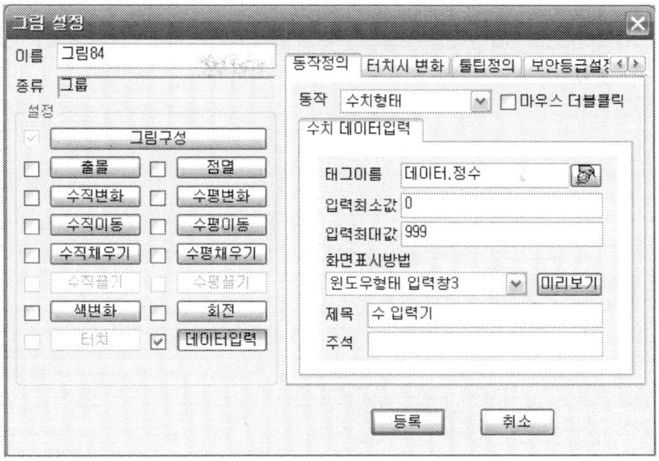

[그림 2-119]

❖ 우측의 ####에는 태그값 표시기능으로 되어있다.
(2-5-3 태그값 표시 오브젝트 생성하기 참고)

2) 수표시기  오브젝트 기능부여하기

- 수표시기는 0~9의 숫자가 겹쳐있고 태그이름에 수식을 부가하여 출몰조건에 맞으면 출몰 기능으로 숫자를 표시한다.

[그림 2-120]

① 일단위의 태그이름

- 9 : (데이터.정수%10)==9 ---〉 정수를 10으로 나눈 나머지 값이 9와 같으면 9를 출력(예 459, 29, 9)
- 8 : (데이터.정수%10)==8
- 7 : (데이터.정수%10)==7
- 6 : (데이터.정수%10)==6
- 5 : (데이터.정수%10)==5
- 4 : (데이터.정수%10)==4
- 3 : (데이터.정수%10)==3
- 2 : (데이터.정수%10)==2
- 1 : (데이터.정수%10)==1
- 0 : (데이터.정수%10)==0

② 십단위의 태그이름

- 9 : (((데이터.정수/10)〉=9) && ((데이터.정수/10)〈10)) ||
  ((((데이터.정수%100)/10)〉=9) && (((데이터.정수%100)/10)〈10))

  ---〉 정수를 10으로 나눈 값이 9이상 10미만이거나 정수를 100으로 나눈 나머지를 10으로 나눈값이 9이상 10미만이면 9를 출력(예 94 : 94/10 = 9.4492 : 492%100=92, 92/10=9.2)
- 8 : (((데이터.정수/10)〉=8) && ((데이터.정수/10)〈9)) ||
  ((((데이터.정수%100)/10)〉=8) && (((데이터.정수%100)/10)〈9))
- 7 : (((데이터.정수/10)〉=7) && ((데이터.정수/10)〈8)) ||
  ((((데이터.정수%100)/10)〉=7) && (((데이터.정수%100)/10)〈8))
- 6 : (((데이터.정수/10)〉=6) && ((데이터.정수/10)〈7)) ||
  ((((데이터.정수%100)/10)〉=6) && (((데이터.정수%100)/10)〈7))
- 5 : (((데이터.정수/10)〉=5) && ((데이터.정수/10)〈6)) ||
  ((((데이터.정수%100)/10)〉=5) && (((데이터.정수%100)/10)〈6))
- 4 : (((데이터.정수/10)〉=4) && ((데이터.정수/10)〈5)) ||
  ((((데이터.정수%100)/10)〉=4) && (((데이터.정수%100)/10)〈5))
- 3 : (((데이터.정수/10)〉=3) && ((데이터.정수/10)〈4)) ||
  ((((데이터.정수%100)/10)〉=3) && (((데이터.정수%100)/10)〈4))
- 2 : (((데이터.정수/10)〉=2) && ((데이터.정수/10)〈3)) ||
  ((((데이터.정수%100)/10)〉=2) && (((데이터.정수%100)/10)〈3))
- 1 : (((데이터.정수/10)〉=1) && ((데이터.정수/10)〈2)) ||
  ((((데이터.정수%100)/10)〉=1) && (((데이터.정수%100)/10)〈2))

· 0 : (((데이터.정수/10))〉=0) && ((데이터.정수/10)〈1)) ||
(((((데이터.정수%100)/10))〉=0) && (((데이터.정수%100)/10)〈1))

③ 백단위의 태그이름

· 9 : ((데이터.정수/100))〉=9) &&((데이터.정수/100)〈10)
---〉 정수를 100으로 나눈 값이 9이상 10미만이면 9를 출력
· 8 : ((데이터.정수/100))〉=8) &&((데이터.정수/100)〈9)
· 7 : ((데이터.정수/100))〉=7) &&((데이터.정수/100)〈8)
· 6 : ((데이터.정수/100))〉=6) &&((데이터.정수/100)〈7)
· 5 : ((데이터.정수/100))〉=5) &&((데이터.정수/100)〈6)
· 4 : ((데이터.정수/100))〉=4) &&((데이터.정수/100)〈5)
· 3 : ((데이터.정수/100))〉=3) &&((데이터.정수/100)〈4)
· 2 : ((데이터.정수/100))〉=2) &&((데이터.정수/100)〈3)
· 1 : ((데이터.정수/100))〉=1) &&((데이터.정수/100)〈2)
· 0 : ((데이터.정수/100))〉=0) &&((데이터.정수/100)〈1)

3) 수입력기  , 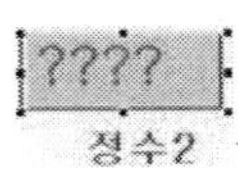 오브젝트 기능부여하기

- 버턴 오브젝트()와 태그값 표시(????)오브젝트로 되어있다.

① 버턴 오브젝트에 데이터 입력 기능부여

· 동작 정의
동작 : 수치형태
태그이름 : 계산.정수1
입력 최소값 : 0
입력 최대값 : 30000
화면표시방법 : 윈도우 형태 입력창3

② 태그값 표시 오브젝트에 태그값 입력 기능부여

· 상태태그
태그이름 : 계산.정수1
화면표시방법 : ????

- 같은 방법으로 정수2를 입력하는 오브젝트를 기능을 부여한다.(태그이름만 바꾼다.)

· 태그이름 : 계산.정수2

4) 사칙 연산자 +, −, *, / 오브젝트 기능부여하기

− 색변환과 터치기능을 부여한다.

① 합(+) 오브젝트 기능부여

· 색변환 기능

태그이름 : 계산.합

배경색 : 진청색

기준점 : on

· 터치 기능에서 명령식 쓰기를 사용

계산.합은 1이고 차, 곱, 나눔은 "0"으로 명령한다.

Push Down : 계산.합=1 ;; 계산.차=0

계산.곱=0 ;; 계산.나눔=0

② 차(−) 오브젝트 기능부여

· 색변환 기능

태그이름 : 계산.차

배경색 : 진청색

기준점 : on

· 터치 기능에서 명령식 쓰기를 사용

Push Down : 계산.합=0 ;; 계산.차=1 ;; 계산.곱=0 ;; 계산.나눔=0

③ 곱(*) 오브젝트 기능부여

· 색변환 기능

태그이름 : 계산.곱

배경색 : 진청색

기준점 : on

· 터치 기능에서 명령식 쓰기를 사용

Push Down : 계산.합=0 ;; 계산.차=0 ;; 계산.곱=1 ;; 계산.나눔=0

④ 나눔(/) 오브젝트 기능부여

· 색변환 기능

태그이름 : 계산.나눔

배경색 : 진청색

기준점 : on

· 터치 기능에서 명령식 쓰기를 사용

Push Down : 계산.합=0 ;; 계산.차=0 ;; 계산.곱=0 ;; 계산.나눔=1

- 아래 그림은 합 오브젝트의 터치 기능 입력 화면이다.

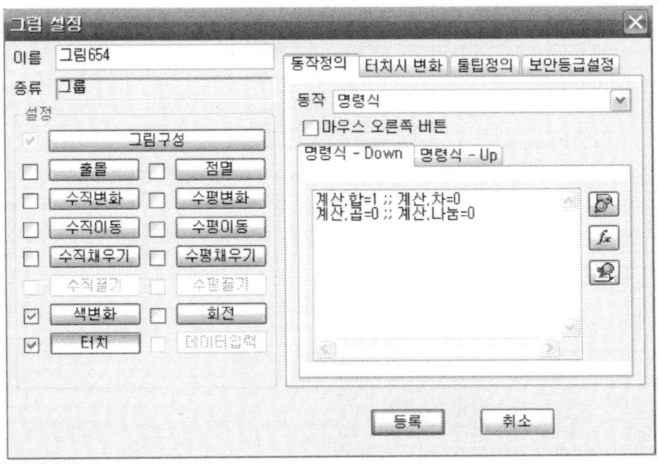

[그림 2-121]

5) 결과 오브젝트 기능부여하기

- 색변환과 터치기능을 부여한다.

· 색변환 기능

태그이름 : 계산.결과

배경색 : 진청색

기준점 : on

· 터치 기능에서 명령식 쓰기를 사용

Push Down : runscript("연산")

Push Up : stopscript("연산")

❖ 우측의 값과 나머지의 오브젝트는 태그값 표시기능으로 되어있다. (2-5-3 태그값 표시 오브젝트 생성하기 참고)

6) 결과 오브젝트 터치시 동작 스크립트 작성하기

```
Sub 연산()
 while 1
   su1=gettagval("계산.정수1")
   su2=gettagval("계산.정수2")
   hap=gettagval("계산.합")
   cha=gettagval("계산.차")
   gop=gettagval("계산.곱")
   nanum=gettagval("계산.나눔")
   gap=gettagval("계산.값")

      if( hap=1 ) then
         settagval"계산.값",su1+su2
         settagval"계산.나머지",0

       elseif ( cha=1 ) then
         settagval"계산.값",su1-su2
         settagval"계산.나머지",0

       elseif (gop=1) then
         settagval"계산.값",su1*su2
         settagval"계산.나머지",0

       elseif(nanum=1) then
         settagval"계산.값",su1/su2
         settagval"계산.나머지",su1-(su2*gap)

      end if
       sleep(100)
 wend
End Sub
```

(5) MAIN 화면 제어기능 부여하기

- 터치 기능을 이용하여 페이지 열기 동작을 한다.

① 

· 동작 : 페이지 열기

페이지 이름 : 터치

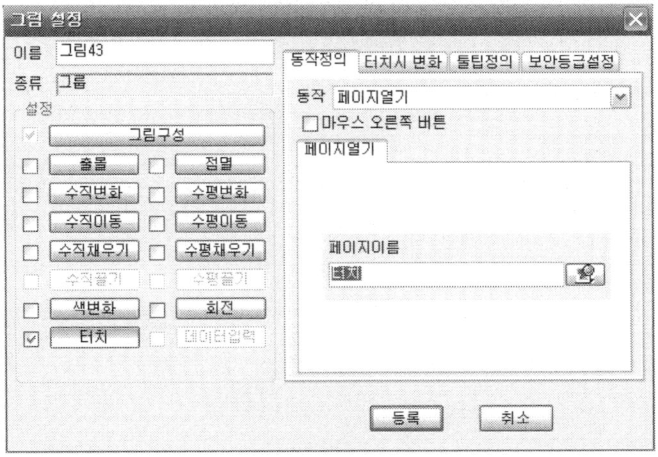

[그림 2-122]

② 

· 동작 : 페이지 열기

페이지 이름 : 터치응용

③ 

· 동작 : 페이지 열기

페이지 이름 : 데이터입력

④ 

· 동작 : 페이지 열기

페이지 이름 : 데이터입력응용

☑ 2-5-5 제어 기능 검사하기

(1) CimonX를 실행한다.

이때 CimonX 환경 설정에서 설정된 페이지가 초기화면에 나타나는지 확인한다.

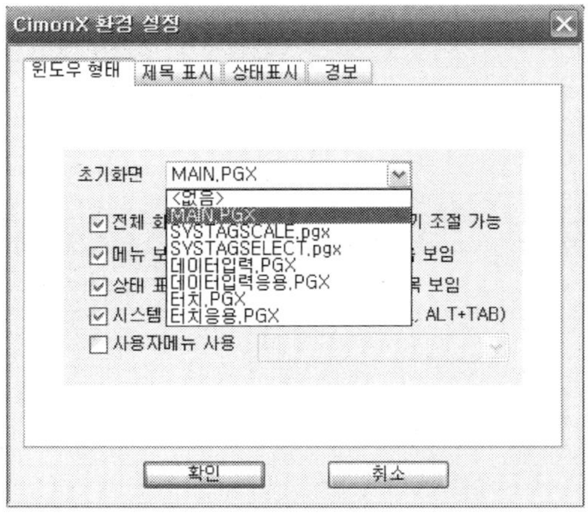

[그림 2-123]

❖ 그림과 같은 오류 메시지가 나타나면 확인을 누른다.
(데모용이기 때문에 나타나는 오류 메시지이다.)

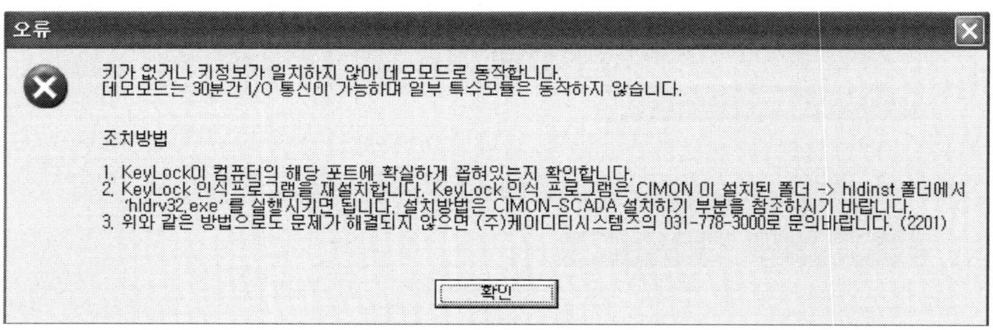

[그림 2-124]

[그림 2-125]

1) 위 Main 화면에서 "터치화면으로"를 누른다.
   터치화면으로 이동되어야 한다.

① 좌측의 사각 오브젝트인 버턴을 누르면 스크립터에 입력된 문자열 메시지와 숫자가 표시되는지 확인한다.

- 버턴의 색깔이 색변환에 의해 1초 간격으로 아래 화면과 같이 변화 하는지 확인한다.

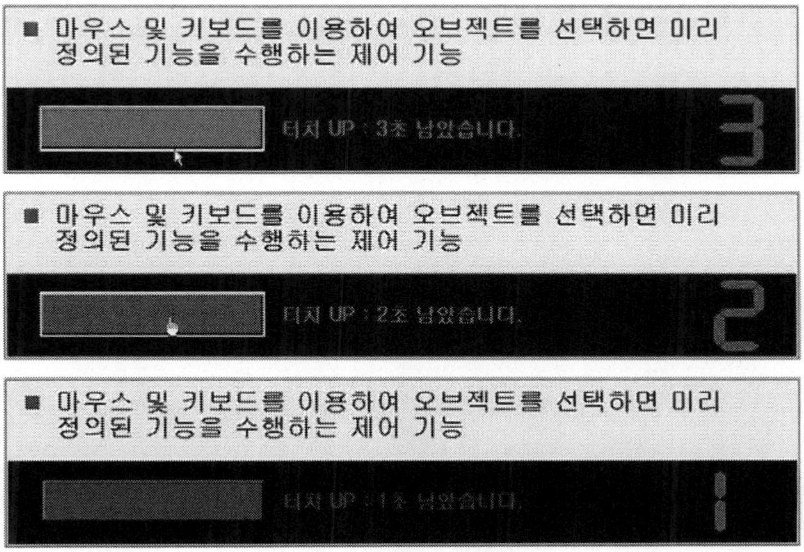

[그림 2-126]

② 아래 화면의 태그값 쓰기 버턴을 누른다.

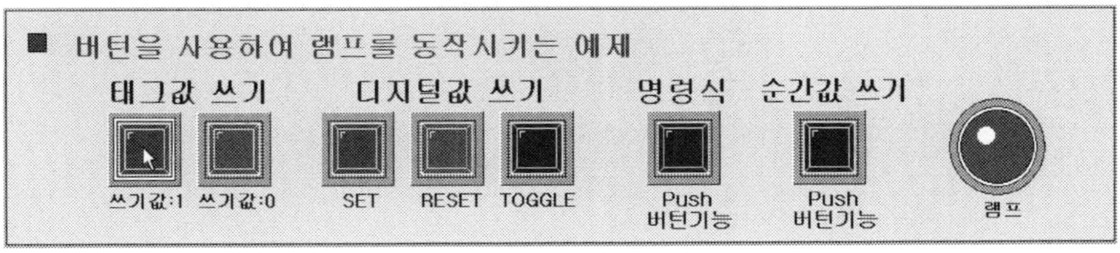

[그림 2-127]

- "쓰기값 : 1"의 버턴을 누르면 오른쪽 램프가 연분홍에서 빨강색으로 색변환하여 램프가 ON 되야 한다.(적색등이 켜지는 것처럼 보임)
- "쓰기값 : 0"의 버턴을 누르면 오른쪽 램프가 빨강색에서 연분홍색으로 색변환하여

램프가 OFF 되어야 한다.(적색등이 소등되는 것처럼 보임)

- 디지털값 쓰기 버턴의 SET 버턴을 누르면 램프가 ON 되어야 한다.
- 디지털값 쓰기 버턴의 RESET 버턴을 누르면 램프가 OFF 되어야 한다.
- 디지털값 쓰기 버턴의 TOGGLE 버턴을 누르면 램프가 ON/OFF 되어야 한다.
- 명령식을 사용한 Push 버턴 기능을 누르면 램프가 ON 되어야 하고 버턴에서 손을 놓으면 램프가 OFF되어 Push 버턴 기능을 한다.
- 순간값 쓰기를 사용한 Push 버턴 기능을 누르면 램프가 ON 되어야 하고 버턴에서 손을 놓으면 램프가 OFF되어 Push 버턴 기능을 한다.

③ 화면의 우측상단에 Main 버턴을 누르면 Main 화면으로 이동하여야 한다.

2) Main 화면에서 "터치 응용 화면으로"를 누른다.
터치 응용 화면으로 이동되어야 한다.

[그림 2-128]

① SPEED 버턴을 눌러 수치입력기가 나타나면 "1000"을 입력한다.
SLEEP(1000)은 1초를 뜻한다.

② START 버턴을 누른다.
글자색이 적색으로 변하면서 다음과 같은 순으로 1초 간격으로 동작되어야 한다.

- 전 --> 전기 --> 전기학 --> 전기학과 --> 전부 소등

- 전기 --〉 전기학과 --〉 전부 소등
- 전기학과 --〉 전부 소등 --〉 전기학과 --〉 전부 소등 --〉 전기학과 --〉 전부 소등
- 위의 동작이 계속 반복되어야 한다.

③ STOP 버턴을 누르면 모두 소등되어야 한다.

④ SPEED 버턴을 눌러 수치입력기에 500을 입력하여 ②의 동작이 0.5초 간격으로 동작하여야 한다.

⑤ 화면의 우측상단에 Main 버턴을 누르면 Main 화면으로 이동하여야 한다.

3) Main 화면에서 "데이터입력화면으로"를 누른다.
데이터 입력 화면으로 이동되어야 한다.

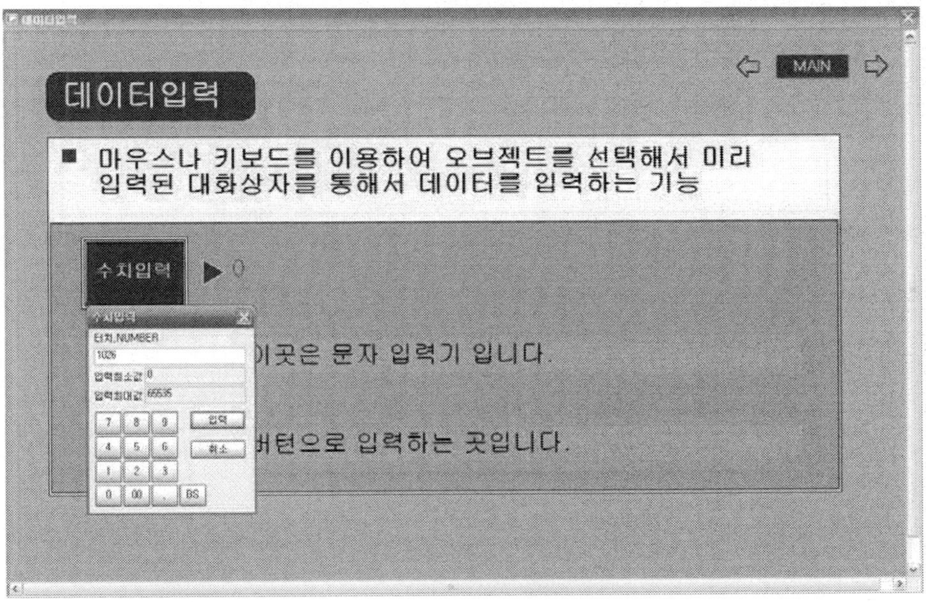

[그림 2-129]

① "수치입력" 버턴을 누르면 수치 입력기가 나타난다. 숫자를 1026을 입력하면 오른쪽 태그값 표시에 1026이 표시되어야 한다.

② "문자 입력" 버턴을 누르면 문자 입력기가 나타난다.
문자를 입력하고 컴퓨터 자판의 "Enter"키를 누르면 문자가 입력되어야 한다.

③ "버턴입력" 버턴을 누른다.

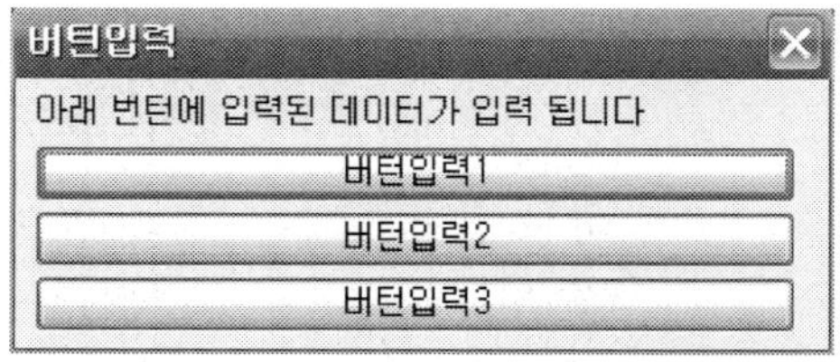

[그림 2-130]

· 미리 입력되어있는 데이터가 버턴을 누르면 태그값 표시기에 표시된다.

④ 화면의 우측상단에 Main 버턴을 누르면 Main 화면으로 이동하여야 한다.

4) Main 화면에서 "데이터입력 응용화면으로"를 누른다.
데이터 입력 응용 화면으로 이동되어야 한다.

[그림 2-131]

① "수입력기" 버턴을 눌러 수입력에 899를 입력시키면 태그값으로 899와 출몰에 의한 디스플레이에 899가 표시되어야 한다.

② 데이터를 입력시켜 4칙연산을 할 수 있는 계산기능이 되어야 한다.

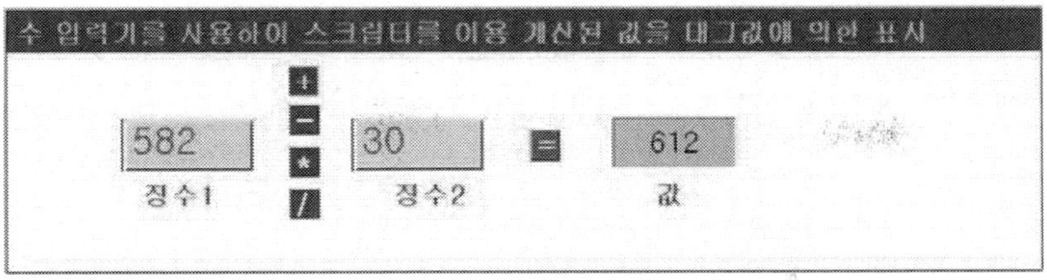

[그림 2-132]

- "정수1" 버턴을 눌러 수입력기로 582를 입력시킨다.
- "정수2" 버턴을 눌러 수입력기로 30을 입력시킨다.
- "+" 버턴과 "=" 버턴을 누르면 값이 612의 결과가 나와야 한다.
- "-" 버턴과 "=" 버턴을 누르면 값이 552의 결과가 나와야 한다.
- "*" 버턴과 "=" 버턴을 누르면 값이 17460의 결과가 나와야 한다.
- "/" 버턴과 "=" 버턴을 누르면 값이 19, 나머지 12의 결과가 나와야 한다.

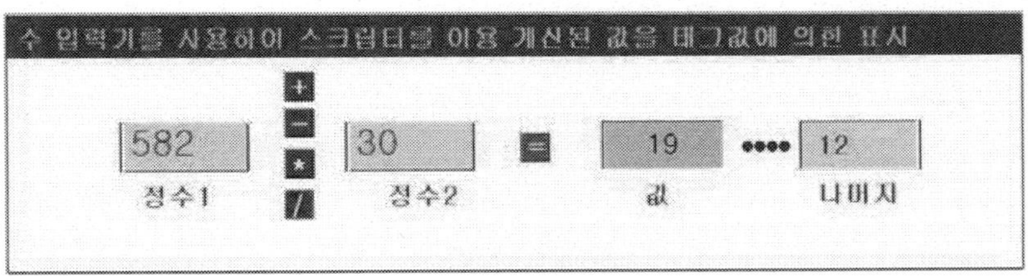

[그림 2-133]

③ CimonX를 종료한다.

2-6 경향(Trend) 그래프와 경보

현장의 시스템을 주기적으로 모니터링 하여 현재와 과거의 경향을 관찰하여 이상유무를 판단하고 이상경보가 울릴 때 이력을 관리할 수 있는 능력과 경보에 따른 조치를 신속하고 정확하게 처리할 수 있는 능력을 키워야 한다.

☑ 2-6-1 실시간 경향그래프

이번 장에서 배울 기능은 실시간 경향그래프를 표시하는 기능입니다.

완성된 페이지 화면은 다음과 같습니다.

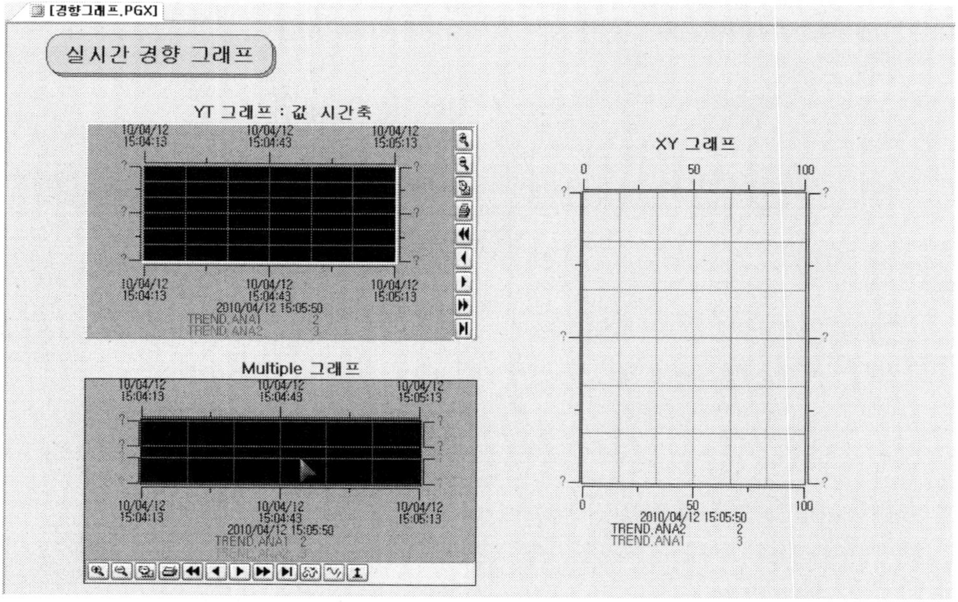

[그림 2-134]

새 페이지("경향그래프")를 생성해서 위와 같이 페이지를 편집한다.
세 가지 종류의 경향그래프 오브젝트를 다음과 같이 생성한다.

(1) YT 종류의 경향그래프 생성하기

1) 그림 도구모음 중에서 "경향감시" 아이콘을 클릭한다.

2) 페이지의 원하는 위치에서 마우스를 클릭한다.
   다음과 같은 "Trend" 대화상자가 표시된다.

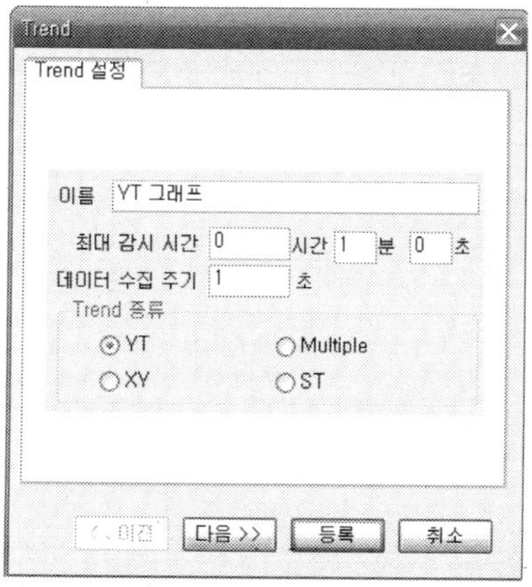

[그림 2-135]

3) 다음과 같이 특성을 설정한다.
이름 : "YT 그래프"　　　　　　최대 감시 시간 : 0시간 1분 0초
데이터 수집 주기 : 1초　　　　　Trend 종류 : YT

4) "다음 〉〉" 버턴을 클릭한다.

[그림 2-136]

- 다음과 같이 특성을 설정한다.
감시화면 색 : 연한 갈색(열세번째 줄 일곱번째 칸)
감시화면 형태 : 버턴 형태

5) "다음 〉〉" 버턴을 클릭한다.

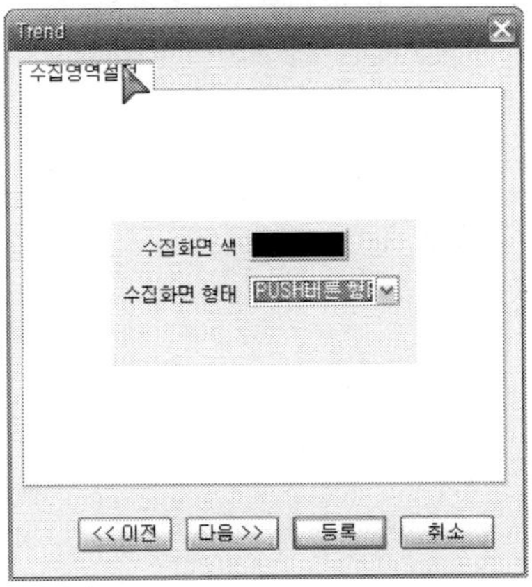

[그림 2-137]

- 다음과 같이 특성을 설정한다.
  수집화면 색 : 검은색
  수집화면 형태 : PUSH버턴 형태

6) "다음 >>" 버턴을 클릭한다.

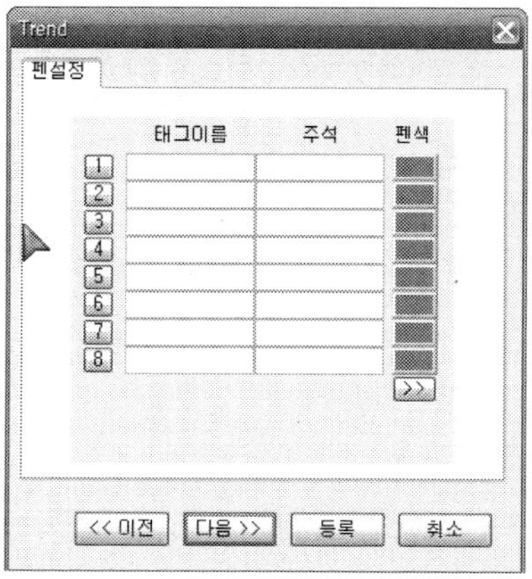

[그림 2-138]

- "1" 버턴을 클릭한다.

[그림 2-139]

- 다음과 같이 특성을 설정한다.
  태그이름 : TREND.ANAL1
  펜색 : 빨간색
  데이터연결방법 : 선

- "등록" 버턴을 클릭한다.
  데이터베이스 저장 문의 대화상자가 표시되면 "예"를 선택하고 다음과 같이 편집한다.
  태그 종류 : 아날로그 데이터 형태 : UINT8
  내부데이터 최소값 : 0 최대값 : 100
  [참고] "TREND" 그룹 태그는 자동적으로 생성이 된다.
- 두 번째 펜을 설정한다.
  앞에서와 같은 방법으로 "2" 버턴을 클릭해서 두번째 펜을 설정한다.
  단 포인트 이름은 "TREND.ANAL2"로 하고 펜색은 분홍색으로 설정한다.

[그림 2-140]

7) "다음 〉〉" 버턴을 클릭한다.

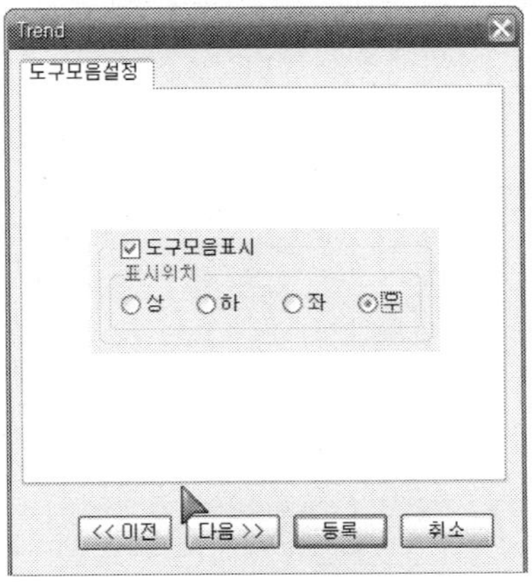

[그림 2-141]

- 도구모음표시 버턴을 선택된 상태로 설정하고 표시위치는 "우"로 선택한다.

8) "다음 >>" 버턴을 클릭한다.

- 태그이름 표시 길이를 "15"로 입력한다.

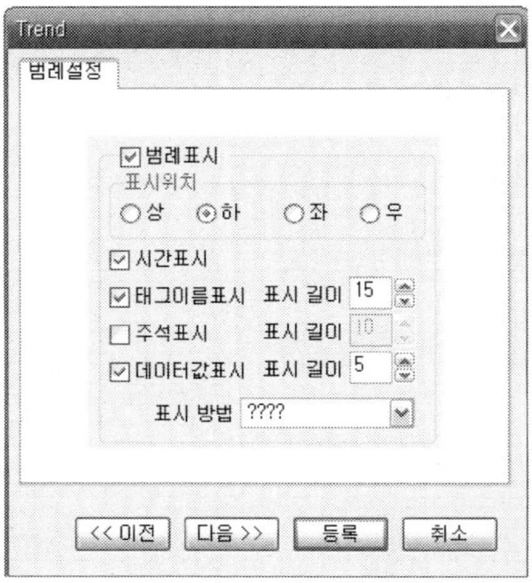

[그림 2-142]

[그림 2-143]

9) "다음 >>" 버턴을 클릭하여 [그림 2-143]과 같이 한다.

10) "다음 >>" 버턴을 클릭한다.

11) "다음 >>" 버턴을 클릭하여 [그림 2-145]와 같이 한다.

[그림 2-144]

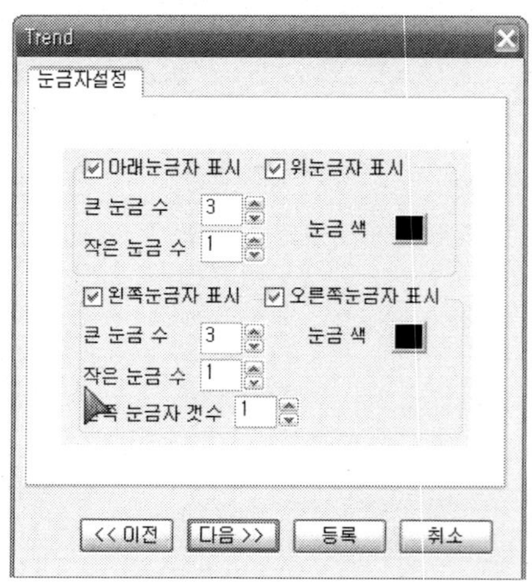

[그림 2-145]

12) “다음 >>” 버턴을 클릭한다.

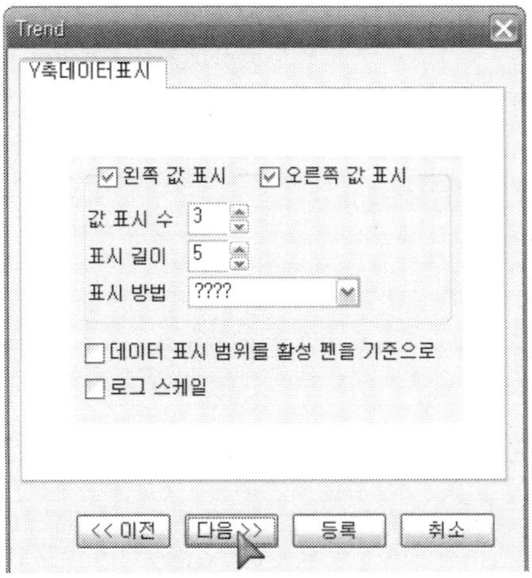

[그림 2-146]

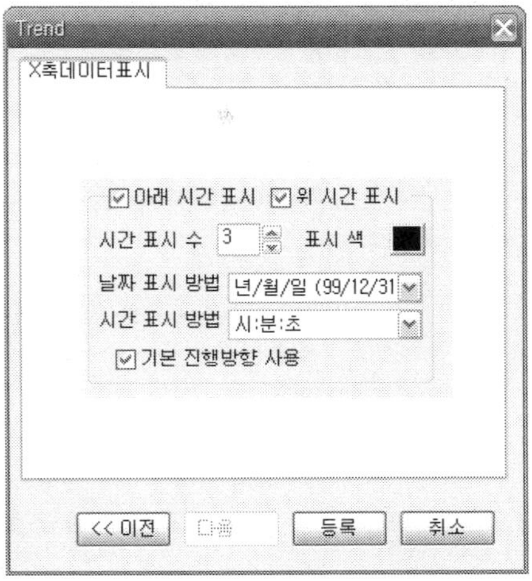

[그림 2-147]

13) “다음 >>” 버턴을 클릭하여 [그림 2-147]과 같이 한다.

14) “등록” 버턴을 클릭한다.

- 화면에 표시된 그래프를 적당한 위치와 크기로 조정한다.

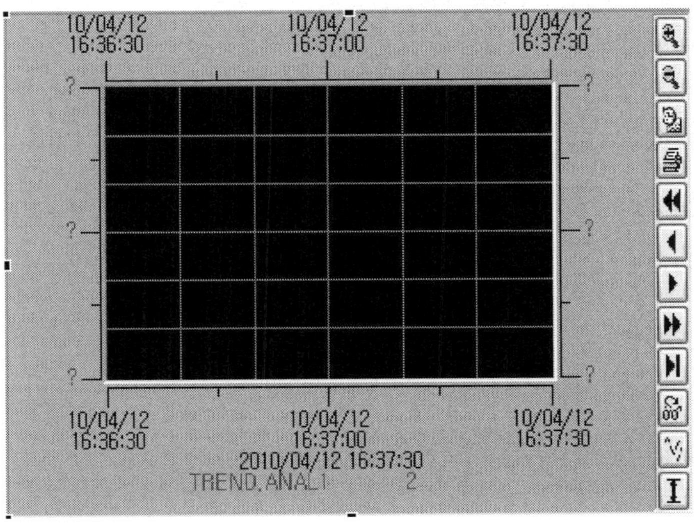

[그림 2-148]

(2) Multiple 종류의 경향그래프 생성하기

1) 그림 도구모음 중에서 "경향감시" 아이콘을 클릭한다.

2) 페이지의 원하는 위치에서 마우스를 클릭한다.

3) "Trend 설정" 부분에서 다음과 같이 설정한다.
   이름 : Multiple 그래프
   최대 감시 시간 : 0시간 1분 0초
   데이터 수집 주기 : 1초
   Trend 종류 : Multiple

4) "다음 〉〉" 버턴 클릭 후 "감시영역설정" 부분에서 다음과 같이 설정한다.
   감시화면 색 : 연한 갈색 (열세 번째 줄 일곱 번째 칸)
   감시화면 형태 : 단일선 형태
   선 색 : 검은색

5) "다음 〉〉" 버턴 클릭 후 "수집영역설정" 부분에서 다음과 같이 설정한다.
   수집화면 색 : 검은색
   수집화면 형태 : 단일선 형태
   선 색 : 검은색

6) "다음 〉〉" 버턴 클릭 후 "펜설정" 부분에서 이전의 YT 그래프와 같이 "TREND.ANAL1"과 "TREND.ANAL2" 태그를 펜1, 2로 설정한다.
   단 펜2의 데이터 연결방법을 "계단형"으로 선택한다.

7) "다음 〉〉" 버턴 클릭 후 도구모음설정 부분에서 "도구모음표시"를 선택된 상태로 설정하고 표시위치를 "하"로 선택한다.

8) "다음 〉〉" 버턴 클릭 후 "범례 설정" 부분에서 "범례표시"를 선택이 안 된 상태로 지정한다.

9) "등록" 버턴을 클릭한다.

10) 화면에 표시된 그래프를 적당한 위치와 크기로 조정한다.

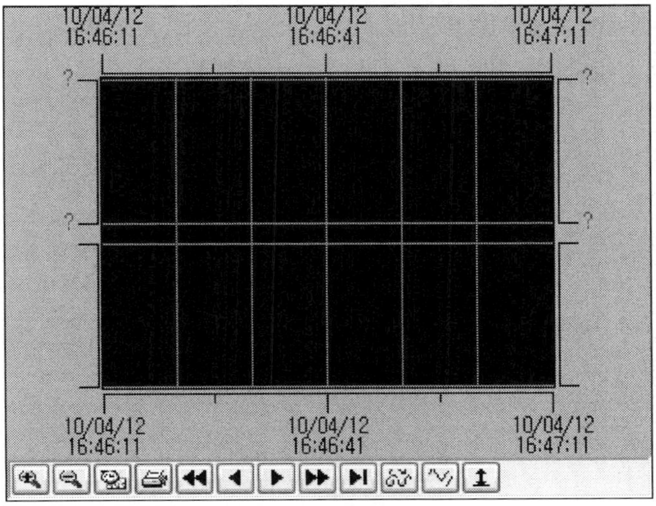

[그림 2-149]

(3) XY 종류의 경향그래프 생성하기

1) 그림 도구모음 중에서 “경향감시” 아이콘을 클릭한다.

2) 페이지의 원하는 위치에서 마우스를 클릭한다.

3) “Trend 설정” 부분에서 다음과 같이 설정한다.
   이름 : “XY 그래프”
   최대 감시 시간 : 0시간 1분 0초
   데이터 수집 주기 : 1 초
   Trend 종류 : XY

4) “다음 〉〉” 버턴으로 “펜설정” 부분까지 이동한다.
 - “TREND.ANAL1” 태그를 펜1로 설정한다. 그리고 특성을 다음과 같이 설정한다.
   데이터 표시 : ●(채워진 원)
   펜색 : 빨간색
   데이터연결방법 : 선

5) “다음 〉〉” 버턴으로 “범례 설정” 부분까지 이동한다.
 - 태그이름 표시길이를 15로 입력한다.

6) "다음 >>" 버턴으로 "X축 데이터표시" 부분까지 이동한다.
- 태그이름을 "TREND.ANAL2"로 입력한다.

7) "등록" 버턴을 클릭한다.

8) 화면에 표시된 그래프를 적당한 위치와 크기로 조정한다.

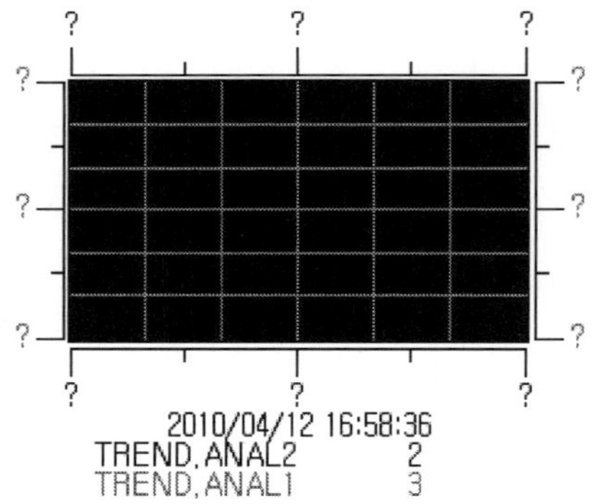

[그림 2-150]

9) XY 그래프 오브젝트가 선택된 상태에서, 색상 도구(무늬설정)에서 "투명하게 만들기"를 선택한다.

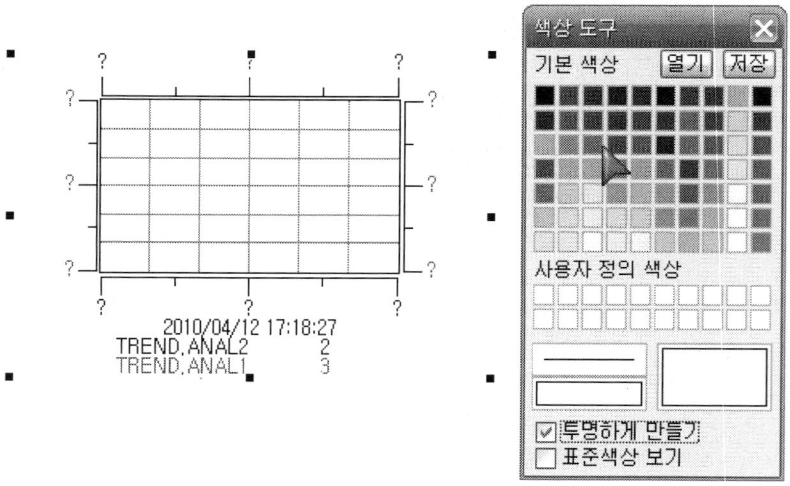

[그림 2-151]

(4) 경향그래프용 스크립트 작성하기

경향그래프에 사용되는 태그의 값을 변경하는 스크립트를 작성하고 스크립트의 실행과 중지를 정의한다. 그리고 페이지 전환을 설정한다.

1) 스크립트 작성
"TREND.ANA1", "TREND.ANA2" 태그값을 0과 100 사이에서 Random하게 변화시키는 스크립트를 다음과 같이 작성한다.

```
Sub Trend()
        Randomize
        While 1
            SetTagVal "TREND.ANAL1", Random(0, 100)
            SetTagVal "TREND.ANAL2", Random(0, 100)
            sleep(1000)
        Wend
End Sub
```

2) 스크립트 실행과 중지 설정
페이지 동작정의에서 페이지 열기/닫기시에 Trend 스크립트를 실행/중지시키도록 정의한다.

3) 페이지를 "경향그래프.pgx"로 저장한다.

4) 모두 저장하고 CimonD를 종료한다.

(5) 경향그래프 기능 검사하기

1) CimonX를 실행시킨다.

2) "경향그래프" 페이지로 이동한다.

3) 세 가지 방식의 그래프가 화면에 표시되는지 확인한다.

4) 다음 화면과 같이 각 그래프에 실시간으로 태그값이 표시되는지를 확인한다.

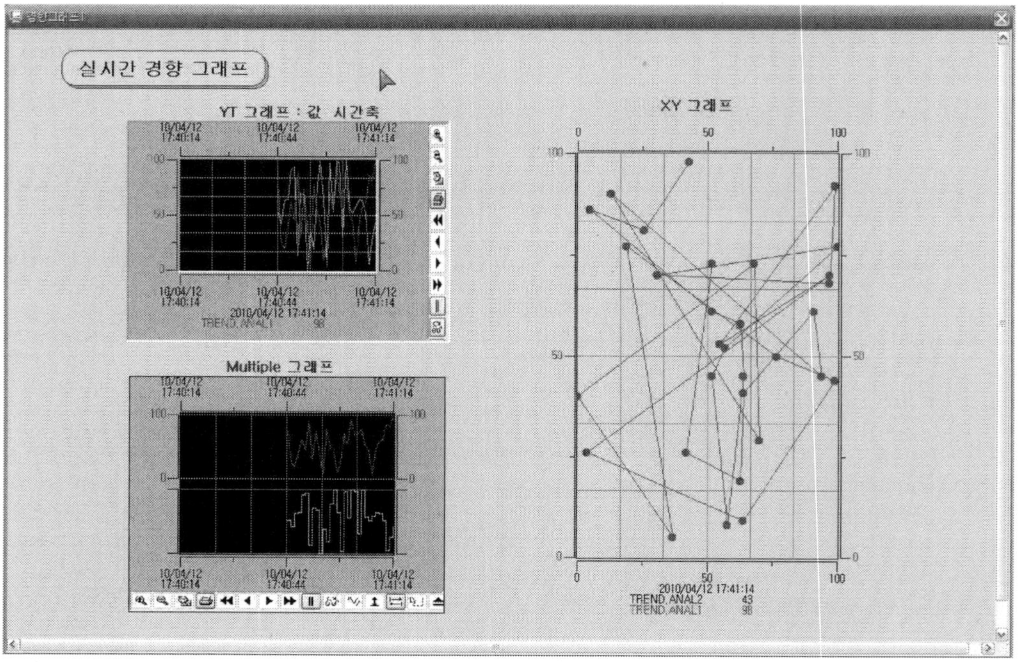

[그림 2-152]

5) 시간 범위를 초과하면 자동적으로 스크롤되는지를 확인한다.

6) CimonX를 종료한다.

☑ 2-6-2 데이터수집과 과거 경향그래프

이번 장에서 배울 기능은 태그 데이터를 수집하는 기능과 수집된 데이터를 과거 경향 그래프로 표시하는 기능입니다.

완성된 페이지 화면은 다음과 같습니다.

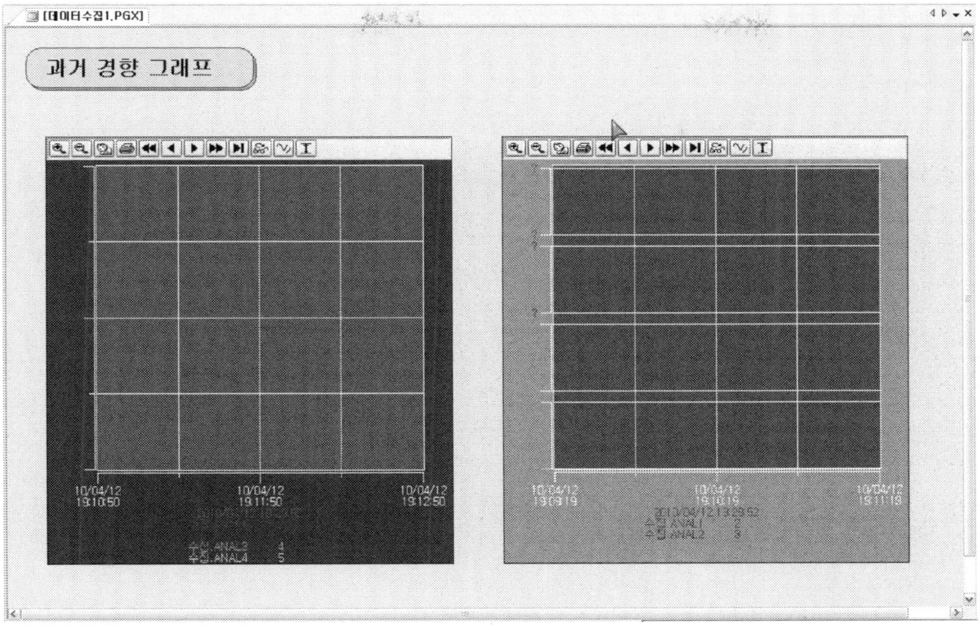

[그림 2-153]

(1) 데이터 수집 모델 정의하기

1) CimonD의 메뉴 중에서 "도구"-"데이터수집"을 선택한다.

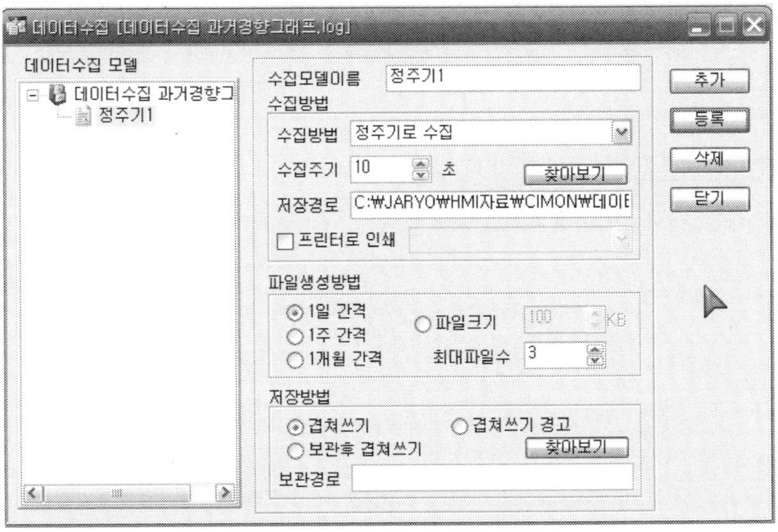

[그림 2-154]

- 다음과 같이 특성을 설정한다.
  수집모델이름 : 정주기1
  수집조건 : 정주기로 수집
  수집주기 : 10 초
  파일로 저장 : 선택
  파일생성방법 : 1일 간격
  최대파일수 : 3
  저장방법 : 겹쳐쓰기
- "추가" 버턴을 클릭한다.
- "닫기" 버턴을 클릭한다.

2) 태그 등록하기
- "수집" 그룹 태그를 추가한다.
- "수집" 그룹에 아날로그 태그 4개를 추가한다.
  각각의 이름은 "ANAL1", "ANAL2", "ANAL3", "ANAL4"로 하고 다음과 같이 특성을 설정한다.
  종류 : 아날로그(가상태그)
  데이터형태 : UINT8
  내부데이터 - 최소값 : 0, 최대값 : 100
  데이터수집 : 선택
  수집모델 : 정주기1

(2) 경향그래프 오브젝트 설정하기

두 개의 경향그래프 오브젝트를 생성한다.

1) 다음과 같은 특성 갖는 경향그래프 오브젝트를 생성한다.

Trend 설정	이름 :	과거1
	최대감시시간 :	0시간 2분 0초
	데이터 수집주기 :	2초
	Trend종류 :	YT
감시영역설정	감시화면색 :	진한 청색
	감시화면형태 :	단일선형태
	선색 :	검은색

수집영역설정		수집영역색 :	진한 회색
		수집화면형태 :	단일선형태
		선색 :	흰색
펜설정	펜1	태그이름 :	수집.ANA1
		펜색 :	빨간색
	펜2	태그이름 :	수집.ANA2
		펜색 :	청록색
	펜3	태그이름 :	수집.ANA3
		펜색 :	녹색
	펜4	태그이름 :	수집.ANA4
		펜색 :	노란색
도구모음 설정		도구모음표시 :	선택
		표시위치 :	상
범례 설정		태그이름 표시 길이 :	12
그리드 설정		X축 그리드 수 :	3
		그리드 색 :	흰색
		Y축 그리드 수 :	3
		그리드 색 :	흰색
눈금자 설정		위눈금자 표시 :	선택안함
		눈금 색 :	흰색
		오른쪽 눈금자 표시 :	선택안함
		눈금 색 :	흰색
Y축 데이터 표시		오른쪽 값 표시 :	선택안함
X축 데이터 표시		위 시간 표시 :	선택안함
		표시색 :	흰색

2) 다음과 같은 특성 갖는 경향그래프 오브젝트를 생성한다.

Trend 설정	이름 :	과거2
	최대감시시간 :	0시간 2분 0초
	데이터 수집주기 :	2초
	Trend 종류 :	Multiple
수집영역설정	수집영역색 :	진한 회색
	수집화면형태 :	단일선형태
	선색 :	흰색

펜설정	펜1	태그이름 :	수집.ANA1
		펜색 :	빨간색
		데이터 표시 :	없음
		데이터 연결방법 :	선
	펜2	태그이름 :	수집.ANA2
		펜색 :	청록색
		데이터 표시 :	없음
		데이터 연결방법 :	계단형
	펜3	태그이름 :	수집.ANA3
		펜색 :	녹색
		데이터 표시 :	#
		데이터 연결방법 :	선
	펜4	태그이름 :	수집.ANA4
		펜색 :	노란색
		데이터 표시 :	%
		데이터 연결방법 :	없음
도구모음 설정		도구모음표시 :	선택
		표시위치 :	상
범례 설정		태그이름 표시 길이 :	12
그리드 설정		X축 그리드 수 :	3
		그리드 색 :	흰색
		Y축 그리드 수 :	흰색
눈금자 설정		위눈금자 표시 :	선택안함
		눈금 색 :	흰색
		오른쪽 눈금자 표시 :	선택안함
		눈금 색 :	흰색
Y축 데이터 표시		오른쪽 값 표시 :	선택안함
X축 데이터 표시		위 시간 표시 :	선택안함
		표시색 :	흰색

(3) 스크립트 작성하기

1) 스크립트 작성하기

"수집.ANA1", "수집.ANA2", "수집.ANA3", "수집.ANA4" 태그값을 0과 100 사이에서 Random하게 변화시키는 스크립트를 다음과 같이 작성한다.

```
Sub HTrend()
        Randomize
        While 1
                SetTagVal "수집.ANAL1", Random(0, 100)
                SetTagVal "수집.ANAL2", Random(0, 100)
                SetTagVal "수집.ANAL3", Random(0, 100)
                SetTagVal "수집.ANAL4", Random(0, 100)
                sleep(10000)
        Wend
End Sub
```

2) 스크립트 실행과 중지 설정
페이지 동작정의에서 페이지 열기/닫기 시에 HTrend 스크립트를 실행/중지시키도록 정의한다.

3) 페이지를 "데이터수집.pgx" 파일로 저장한다.

4) 모두 저장하고 CimonD를 종료한다.

(4) 데이터 수집 및 과거 경향그래프 기능 검사하기

1) CimonX를 실행시킨다.

2) "데이터수집" 페이지로 이동한다.

3) 두개의 경향그래프에 태그값이 표시되는지를 확인한다.
· 데이터 수집을 위해 현재 시간범위의 약 2배 시간(4분)정도 기다립니다.

4) 경향그래프 도구모음 중에서 중지 아이콘 을 클릭한다.
· 실시간 취득이 중지되면서 도구 모음이 다음과 같이 변경되는지 확인한다.

5) 경향그래프 도구모음 중에서 확대(시간간격축소) 아이콘 을 클릭한다.
· 감시 시간대가 반으로 줄어들면서 그래프가 수평방향으로 확대되는지 확인한다.

6) 경향그래프 도구모음 중에서 축소(시간간격확대) 아이콘 을 클릭한다.
· 감시 시간대가 2배로 늘어나면서 그래프가 수평방향으로 축소되는지 확인한다.

7) 경향그래프 도구모음 중에서 앞프레임 아이콘 을 클릭한다.
· 현재 감시시간범위 만큼의 앞시간대로 이동하는지 확인한다.

8) 경향그래프 도구모음 중에서 뒤프레임 아이콘 을 클릭한다.
· 현재 감시시간범위 만큼의 다음 시간대로 이동하는지 확인한다.

9) 경향그래프 도구모음 중에서 앞주기 아이콘 을 클릭한다.
· 경향그래프의 취득주기 만큼 앞 시간대로 이동하는지 확인한다.

10) 경향그래프 도구모음 중에서 뒤주기 아이콘 을 클릭한다.
· 경향그래프의 취득주기 만큼 다음 시간대로 이동하는지 확인한다.

11) 경향그래프 도구모음 중에서 취득시작 아이콘 을 클릭한다.
· 경향그래프가 다시 취득을 시작하는지 확인한다.

12) CimonX를 종료한다.

☑ 2-6-3 경보

이번 장에서는 경보를 정의하고 표시하는 방법을 배워봅시다.
작성할 완성된 페이지 화면은 다음과 같습니다.

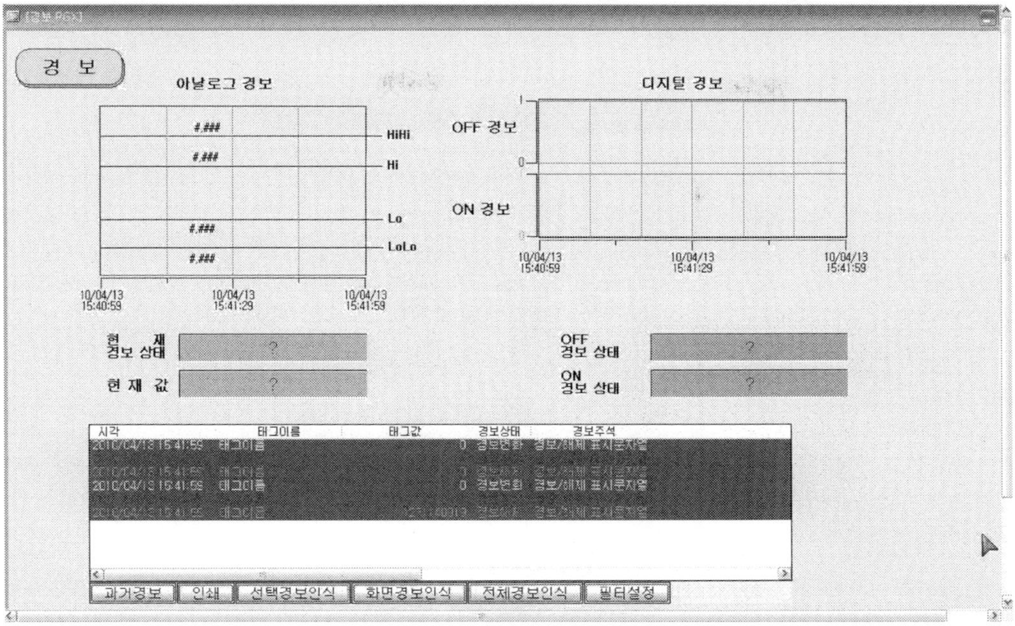

[그림 2-155]

(1) 경보 환경 설정하기

1) CimonD의 메뉴 중에서 "도구"-"경보 환경"을 선택한다.

또는 "경보" 아이콘 을 눌러도 "경보 환경"을 설정할 수 있습니다.

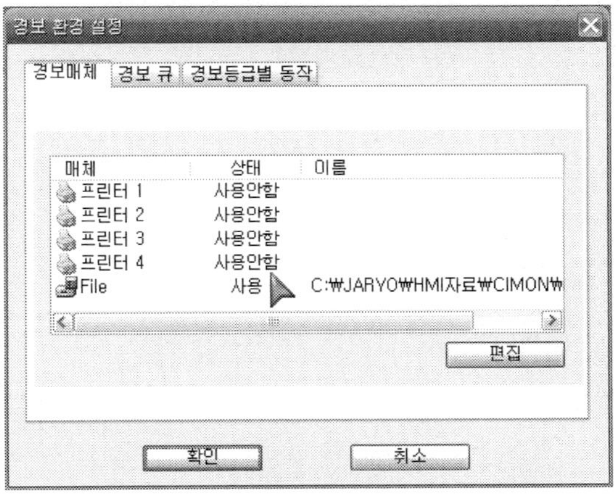

[그림 2-156]

"경보 환경 설정" 대화상자가 표시된다.

- 경보 매체 중에서 "File"을 더블 클릭한다.

"경보 파일 설정" 대화상자가 표시된다.

[그림 2-157]

- 저장 경로와 경보지역은 디폴트 값을 사용한다.
- 출력항목에서 "출력되는 항목 및 순서"를 화살표 버턴을 이용해서 다음 순서로 설정한다.

  시각 태그이름 태그값 경보상태 경보종류
- "경보 파일 설정" 대화상자의 "확인" 버턴을 클릭한다.

2) 경보큐의 "최대 메모리 보존 경보 개수"를 500개로 입력한다.

3) "경보 환경 설정" 대화상자의 "확인" 버턴을 클릭한다.

(2) 경보용 태그 등록하기

경보용으로 사용할 태그들을 다음과 같이 추가한다.

1) "경보" 그룹 태그를 추가한다.

2) 데이터베이스 관리기에서 "경보" 그룹으로 이동한다.

3) 아날로그 태그를 추가한다.
- 새태그 아이콘을 클릭해서 태그편집기를 표시한 후, 다음과 같은 특성으로 설정한다.

태그	이름 :	ANA1
태그	종류 :	아날로그(가상태그)
경보태그로 지정 :		선택
데이터 형태 :		UINT8
내부 데이터	최소값 : 0	최대값 : 100

- 탭 컨트롤 중에서 "경보"를 선택한다.
  (앞에서 경보태그로 지정을 선택하면 "경보" 탭 컨트롤이 추가된다.)
- 경보 특성을 다음과 같이 설정한다.

종류 :		경계값
등급 :		1
지역 :		A
HiHi	값 :	85
	발생표시 :	HiHi 경보발생
Hi	값 :	70
	발생표시 :	Hi 경보발생
Lo	값 :	30
	발생표시 :	Lo 경보발생
LoLo	값 :	15
	발생표시 :	LoLo 경보발생
해제표시 :		경보해제

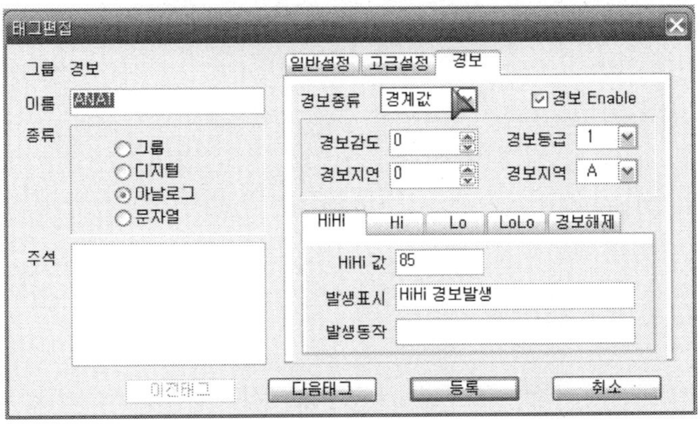

[그림 2-158]

- "등록" 버턴을 클릭한다.

4) 디지털 태그를 추가한다.

- 일반설정 고급설정에서 특성을 다음과 같이 설정한다.

  이름 : DIG1
  종류 : 디지털
  경보태그로 지정 : 선택
  초기값 : ON(1)
  OFF 상태 표시 문자열 : OFF
  ON 상태 표시 문자열 : ON

- 탭 컨트롤 중에서 "경보"를 선택한다.
- 경보 특성을 다음 그림과 같이 설정한다.

  경보종류 : OFF
  경보등급 : 2
  경보지역 : B
  발생표시 : OFF 경보발생
  해제표시 : OFF 경보해제

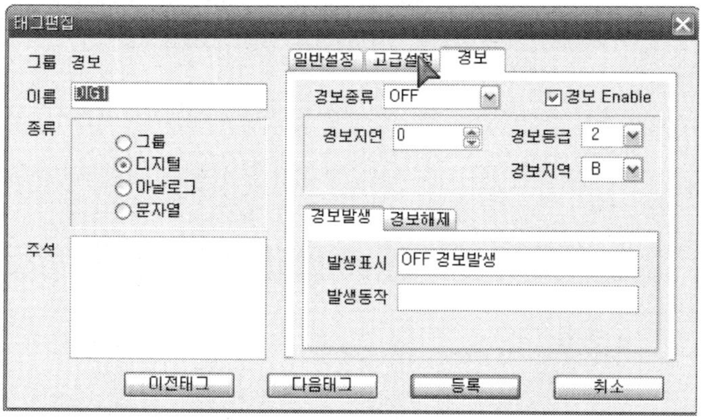

[그림 2-159]

- "등록" 버턴을 클릭한다.

5) 다음과 같은 특성으로 디지털 태그를 추가한다.

  이름 : DIG2
  종류 : 디지털
  경보태그로 지정 : 선택
  초기값 : OFF(0)

OFF 상태 표시 문자열 :	OFF
ON 상태 표시 문자열 :	ON
경보종류 :	ON
경보등급 :	3
경보지역 :	C
발생표시 :	ON 경보발생
해제표시 :	ON 경보해제

(3) 경보 그림 오브젝트 생성하기

1) 아날로그 태그에 대한 경향그래프 생성

아날로그 태그(경보.ANA1)의 값을 표시할 경향그래프 오브젝트를 경향 감시 아이콘  으로 다음과 같은 특성으로 생성한다.

Trend 설정		이름 :	경보1
		최대감시시간 :	0시간 1분 0초
		데이터 수집주기 :	1초
		Trend종류 :	YT
펜설정	펜1	태그이름 :	정보.ANA1
		펜색 :	빨간색
범례 설정		범례표시 :	선택안함
그리드 설정		X축 그리드 수 :	3
		Y축 그리드 표시 :	선택안함
눈금자 설정		위눈금자 표시 :	선택안함
		왼쪽 눈금자 표시 :	선택안함
		오른쪽 눈금자 표시 :	선택안함
Y축 데이터 표시		왼쪽 값 표시 :	선택안함
		오른쪽 값 표시 :	선택안함
X축 데이터 표시		위 시간 표시 :	선택안함
투명하게 만들기 :			선택

2) 경보 경계값 표시 오브젝트 생성

경향 그래프 오브젝트 위에 경보의 각 경계값을 표시할 오브젝트를 생성한다.
각 경계값별로 3개(선, 문자, 태그값 표시)의 오브젝트로 구성되어 있습니다.
태그값 표시 오브젝트들은 각각 다음과 같이 특성을 설정한다.

HIHI	태그이름 :	경보.ANA1:ALARMHIHI
HI	태그이름 :	경보.ANA1:ALARMHI
Lo	태그이름 :	경보.ANA1:ALARMLO
LoLo	태그이름 :	경보.ANA1:ALARMLOLO
화면 표시 방법	태그이름 :	#,###

3) 디지털 태그에 대한 경향그래프 생성

디지털 태그의 값을 표시할 경향그래프 오브젝트를 다음과 같은 특성으로 생성한다.

Trend 설정		이름 :	경보2
		최대감시시간 :	0시간 1분 0초
		데이터 수집주기 :	1초
		Trend종류 :	Multiple
펜설정	펜1	태그이름 :	경보.DIG1
		펜색 :	CYAN
		최소값 :	0
		최대값 :	1
		데이터 연결방법 :	계단형
	펜2	태그이름 :	경보.DIG2
		최소값 :	0
		최대값 :	1
		펜색 :	노란색
		데이터 연결방법 :	계단형
범례 설정		범례표시 :	선택안함
눈금자 설정		위눈금자 표시 :	선택안함
		오른쪽 눈금자 표시 :	선택안함
Y축 데이터 표시		오른쪽 값 표시 :	선택안함
X축 데이터 표시		위 시간 표시 :	선택안함
투명하게 만들기 :			선택

4) 라이브러리 오브젝트 생성

아날로그 태그의 현재 경보 상태 와 값을 표시할 라이브러리 오브젝트와 두 개의 디지털 태그의 경보 상태를 표시할 라이브러리 오브젝트를 생성한다.

라이브러리 오브젝트는 다음과 같이 생성한다.

- 그림 도구모음 중에서 "라이브러리" 아이콘 을 클릭한다.
  다음과 같은 라이브러리 선택 대화상자가 표시된다.

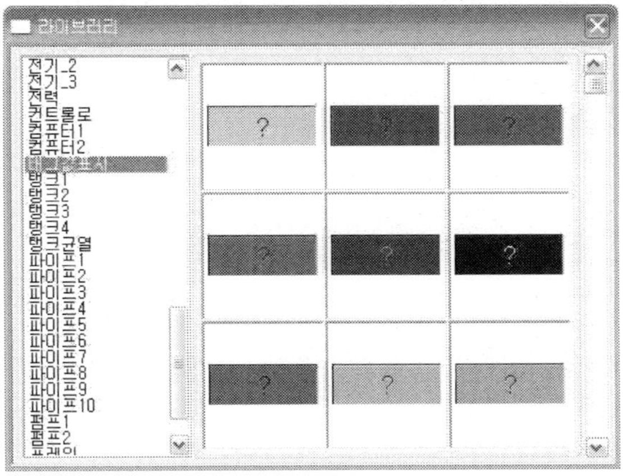

[그림 2-160]

- "태그값표시" 항목의 첫번째 줄 첫번째 라이브러리 오브젝트를 드래그-앤-드롭 방식으로 페이지에 표시한다.
- 같은 방법으로 3개의 라이브러리 오브젝트를 더 생성한다.
- "라이브러리" 대화상자를 닫습니다.
- 생성한 4개의 태그값표시 라이브러리 오브젝트의 "그림설정" 대화상자를 이용해서 "태그이름"을 각각 다음과 같이 설정한다.

  현재 경보 상태 : 경보.ANA1:ALARMLABEL
  현재 값 : 경보.ANA1
  OFF경보 상태 : 경보.DIG1:ALARMLABEL
  ON 경보 상태 : 경보.DIG2:ALARMLABEL

(4) 경보 요약 오브젝트 생성하기

발생된 경보 리스트를 보여주는 경보요약 오브젝트를 생성한다.
현재 페이지와 관련된 경보만을 표시하도록 생성해 봅시다.

1) 그림 도구모음 중에서 "경보요약" 아이콘 을 클릭한다.

2) 페이지의 원하는 위치에서 마우스를 클릭한다.
"경보요약" 대화상자가 표시된다.

- 등급1, 등급2, 등급3만 선택하고 나머지는 선택이 안 된 상태로 지정한다.

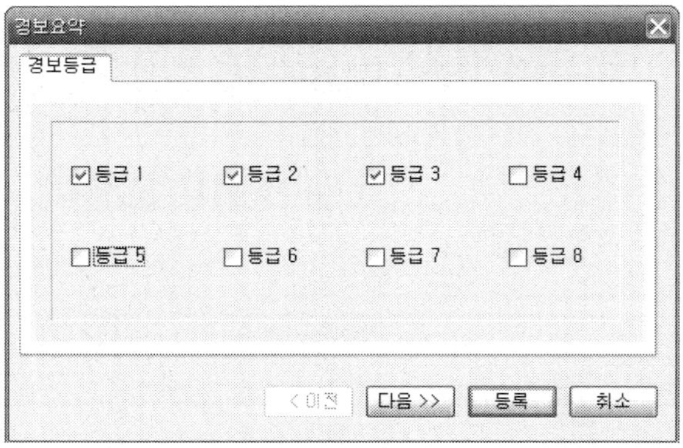

[그림 2-161]

3) "다음 〉〉" 버턴을 클릭한다.

- A지역, B지역, C지역만 선택하고 나머지는 선택이 안 된 상태로 지정한다.

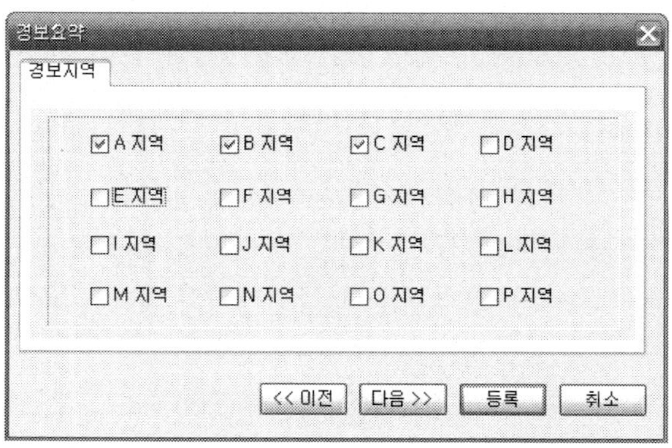

[그림 2-162]

4) "다음 〉〉" 버턴을 클릭한다.

- 경보해제, OFF경보, ON경보, HiHi경보, Hi경보, Lo경보, LoLo경보를 선택하고 나머지는 선택이 안 된 상태로 지정한다.

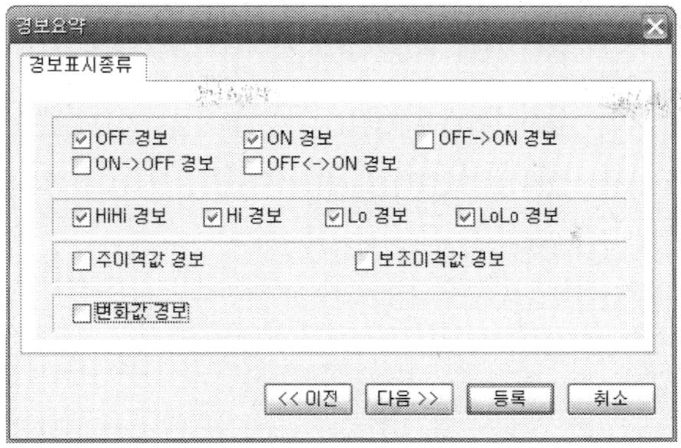

[그림 2-163]

5) "다음 >>" 버턴을 클릭한다.

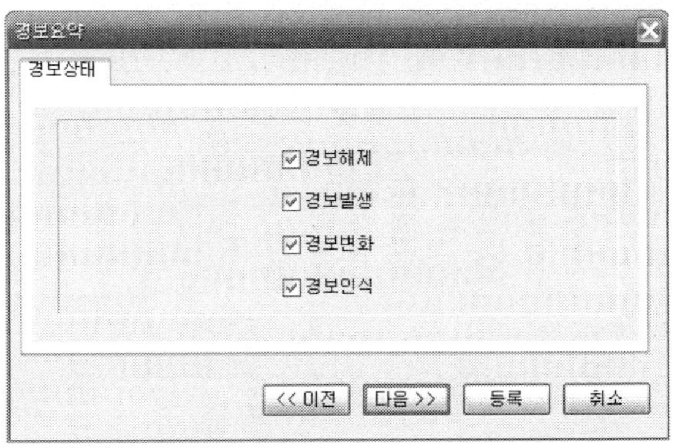

[그림 2-164]

6) "다음 >>" 버턴을 클릭한다.

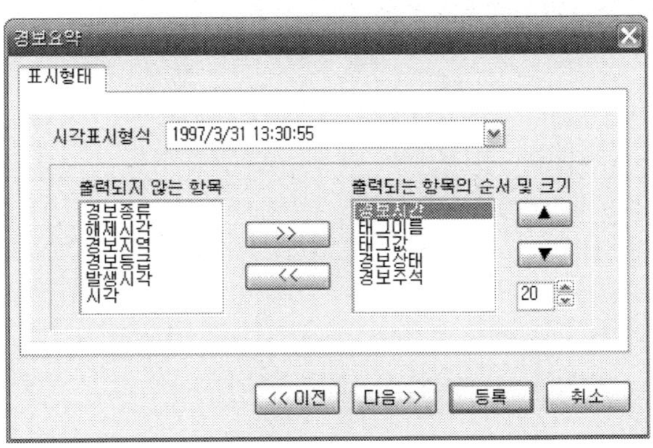

[그림 2-165]

- 출력되지 않은 항목에서 "경보주석"을 클릭한다.
- "〉〉" 버턴을 클릭해서 출력항목에 추가 시킨다.
- 출력되는 각 항목을 마우스로 선택해서 크기를 각각 다음과 같이 입력한다.
  경보시각 : 20
  태그이름 : 20
  태그값 : 20
  경보상태 : 10
  경보주석 : 20
- "다음 〉〉" 버턴을 클릭한다.
- 배경색을 진한 회색(첫번째 줄 세번째 칸)으로 선택한다.

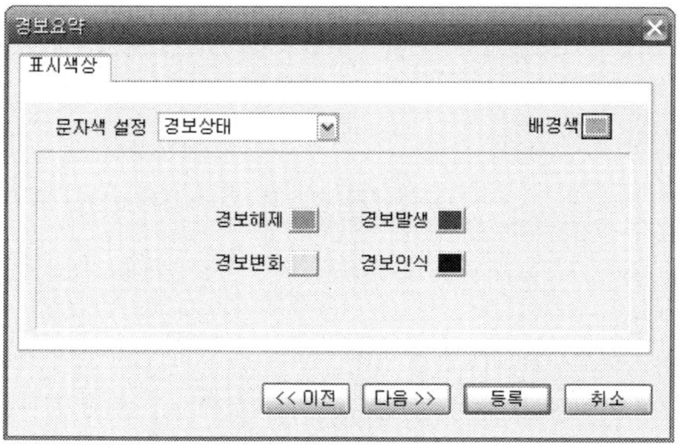

[그림 2-166]

7) "다음 〉〉" 버턴을 클릭한다.

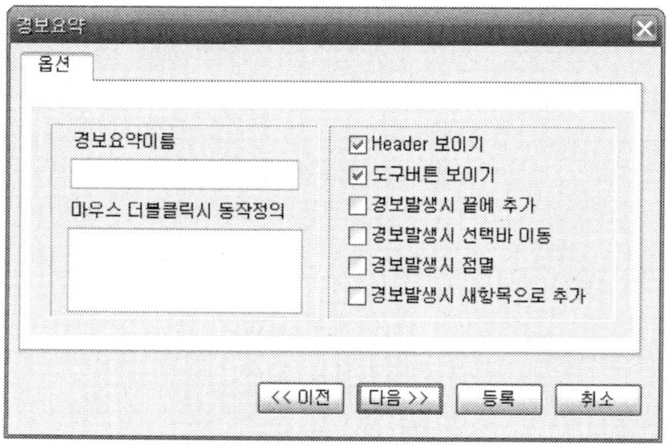

[그림 2-167]

8) “등록” 버턴을 클릭한다.
화면에 경보요약 오브젝트가 표시된다.

9) 경보요약 오브젝트의 위치와 크기를 적당히 조절한다.

10) CimonD의 글꼴도구 중에서 글꼴크기 콤보 박스를 이용해서 글꼴크기를 10으로 설정한다.

(5) 스크립트 작성하기

1) 스크립트 작성하기
“경보.ANA1” 태그 값을 0과 100 사이의 Sine 함수값으로 변화시키고, “경보.DIG1”, “경보.DIG2” 태그값을 임의로 변경시키는 스크립트를 다음과 같이 작성한다.

```
Sub Alarm()
        Randomize
        Angle = 0
        While 1
              if (Angle = 360) Then
                    Angle = 0
              else
                    Angle = Angle + 12
              end if
              SetTagVal "경보.ANA1", 50 + 50 * sin(3.141592 * Angle/180)

              Vx = Random(0, 100)
              if( Vx 〉 50) Then
                    SetTagVal "경보.DIG1", 1
                    SetTagVal "경보.DIG2", 0
              else
                    SetTagVal "경보.DIG1", 0
                    SetTagVal "경보.DIG2", 1
              end if
              sleep(2000)
        Wend
End Sub
```

2) 스크립트 실행과 중지 설정

페이지 동작정의에서 페이지 열기/닫기시에 Alarm 스크립트를 실행/중지시키도록 정의한다.

3) 페이지를 "경보.pgx" 파일로 저장한다.

4) 모두 저장하고 CimonD를 종료한다.

(6) 경보 기능 검사하기

1) CimonX를 실행시킨다.

2) "경보" 페이지로 이동한다.

3) "경보.ANA1" 태그 값의 변화에 따라서 경보가 발생되는지 확인한다.
현재경보상태 표시와 경보 요약 화면에 모두 표시되는지 확인한다.

4) "경보.DIG1", "경보.DIG2" 태그 값의 변화에 따라서 OFF 경보, ON 경보가 발생되는지 확인한다.

5) 필터 설정 기능 검사

- 경보 요약 의 도구모음 중에서 "필터 설정" 버턴을 클릭한다.
- "경보종류" 탭 컨트롤을 클릭한다.

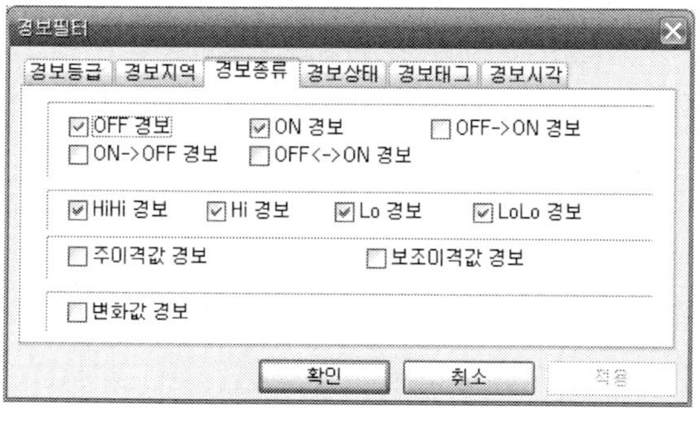

[그림 2-168]

- "OFF경보", "ON경보"를 선택 안된 상태로 설정하고 확인 버턴을 클릭한다.
경보요약 화면에 아날로그 태그에 대한 경보만 표시되는지 확인한다.

6) 기본 경보 요약 화면 표시

기본적으로 제공하는 경보 요약 대화상자를 통해서 경보 발생을 확인한다.

- CimonX의 도구모음 중에서 "경보" 아이콘 을 클릭한다.
  다음과 같은 경보 요약 대화상자가 표시된다.
  경보 내용을 스크롤바를 이용해서 검색해 볼 수 있습니다.

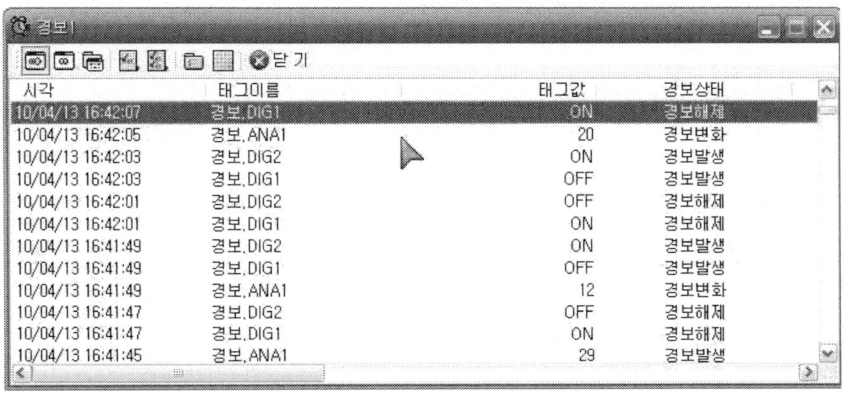

[그림 2-169]

7) CimonX를 종료한다.

3장

CIMON 기능 응용 실습

이 장에서는 가상태그와 스크립터를 사용하여 프로젝트 실습을 하도록 한다.

3-1 스톱워치 제어

가상태그와 간단한 스크립터를 사용하여 스톱워치를 제어한다.

- 사용되는 기능
  출몰, 터치(명령식), 태그값 사용, 스크립터
- 프로젝트명 : 스톱워치(교재)
- 완성된 페이지 화면은 다음과 같다.

[그림 3-1]

3-1-1 그림 오브젝트 생성하기

(1) 버턴 오브젝트(녹색, 적색, 황색)

[그림 3-2]

(2) 디스플레이 오브젝트

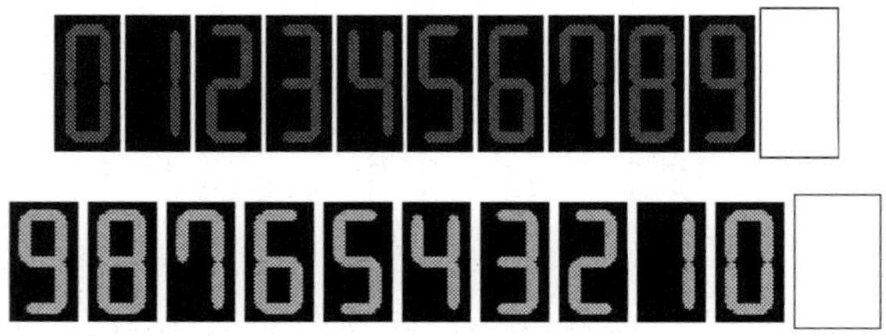

[그림 3-3]

- 0부터 9까지의 수를 기능을 부여한 뒤 겹쳐서 하나의 오브젝트를 만든다.

☑ 3-1-2 태그 등록하기

(1) 그룹태그를 생성한다.

- 초

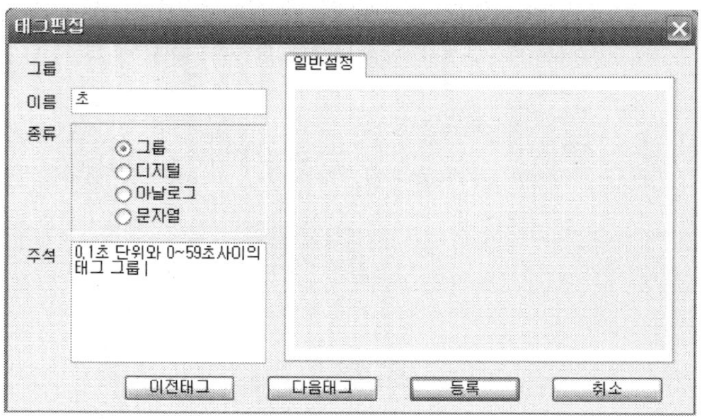

[그림 3-4]

- 분 : 초와 같이 태그 편집기를 이용하여 생성한다.
- 아래와 같이 생성된다.

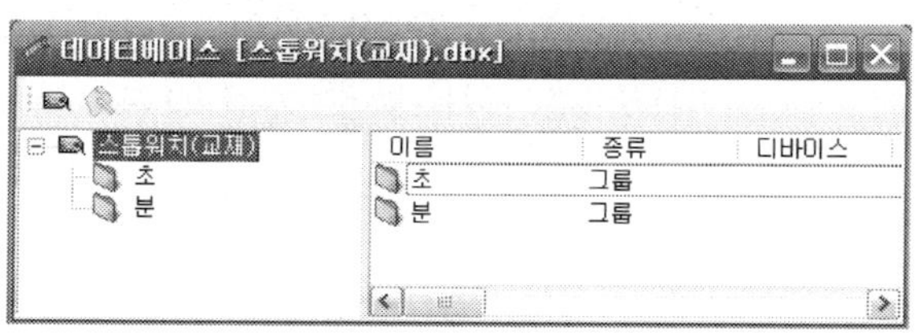

[그림 3-5]

(2) 그룹 내의 태그생성하기

1) 초 그룹

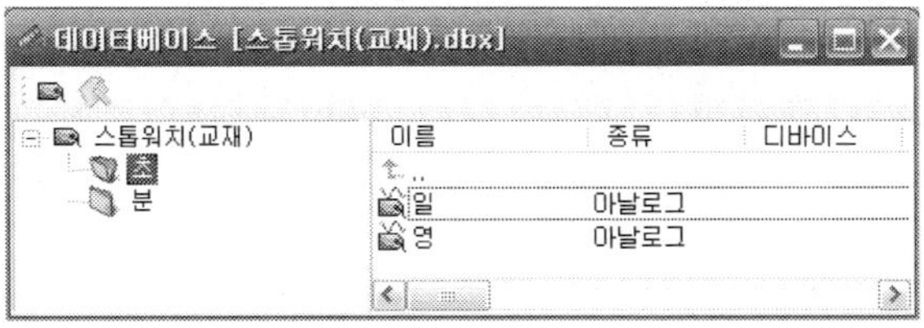

[그림 3-6]

– 일, 영

① 일

· 일반설정 : 가상태그

· 고급설정 : 그림과 같이 설정

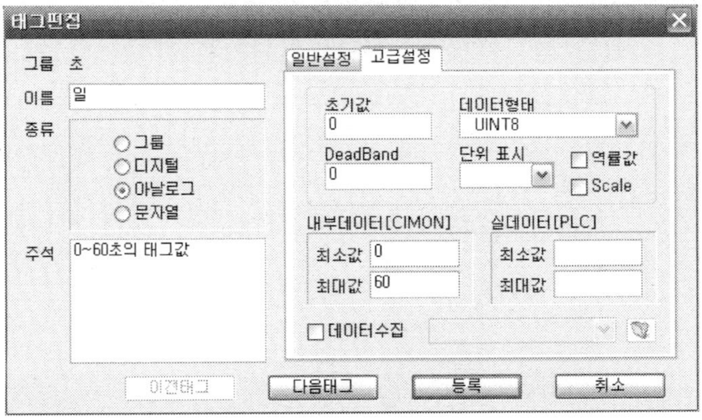

[그림 3-7]

② 영 : 아래 그림과 같이 설정

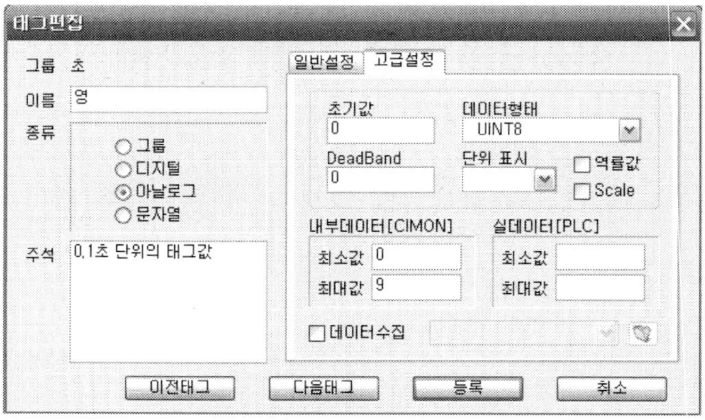

[그림 3-8]

2) 분 그룹

[그림 3-9]

① 일

- 일반설정 : 가상태그
- 고급설정 : 그림과 같이 설정

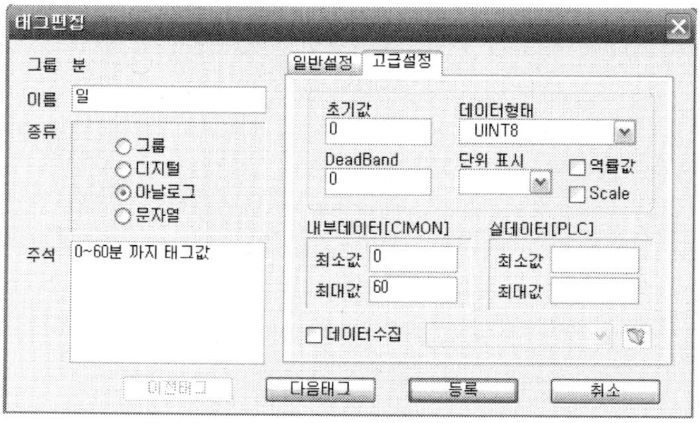

[그림 3-10]

☑ 3-1-3 태그값 표시 오브젝트 생성하기

(1) 0.1초의 ## 태그값 표시 오브젝트를 생성한다.

- 태그이름 : 초.영
- 화면 표시 방법 : ####
- 글꼴 크기 : 21, 굵게

(2) 같은 방법으로 분, 초 ##분 ##초 태그값 표시 오브젝트를 각각 생성한다.

- 태그이름 : 분.일, 초.일(각각 표시)
- 화면 표시 방법 : ####(동일)
- 글꼴 크기 : 21, 굵게(동일)

☑ 3-1-4 제어 기능 설정하기

(1) 0.1초 단위를 나타내는 디스플레이 

1) 초의 0.1단위

[그림 3-11]

① "1"오브젝트

- 출몰 기능을 이용
  - · 태그이름 : (초.영%10)==1
  - · 출몰조건 : ON

[그림 3-12]

② "2"오브젝트

– 출몰 기능을 이용

· 태그이름 : (초.영%10)==2

· 출몰조건 : ON

③ "3"오브젝트

– 출몰 기능을 이용

· 태그이름 : (초.영%10)==1

· 출몰조건 : ON

④ "4"오브젝트

– 출몰 기능을 이용

· 태그이름 : (초.영%10)==4

· 출몰조건 : ON

⑤ "5"오브젝트

– 출몰 기능을 이용

· 태그이름 : (초.영%10)==5

· 출몰조건 : ON

⑥ "6"오브젝트

– 출몰 기능을 이용

· 태그이름 : (초.영%10)==6

· 출몰조건 : ON

⑦ "7"오브젝트

- 출몰 기능을 이용
  - 태그이름 : (초.영%10)==7
  - 출몰조건 : ON

⑧ "8"오브젝트
- 출몰 기능을 이용
  - 태그이름 : (초.영%10)==8
  - 출몰조건 : ON

⑨ "9"오브젝트
- 출몰 기능을 이용
  - 태그이름 : (초.영%10)==9
  - 출몰조건 : ON

⑩ "0"오브젝트
- 출몰 기능을 이용
  - 태그이름 : (초.영%10)==0
  - 출몰조건 : ON

2) 초의 일단위

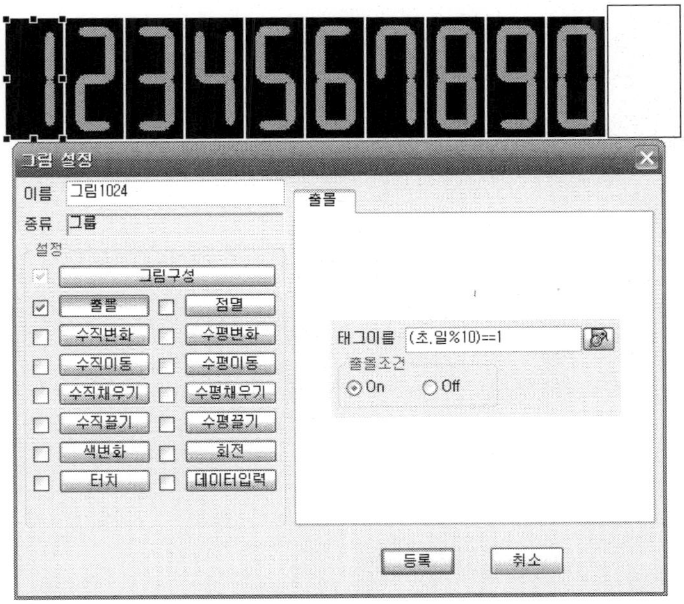

[그림 3-13]

① "1"오브젝트
- 출몰 기능을 이용
  · 태그이름 : (초.일%10)==1
  · 출몰조건 : ON

② "2"오브젝트
- 출몰 기능을 이용
  · 태그이름 : (초.일%10)==2
  · 출몰조건 : ON

③ "3"오브젝트
- 출몰 기능을 이용
  · 태그이름 : (초.일%10)==1
  · 출몰조건 : ON

④ "4"오브젝트
- 출몰 기능을 이용
  · 태그이름 : (초.일%10)==4
  · 출몰조건 : ON

⑤ "5"오브젝트
- 출몰 기능을 이용
  · 태그이름 : (초.일%10)==5
  · 출몰조건 : ON

⑥ "6"오브젝트
- 출몰 기능을 이용
  · 태그이름 : (초.일%10)==6
  · 출몰조건 : ON

⑦ "7"오브젝트
- 출몰 기능을 이용
  · 태그이름 : (초.일%10)==7
  · 출몰조건 : ON

⑧ "8"오브젝트
- 출몰 기능을 이용
  · 태그이름 : (초.일%10)==8
  · 출몰조건 : ON

⑨ "9"오브젝트
- 출몰 기능을 이용

- 태그이름 : (초.일%10)==9
- 출몰조건 : ON

⑩ "0"오브젝트

- 출몰 기능을 이용
  - 태그이름 : (초.일%10)==0
  - 출몰조건 : ON

2) 초의 십단위

① "1"오브젝트

- 출몰 기능을 이용
  - 태그이름 : (((초.일/10)〉=1) &&((초.일/10)〈2))
  - 출몰조건 : ON

② "2"오브젝트

- 출몰 기능을 이용
  - 태그이름 : (((초.일/10)〉=2) &&((초.일/10)〈3))
  - 출몰조건 : ON

③ "3"오브젝트

- 출몰 기능을 이용
  - 태그이름 : (((초.일/10)〉=3) &&((초.일/10)〈4))
  - 출몰조건 : ON

④ "4"오브젝트

- 출몰 기능을 이용
  - 태그이름 : (((초.일/10)〉=4) &&((초.일/10)〈5))
  - 출몰조건 : ON

⑤ "5"오브젝트

- 출몰 기능을 이용
  - 태그이름 : (((초.일/10)〉=5) &&((초.일/10)〈6))
  - 출몰조건 : ON

⑥ "6"오브젝트

- 출몰 기능을 이용
  - 태그이름 : (((초.일/10)〉=6) &&((초.일/10)〈7))
  - 출몰조건 : ON

⑦ "7"오브젝트

- 출몰 기능을 이용

· 태그이름 : (((초.일/10)〉=7) &&((초.일/10)〈8))
· 출몰조건 : ON

⑧ "8"오브젝트
- 출몰 기능을 이용
· 태그이름 : (((초.일/10)〉=8) &&((초.일/10)〈9))
· 출몰조건 : ON

⑨ "9"오브젝트
- 출몰 기능을 이용
· 태그이름 : (((초.일/10)〉=9) &&((초.일/10)〈10))
· 출몰조건 : ON

⑩ "0"오브젝트
- 출몰 기능을 이용
· 태그이름 : (((초.일/10)〉=0) &&((초.일/10)〈1))
· 출몰조건 : ON

(2) 분을 나타내는 디스플레이 

1) 분 오브젝트
- 초의 일단위와 초의 십단위 오브젝트 전체를 선택하여 복사를 한다.

[그림 3-14]

- 배치에 맞게 "붙여넣기"를 한다.
- 편집에서 바꾸기 기능을 이용하여 아래와 같이 "초.일"을 "분.일"로 전체 바꾸기를 한다.
· 찾을 범위 : 현재 선택된 그림

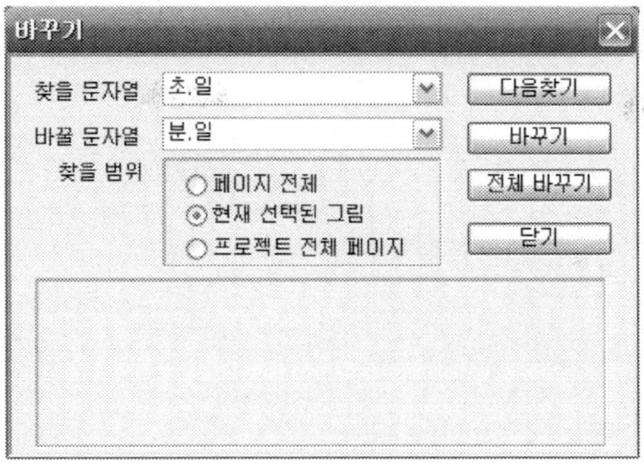

[그림 3-15]

(3) START, STOP, RESET 버턴

1) START 버턴

- 터치 기능을 이용
  - 동작 : 명령식
  - 명령식-Down : runscript("스톱워치")

2) STOP 버턴

- 터치 기능을 이용
  - 동작 : 명령식
  - 명령식-Down : stopscript("스톱워치")

3) RESET 버턴

- 터치 기능을 이용
  - 동작 : 명령식
  - 명령식-Down : runscript("리셋")

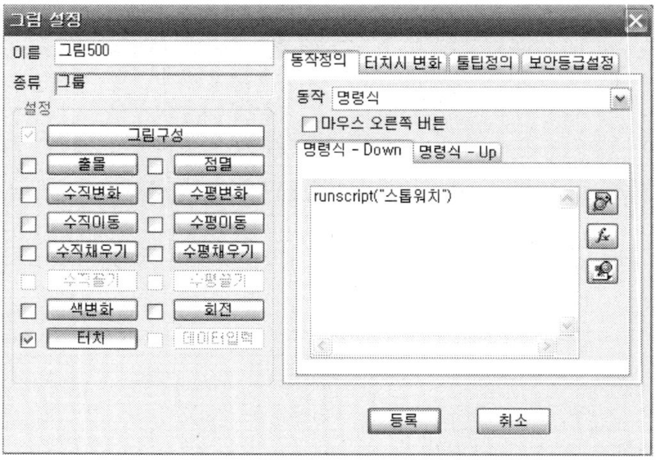

[그림 3-16]

☑ 3-1-5 스크립터 작성하기

(1) 시작, 정지 스크립터

```
Sub 스톱워치()

 while 1

    for k=1 to 60
        for j=1 to 60

             for i=0 to 9
            SetTagVal "초.영", i
                sleep(100)       /* sleep(100)은 0.1초 */
             next i

               if(j=60) then
                   SetTagVal "초.일", 0 /* 60초라는 숫자가 출몰 하지 않음 */
               else
                   SetTagVal "초.일", j
               end if
         next j
            SetTagVal "분.일", k
```

```
            next k
    sleep(10)
wend

End Sub
```

(2) 리셋 스크립터

```
Sub 리셋()
    SetTagVal "초.영", 0
    SetTagVal "초.일", 0
    SetTagVal "분.일", 0
End Sub
```

☑ 3-1-6 페이지 저장 및 실행시 초기화면 설정

(1) 페이지 저장

- 프로젝트 “스톱워치(교재)”로 저장되어있는 폴더를 열어서 저장
- 일반적으로 저장 장소를 지정하지 않으면 C₩Program₩CIMON₩스톱워치(교재)에 저장된다.

(2) 실행시 초기화면설정

- 도구 메뉴의 “CIMON X 환경”에서 초기화면을 설정한다.

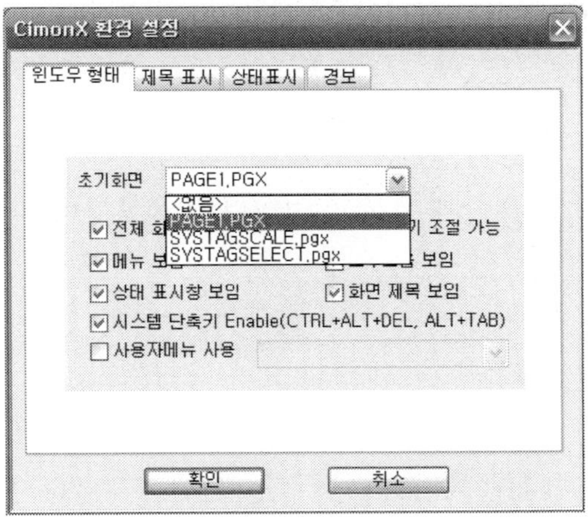

[그림 3-17]

(3) 스크립터 실행 명령 기능

START, STOP, RESET 버턴으로 "터치-명령식" 기능을 이용하여 3-1-5에서 기능을 주었다.

☑ 3-1-7 제어 기능 검사하기

(1) Cimon X를 실행한다.

- 도구 메뉴에서 Cimon X를 실행한다.
- START 버턴을 눌러 동작을 확인한다.
- STOP버턴을 눌러 동작을 확인한다.
- RESET 버턴을 눌러 동작을 확인한다.

[그림 3-18]

3-2 실린더 제어

실린더 제어는 가상태그를 사용하여 스크립터를 이용하여 제어한다.

- 사용되는 기능
  수평이동, 색변환, 터치기능, 태그값 표시, 스크립터
- 프로젝트명 : 실린더제어(교재)
- 완성된 페이지는 다음과 같다.

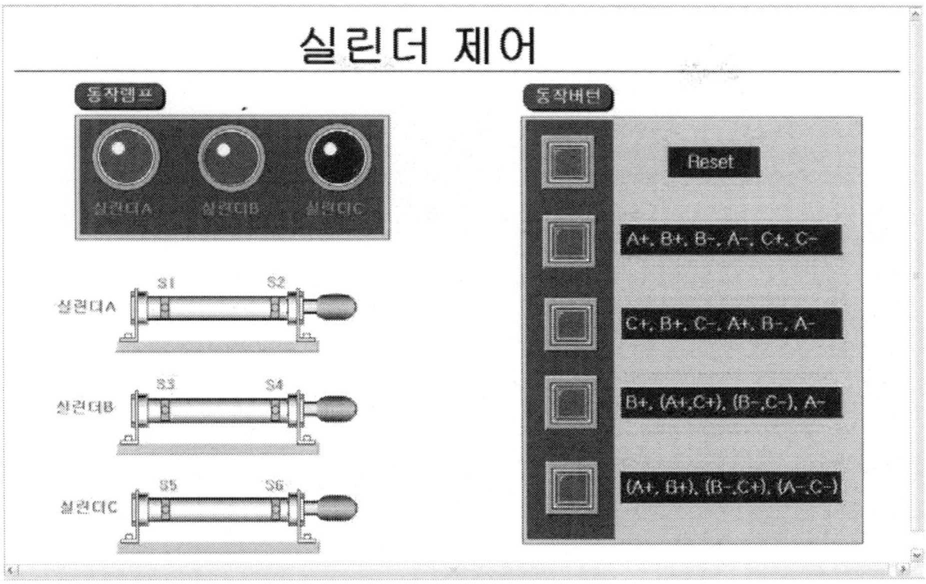

[그림 3-19]

3-2-1 그림 오브젝트 생성하기

(1) 실린더 오브젝트

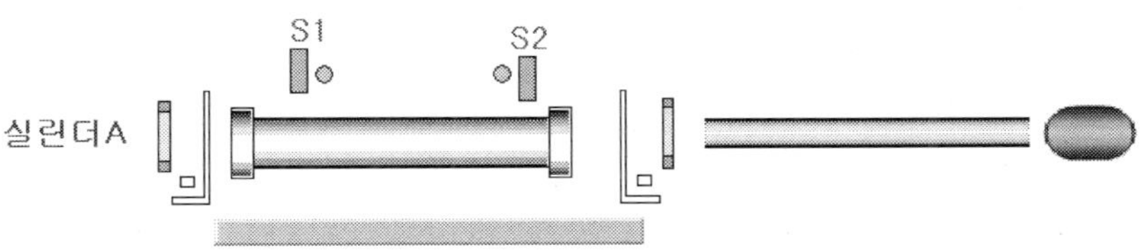

[그림 3-20]

- 그림 메뉴의 라이브러리-파이프1을 참고하여 생성한다.
- 중요한 부분은 실린더의 전진, 후진하는 봉()이므로 두 개의 오브젝트를 그룹으로 생성한다.
- 실린더B, 실린더C는 복사기능을 이용하여 적당한 간격으로 붙인다.

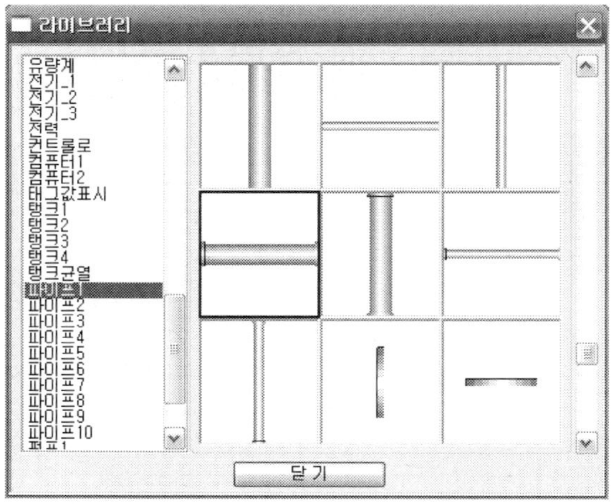

[그림 3-21]

(2) 램프 오브젝트

- 그림 메뉴의 라이브러리-램프를 참고하여 생성한다.
  - 적, 녹, 청 램프 중 녹색램프는 청색램프를 복사하여 그룹을 해제한 후 그림 설정의 그림구성에서 색을 녹색으로 바꾼다.

(3) 버턴 오브젝트

- 그림 메뉴의 라이브러리-램프를 참고하여 생성한다.
  - 적, 녹 버턴 중 녹색 버턴은 적색 버턴을 복사하여 그룹을 해제한 후 그림 설정의 그림구성에서 색을 녹색으로 바꾼다.

☑ 3-2-2 태그 등록하기(데이터 베이스 작성하기)

각 태그를 작성하면서 각 태그의 기능을 부여한다. 이때 동작시키고자 하는 오브젝트를 대상으로 한다.

(1) 데이터베이스 관리기를 이용해서 “실린더” 그룹태그를 추가한다.

좌측의 “실린더제어(교재)”를 선택하고 그 위의 새 태그를 클릭한다.

태그편집 대화상자가 나타난다.

- 이름 : 실린더
- 종류 : 그룹

태그편집 대화상자의 등록버턴을 클릭한다.

(2) 그룹 내의 태그생성하기

1) 실린더 그룹

- 좌측의 "실린더" 그룹태그를 선택한다.
  - "새태그"아이콘으로 태그편집기를 표시한 다음 종류를 "아날로그"로 선택한다.
  - 태그이름을 "A"로 입력한다.
  - 일반설정에서 "가상태그"로 선택한다.
  - 고급설정에서 최소값을 "0", 최대값을 "100"으로 설정한다.
  - "다음태그" 버턴을 클릭한다.
  - 이와 같이 하여 태그이름을 "B", "C"를 입력한다.

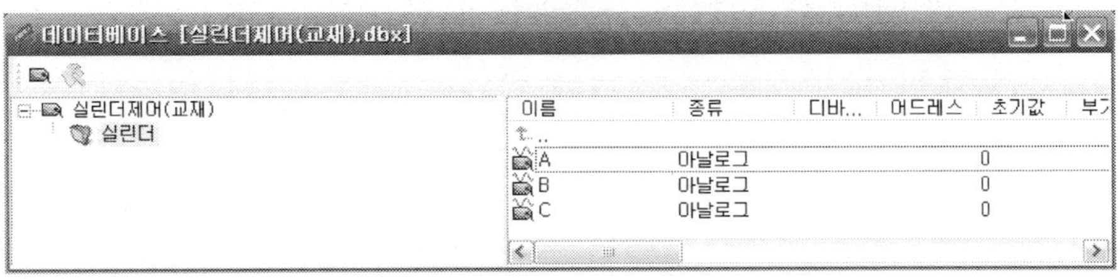

[그림 3-22]

3-2-3 태그값 표시 오브젝트 생성하기

- 실린더A 태그값 표시 오브젝트를 생성한다.

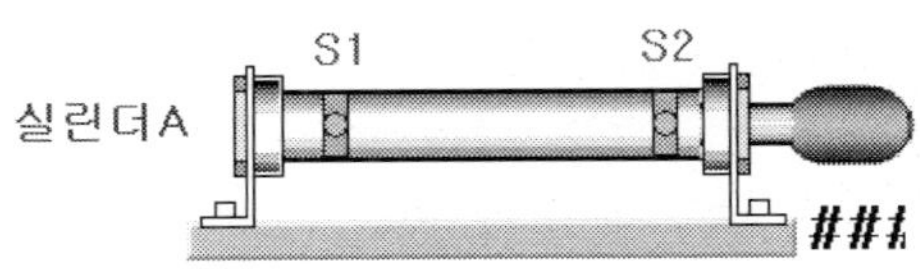

[그림 3-23]

- 태그이름 : 실린더.A
- 화면 표시 방법 : ####
- 글꼴 크기 : 18

- 실린더B, 실린더C를 실린더A와 같이 하고 태그이름만 실린더.B, 실린더.C로 바꾼다.

❖ 이 값은 실린더의 전진, 후진 상태의 "0"에서 "100"까지 현재값입니다.

☑ 3-2-4 제어 기능 설정하기

(1) 램프 오브젝트

- 적색 표시등을 더블 클릭하고 색변환기능 부여
  - 태그이름: 실린더.A
  - 배경 : 연분홍
  - 기준점 : OFF

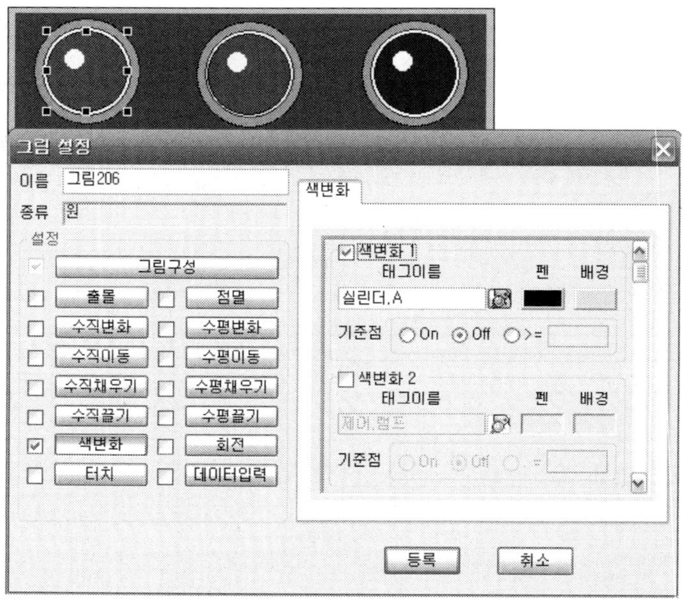

[그림 3-24]

- 녹색 표시등을 더블 클릭하고 색변환 기능 부여
  - 태그이름: 실린더.B
  - 배경 : 연녹색
  - 기준점 : OFF
- 청색 표시등을 더블 클릭하고 색변환 기능 부여
  - 태그이름: 실린더.C
  - 배경 : 파랑색
  - 기준점 : OFF

(2) 실린더 오브젝트

- 실린더A의 아래그림과 같이  부분만 더블 클릭하고 수평이동기능

부여

- 태그이름 : 실린더.A
- 이동기준 : 왼쪽
- 이동거리 : 150

- 실린더B, 실린더C를 실린더A와 같이 하고 태그이름만 실린더.B, 실린더.C로 바꾼다.

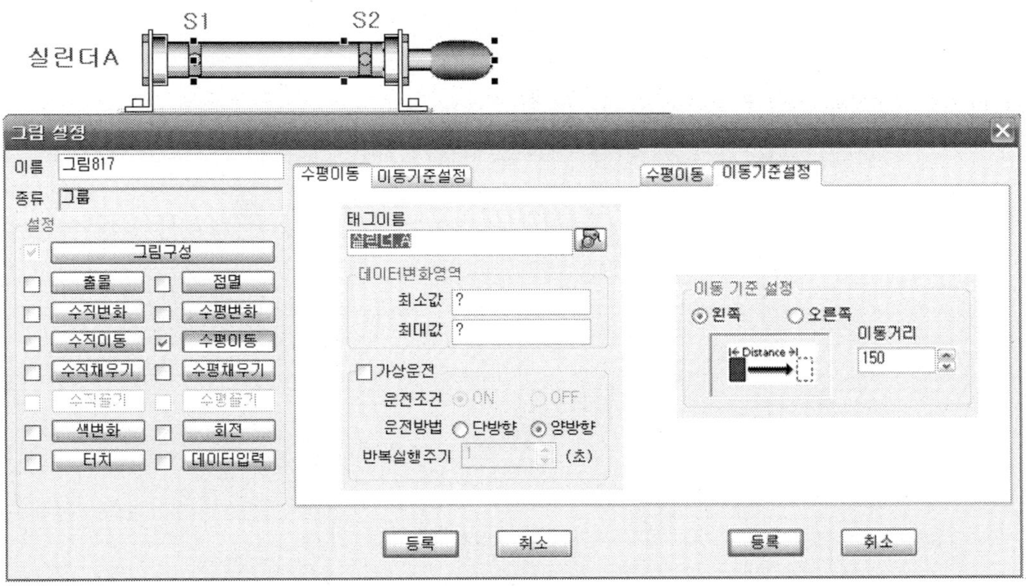

[그림 3-25]

(3) 센서 오브젝트

1) 실린더A 센서

- 실린더의 후진을 감지하는 센서 S1의 분홍색 원형 오브젝트를 더블 클릭하고 색변환 기능 [그림 3-25]
  - 태그이름 : 실린더.A
  - 배경 색 : 적색
  - 기준점 : OFF (∵ 0~100 사이에 동작하기 때문에 "0"은 OFF에 해당되고 "100"은 ON에 해당된다.

- 실린더의 전진을 감지하는 센서 S2의 분홍색 원형 오브젝트를 더블 클릭하고 색변환 기능 [그림 3-26]
  - 태그이름 : 실린더.A

- 배경색 : 적색
- 기준점 : 90 이상 (∵ 기준점을 ON으로 하면 전진 후 즉시 후진하면 색변환 기능을 볼 수 없기 때문에 0~100 사이에 동작할 때 "90" 이상이 되면 배경색이 적색으로 변한다.

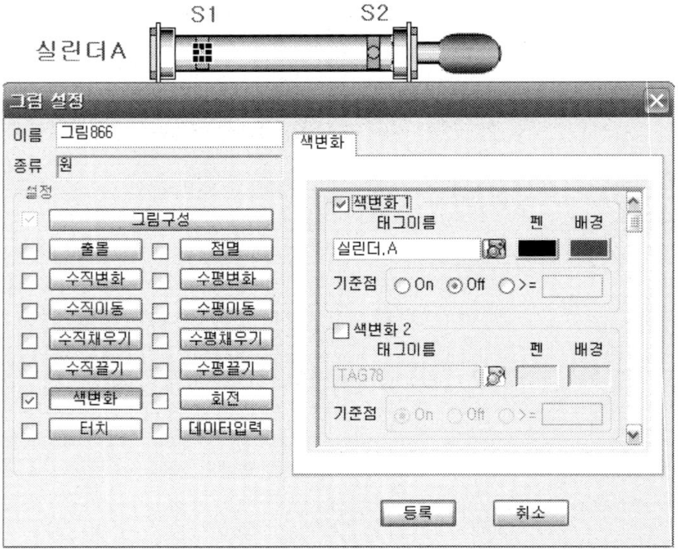

[그림 3-26]

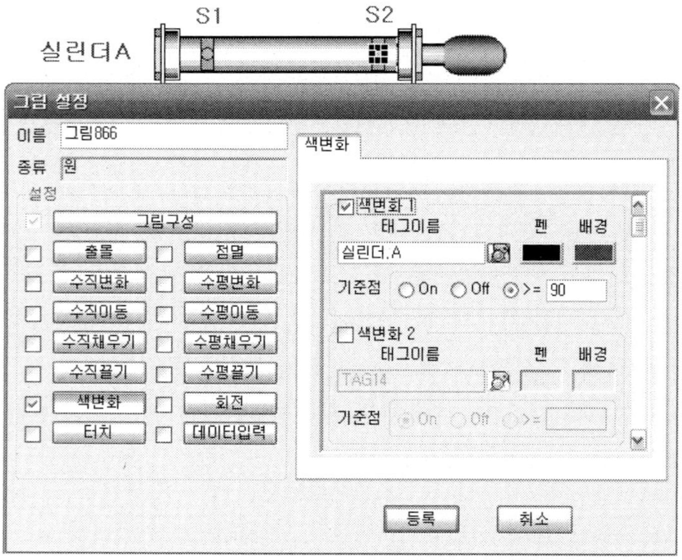

[그림 3-27]

2) 실린더B 센서
- 실린더A와 같이 하여 태그이름만 "실린더.B"로 바꾼다.

3) 실린더C 센서
- 실린더A와 같이 하여 태그이름만 "실린더.C"로 바꾼다.

(4) 버턴 오브젝트

1) 리셋 의 버턴 부분을 더블 클릭하고 터치 기능(실린더의 초기상태)

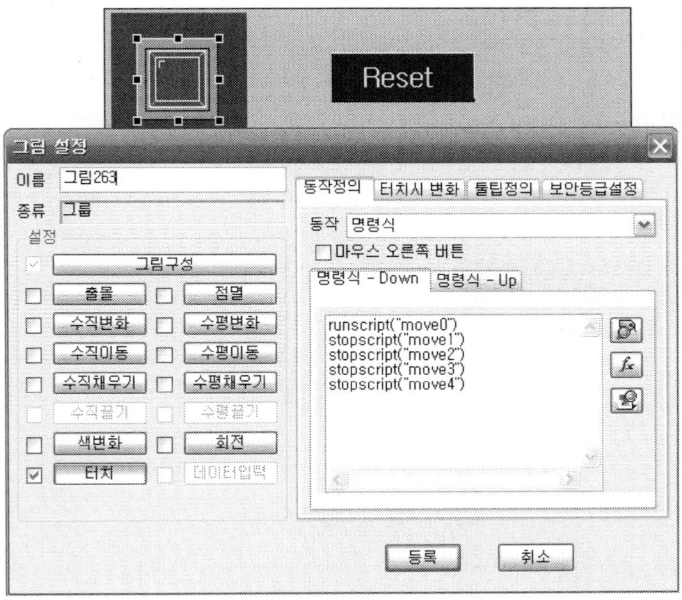

[그림 3-28]

· 터치-동작 : 명령어
· 명령식 Down : runscript("move0")
stopscript("move1")
stopscript("move2")
stopscript("move3")
stopscript("move4")

2) A+, B+, B−, A−, C+, C− 의 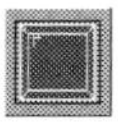 버턴 부분을 더블 클릭하고 터치 기능

- 터치-동작 : 명령어
- 명령식 Down : runscript("move1")
  stopscript("move2")
  stopscript("move3")
  stopscript("move4")

3) C+, B+, C−, A+, B−, A− 의  버턴 부분을 더블 클릭하고 터치 기능

- 터치-동작 : 명령어
- 명령식 Down : runscript("move2")
  stopscript("move1")
  stopscript("move3")
  stopscript("move4")

4) B+, (A+,C+), (B−,C−), A− 의 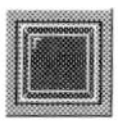 버턴 부분을 더블 클릭하고 터치 기능

- 터치-동작 : 명령어
- 명령식 Down : runscript("move3")
  stopscript("move1")
  stopscript("move2")
  stopscript("move4")

5) (A+, B+), (B−,C+), (A−,C−) 의  버턴 부분을 더블 클릭하고 터치 기능

- 터치-동작 : 명령어
- 명령식 Down : runscript("move4")
  stopscript("move1")
  stopscript("move3")
  stopscript("move2")

3-2-5 스크립트를 작성

1) 스크립트는 Visual Basic 언어를 사용하여 작성한다.

2) 이번의 작성할 스크립트의 알고리즘은 다음과 같다.
실린더 A의 전진, 후퇴만 보면 실린더의 값이 최소값 "0"에서 최대값 "100"까지 0.01초에 1씩 증가 감소하는 스크립트다.
이와 같이 "실린더B", "실린더C"의 동작도 같다.
아래의 실린더 동작 순서는 : A+, B+, B–, A–, C+, C– 이다.
아래와 같은 스크립트를 원하는 동작 순서대로 입력하면 된다.

3) 스크립트를 스크립트 편집기를 이용해서 입력한다.

4) 스크립트를 검사한다.(스크립트 편집기의 좌상 그림의 두 번째 !를 클릭한다.)

```
/*   A+, B+, B–, A–, C+, C– */
Sub move1()
    While 1
        For i=0 To 100 Step 1
       settagval"실린더.A",i    /*  0.01초에 1씩 증가 A+ */
            sleep(10)
     Next i

        For j=0 To 100 Step 1
      settagval"실린더.b",j      /* B+ */
      sleep(10)
     Next j

        For k=100 To 0 Step -1
      settagval"실린더.B",k      /* 0.01초에 1씩 감소 B– */
            sleep(10)
     Next k

    For m=100 To 0 Step -1
      settagval"실린더.a",m      /* A– */
            sleep(10)
```

```
        Next m

            For n=0 To 100 Step 1
          settagval"실린더.c",n      /* C+ */
          sleep(10)
        Next n

           For p=100 To 0 Step -1
          settagval"실린더.C",p      /* C- */
          sleep(10)
       Next p
         sleep(1000)
     Wend
  End Sub

   /*   C+, B+, C-, A+, B-, A- */

    Sub move2()
    While 1
     For i=0 To 100 Step 1
            settagval"실린더.C",i
                   sleep(10)
     Next i

          For j=0 To 100 Step 1
          settagval"실린더.b",j
          sleep(10)
     Next j

          For k=100 To 0 Step -1
          settagval"실린더.C",k
                  sleep(10)
     Next k

     For m=0 To 100 Step 1
```

```
        settagval"실린더.a",m
                sleep(10)
    Next m

        For n=100 To 0 Step -1
        settagval"실린더.B",n
        sleep(10)
    Next n

        For p=100 To 0 Step -1
        settagval"실린더.A",p
        sleep(10)
    Next p
        sleep(1000)
    Wend
End Sub
/* B+, (A+,C+), (B-,C-), A- */

Sub move3()
    While 1
    For i=0 To 100 Step 1
          settagval"실린더.B",i
                sleep(10)
    Next i

        For j=0 To 100 Step 1
        settagval"실린더.A",j
            settagval"실린더.C",j
        sleep(10)
    Next j

        For k=100 To 0 Step -1
        settagval"실린더.c",k
            settagval"실린더.B",k
            sleep(10)
```

```
    Next k

        For m=100 To 0 Step -1
         settagval"실린더.a",m
         sleep(10)
    Next m
        sleep(1000)
     Wend
  End Sub

  /* (A+,B+), (B-,C+), (A-,C-) */

Sub move4()
     While 1
    For i=0 To 100 Step 1
          settagval"실린더.A",i
              settagval"실린더.B",i
              sleep(10)
    Next i

         For j=0 To 100 Step 1
          settagval"실린더.C",j
              settagval"실린더.B",100-j
              sleep(10)
         Next j

         For k=100 To 0 Step -1
          settagval"실린더.c",k
              settagval"실린더.A",k
              sleep(10)
    Next k
       sleep(1000)
   Wend
 End Sub

/* 실린더 전체를 전진 후 후진 */
```

```
Sub move0()
   For i=0 To 100 Step 1
          settagval"실린더.A",100-i
               settagval"실린더.B",100-i
               settagval"실린더.C",100-i
               sleep(10)
   Next i
End Sub
```

☑ 3-2-6 페이지 저장 및 실행시 초기화면 설정

(1) 페이지 저장

- 프로젝트(실린더제어(교재))로 저장되어있는 폴더를 열어서 저장
- 일반적으로 저장 장소를 지정하지 않으면 C₩Program₩CIMON₩실린더제어(교재)에 저장된다.
- 저장이름 : Page1

(2) 실행시 초기화면설정

- 도구 메뉴의 "CIMON X 환경"에서 초기화면을 설정한다.
- Page1으로 설정

☑ 3-2-7 제어 기능 검사하기

1) CimonX를 실행시킨다.

2) "Page1.pgx" 페이지가 초기화면으로 표시되는 지를 확인한다.

3) 동작 버턴의 실린더 제어 순서로 동작하는 지를 확인한다.

4) 램프 오브젝트가 실린더의 동작에 따라 색이 변화되는 지를 확인한다.

5) 실린더의 센서가 전진, 후퇴에 따라 색변환되는 지를 확인한다.

6) CimonX를 종료한다.

3-3 시스템 시계제어

시스템 시계제어는 컴퓨터 시스템에 사용되는 시간을 이용하여 시계를 제어한다.

- 사용되는 기능
  출몰, 회전, 수평채우기, 태그값 표시, 점멸, 스크립터
- 프로젝트명 : 시스템시계(교재)
- 완성된 페이지 화면은 다음과 같다.

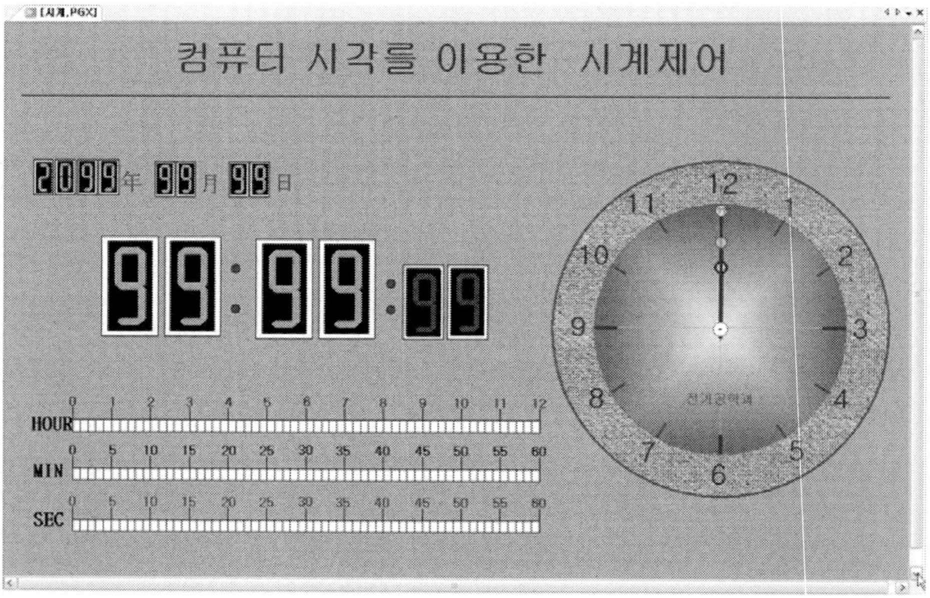

[그림 3-29]

☑ 3-3-1 그림 오브젝트 생성하기

(1) 시계 오브젝트

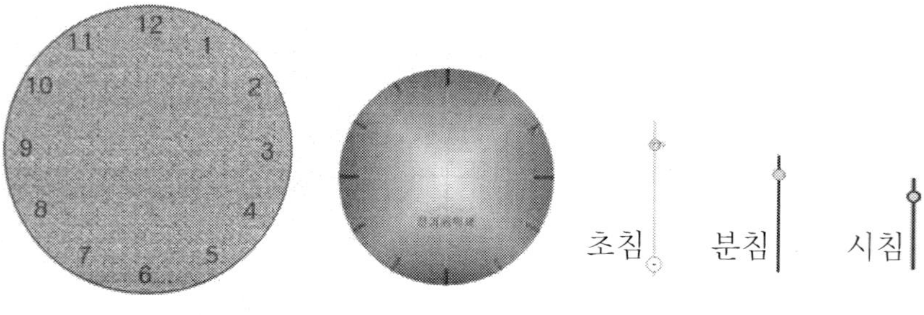

[그림 3-30]

(2) 디스플레이 오브젝트

[그림 3-31]

- 0부터 9까지의 수를 기능을 부여한 뒤 겹쳐서 하나의 오브젝트를 만든다.

(3) 수평채우기 사각형 오브젝트

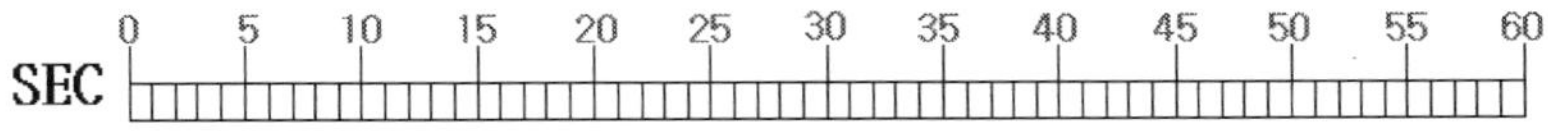

[그림 3-32]

- min과 hour 오브젝트를 sec 오브젝트를 복사하여 붙인다.

☑ 3-3-2 태그 등록하기

(1) 그룹태그를 생성한다.

- 태그시계

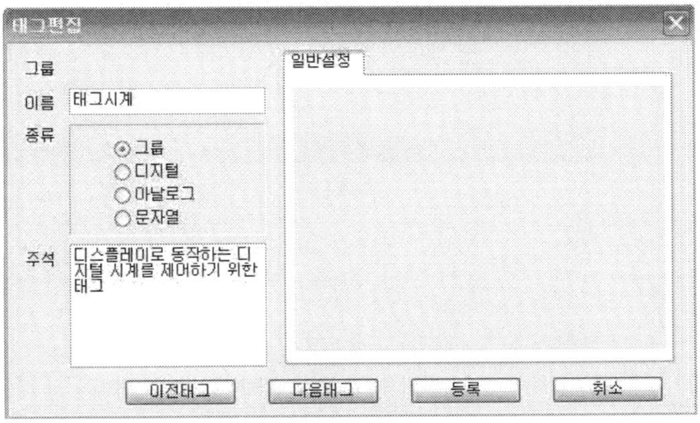

[그림 3-33]

- 회전 : 태그시계 같이 태그 편집기를 이용하여 생성한다.

– 아래와 같이 생성된다.

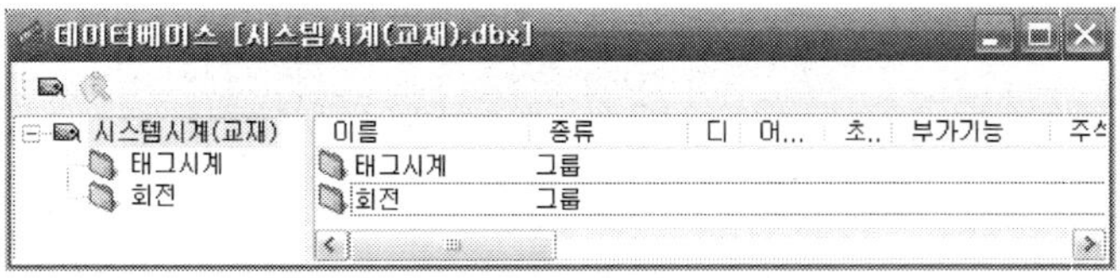

[그림 3-34]

(2) 그룹 내의 태그생성하기

1) 태그시계 그룹

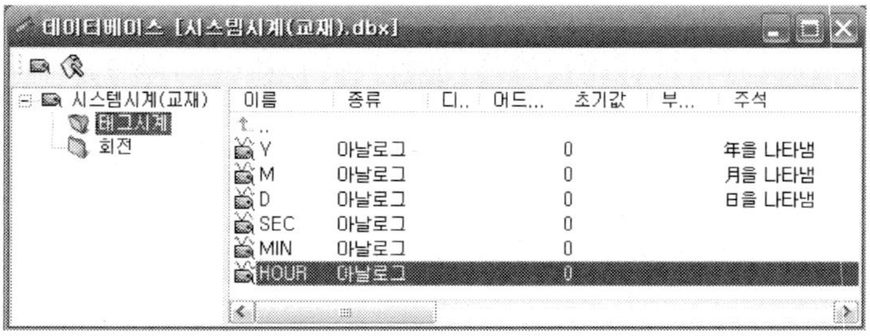

[그림 3-35]

– Y(Year), M(Month), D(Day), SEC, MIN, HOUR

① Y

· 일반설정 : 가상태그

· 고급설정 : 그림과 같이 설정

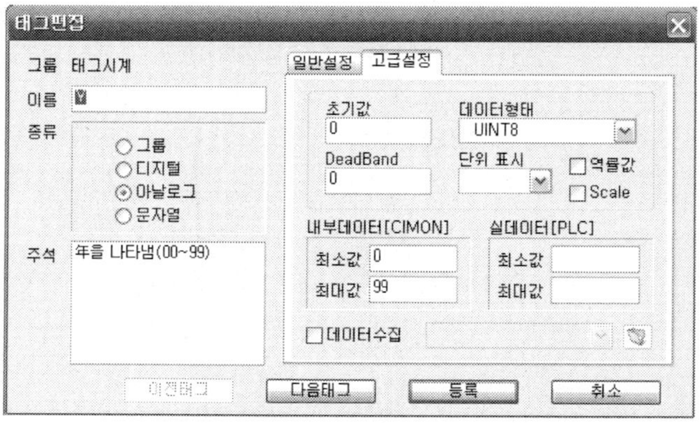

[그림 3-36]

② M, D, SEC, MIN, HOUR 태그는 고급설정에서 데이터 형태와 최대값을 변경한다.

- M : 데이터 형태 (UINT8), 최대값(12)
- D : 데이터 형태 (UINT8), 최대값(31)
- SEC : 데이터 형태 (UINT8), 최대값(60)
- MIN : 데이터 형태 (UINT8), 최대값(60)
- HOUR : 데이터 형태 (UINT8), 최대값(24)

1) 회전 그룹

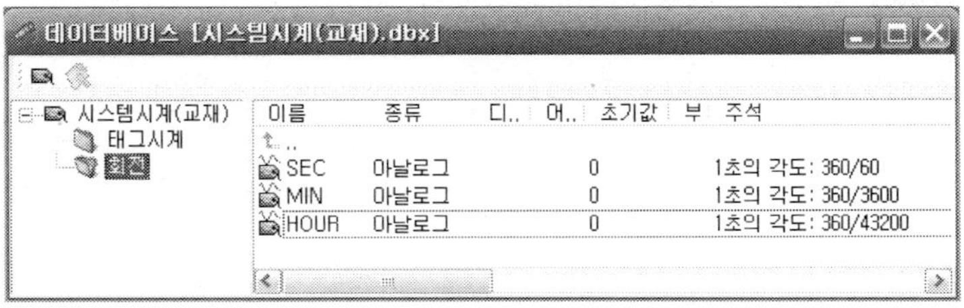

[그림 3-37]

- SEC, MIN, HOUR

① HOUR

- 일반설정 : 가상태그
- 고급설정 : 그림과 같이 설정

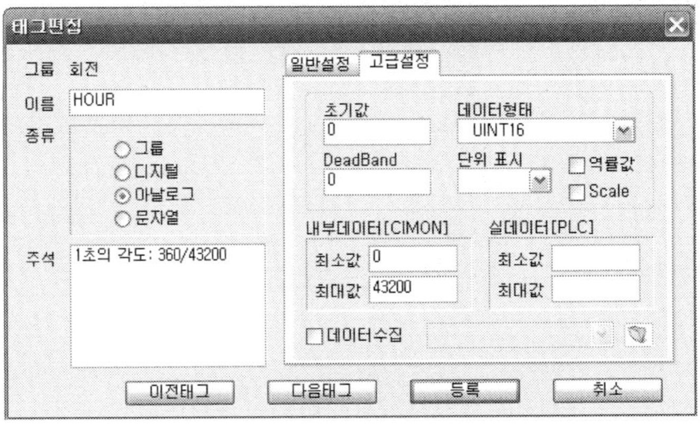

[그림 3-38]

- 최대값의 43200은 60*60*12=43200 (∵ 時는 12시간이 1회전하기 때문이다.)

② SEC, MIN 태그는 고급설정에서 데이터 형태와 최대값을 변경한다.
- SEC : 데이터 형태 (UINT8), 최대값(60)
- MIN : 데이터 형태 (UINT16), 최대값(3600)

3-3-3 태그값 표시 오브젝트 생성하기

(1) 초침의 끝부분에 작은 원 오브젝트에 태그값 표시 오브젝트를 생성한다.

- 태그이름 : 회전.SEC
- 화면 표시 방법 : ????
- 글꼴 크기 : 8

(2) 회전 시계의 가운데 있는 년, 월, 일, 시, 분, 초 태그값 표시 오브젝트를 생성한다.

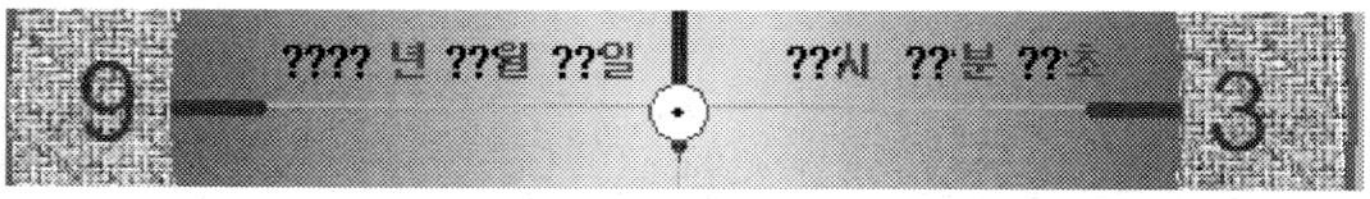

[그림 3-39]

1) 년(年) 태그값 표시 오브젝트
- 태그이름 : 태그시계.y
- 화면 표시 방법 : ????
- 글꼴 크기 : 9

2) 월(月) 태그값 표시 오브젝트
- 태그이름 : 태그시계.m
- 화면 표시 방법 : ????
- 글꼴 크기 : 9

3) 일(日) 태그값 표시 오브젝트
- 태그이름 : 태그시계.d
- 화면 표시 방법 : ????
- 글꼴 크기 : 9

4) 시(時) 태그값 표시 오브젝트
- 태그이름 : 태그시계.hour

- 화면 표시 방법 : ????
- 글꼴 크기 : 9

5) 분(分) 태그값 표시 오브젝트
- 태그이름 : 태그시계.min
- 화면 표시 방법 : ????
- 글꼴 크기 : 9

6) 초(秒) 태그값 표시 오브젝트
- 태그이름 : 태그시계.sec
- 화면 표시 방법 : ????
- 글꼴 크기 : 9

☑ 3-3-4 제어 기능 설정하기

(1) 초침

- 회전기능을 이용
  - · 태그이름 : 회전.SEC
  - · 최대회전각도 : 360
  - · 회전방향 : 시계방향· 회전중심점은 초침의 회전할 중심에 마우스의 커서를 놓고 화면의 우측 하단에 X축(가로), Y축(세로)의 좌표를 설정한다. (여기서는 가로:890, 세로:380)

[그림 3-40]

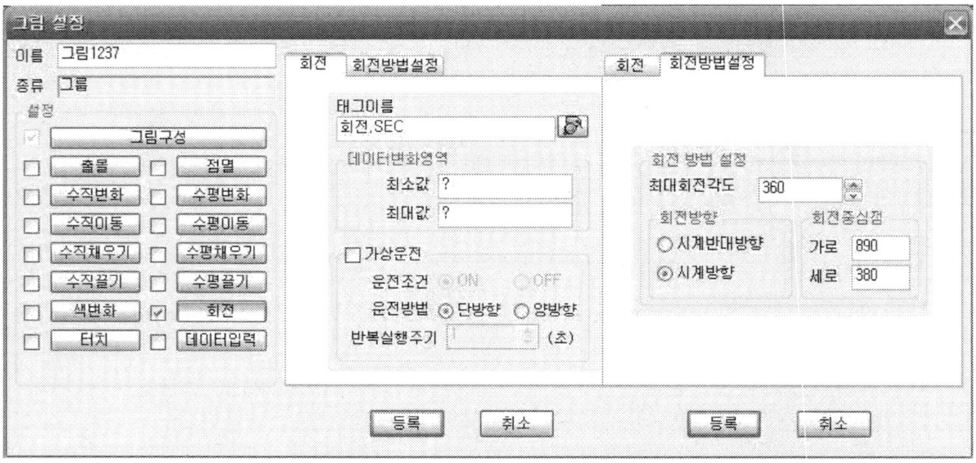

[그림 3-41]

(2) 분침

- 회전기능을 이용
  - 태그이름 : 회전.MIN
  - 최대회전각도 : 360
  - 회전방향 : 시계방향
  - 회전중심점은 초침과 같이 설정한다.(여기서는 가로:890, 세로:380)

(3) 시침

- 회전기능을 이용
  - 태그이름 : 회전.HOUR
  - 최대회전각도 : 360
  - 회전방향 : 시계방향
  - 회전중심점은 초침과 같이 설정한다.(여기서는 가로:890, 세로:380)

(4) 초를 나타내는 디스플레이 

1) 초의 일단위

[그림 3-42]

① "1"오브젝트

- 출몰 기능을 이용
  - 태그이름 : (태그시계.sec%10)==
  - 출몰조건 : ON

[그림 3-43]

② "2"오브젝트

- 출몰 기능을 이용
  - 태그이름 : (태그시계.sec%10)==2
  - 출몰조건 : ON

③ "3"오브젝트

- 출몰 기능을 이용
  - 태그이름 : (태그시계.sec%10)==1
  - 출몰조건 : ON

④ "4"오브젝트

- 출몰 기능을 이용
  - 태그이름 : (태그시계.sec%10)==4
  - 출몰조건 : ON

⑤ "5"오브젝트

- 출몰 기능을 이용
  - 태그이름 : (태그시계.sec%10)==5
  - 출몰조건 : ON

⑥ "6"오브젝트

- 출몰 기능을 이용
  - 태그이름 : (태그시계.sec%10)==6
  - 출몰조건 : ON

⑦ "7"오브젝트

- 출몰 기능을 이용
  - 태그이름 : (태그시계.sec%10)==7
  - 출몰조건 : ON

⑧ "8"오브젝트

- 출몰 기능을 이용
  - 태그이름 : (태그시계.sec%10)==8
  - 출몰조건 : ON

⑨ "9"오브젝트

- 출몰 기능을 이용
  - 태그이름 : (태그시계.sec%10)==9
  - 출몰조건 : ON

⑩ "0"오브젝트

- 출몰 기능을 이용
  - 태그이름 : (태그시계.sec%10)==0
  - 출몰조건 : ON

2) 초의 십단위

[그림 3-44]

① "1"오브젝트

- 출몰 기능을 이용
  - 태그이름 : (((태그시계.sec/10)〉=1) &&((태그시계.sec/10)〈2))
    ||((((태그시계.sec%100)/10)〉=1)&&(((태그시계.sec%100)/10)〈2))
  - 출몰조건 : ON

② "2"오브젝트
- 출몰 기능을 이용
  - 태그이름 : (((태그시계.sec/10))〉=2) &&((태그시계.sec/10)〈3))
    ||((((태그시계.sec%100)/10))〉=2)&&(((태그시계.sec%100)/10)〈3))
  - 출몰조건 : ON

③ "3"오브젝트
- 출몰 기능을 이용
  - 태그이름 : (((태그시계.sec/10))〉=3) &&((태그시계.sec/10)〈4))
    ||((((태그시계.sec%100)/10))〉=3)&&(((태그시계.sec%100)/10)〈4))
  - 출몰조건 : ON

④ "4"오브젝트
- 출몰 기능을 이용
  - 태그이름 : (((태그시계.sec/10))〉=4) &&((태그시계.sec/10)〈5))
    ||((((태그시계.sec%100)/10))〉=4)&&(((태그시계.sec%100)/10)〈5))
  - 출몰조건 : ON

⑤ "5"오브젝트
- 출몰 기능을 이용
  - 태그이름 : (((태그시계.sec/10))〉=5) &&((태그시계.sec/10)〈6))
    ||((((태그시계.sec%100)/10))〉=5)&&(((태그시계.sec%100)/10)〈6))
  - 출몰조건 : ON

⑥ "6"오브젝트
- 출몰 기능을 이용
  - 태그이름 : (((태그시계.sec/10))〉=6) &&((태그시계.sec/10)〈7))
    ||((((태그시계.sec%100)/10))〉=6)&&(((태그시계.sec%100)/10)〈7))
  - 출몰조건 : ON

⑦ "7"오브젝트
- 출몰 기능을 이용
  - 태그이름 : (((태그시계.sec/10))〉=7) &&((태그시계.sec/10)〈8))
    ||((((태그시계.sec%100)/10))〉=7)&&(((태그시계.sec%100)/10)〈8))
  - 출몰조건 : ON

⑧ "8"오브젝트
- 출몰 기능을 이용
  - 태그이름 : (((태그시계.sec/10))〉=8) &&((태그시계.sec/10)〈9))
    ||((((태그시계.sec%100)/10))〉=8)&&(((태그시계.sec%100)/10)〈9))

· 출몰조건 : ON

⑨ "9"오브젝트

– 출몰 기능을 이용

· 태그이름 : (((태그시계.sec/10)〉=9) &&((태그시계.sec/10)〈10))
||((((태그시계.sec%100)/10)〉=9)&&(((태그시계.sec%100)/10)〈10))

· 출몰조건 : ON

⑩ "0"오브젝트

– 출몰 기능을 이용

· 태그이름 : (((태그시계.sec/10)〉=0) &&((태그시계.sec/10)〈1))
||((((태그시계.sec%100)/10)〉=0)&&(((태그시계.sec%100)/10)〈1))

· 출몰조건 : ON

(5) 분, 시, 年, 月, 日을 나타내는 디스플레이 

1) 분 오브젝트

– 초의 오브젝트 전체를 선택하여 복사를 한다.

[그림 3-45]

– 배치에 맞게 "붙여넣기"를 한다.

– 편집에서 바꾸기 기능을 이용하여 아래와 같이 "태그시계.SEC"를 "태그시계.MIN"으로 전체 바꾸기를 한다.

· 찾을 범위 : 현재 선택된 그림

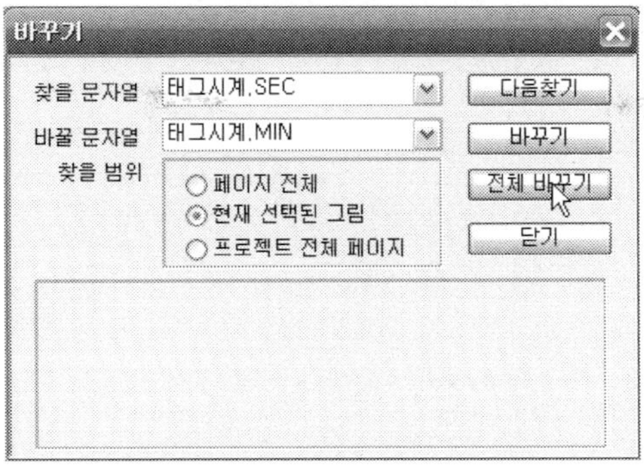

[그림 3-46]

2) 시 오브젝트
- 초의 오브젝트 전체를 선택하여 복사를 한다.
- 배치에 맞게 "붙여넣기"를 한다.
- 편집에서 바꾸기 기능을 이용하여 위와 같은 방법으로 "태그시계.SEC"를 "태그시계.HOUR"으로 전체 바꾸기를 한다.
  · 찾을 범위 : 현재 선택된 그림

3) 일(日) 오브젝트
- 초의 오브젝트 전체를 선택하여 복사를 한다.
- 배치에 맞게 "붙여넣기"를 한다.
- 편집에서 바꾸기 기능을 이용하여 위와 같은 방법으로 "태그시계.SEC"를 "태그시계.D"으로 전체 바꾸기를 한다.
  · 찾을 범위 : 현재 선택된 그림

4) 월(月) 오브젝트
- 초의 오브젝트 전체를 선택하여 복사를 한다.
- 배치에 맞게 "붙여넣기"를 한다.
- 편집에서 바꾸기 기능을 이용하여 위와 같은 방법으로 "태그시계.SEC"를 "태그시계.M"으로 전체 바꾸기를 한다.
  · 찾을 범위 : 현재 선택된 그림

5) 년(年) 오브젝트
- 초의 오브젝트 전체를 선택하여 복사를 한다.
- 배치에 맞게 "붙여넣기"를 한다.

- 편집에서 바꾸기 기능을 이용하여 위와 같은 방법으로 "태그시계.SEC"를 "태그시계.Y"으로 전체 바꾸기를 한다.
  · 찾을 범위 : 현재 선택된 그림
- 백단위, 천단위는 "20"을 복사하여 항상 나타나도록 한다.
  2099년까지는 쓸수 있으니 꼭 백단위, 천단위를 출몰 가능하도록 하려면 다음을 참고하도록 하자.

❖ 년(年)의 백단위

① "1"오브젝트
- 출몰 기능을 이용
  · 태그이름 : (((태그시계.y/100))〉=1) &&((태그시계.y/100)〈2))
  ||((((태그시계.y%1000)/100))〉=1)&&(((태그시계.y%1000)/100)〈2))
  · 출몰조건 : ON

② "2"오브젝트
- 출몰 기능을 이용
  · 태그이름 : (((태그시계.y/100))〉=2) &&((태그시계.y/100)〈3))
  ||((((태그시계.y%1000)/100))〉=2)&&(((태그시계.y%1000)/100)〈3))
  · 출몰조건 : ON

③ "3"오브젝트
- 출몰 기능을 이용
  · 태그이름 : (((태그시계.y/100))〉=3) &&((태그시계.y/100)〈4))
  ||((((태그시계.y%1000)/100))〉=3)&&(((태그시계.y%1000)/100)〈4))
  · 출몰조건 : ON

④ "4"오브젝트
- 출몰 기능을 이용
  · 태그이름 : (((태그시계.y/100))〉=4) &&((태그시계.y/100)〈5))
  ||((((태그시계.y%1000)/100))〉=4)&&(((태그시계.y%1000)/100)〈5))
  · 출몰조건 : ON

⑤ "5"오브젝트
- 출몰 기능을 이용
  · 태그이름 : (((태그시계.y/100))〉=5) &&((태그시계.y/100)〈6))
  ||((((태그시계.y%1000)/100))〉=5)&&(((태그시계.y%1000)/100)〈6))
  · 출몰조건 : ON

⑥ "6"오브젝트

- 출몰 기능을 이용
  - 태그이름 : (((태그시계.y/100))>=6) &&((태그시계.y/100)<7))
    ||((((태그시계.y%1000)/100))>=6)&&(((태그시계.y%1000)/100)<7))
  - 출몰조건 : ON

⑦ "7"오브젝트
- 출몰 기능을 이용
  - 태그이름 : (((태그시계.y/100))>=7) &&((태그시계.y/100)<8))
    ||((((태그시계.y%1000)/100))>=7)&&(((태그시계.y%1000)/100)<8))
  - 출몰조건 : ON

⑧ "8"오브젝트
- 출몰 기능을 이용
  - 태그이름 : (((태그시계.y/100))>=8) &&((태그시계.y/100)<9))
    ||((((태그시계.y%1000)/100))>=8)&&(((태그시계.y%1000)/100)<9))
  - 출몰조건 : ON

⑨ "9"오브젝트
- 출몰 기능을 이용
  - 태그이름 : (((태그시계.y/100))>=9) &&((태그시계.y/100)<10))
    ||((((태그시계.y%1000)/100))>=9)&&(((태그시계.y%1000)/100)<10))
  - 출몰조건 : ON

⑩ "0"오브젝트
- 출몰 기능을 이용
  - 태그이름 : (((태그시계.y/100))>=0) &&((태그시계.y/100)<1))
    ||((((태그시계.y%1000)/100))>=0)&&(((태그시계.y%1000)/100)<1))
  - 출몰조건 : ON

❖ 년(年)의 천단위

① "1"오브젝트
- 출몰 기능을 이용
  - 태그이름 : (((태그시계.y/1000))>=1) &&((태그시계.y/1000)<2))
  - 출몰조건 : ON

② "2"오브젝트
- 출몰 기능을 이용
  - 태그이름 : (((태그시계.y/1000))>=2) &&((태그시계.y/1000)<3))
  - 출몰조건 : ON

③ "3"오브젝트
- 출몰 기능을 이용
  · 태그이름 : (((태그시계.y/1000))〉=3) &&((태그시계.y/1000)〈4))
  · 출몰조건 : ON

④ "4"오브젝트
- 출몰 기능을 이용
  · 태그이름 : (((태그시계.y/1000))〉=4) &&((태그시계.y/1000)〈5))
  · 출몰조건 : ON

⑤ "5"오브젝트
- 출몰 기능을 이용
  · 태그이름 : (((태그시계.y/1000))〉=5) &&((태그시계.y/1000)〈6))
  · 출몰조건 : ON

⑥ "6"오브젝트
- 출몰 기능을 이용
  · 태그이름 : (((태그시계.y/1000))〉=6) &&((태그시계.y/1000)〈7))
  · 출몰조건 : ON

⑦ "7"오브젝트
- 출몰 기능을 이용
  · 태그이름 : (((태그시계.y/1000))〉=7) &&((태그시계.y/1000)〈8))
  · 출몰조건 : ON

⑧ "8"오브젝트
- 출몰 기능을 이용
  · 태그이름 : (((태그시계.y/1000))〉=8) &&((태그시계.y/1000)〈9))
  · 출몰조건 : ON

⑨ "9"오브젝트
- 출몰 기능을 이용
  · 태그이름 : (((태그시계.y/1000))〉=9) &&((태그시계.y/1000)〈10))
  · 출몰조건 : ON

⑩ "0"오브젝트
- 출몰 기능을 이용
  · 태그이름 : (((태그시계.y/1000))〉=0) &&((태그시계.y/1000)〈1))
  · 출몰조건 : ON

(6) 초를 나타내는 사각 오브젝트에 기능 부여하기

- 초의 사각 오브젝트 선택한다.
- 수평채우기 기능을 이용한다.
  - 태그이름 : 회전.SEC
  - 채움기준설정 : 왼쪽
  - 채움색 : 배경색 : 진분홍색

[그림 3-47]

(7) 분을 나타내는 사각 오브젝트에 기능 부여하기

- 분의 사각 오브젝트 선택한다.
- 수평채우기 기능을 이용한다.
  - 태그이름 : 회전.MIN
  - 채움기준설정 : 왼쪽
  - 채움색 : 배경색 : 청색

(8) 시를 나타내는 사각 오브젝트에 기능 부여하기

- 시의 사각 오브젝트 선택한다.
- 수평채우기 기능을 이용한다.
  - 태그이름 : 회전.HOUR

- 채움기준설정 : 왼쪽
- 채움색 : 배경색 : 녹색

☑ 3-3-5 스크립터 작성하기

(1) 회전시계

```
Sub R_시계()

  While 1
      t1# = Now()
      th# = hour(t1#)

   if (th#>11) then
     SetTagVal "회전.HOUR", ((th#-12)*3600)+(Minute(t1#)*60)+Second(t1#)
   else
     SetTagVal "회전.HOUR", ((th#)*3600)+(Minute(t1#)*60)+Second(t1#)

  end if
     SetTagVal "회전.MIN", (Minute(t1#)*60)+Second(t1#)
     SetTagVal "회전.SEC", Second(t1#)
     sleep(1000)
  wend
End Sub
```

- 해석

① SetTagVal "회전.HOUR", ((th#-12)*3600)+(Minute(t1#)*60)+Second(t1#)

- 현재 시간 : 15시 25분 30초

  ((th#-12)*3600) : (15-12)*3600은 시침이 회전하는 값이다.

  (Minute(t1#)*60) : (25*60)은 분에 해당하는 시침이 회전하는 값이다.

  Second(t1#) : 30은 초에 해당하는 시침이 회전하는 값이다

  "회전.HOURD"데이터 베이스 설정시 아날로그의 고급설정 탭에서 최고치를 43200으로 하였기 때문에 43200 값이 360도에 해당하는 값이다.

  따라서 위의 값을 모두 더하면 10800+1500+30 = 12330

  43200 : 12330 = 360 : 시침의 각도

시침의 각도 : 102.75도

② ((th#)*3600)+(Minute(t1#)*60)+Second(t1#)

시간이 0시에서 11시 59분 59초까지 적용되는 시간에 해당하는 시침이 회전하는 값이다.

③ SetTagVal "회전.MIN", (Minute(t1#)*60)+Second(t1#)

· 현재 시간 : 15시 25분 30초

(Minute(t1#)*60) : 25 *60은 분침이 회전하는 값이다.

Second(t1#) : 30은 초에 해당하는 분침이 회전하는 값이다.

"회전.MIN"데이터 베이스 설정시 아날로그의 고급설정 탭에서 최고치를 3600으로 하였기 때문에 3600 값이 360도에 해당하는 값이다.

따라서 위의 값을 모두 더하면 1500+30 = 1530

3600: 1530 = 360 : 분침의 각도

시침의 각도 : 153도

(2) 디스플레이 시계

```
 Sub D_시계()

While 1
   t1# = Now()

      SetTagVal "태그시계.HOUR", hour (t1#) /* 현재 시간중에서 시를 나타냄 */
      SetTagVal "태그시계.MIN", Minute(t1#) /* 현재 시간중에서 분을 나타냄 */
      SetTagVal "태그시계.SEC", Second(t1#) /* 현재 시간중에서 초를 나타냄 */
      SetTagVal "태그시계.d", day(t1#)      /* 현재 시간중에서 일(日)을 나타냄 */
      SetTagVal "태그시계.m", month(t1#) /* 현재 시간중에서 월(月)을 나타냄 */
      SetTagVal "태그시계.y", year(t1#)     /* 현재 시간중에서 년(年)을 나타냄 */

      sleep(1000)
 wend
End Sub
```

☑ 3-3-6 페이지 저장 및 실행시 초기화면 설정

(1) 페이지 저장

- 프로젝트(시스템시간(교재))로 저장되어있는 폴더를 열어서 저장
- 일반적으로 저장 장소를 지정하지 않으면 C₩Program₩CIMON₩시스템시간(교재)에 저장된다.

(2) 실행시 초기화면설정

- 도구 메뉴의 "CIMON X 환경"에서 초기화면을 설정한다.

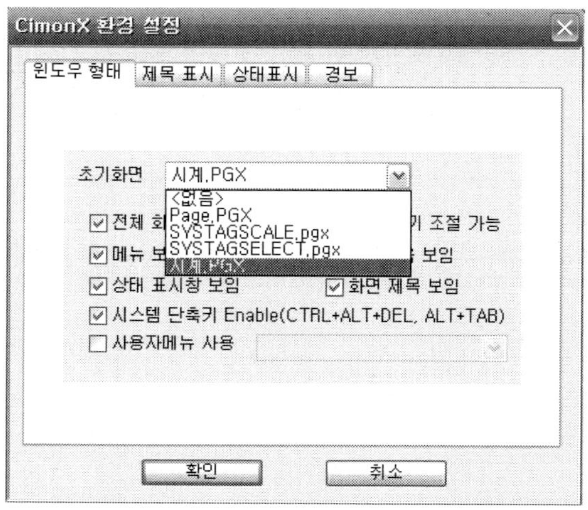

[그림 3-48]

(3) 스크립터 실행 명령 기능

- CIMON X 실행시 동작하기 위하여 도구 메뉴의 "페이지 환경설정"에서 스크립터 동작과 정지 명령을 부여한다.
  - 페이지 열기시 동작정의
    runscript("D_시계")
    runscript("R_시계")
  - 페이지 닫기시 동작정의
    stopscript("D_시계")
    stopscript("R_시계")

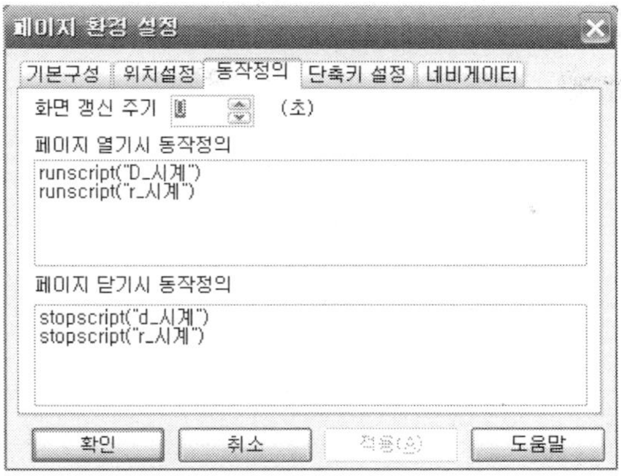

[그림 3-49]

3-3-7 제어 기능 검사하기

(1) Cimon X를 실행한다.

- 도구 메뉴에서 Cimon X를 실행한다.
- 초기화면시 현재 컴퓨터에서 나타나는 시간과 같은지 확인한다.

❖ 원형 시계의 중심에 있는 태그값으로 된 시간을 보고 확인한다.

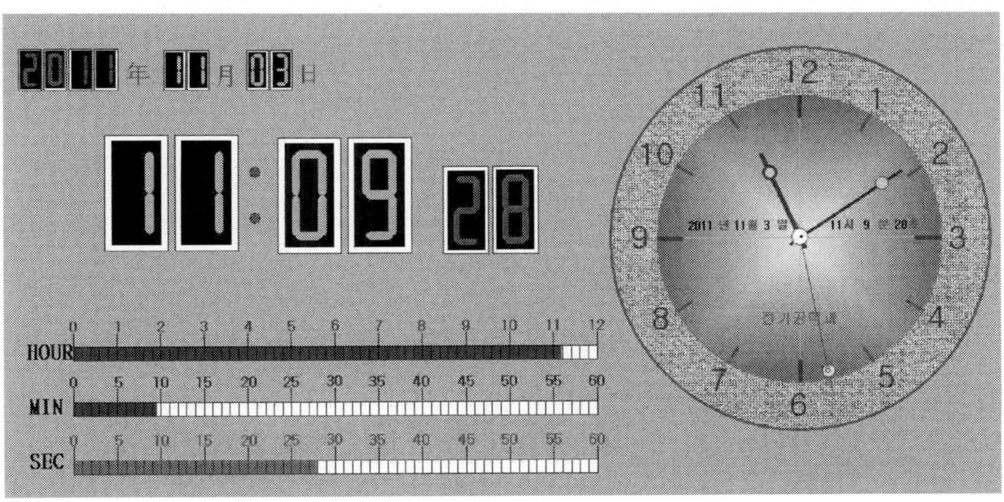

[그림 3-50]

- 컴퓨터의 화면 우측 하단의 시계를 더블 클릭하여 컴퓨터 시스템의 시간을 변경하여 같이 변경되는지 확인한다.

[그림 3-51]

· 년, 월, 일, 시, 분, 초를 변경하여 확인한다.

4장

실태그에 의한 PLC제어 응용

이 장에서는 HMI 소프트웨어와 PLC 간에 통신이 가능하도록 설정하여 PLC 프로그램 작성과 각 오브젝트의 실태그를 사용하여 통신하는 방법을 완전히 이해하고 응용하는 방법을 알아보자.

4-1 Motor 정역제어 (GLOFA)

가상태그와 실태그를 이용하여 PLC를 직접 제어하고 동작 상태를 모니터에서 확인할 수 있도록 한다.

- 사용되는 기능
  출몰, 색변환, 터치(명령식), 회전, 스크립터
- 프로젝트명 : 정역제어(교재)
- 완성된 페이지 화면은 다음과 같다.

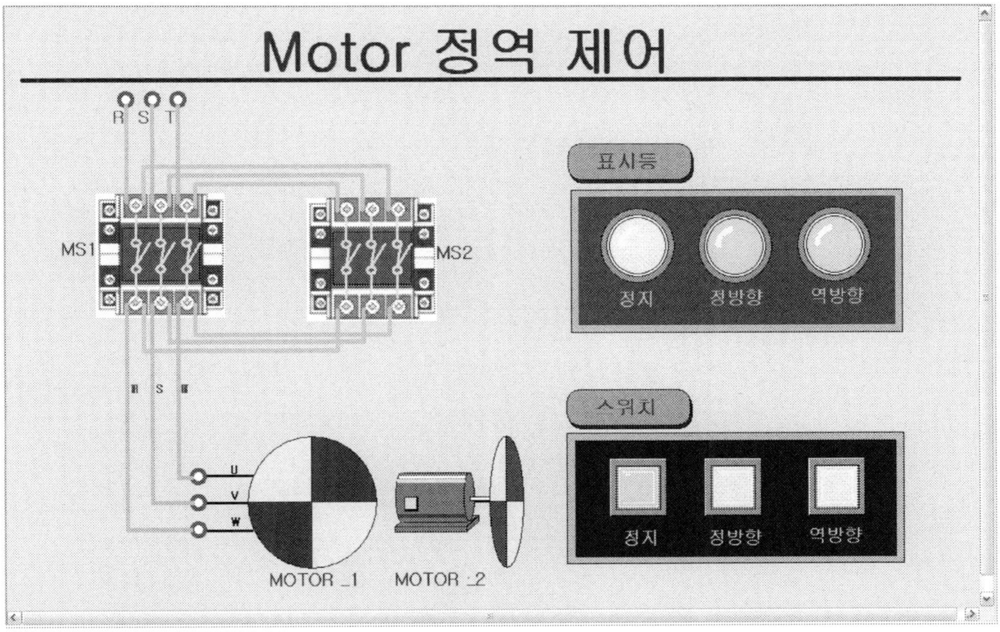

[그림 4-1]

4-1-1 PLC 프로그램 작성

(1) PLC 프로그램을 작성하여 실태그를 사용할 입출력 및 내부메모리를 확인한다.

(2) GM4 PLC를 이용하여 제어 프로그램을 작성한다.

- 프로그램 작성

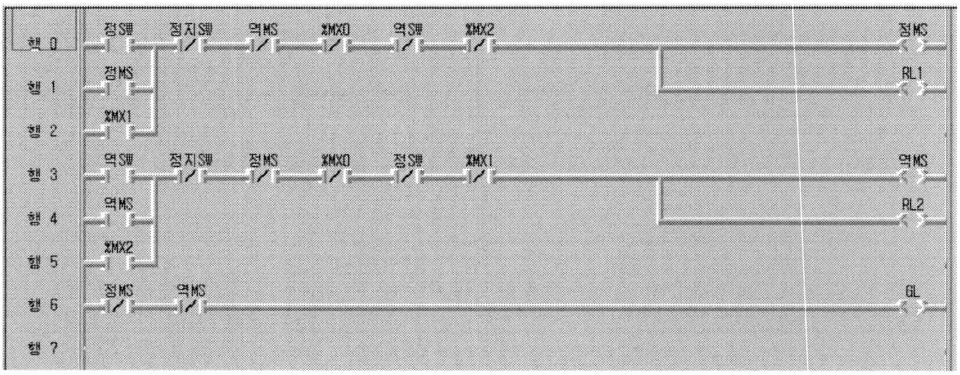

[그림 4-2]

- 변수와 메모리 할당

	변수 명	데이터 타	메모리 할당	초기 값	변수 종류	사용 여부	설명문
1	정지SW	BOOL	%IX0.0.0		VAR	*	
2	정SW	BOOL	%IX0.0.1		VAR	*	
3	역SW	BOOL	%IX0.0.2		VAR	*	
4	정MS	BOOL	%QX0.2.1		VAR		정방향 마그넷 스위치
5	GL	BOOL	%QX0.2.10		VAR	*	
6	역MS	BOOL	%QX0.2.2		VAR		역방향 마그넷 스위치
7	RL1	BOOL	%QX0.2.8		VAR	*	
8	RL2	BOOL	%QX0.2.9		VAR	*	

[그림 4-3]

- 외부 입출력 배선하기

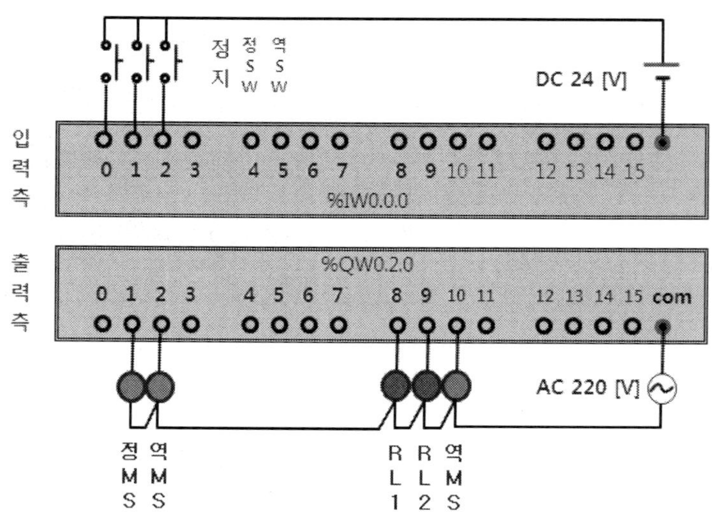

[그림 4-4]

- GMWIN PLC프로그램을 온라인 메뉴에서 접속+쓰기+모드전환(런)+모니터시작을 선택하여 PLC로 전송한다.
- 전송 후 PLC와 컴퓨터와 접속을 GMWIN 온라인 메뉴에서 접속/해제를 선택하여 접속 해제를 시킨다.

☑ 4-1-2 I/O 디바이스 설정하기

(1) CimonD의 메뉴 중에서 "파일"-"새프로젝트"를 선택한다.

- 프로젝트 이름을 "정역제어(교재)"로 한다.
  C:₩Program Files₩CIMON₩정역제어(교재)

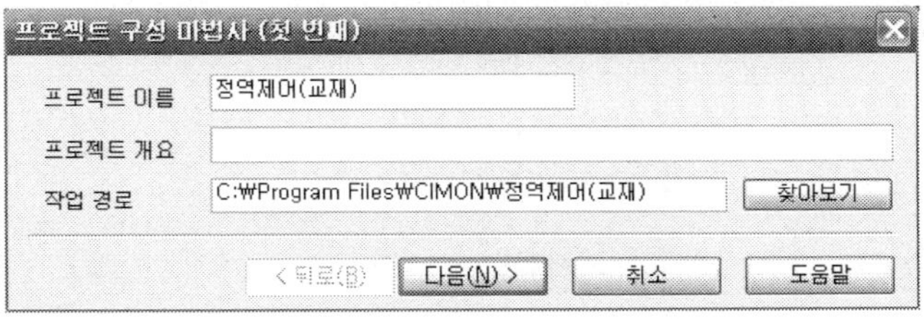

[그림 4-5]

(2) CimonD의 메뉴 중에서 "도구"-"페이지 환경설정"을 선택한다.

- 제목 : 정역
- 배경색 : 연회색

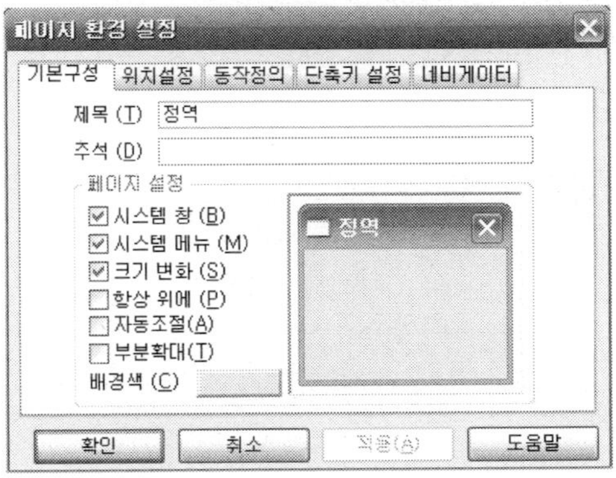

[그림 4-6]

(3) CimonD의 메뉴 중에서 "도구"-"I/O 디바이스"를 선택한다.

다음과 같은 "I/O 디바이스 설정" 대화상자가 표시된다.

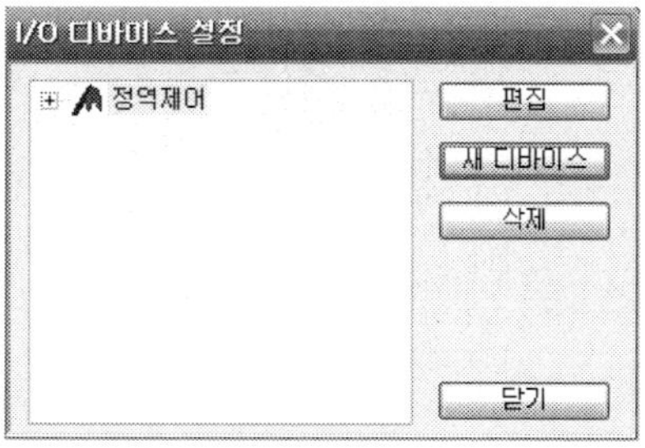

[그림 4-7]

(4) "새 디바이스" 버턴을 클릭한다.
"I/O 디바이스 종류 선택" 대화상자가 표시된다.

(5) 디바이스 이름을 "GLOFA"으로 입력한다.

(6) 디바이스 종류를 "GLOFA-GM Loader Port"를 선택한다.

[그림 4-8]

(7) "I/O 디바이스 종류 선택" 대화상자의 "확인" 버턴을 클릭한다.

(8) 탭 컨트롤 중에서 "스테이션"을 클릭한 다음 우측의 "스테이션 추가" 버턴을 클릭한다. "스테이션 설정" 대화상자가 표시된다.

[그림 4-9]

- 스테이션 이름 : 정역제어
- PLC CPU 종류 : Glofa GM4

(9) "스테이션 설정" 대화상자의 "등록" 버턴을 클릭한다.

다음과 같이 스테이션이 추가된다.

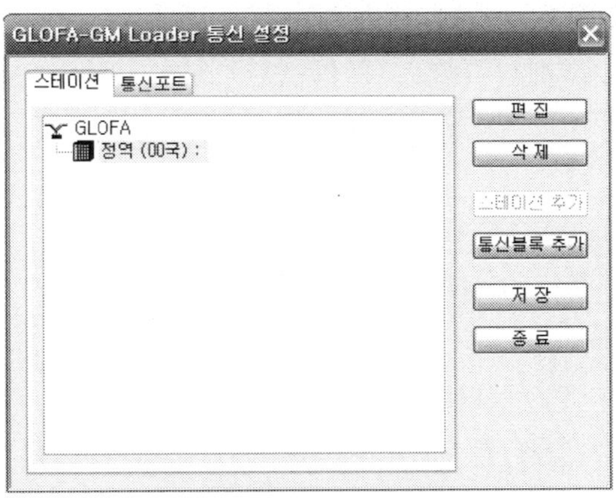

[그림 4-10]

(10) "통신블록 추가" 버턴을 클릭한다.

"통신블록 설정" 대화상자가 표시된다.

- 어드레스를 "%IW0.0.0"로 입력한다.
- 워드 수를 1로 입력한다.
- 통신주기를 0.1(초)로 입력한다.

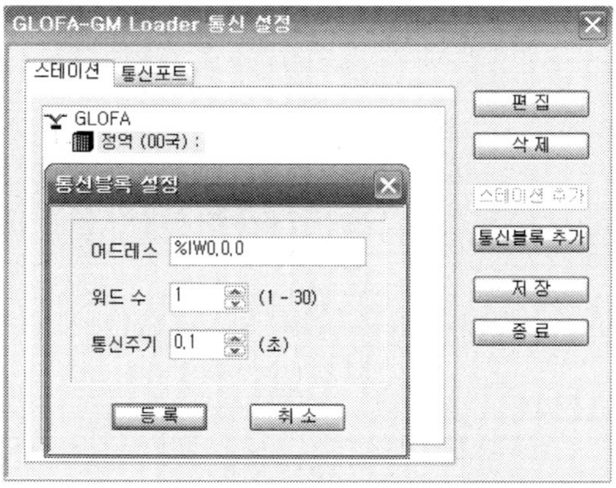

[그림 4-11]

(11) "통신블록 설정" 대화상자의 "등록" 버턴을 클릭한다.

(12) "통신블록 추가" 버턴을 클릭, 다시 "통신블록 설정" 대화상자가 표시된다.
- 어드레스를 "%QW0.0.0"로 입력한다.
- 워드 수를 1로 입력한다.
- 통신주기를 0.1(초)로 입력한다.

(13) 같은 방법으로
- 어드레스를 "%MW0"를 입력한다.
- 워드 수를 5로 입력한다.
- 통신주기를 0.1(초)로 입력한다.

아래와 같이 설정이 된다.

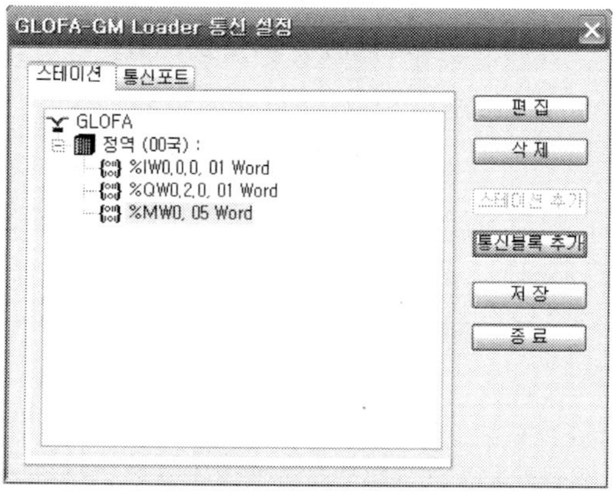

[그림 4-12]

(14) 탭 컨트롤 중에서 "통신포트"를 클릭한다.

통신과 관련된 특성을 설정한다. 여기서는 디폴트 값을 그대로 사용한다. 단, 주의할 것은 통신포트를 컴퓨터와 맞추어야 한다.

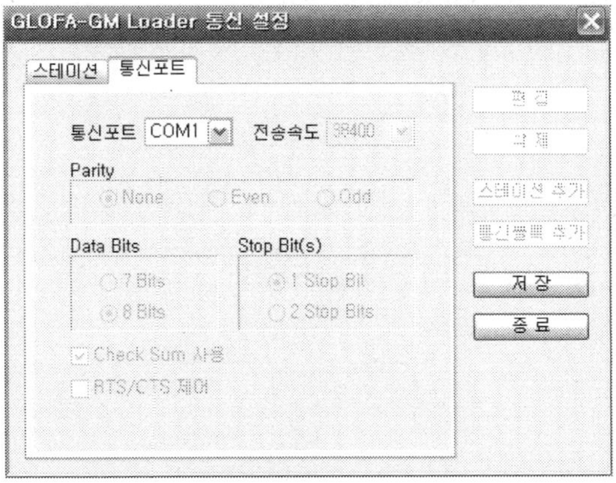

[그림 4-13]

(15) "Glofa-GM Loader 통신 설정" 대화상자의 "저장" 버턴과 "종료" 버턴을 순서대로 클릭한다.

(16) "I/O 디바이스 설정" 대화상자의 "닫기" 버턴을 클릭한다.

☑ 4-1-3 실태그 등록하기

실태그를 다음과 같이 등록한다.

(1) 데이터베이스 관리기를 이용해서 "출력", "입력", "가상" 그룹태그를 추가한다.

- 좌측의 "정역제어"를 선택하고 그 위의 새태그를 클릭한다. 태그편집 대화상자가 나타난다.

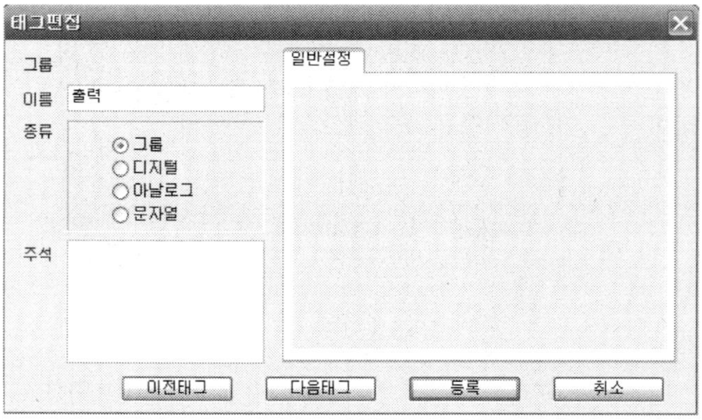

[그림 4-14]

- 이름 : 출력
- 종류 : 그룹

  태그편집 대화상자의 등록버턴을 클릭한다.
- 이와 같이 "입력", "가상"을 등록하면 아래와 같이 그룹의 태그가 등록된다.

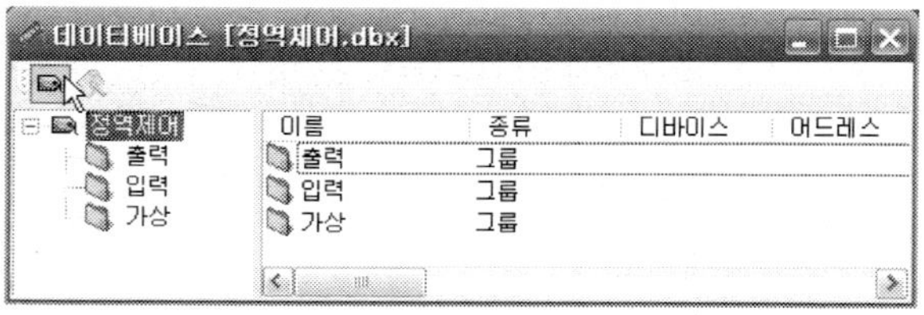

[그림 4-15]

(2) 그룹 내 태그 입력하기

1) 출력그룹

- 좌측의 "출력" 그룹태그를 선택한다.
- "새태그" 아이콘으로 태그편집기를 표시한 다음 종류를 "디지털"로 선택한다.
- 태그이름을 "정MS"으로 입력한다.
- 일반설정에서 "실태그"로 선택한다.
- I/O 디바이스를 "GLOFA.GM"으로 선택한다.
- I/O 어드레스를 "%QX0.2.1"로 입력한다.
- 고급설정에서 초기값을 OFF로 설정한다.
- "다음태그" 버턴을 클릭한다.
- 아래와 같이 "출력" 그룹 내에 "정MS"라는 태그가 등록된다.

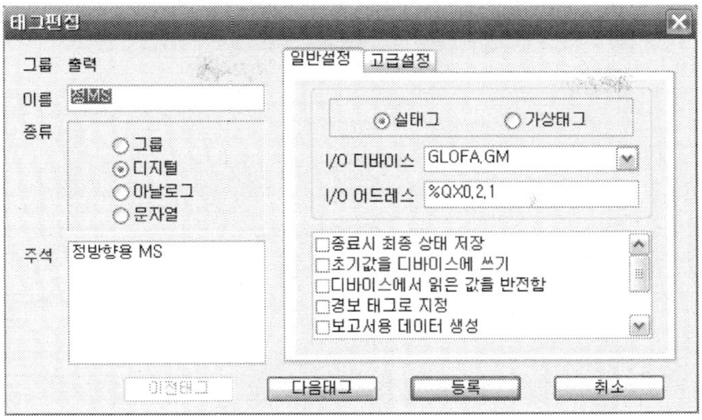

[그림 4-16]

- 이와 같이 하여 다음을 입력시킨다.
  (다음태그를 누르면 이름과 I/O 어드레스만 변경하면 된다.)

[표 4-1]

이름	I/O 어드레스
역MS	%QX0.2.2
정_램프	%QX0.2.8
역_램프	%QX0.2.9
정지_램프	%QX0.2.10

❖ PLC 프로그램과 변수의 내용을 보면서 입력시키면 쉽게 이해가 된다.

- 아래 화면과 같이 실태그가 추가 등록된다.

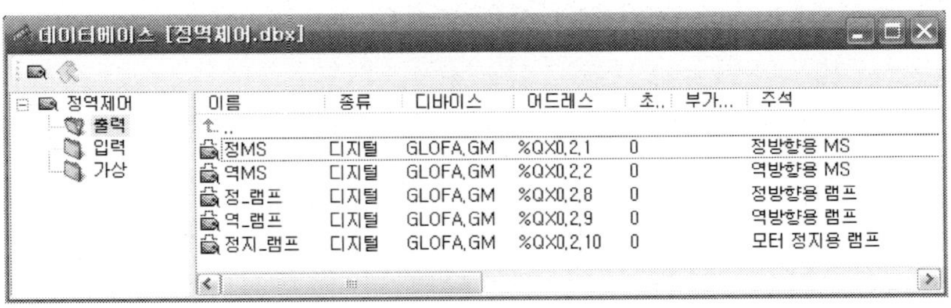

[그림 4-17]

2) 입력그룹

- 출력 그룹의 태그와 같이 실태그로 입력을 한다.

[표 4-2]

이름	I/O 어드레스	설명
S_정지	%IX0.0.0	S : System
S_정SW	%IX0.0.1	"
S_역SW	%IX0.0.2	"
M_정지	%MX0	M : Monitor
M_정SW	%MX1	"
M_역SW	%MX2	"

- 아래 화면과 같이 실태그가 추가 등록된다.

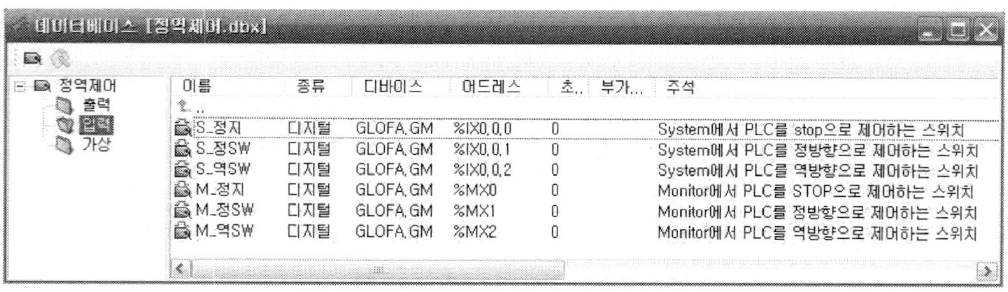

[그림 4-18]

3) 가상그룹

- 가상그룹은 가상태그로 입력을 한다.

[표 4-3]

이름	종류	일반설정	데이터 형태	내부데이터
원_1	아날로그	가상태그	UINT8	최소값:0, 최대값:100

- 아래 화면과 같이 실태그가 추가 등록된다.

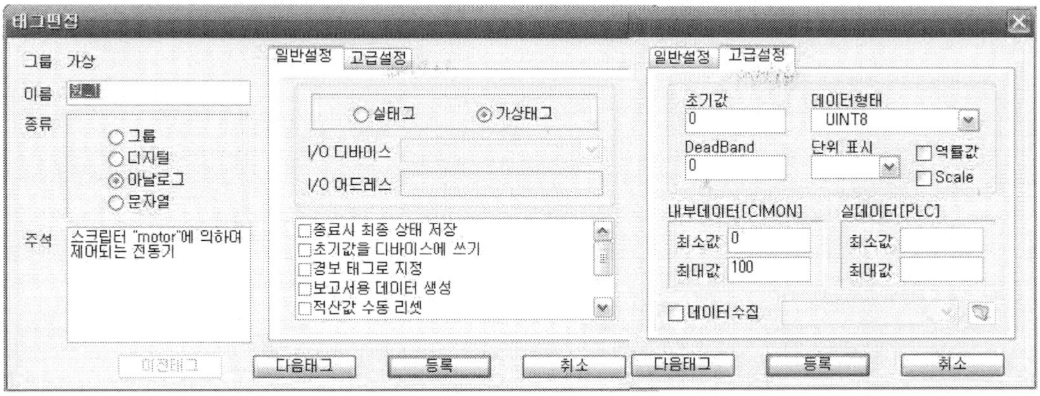

[그림 4-19]

- 아래 화면과 같이 가상태그가 추가 등록된다.

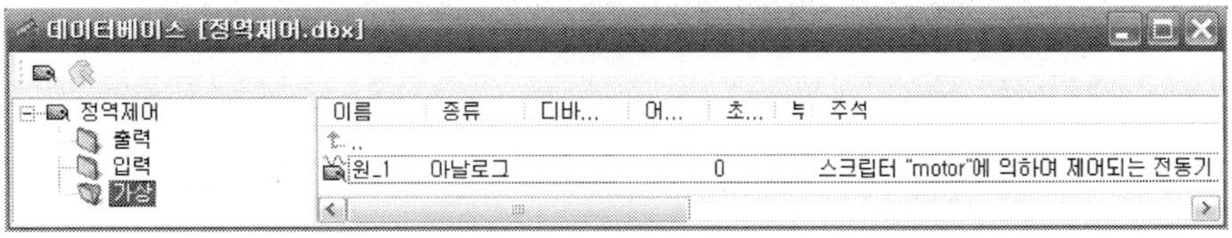

[그림 4-20]

- 이런 식으로 실태그와 가상태그를 추가해서 현장 감시 제어용으로 사용한다.

☑ 4-1-4 모니터 화면 모니터링하기

(1) CimonD의 메뉴 중에서 "정렬" - "격자선에 맞추기"를 지정한다.

(2) 그림 메뉴를 이용하여 오브젝트를 등록한다.

(3) 화면 모니터링이 되면 C:₩Program Files₩CIMON₩정역제어(교재)의 폴더에 "정역".pgx의 확장자명으로 저장한다.

(4) 도구-사이먼 X환경에서 초기값을 "정역".pgx로 설정한다.

4-1-5 오브젝트에 기능 부여하기

(1) 스위치 오브젝트

1) 정지스위치의 터치기능

-  정지 스위치를 더블클릭한다.
- 그림설정의 대화상자에서 "터치"를 클릭한다.
- 오른쪽 화면의 "동작정의"를 선택한다.
  - · 동작 : 명령식
  - · 명령식-Down(오른쪽의 버턴을 누르면 태그찾아보기 대화상자가 나타난다.) 입력 그룹을 더블 클릭 - M_정지 더블 클릭하면 아래 화면과 같이 "입력.M_정지=1" 등록한다.

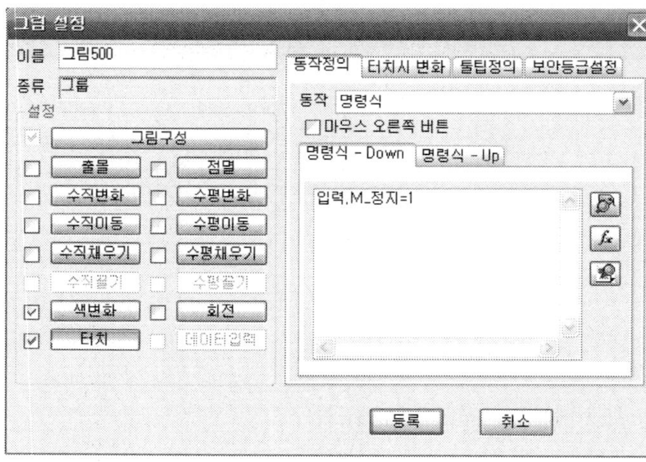

[그림 4-21]

  - · 명령식-Up(오른쪽의 버턴을 누르면 태그찾아보기 대화상자가 나타난다.) 입력 그룹을 더블 클릭 - M_정지 더블 클릭하면 아래 화면과 같이 "입력.M_정지=0"으로 등록한다.

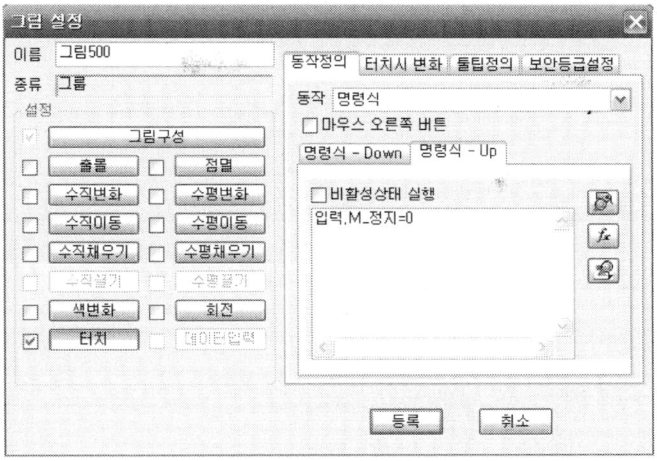

[그림 4-22]

2) 정지스위치의 색변환 기능

- 모니터에서 버턴을 누르거나 외부 시스템에서 정지스위치를 누르면 적색으로 변화하여 정지스위치의 동작 유무를 확인할 수 있다.
- 그림설정의 대화상자에서 "색변환"을 클릭하여 오른쪽의 "색변환1"을 선택
  - 태그이름 : 입력.S_정지||입력.M_정지
  - 배경색 : 적색, 기준점 : ON
- 아래 화면과 같다.

[그림 4-23]

3) 정방향 스위치의 터치기능

- 정지 스위치의 터치기능과 같이 기능을 부여
- 명령식-Down 기능은 아래와 같고 명령식-Up 기능은 "입력.M_정SW=0" 입력.

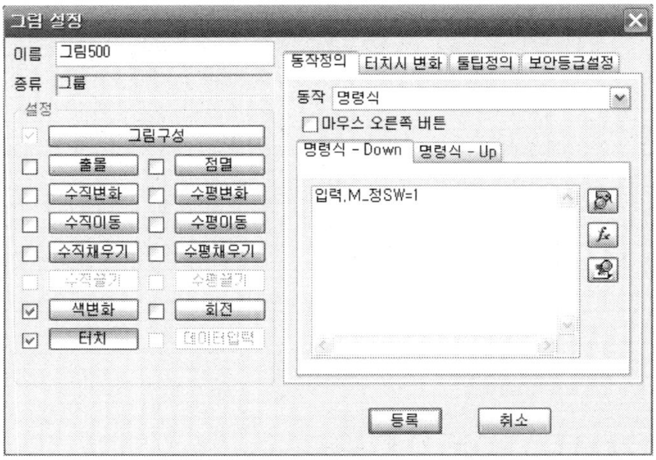

[그림 4-24]

4) 정방향 스위치의 색변환기능

- 정지 스위치의 색변환 기능과 같이 기능을 부여
  - 태그이름 : 입력.S_정SW||입력.M_정SW
  - 배경색 : 녹색, 기준점 : On

[그림 4-25]

5) 역방향 스위치의 터치기능

- 정방향 스위치의 터치기능과 같이 기능을 부여
- 명령식-Down 기능은 아래와 같고 명령식-Up 기능은 "입력.M_역SW=0" 입력.

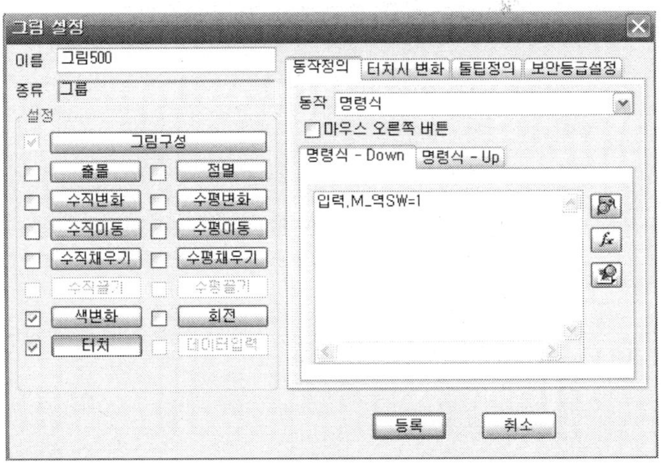

[그림 4-26]

6) 역방향 스위치의 색변환기능

- 정방향 스위치의 색변환 기능과 같이 기능을 부여
  - 태그이름 : 입력.S_역SW||입력.M_역SW
  - 배경색 : 녹색, 기준점 : On

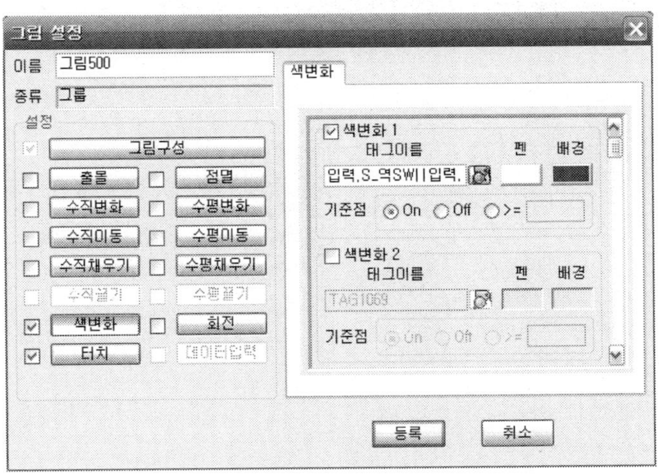

[그림 4-27]

(2) 표시등 오브젝트

1) 정지 표시등

- 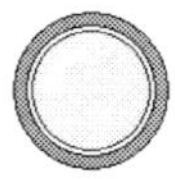 정지등을 더블 클릭한다.
- 그림설정의 대화상자에서 “색변환”을 클릭한다.
- 오른쪽 화면의 “색변환1”을 선택한다.
- 태그이름 오른쪽의 버턴을 누르면 태그찾아보기 대화상자가 나타난다.
- 데이터베이스의 “출력” 그룹태그를 더블클릭하면 그룹태그가 열립니다.
- “정지_램프”을 선택하여 더블 클릭이나 확인을 누르면 이름에 “출력.정지_램프”가 표시된다.
  - 태그이름 : 출력.정지_램프
  - 배경색 : 녹색, 기준점 : On

❖ [그림 4-28] 참고

2) 같은 방법으로 출력 정방향, 역방향을 설정하면 된다.

- 정방향
  - 태그이름 : 출력.정_램프
  - 배경색 : 적색, 기준점 : On
- 역방향
  - 태그이름 : 출력.역_램프
  - 배경색 : 적색, 기준점 : On

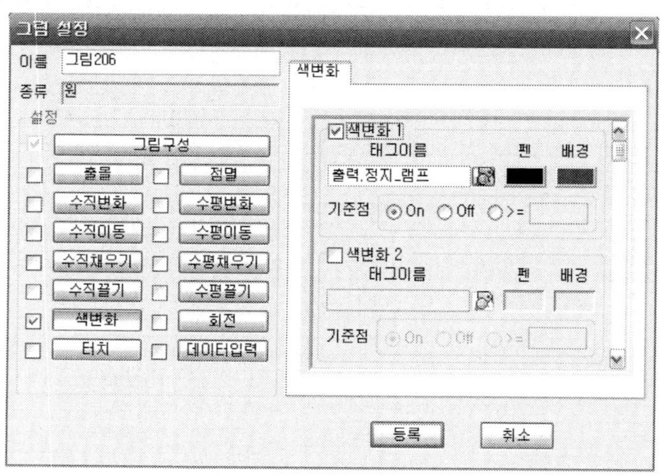

[그림 4-28]

(3) 3상 주회로 전원선 오브젝트

1) , 정,역방향 주회로 3상 전선을 더블 클릭한다.

- 그림설정의 대화상자에서 "색변환"을 클릭한다.
- 오른쪽 화면의 "색변환1"을 선택한다.
- 태그이름 오른쪽의 버턴을 누르면 태그찾아보기 대화상자가 나타난다.
- 데이터베이스의 "출력" 그룹태그를 더블클릭하면 그룹태그가 열립니다.
- "정MS"을 선택하여 더블 클릭이나 확인을 누르면 이름에 "출력.정MS"와 "출력.역MS" 표시되면 컴퓨터 자판의 "shift"+"W"의 버턴을 누르면 "||"가 입력시켜 태그이름을 아래와 같이 한다.
  - 태그이름 : 출력.정MS||출력.역MS
  - 펜색 : 적색, 기준점 : On

❖ [그림 4-29] 참고

2) 같은 방법으로 , 역방향 주회로 3상 전선을 더블 클릭하여 색변환 기능을 한다.
  - 태그이름 : 출력.역MS
  - 펜색 : 적색, 기준점 : On

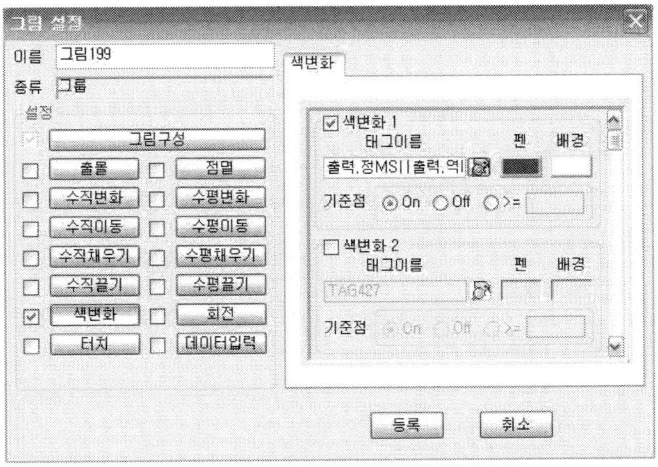

[그림 4-29]

(4) 주접점 오브젝트

1)  주접점 오브젝트는 a접점(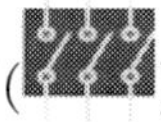)과 b접점(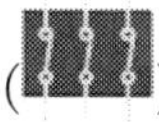)이 겹쳐져 출몰기능과 색변환 기능을 이용하여 마그넷 스위치의 동작 상태를 확인할 수 있다.

2) MS1의 a접점(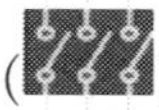)에 기능 부여하기

- 그림설정의 대화상자에서 "출몰"을 클릭한다.
  - 태그이름 : 출력.정MS
  - 출몰조건 : Off

[그림 4-30]

3) MS1의 b접점()에 기능 부여하기

- 그림설정의 대화상자에서 "출몰"을 클릭한다.
  - 태그이름 : 출력.정MS
  - 출몰조건 : On

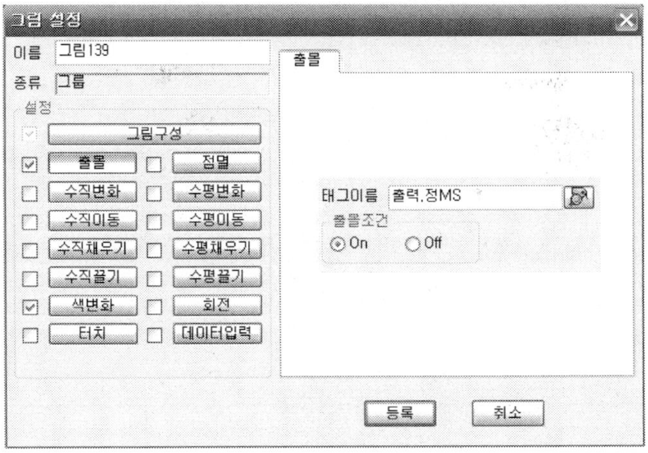

[그림 4-31]

- 그림설정의 대화상자에서 “색변환”을 클릭한다.
  - 태그이름 : 출력.정MS
  - 펜색 : 적색
  - 기준점 : On

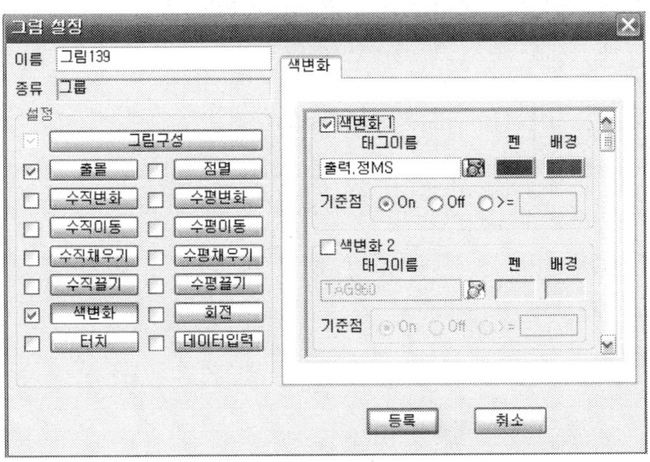

[그림 4-32]

4) MS2의 a접점(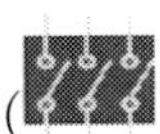)에 기능 부여하기

- 그림설정의 대화상자에서 “출몰”을 클릭한다.
  - 태그이름 : 출력.역MS
  - 출몰조건 : Off

5) MS2의 b접점( )에 기능 부여하기

- 그림설정의 대화상자에서 "출몰"을 클릭한다.
  - 태그이름 : 출력.역MS
  - 출몰조건 : On
- 그림설정의 대화상자에서 "색변환"을 클릭한다.
  - 태그이름 : 출력.역MS
  - 펜색 : 적색
  - 기준점 : On

(4) 상표시 문자 오브젝트

1) R S R 상표시 문자 오브젝트는 R S T와 T S R이 겹쳐져 출몰기능 기능을 이용하여 마그넷 스위치의 동작에 따라 3상의 전원 상태를 확인할 수 있다.

2) R S T 에 기능 부여하기

- 그림설정의 대화상자에서 "출몰"을 클릭한다.
  - 태그이름 : 출력.정MS
  - 출몰조건 : On

3) T S R 에 기능 부여하기

- 그림설정의 대화상자에서 "출몰"을 클릭한다.
  - 태그이름 : 출력.역MS
  - 출몰조건 : On

(5) 원1 오브젝트

1) 원1은 4개(, , ,)의 오브젝트를 그룹으로 하여 하나의 원 오브젝트가 된다.

❖ 그림 메뉴의 부채꼴을 이용하여 "Ctrl" 키를 누른 상태에서 상하로 드래그하여 생성한 다음 3개를 복사한 다음 정렬 메뉴의 회전을 이용하여 각각의 오브젝트를 만든다.

2) 원1의 오브젝트에 기능 부여하기

- 그림설정의 대화상자에서 "회전"을 클릭한다.

- 태그이름 : 가상.원_1
- 최대회전각도 : 360
- 회전방향 : 시계방향

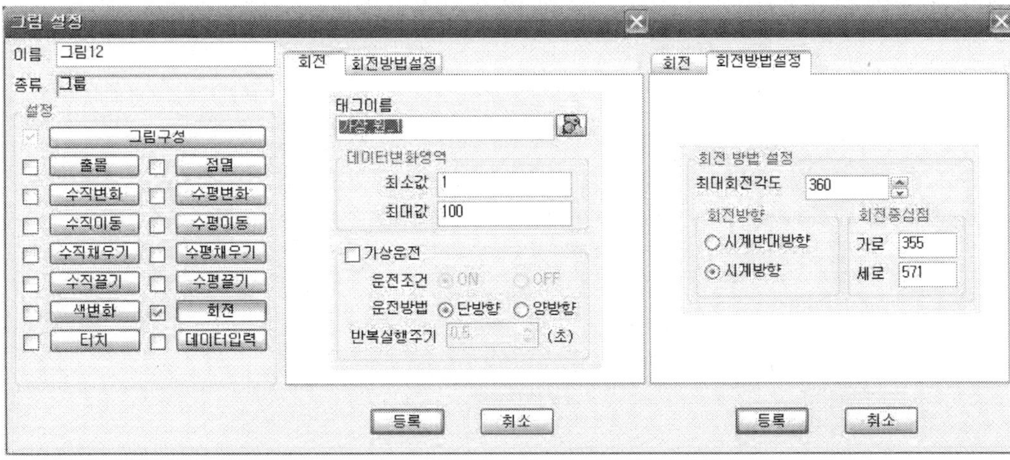

[그림 4-33]

(6) 타원형 오브젝트

- 타원형 은 원1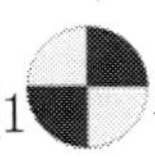을 그룹 해제하여 4개(, , , )의 오브젝트 중 청색을 적색으로 변경한 다음 재그룹하여 좌우 축소시키면 타원형 모양의 오브젝트를 만들 수 있다.

☑ 4-1-6 스크립터 작성하기

(1) 원1의 제어 스크립터

```
Sub motor()
        SetTagVal  "가상.원_1",1
     While 1
          Tag1= GetTagVal("가상.원_1")
     Tag2= GetTagVal("출력.정MS")
     Tag3= GetTagVal("출력.역MS")

     if(Tag2=1) Then
              if(Tag1=100) Then
```

```
                SetTagVal  "가상.원_1", 1
                else
                SetTagVal  "가상.원_1", Tag1+1
                end if
                        sleep (10)

        elseif(Tag3=1) Then
             if(Tag1=1) Then
               setTagVal "가상.원_1", 100
                else
               SetTagVal "가상.원_1", Tag1-1
                end if
                     sleep (10)
    end if
  Wend
End Sub
```

(2) 스크립터 동작

CimonD의 메뉴 중에서 "도구" - "페이지 환경설정"을 선택하여 동작정의 탭에서 스크립터의 동작을 지정한다.

- 페이지 열기시 동작정의 : RUNSCRIPT("MOTOR")
- 페이지 닫기시 동작정의 : STOPSCRIPT("MOTOR")

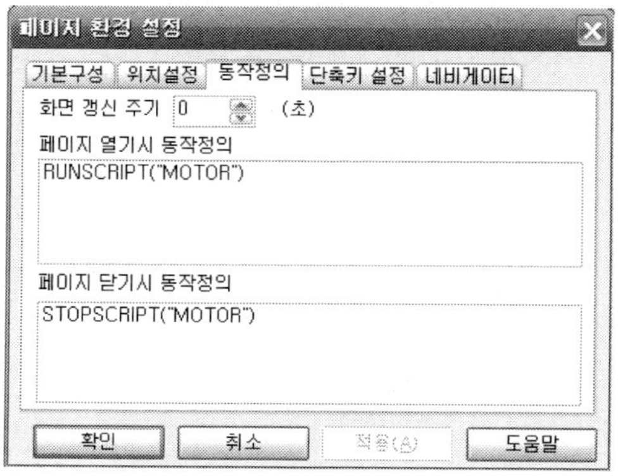

[그림 4-34]

4-1-7 CIMON X 프로그램 실행하기

- CimonD의 메뉴 중에서 "도구"-"Cimonx 환경"을 선택하여 클릭하면 Cimonx 환경 설정 대화상자가 나타난다.
- 윈도우 형태 탭에서 초기화면에 "정역.PGX"를 선택하여 확인을 클릭한다.
- CimonD의 메뉴 중에서 "도구"-"Cimonx 실행"을 선택하여 클릭한다.

4-1-8 동작 상태 확인

- 모니터의 정방향 버턴을 클릭하면 정방향 램프와 MS1의 접점, Motor가 시계방향으로 회전하는지 확인한다.
- 모니터의 역방향 버턴을 클릭하면 역방향 램프와 MS2의 접점, Motor가 반시계방향으로 회전하는지 확인한다.
- 모니터의 정지 버턴을 클릭하면 정지 램프와 MS1, MS2의 접점, Motor가 정지하는지 확인한다.
- 외부 스위치정방향(%IX0.0.1)을 누르면 정방향 램프와 MS1의 접점, Motor가 시계방향으로 회전하는지 확인한다.(이때 모니터의 버턴 색이 녹색으로 변함)
- 외부 스위치역방향(%IX0.0.2)을 누르면 역방향 램프와 MS2의 접점, Motor가 반시계방향으로 회전하는지 확인한다.(이때 모니터의 버턴 색이 녹색으로 변함)
- 외부 스위치역방향(%IX0.0.0)을 누르면 정지 램프와 MS1, MS2의 접점, Motor가 정지하는지 확인한다.

4-2 텐키 디스플레이 제어(GLOFA)

실태그를 이용하여 텐키(ten key)를 PLC로 직접 제어하고 동작 상태를 모니터에서 확인할 수 있도록 한다.

❖ 텐키를 사용하면 주차설비 시스템에서 차량의 입·출고, 로봇에 의한 자동창고 입·출고할 때 간편하게 제어할 수 있다.

- 사용되는 기능
  출몰, 색변환, 터치(명령식), 터치(디지털값쓰기), 태그값표시
- 프로젝트명 :텐키제어(교재)

- 완성된 페이지 화면은 다음과 같다.

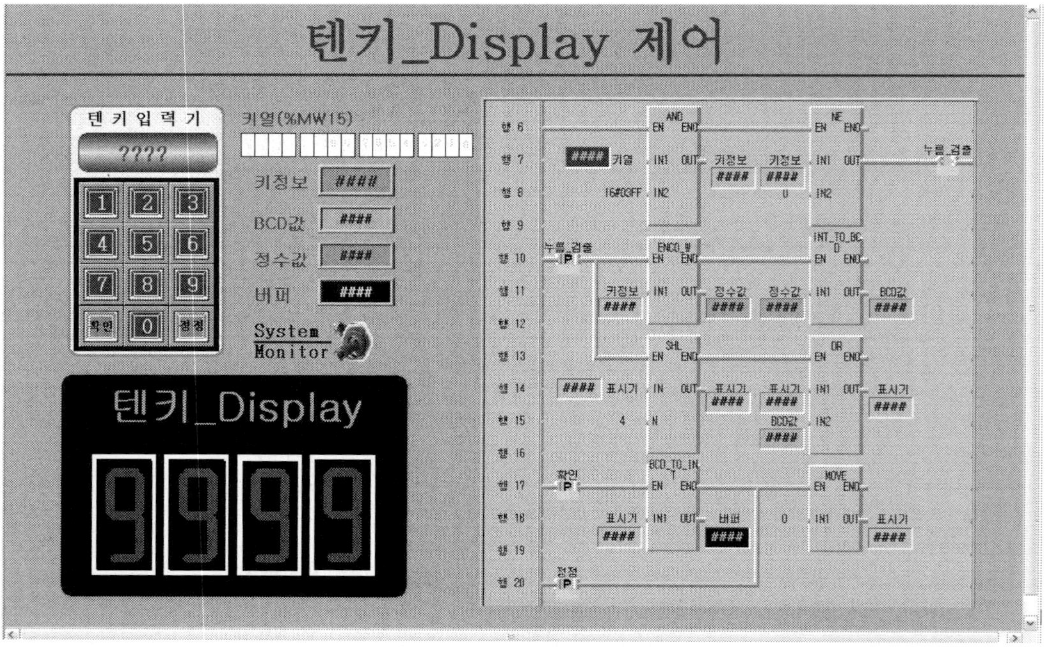

[그림 4-35]

☑ 4-2-1 PLC 프로그램 작성

(1) PLC 프로그램을 작성하여 실태그를 사용할 입출력 및 내부메모리를 확인한다.

(2) GM4 PLC를 이용하여 제어 프로그램을 작성한다.

- 프로그램 작성

1) 텐키 입력 회로

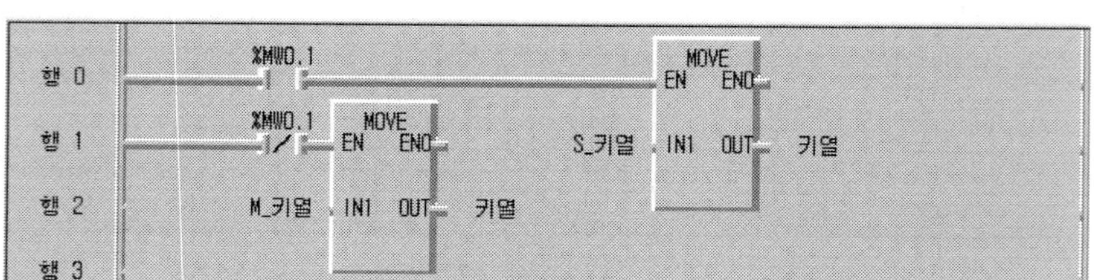

[그림 4-36]

· 시스템 입력(S_키열)과 모니터 입력(M_입력)을 통하여 키열에 전송한다.

2) 정정, 확인 접점

[그림 4-37]

- 아래와 같은 회로를 역 코일을 이용하여 행을 줄여서 작성하였다.
- 모니터와 시스템에서 정정, 확인할 수 있다.

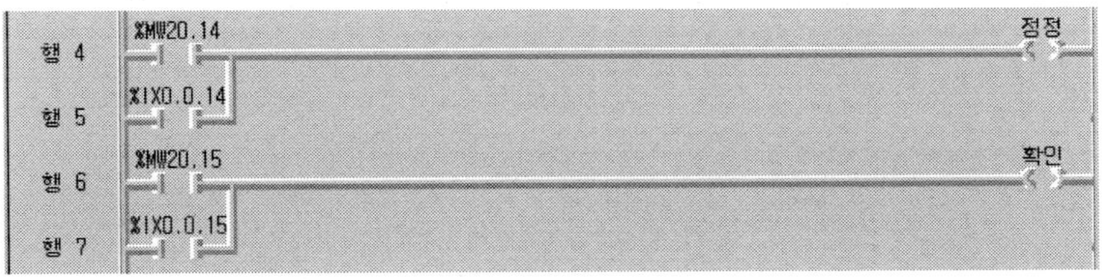

[그림 4-38]

3) 텐키 누름 검출

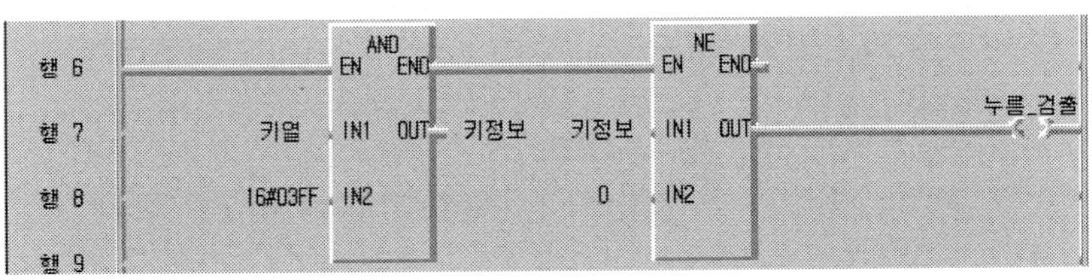

[그림 4-39]

- 텐키(0~9)를 입력하면 16#03FF와 워드로 AND 연산하여 키정보 값을 출력하여 0과 같지 않으면 누름_검출을 출력한다.
- 예) 텐키로 5(%IX0.0.5 or %mw20.5)를 입력하면 0000 0000 0010 0000(32)와 000 0011 1111 1111 (16#03FF)가 AND 연산하여 0000 0000 0010 0000 (32) 키정보를 출력한다.
- 변수 "키열"과 16#03ff가 and 연산하면 %MW20.10~%MW20.15를 ON하거나 %IX0.0.10~%IX0.0.15를 ON하면 키정보가 "0"이 되어 누름_검출이 출력되지 않는다.

4) 표시기 출력

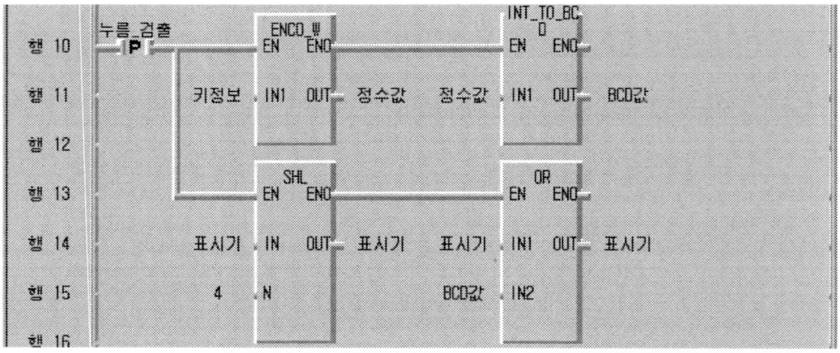

[그림 4-40]

- "키정보"에 저장된 값 중에서 1로 되어있는 최상위 비트의 비트 번호를 "정수값"(INT)으로 출력한다.
- "정수값"을 BCD 값으로 변환하여 "BCD값"에 저장된다.
- 표시기를 4비트 좌측으로 이동(BCD값은 4비트씩 자리올림)하여 표시기에 저장된다.
- 자리올림된 "표시기" 값과 "BCD값"을 OR 연산하여 "표시기"에 다시 저장된다.

5) 저장 및 초기화

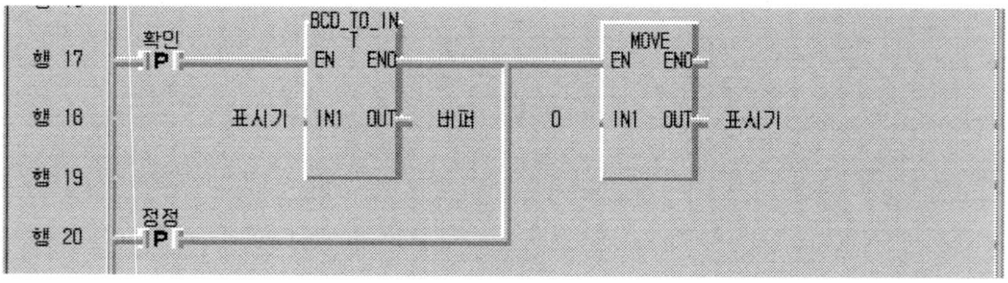

[그림 4-41]

- 확인 접점에 의하여 "표시기"의 BCD값을 정수로 다음 입력값을 위해 "표시기" 값을 0으로 초기화 한다.
- 정정 접점에 의하여 잘못 입력된 "표시기" 값을 0으로 초기화 한다.
- 변수와 메모리 할당

	변수 명	데이터	메모리 할당	초기	변수	사용 여	설명문
1	S_키열	WORD	%IW0.0.0		VAR		시스템에서 텐키 입력스위치
2	누름_검출	BOOL	%MW0.2		VAR	*	
3	정정	BOOL	%MW0.3		VAR	*	
4	확인	BOOL	%MW0.4		VAR	*	
5	키정보	WORD	%MW10		VAR		모니터링 하기 위하여 메모리 지정
6	BCD값	WORD	%MW11		VAR		모니터링 하기 위하여 메모리 지정
7	정수값	INT	%MW12		VAR		모니터링 하기 위하여 메모리 지정
8	버퍼	INT	%MW13		VAR		모니터링 하기 위하여 메모리 지정
9	키열	WORD	%MW15		VAR		모니터링 하기 위하여 메모리 지정
10	M_키열	WORD	%MW20		VAR		모니터에서 텐키 입력스위치
11	표시기	WORD	%QW0.3.0		VAR		0~9999출력 디스플레이

[그림 4-42]

- 외부 입출력 배선하기

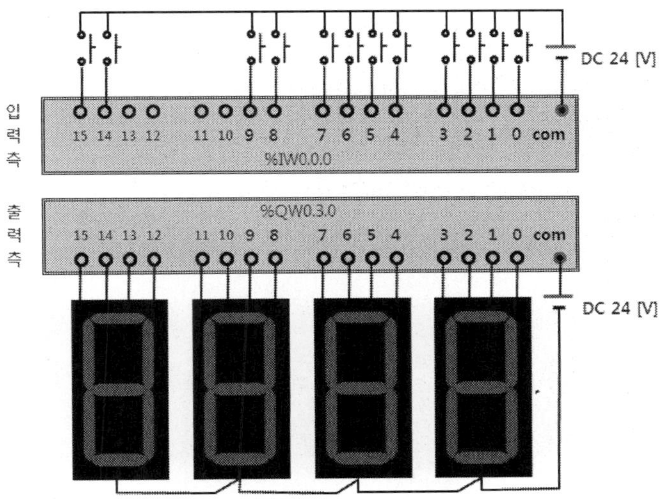

[그림 4-43]

- GMWIN PLC프로그램을 온라인 메뉴에서 접속+쓰기+모드전환(런)+모니터시작을 선택하여 PLC로 전송한다.
- 전송 후 PLC와 컴퓨터와 접속을 GMWIN 온라인 메뉴에서 접속/해제를 선택하여 접속 해제를 시킨다.

❖ 애노드 공통(A형) : COM 단자에 VCC 연결
캐소드 공통(K형) : COM 단자에 GND 연결

❖ 위의 접속은 K형 접속 방법이다.

☑ 4-2-2 I/O 디바이스 설정하기

(1) CimonD의 메뉴 중에서 "파일"-"새프로젝트"를 선택한다.

- 프로제트 이름을 "텐키제어(교재)"로 한다.
  C:₩Program Files₩CIMON₩텐키제어(교재)

[그림 4-44]

(2) CimonD의 메뉴 중에서 "도구"-"페이지 환경설정"을 선택한다.
- 제목 : MAIN
- 배경색 : 연회색

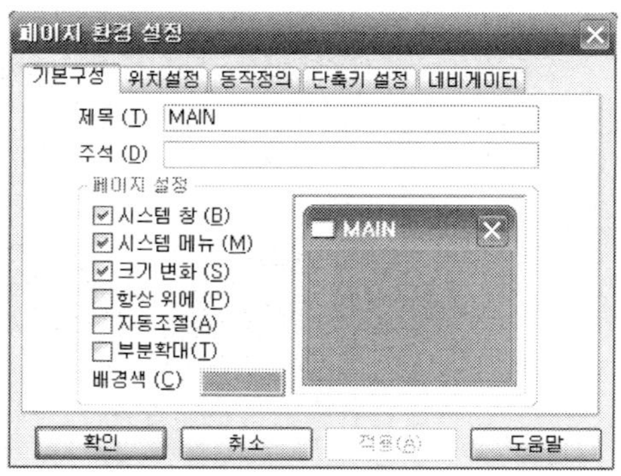

[그림 4-45]

(3) CimonD의 메뉴 중에서 "도구"-"I/O 디바이스"를 선택한다.
다음과 같은 "I/O 디바이스 설정" 대화상자가 표시된다.

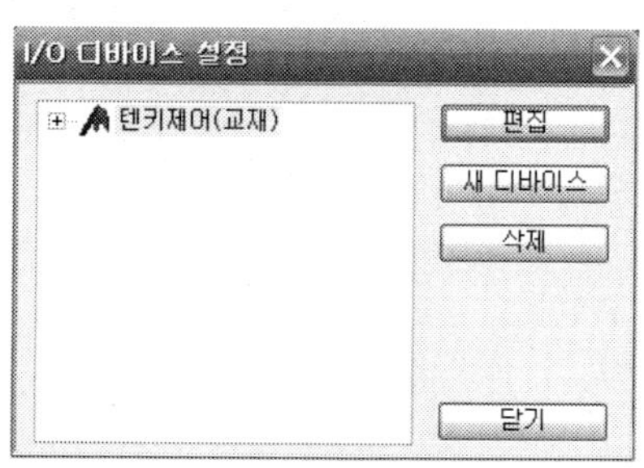

[그림 4-46]

(4) "새 디바이스" 버턴을 클릭한다.

"I/O 디바이스 종류 선택" 대화상자가 표시된다.

(5) 디바이스 이름을 "GM4"으로 입력한다.

(6) 디바이스 종류를 "GLOFA-GM Loader Port"를 선택한다.

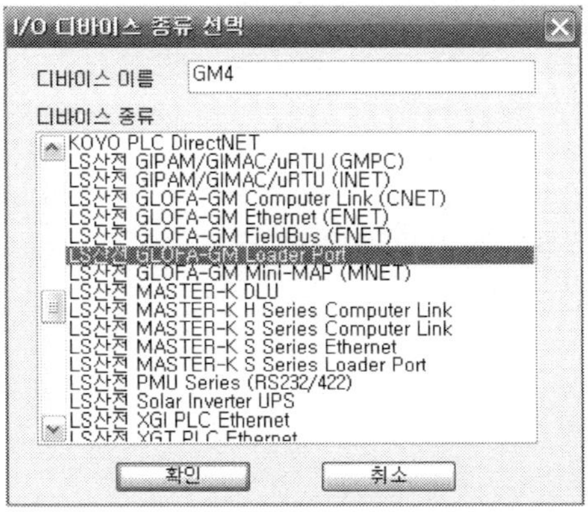

[그림 4-47]

(7) "I/O 디바이스 종류 선택" 대화상자의 "확인" 버턴을 클릭한다.

(8) 탭 컨트롤 중에서 "스테이션"을 클릭한 다음 우측의 "스테이션 추가" 버턴을 클릭한다. "스테이션 설정" 대화상자가 표시된다.

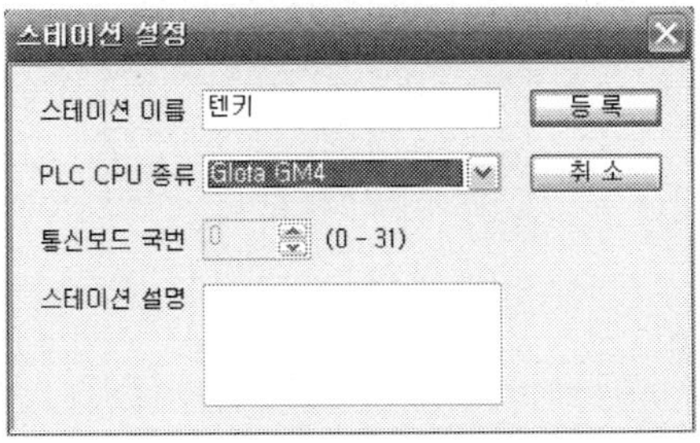

[그림 4-48]

- 스테이션 이름 : 텐키
- PLC CPU 종류: Glofa GM4

(9) "스테이션 설정" 대화상자의 "등록" 버턴을 클릭한다.

다음과 같이 스테이션이 추가된다.

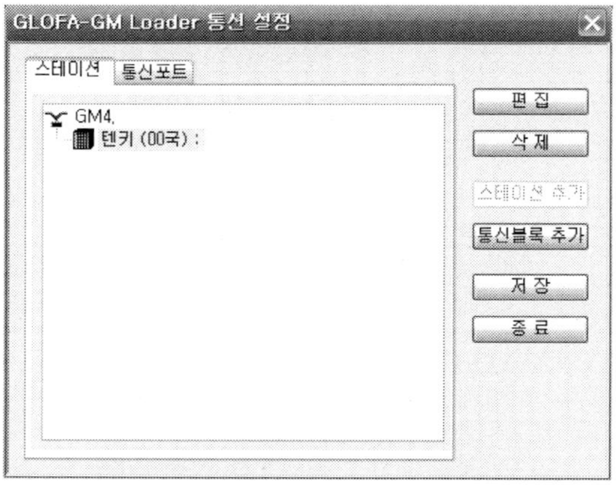

[그림 4-49]

(10) "통신블록 추가" 버턴을 클릭한다.

"통신블록 설정" 대화상자가 표시된다.

- 어드레스를 "%IW0.0.0"로 입력한다.
- 워드 수를 2로 입력한다.
- 통신주기를 0.1(초)로 입력한다.

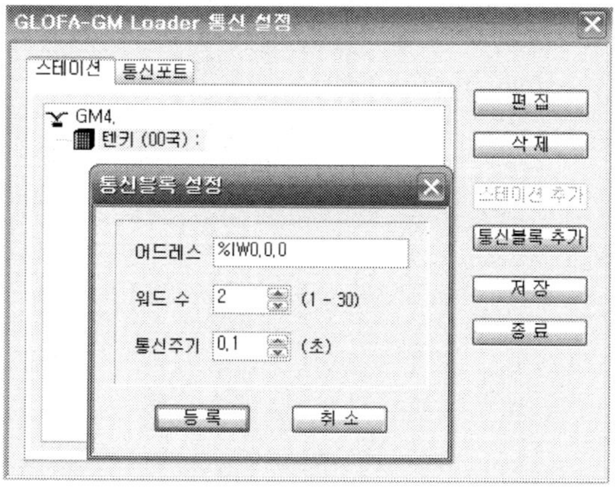

[그림 4-50]

(11) "통신블록 설정" 대화상자의 "등록" 버턴을 클릭한다.

(12) "통신블록 추가" 버턴을 클릭, 다시 "통신블록 설정" 대화상자가 표시된다.

- 어드레스를 "%QW0.2.0"로 입력한다.
- 워드 수를 2로 입력한다.
- 통신주기를 0.1(초)로 입력한다.

(13) 같은 방법으로

- 어드레스를 "%MW0"를 입력한다.
- 워드 수를 30으로 입력한다.
- 통신주기를 0.1(초)로 입력한다.

아래와 같이 설정이 된다.

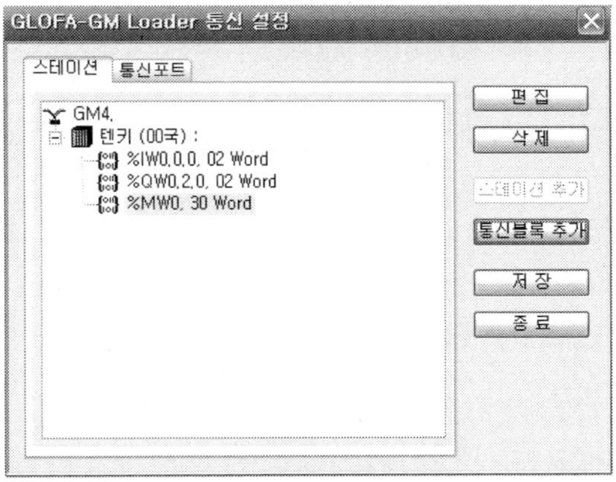

[그림 4-51]

(14) 탭 컨트롤 중에서 "통신포트"를 클릭한다.

통신과 관련된 특성을 설정한다. 여기서는 디폴트 값을 그대로 사용한다.
단, 주의할 것은 통신포트를 컴퓨터와 맞추어야 한다.

[그림 4-52]

(15) “Glofa-GM Loader 통신 설정” 대화상자의 “저장” 버턴과 “종료” 버턴을 순서대로 클릭한다.

(16) “I/O 디바이스 설정” 대화상자의 “닫기” 버턴을 클릭한다.

☑ 4-2-3 실태그 등록하기

(1) 데이터베이스 관리기를 이용해서 “키열”, “출력”, “접점”, “워드”, “S입력”, “M입력” 그룹태그를 추가한다.

- 좌측의 “텐키제어(교재)”를 선택하고 그 위의 새태그를 클릭한다.
  태그편집 대화상자가 나타나면 아래와 같이 등록한다.

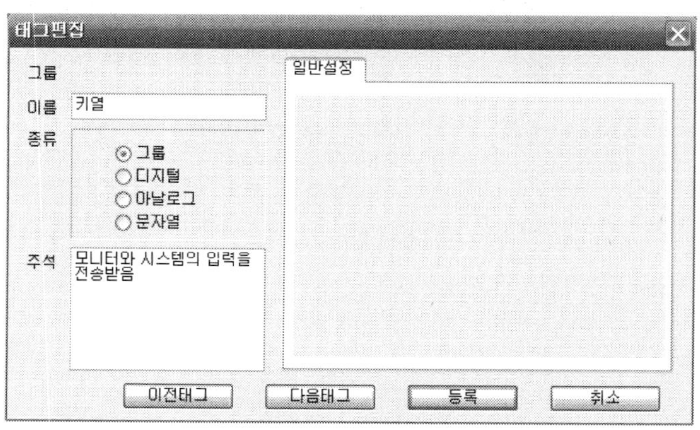

[그림 4-53]

- 이름 : 키열
- 종류 : 그룹
- 주석 : 모니터와 시스템의 입력을 전송받음.
  태그편집 대화상자의 등록버턴을 클릭한다.
- 이와 같이 "출력", "접점", "워드", "S입력", "M입력" 그룹태그를 추가하면 아래와 같이 그룹의 태그가 등록된다.

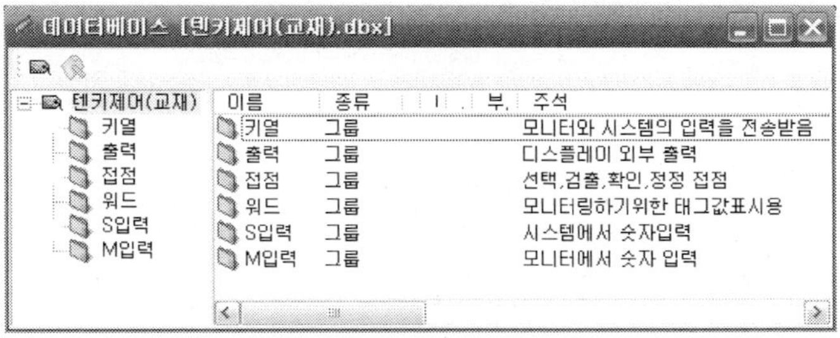

[그림 4-54]

(2) 그룹 내 태그 입력하기

1) 키열그룹

- 좌측의 "키열" 그룹태그를 선택한다.
- "새태그" 아이콘으로 태그편집기를 표시한 다음 종류를 "디지털"로 선택한다.
- 태그이름을 "M0"으로 입력한다.
- 일반설정에서 "실태그"로 선택한다.
- I/O 디바이스를 "GM4.텐키"로 선택한다.
- I/O 어드레스를 "%MW15.0"로 입력한다.
- 고급설정에서 초기값을 OFF로 설정한다.
- "다음태그" 버턴을 클릭한다.
- 아래와 같이 "키열" 그룹 내에 "M0"라는 태그가 등록된다.

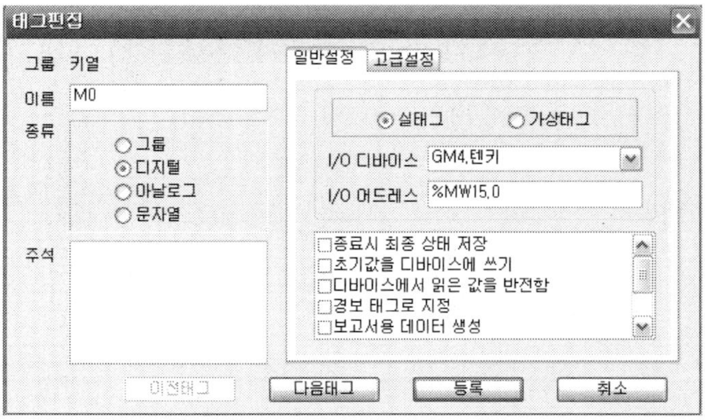

[그림 4-55]

- 이와 같이 하여 다음을 입력시킨다.
  (다음태그를 누르면 이름과 I/O 어드레스만 변경하면 된다.)

[표 4-4]

이름	I/O 어드레스	이름	I/O 어드레스
M1	%MW15.1	M9	%MW15.9
M2	%MW15.2	M10	%MW15.10
M3	%MW15.3	M11	%MW15.11
M4	%MW15.4	M12	%MW15.12
M5	%MW15.5	M13	%MW15.13
M6	%MW15.6	M14	%MW15.14
M7	%MW15.7	M15	%MW15.15
M8	%MW15.8		

- 아래 화면과 같이 실태그가 추가 등록된다.

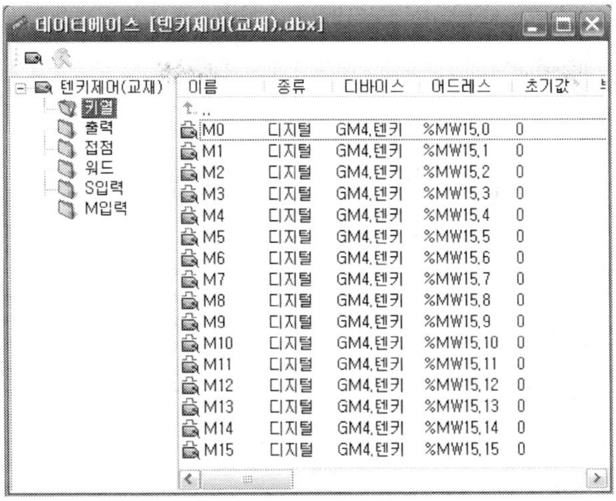

[그림 4-56]

2) 출력그룹

- 출력 그룹의 태그와 같이 실태그로 입력을 한다.
- 태그이름을 "텐키"으로 입력한다.
- 종류를 "아날로그"로 선택한다.
- 일반설정에서 "실태그"로 선택한다.
- I/O 디바이스를 "GM4.텐키"로 선택한다.
- I/O 어드레스를 "%QW0.3.0"으로 입력한다.
- 고급설정에서 데이터 형태를 "UBCD16"으로 설정한다.
- "등록" 버턴을 클릭한다.

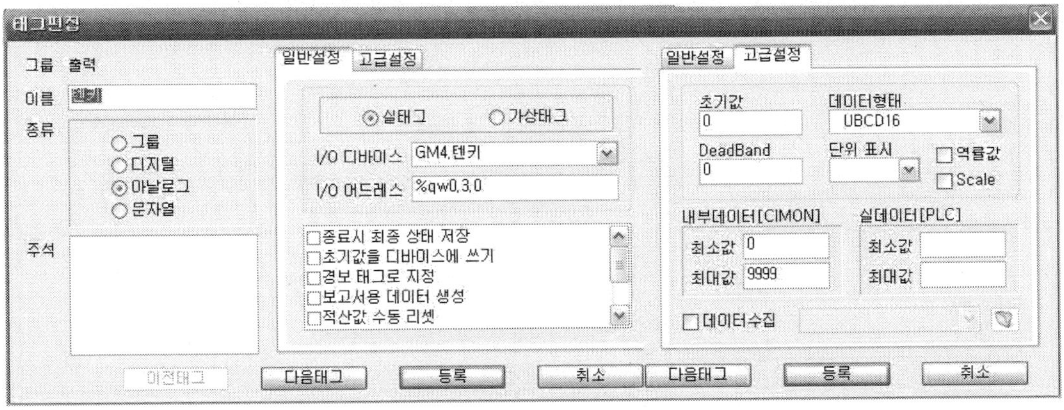

[그림 4-57]

❖ 비트 길이에 따라 8, 16, 32 등으로 지정하고 비트값을 표현하는 방식에 따라 INT, BCD, Float로 표현하며, "U"는 양수(+)만, "U"가 없으면 음수(-)까지 표현하는 수를 나타냅니다.

- 아래 화면과 같이 실태그가 추가 등록된다.

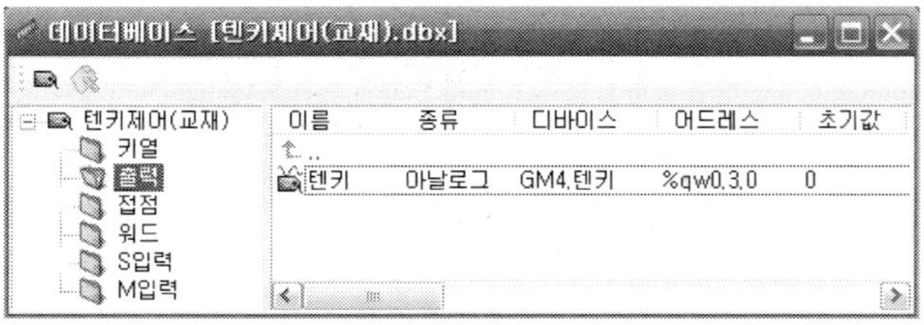

[그림 4-58]

3) 접점그룹

- 접점그룹은 데이터를 실태그로 입력을 한다.

[표 4-5]

이름	종류	태그형식	I/O 디바이스	I/O 어드레스	초기값
확인	디지털	실태그	GM4. 텐키	%MW0.4	0
정정	"	"	"	%MW0.3	0
선택	"	"	"	%MW0.2	0
검출	"	"	"	%MW0.1	0

- 아래 화면과 같이 실태그가 추가 등록된다.

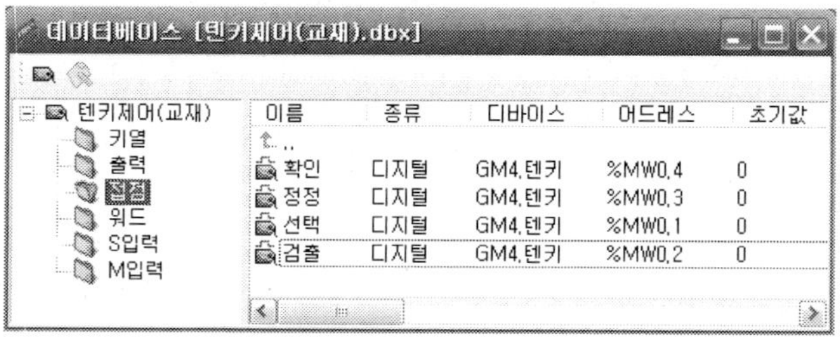

[그림 4-59]

4) 워드그룹
- 모니터링하기 위한 태그값 표시 태그
- 워드 그룹은 데이터를 아날로그로 입력을 한다.

[표 4-6]

이름	종류	태그형식	I/O 디바이스	I/O 어드레스	데이터형태
키정보	아날로그	실태그	GM4.텐키	%MW10	UINT16
BCD	"	"	"	%MW11	"
정수값	"	"	"	%MW12	"
버퍼	"	"	"	%MW13	"
M14	"	"	"	%MW14	"
키열	"	"	"	%MW15	"

- 아래 화면과 같이 실태그가 추가 등록된다.

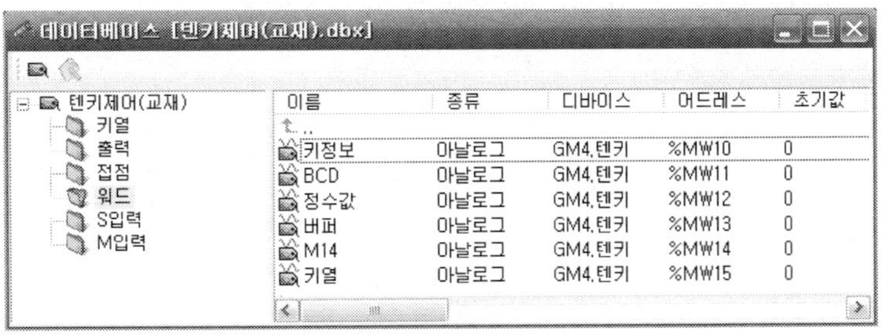

[그림 4-60]

5) S입력 그룹
- 시스템(현장)에서 0~9의 숫자 입력상태를 모니터링하기 위한 태그
- S입력 그룹은 디지털로 입력을 한다.

[표 4-7]

이름	종류	태그형식	I/O 디바이스	I/O 어드레스	초기값
J0	디지털	실태그	GM4.텐키	%IX0.0.0	0
J1	"	"	"	%IX0.0.1	0
J2	"	"	"	%IX0.0.2	0
J3	"	"	"	%IX0.0.3	0
J4	"	"	"	%IX0.0.4	0
J5	"	"	"	%IX0.0.5	0
J6	"	"	"	%IX0.0.6	0
J7	"	"	"	%IX0.0.7	0
J8	"	"	"	%IX0.0.8	0
J9	"	"	"	%IX0.0.9	0
J10	"	"	"	%IX0.0.10	0
J11	"	"	"	%IX0.0.11	0
J12	"	"	"	%IX0.0.12	0
J13	"	"	"	%IX0.0.13	0
J14	"	"	"	%IX0.0.14	0
J15	"	"	"	%IX0.0.15	0

- 아래 화면과 같이 실태그가 추가 등록된다.

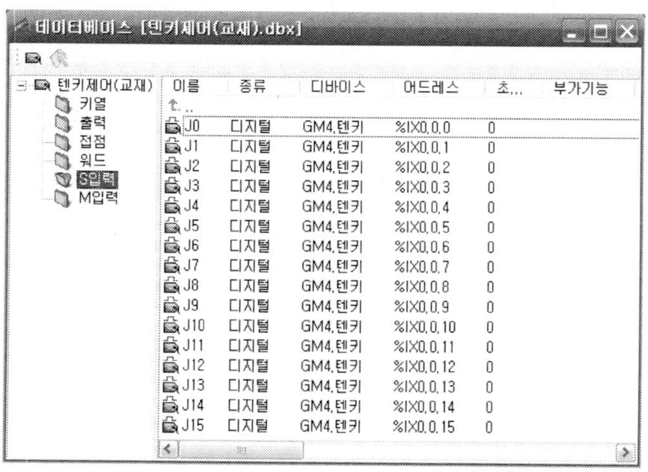

[그림 4-61]

6) M입력 그룹
- 모니터에서 0~9의 숫자 입력상태를 모니터링하기 위한 태그
- M입력 그룹은 디지털로 입력을 한다.

[표 4-8]

이름	종류	태그형식	I/O 디바이스	I/O 어드레스	초기값
M0	디지털	실태그	GM4.텐키	%MW20.0	0
M1	"	"	"	%MW20.1	0
M2	"	"	"	%MW20.2	0
M3	"	"	"	%MW20.3	0
M4	"	"	"	%MW20.4	0
M5	"	"	"	%MW20.5	0
M6	"	"	"	%MW20.6	0
M7	"	"	"	%MW20.7	0
M8	"	"	"	%MW20.8	0
M9	"	"	"	%MW20.9	0
M10	"	"	"	%MW20.10	0
M11	"	"	"	%MW20.11	0
M12	"	"	"	%MW20.12	0
M13	"	"	"	%MW20.13	0
M14	"	"	"	%MW20.14	0
M15	"	"	"	%MW20.15	0

- 아래 화면과 같이 실태그가 추가 등록된다.

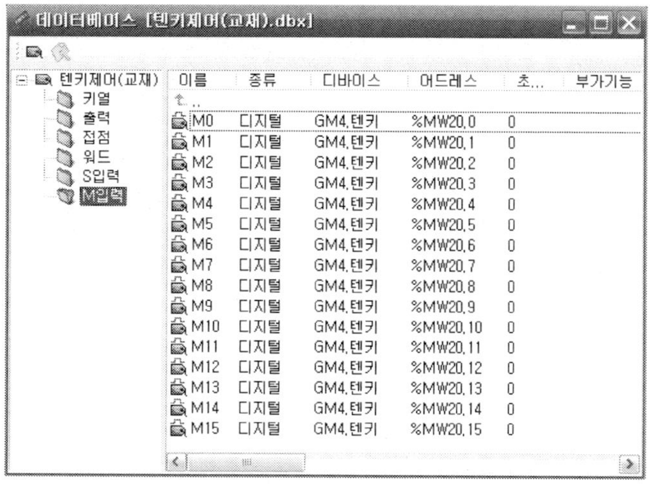

[그림 4-62]

☑ 4-2-4 모니터 화면 모니터링하기

(1) CimonD의 메뉴 중에서 "정렬"-"격자선에 맞추기"를 지정한다.

(2) 그림 메뉴를 이용하여 오브젝트를 등록한다.

(3) 화면 모니터링이 되면 C:₩Program Files₩CIMON₩텐키제어(교재)의 폴더에 "Main".pgx의 확장자명으로 저장한다.

(4) 도구-사이먼 X환경에서 초기값을 "Main.pgx"로 설정한다.

☑ 4-2-5 오브젝트에 기능 부여하기

(1) 텐키입력기 화면 오브젝트

- 

그림 메뉴-태그값을 선택하여 커서를 화면의 중앙에서 클릭을 한다.
- 아래와 같이 입력한다.

[그림 4-63]

(2) 텐키 숫자 입력 버턴 오브젝트

터치기능과 색변환 기능을 이용한다.

1) 0 입력 버턴의 터치 기능 부여하기

-  버턴을 더블클릭한다.
- 그림설정의 대화상자에서 "터치"을 클릭한다.
- 오른쪽 화면의 "동작정의"를 선택한다.
  - 동작 : 명령식
  - 명령식-Down (오른쪽의 버턴을 누르면 태그 찾아보기 대화상자가 나타난다.) "M입력" 그룹을 더블 클릭 - M0을 더블 클릭하면 아래 화면과 같이 "M입력.M0=1" 등록한다.

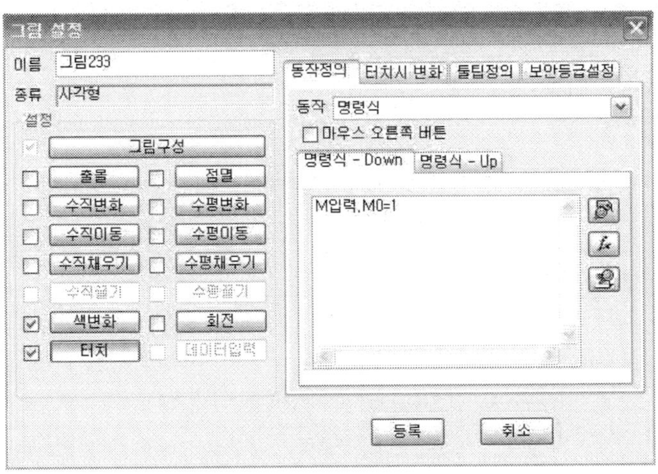

[그림 4-64]

- 명령식-Up (오른쪽의 버턴을 누르면 태그찾아보기 대화상자가 나타난다.) "M입력" 그룹을 더블 클릭-M0을 더블 클릭하여 "M입력.M0=0" 등록한다.

2) 0 입력 버턴의 색변환 기능

- 모니터에서 0번 버턴을 누르거나 외부 시스템에서 0번 스위치를 누르면 적색으로 변화하여 0번 숫자의 입력 상태를 확인할 수 있다.
- 그림설정의 대화상자에서 "색변환"을 클릭하여 오른쪽의 "색변환1"을 선택
  - 태그이름 : M입력.M0||S입력.J0
  - 배경색 : 적색, 기준점 : ON
- 아래 화면과 같다.

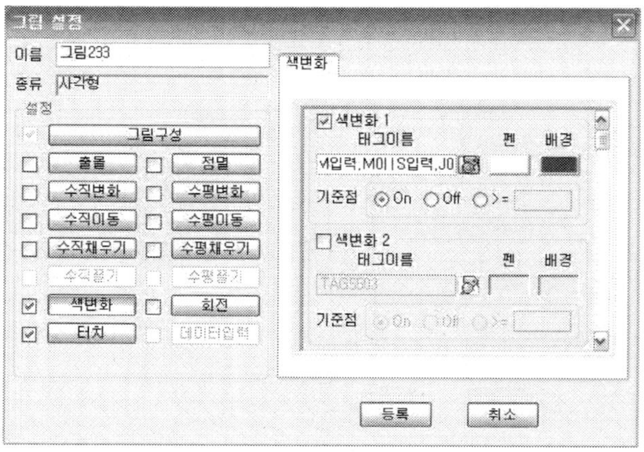

[그림 4-65]

3) 1~9 입력 버턴의 터치, 색변환 기능 부여하기

- 같은 방법으로 아래와 같이 입력한다.

[표 4-9]

숫자	터치기능			색변환 기능		
	동작	명령식-Down	명령식-Up	태그이름	배경색	기준점
1	명령식	M입력.M1=1	M입력.M1=0	M입력.M1||S입력.J1	적색	on
2	"	M입력.M2=1	M입력.M2=0	M입력.M2||S입력.J2	"	"
3	"	M입력.M3=1	M입력.M3=0	M입력.M3||S입력.J3	"	"
4	"	M입력.M4=1	M입력.M4=0	M입력.M4||S입력.J4	"	"
5	"	M입력.M5=1	M입력.M5=0	M입력.M5||S입력.J5	"	"
6	"	M입력.M6=1	M입력.M6=0	M입력.M6||S입력.J6	"	"
7	"	M입력.M7=1	M입력.M7=0	M입력.M7||S입력.J7	"	"
8	"	M입력.M8=1	M입력.M8=0	M입력.M8||S입력.J8	"	"
9	"	M입력.M9=1	M입력.M9=0	M입력.M9||S입력.J9	"	"

4) 확인, 정정 버턴의 터치, 색변환 기능 부여하기

- 위와 같은 방법으로 아래와 같이 입력한다.

[표 4-10]

숫자	터치기능			색변환 기능		
	동작	명령식-Down	명령식-Up	태그이름	배경색	기준점
정정	명령식	M입력.M14=1	M입력.M14=0	M입력.M14||S입력.J14	청색	on
확인	"	M입력.M15=1	M입력.M15=0	M입력.M15||S입력.J15	"	"

(3) 텐키 디스플레이 오브젝트

- 각 단위마다 각각 0~9까지 숫자가 겹쳐져 출몰 기능에 의한 조건에 맞는 태그가 나타난다.

- 가상태그 응용편의 컴퓨터 시스템 시계제어에서 설명한 년도의 디스플레이를 이용하여 태그명을 바꾸기 기능을 이용하여 "태그시계.y"를 "출력.텐키"로 바꾸면 된다.
- 출몰기능을 이용

  예를 들면 9999의 출몰 태그명은 다음과 같다.

  · 일단위 : (출력.텐키%10)==9

  · 십단위 : (((출력.텐키/10)〉=9) &&((출력.텐키/10)〈10))||
  ((((출력.텐키%100)/10)〉=9)&&(((출력.텐키%100)/10)〈10))

  · 백단위 : (((출력.텐키/100)〉=9) &&((출력.텐키/100)〈10))||
  ((((출력.텐키%1000)/100)〉=9)&&(((출력.텐키%1000)/100)〈10))

  · 천단위 : (((출력.텐키/1000)〉=9) &&((출력.텐키/1000)〈10))||
  ((((출력.텐키%10000)/1000)〉=9)&&(((출력.텐키%10000)/1000)〈10))

(4) 키열 표시 오브젝트

- 모니터에서 숫자 버턴이나 시스템에서 숫자 스위치를 누르면 색 변환 기능에 의해서 모니터링이 된다.

[그림 4-66]

- 예를 들면 숫자 5번을 누르면 하위 0번 비트에서 좌측으로 6번째인 5번 비트가 적색으로 색변환한다.
- 아래와 같이 기능을 부여한다.

[표 4-11]

순서 (우측->좌측)	설정	태그이름	배경색	기준점	비고
0	색변환	키열.M0	적색	On	
1	"	키열.M1	"	"	
2	"	키열.M2	"	"	
3	"	키열.M3	"	"	
4	"	키열.M4	"	"	
5	"	키열.M5	"	"	위 그림과 같음
6	"	키열.M6	"	"	
7	"	키열.M7	"	"	
8	"	키열.M8	"	"	
9	"	키열.M9	"	"	
10					기능 부여 없음
11					"
12					"
13					"
14					"
15					"

(5) 태그값 표시 오브젝트

1) 키정보 태그값 표시

- 태그값 표시 오브젝트를 더블클릭하면 아래와 같이 태그값 표시 대화상자가 나타난다.

[그림 4-67]

- 태그이름 : 워드.키정보
- 문자표시색 : 청색
- 배경색 : 연녹색
- 표시형식 : ####

2) BCD값, 정수값, 버퍼, 표시기 태그값 표시

- 키정보 태그값 표시하는 방법으로 아래와 같이 기능을 부여한다.

[표 4-12]

오브젝트명	태그이름	문자표시색	배경색	표시형식
BCD값	워드.BCD	청색	연청색	On
정수값	워드.정수값	"	주황색	"
버퍼	워드.버퍼	황색	흑색	"
표시기	출력.텐키	청색	연보라색	"

(6) 토글스위치 오브젝트

- 모니터입력과 시스템입력을 선택하는 역할을 한다.

-  의 구성은  ,  겹쳐서 출몰기능과 터치기능을 부여한다.

[표 4-13]

형별	출몰		터치		
	태그이름	출몰조건	동작	태그이름	쓰기값
	접점.선택	OFF	디지털값쓰기	접점.선택	Toggle
	접점.선택	ON	디지털값쓰기	접점.선택	Toggle

(7) 도면 오브젝트

1) 키열, BCD값, 정수값, 버퍼, 표시기 태그값 표시 오브젝트
 - (5) 태그값 표시 오브젝트의 태그값 표시 오브젝트를 복사하여 붙인다.
 ❖ 크기는 도면 오브젝트에 맞추어 조절한다.

2) 누름_검출, 정정, 확인 접점 표시 오브젝트는 색변환 기능을 부여한다.

[표 4-14]

형별	기능	태그이름	배경색	기준값
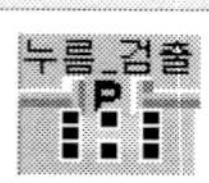	색변환	접점.검출	적색	On
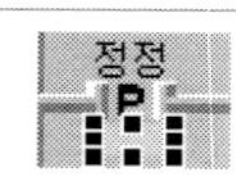	"	접점.정정	"	"
	"	접점.확인	"	"

☑ 4-2-6 CIMON X 프로그램 실행하기

- CimonD의 메뉴 중에서 "도구"-"Cimonx 환경"을 선택하여 클릭하면 Cimonx 환경 설정 대화상자가 나타난다.
- 윈도우 형태 탭에서 초기화면에 "MAIN.PGX"를 선택하여 확인을 클릭한다.
- CimonD의 메뉴 중에서 "도구"-"Cimonx 실행"을 선택하여 클릭한다.

4-2-7 동작 상태 확인

(1) 토클스위치를 Monitor에 위치

- 모니터의 숫자 버턴을 클릭하면 텐키 디스플레이가 숫자가 같은지 확인한다.
  이때 각 태그값 표시값이 정확한지 확인한다.
  예를 들면 모니터 화면의 "5" 숫자를 클릭하면 다음과 같은 화면이 되는지 확인한다.

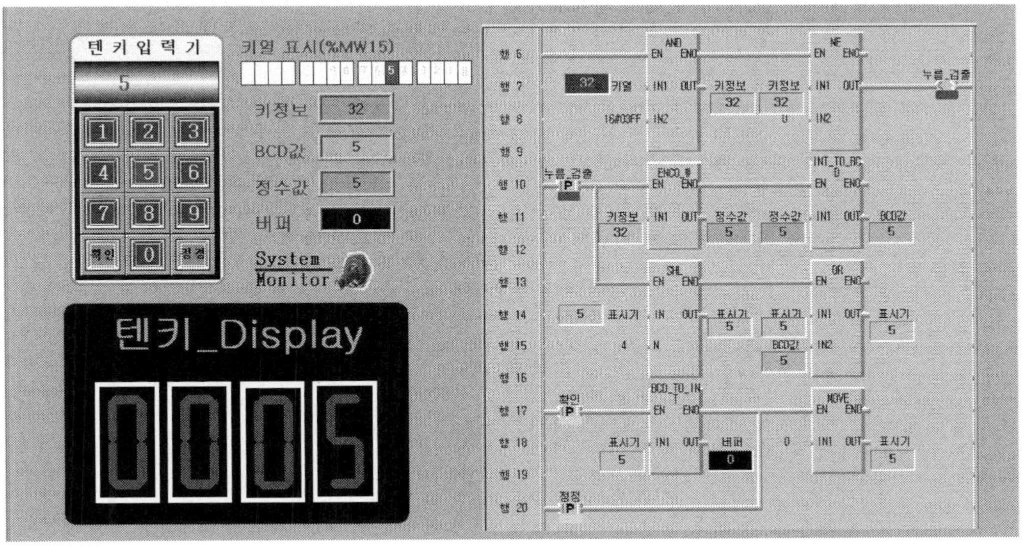

[그림 4-68]

- 모니터에서 "5" 숫자 버턴의 누름을 up하면 "키열", "키정보" 태그값이 "0"이 되는지 확인한다.(이때 누름 검출 접점도 off 된다.)
- 숫자를 입력 후 "확인" 버턴을 클릭하면 숫자가 "버퍼" 태그값에 저장되는지 확 인한다.(이때 디스플레이 화면과 표시기 값이 "0"이 된다.)
- 다시 "확인" 버턴을 클릭하면 숫자가 "버퍼" 태그값에 저장된 숫자가 "0"이 되는지 확인한다.
- 숫자 입력 도중에 "정정" 버턴을 클릭하면 디스플레이 화면과 표시기 값이 "0"이 되는지 확인한다.

(2) 토클스위치를 System에 위치

- PLC의 외부 스위치로 동작 했을 때 위와 같이 동작이 되는지 확인한다.
- 예로 "9765"을 누르면 다음과 같이 되는지 확인한다.

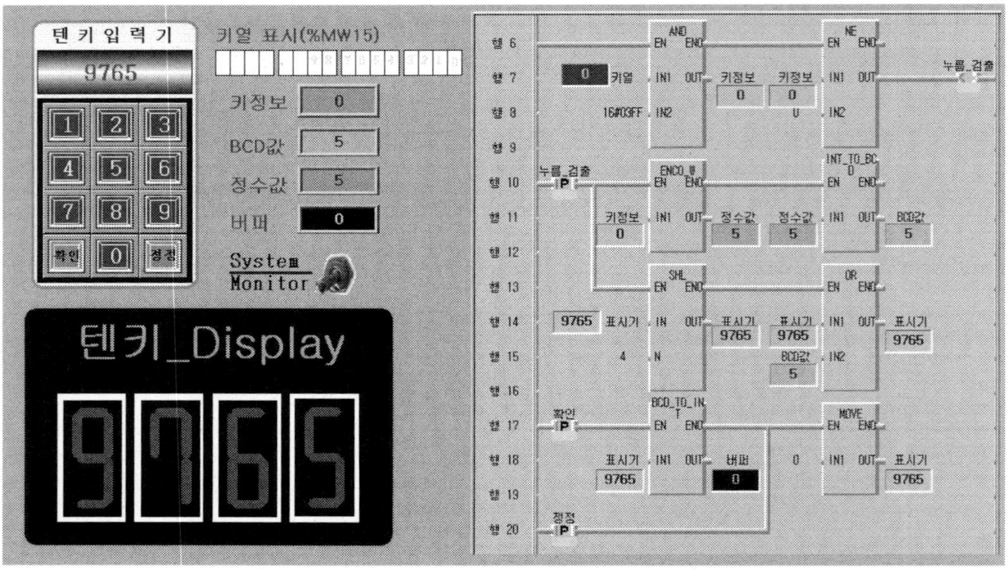

[그림 4-69]

4-3 PLC 프로그램 - PLC 제어 - 실린더 제어(GLOFA)

PLC 프로그램으로 배열변수를 이용하여 PLC 출력을 직접 제어하여 실린더를 구동하는 방법을 알아보자.

- 사용되는 기능
  색변환, 터치(명령식), 터치(디지털값 쓰기), 태그값 표시, 수평이동, 수평끌기
  데이터 입력, 스크립터
- 프로젝트명 : 실린더 제어2(교재)
- 완성된 페이지 화면은 다음과 같다.

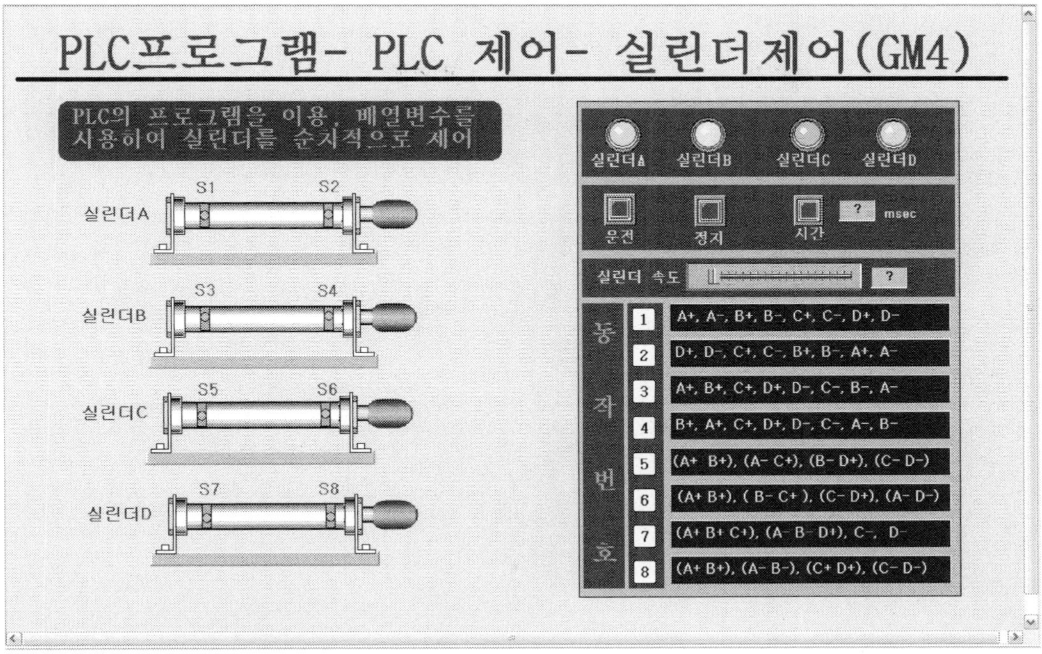

[그림 4-70]

4-3-1 PLC 프로그램 작성

(1) PLC 프로그램을 작성하여 실태그를 사용할 입출력 및 내부메모리를 확인한다.

(2) GM4 PLC를 이용하여 제어 프로그램을 작성한다.

– 프로그램 작성

① 모니터와 시스템에서 기동 정지 입력 회로

[그림 4-71]

· 시스템 기동(S_기동)과 정지(S_정지), 모니터 기동(M_기동)과 정지(M_정지)에 의하여 프로그램을 자기유지 및 해제를 한다.

② 공통 리셋 접점

[그림 4-72]

- 아래와 같은 회로를 역 코일을 이용하여 행을 줄여서 작성하였다.
- 시스템 정지(S_정지), 모니터 정지(M_정지), 카운터 출력(C1.Q)에 의하여 리셋을 할 수 있도록 한다.

[그림 4-73]

③ 배열 카운터 회로

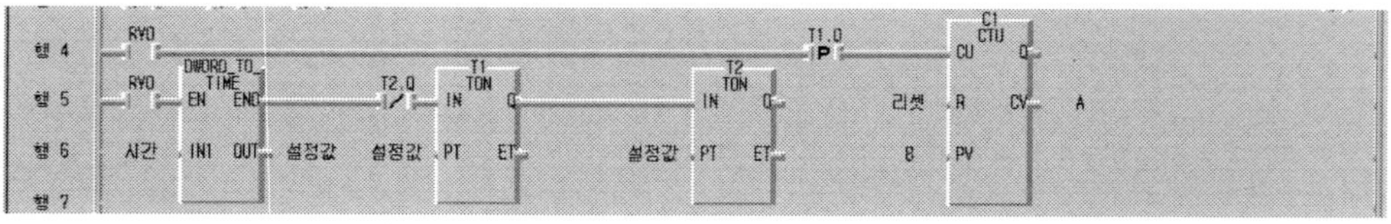

[그림 4-74]

- 배열변수를 이용하기 위하여 카운터의 현재값(A)에 의하여 배열 초기 입력된 순서대로 출력하게 된다.
- 예) 배열 변수 초기값을 아래와 같이 지정하면
  [16#00, 16#01, 16#00, 16#02, 16#00, 16#04, 16#00, 16#08]
  카운터의 현재값(A)가 0이면 16#00, 카운터의 현재값(A)가 1이면 16#01
  카운터의 현재값(A)가 2이면 16#00, 카운터의 현재값(A)가 3이면 16#02
  카운터의 현재값(A)가 4이면 16#00, 카운터의 현재값(A)가 5이면 16#04
  카운터의 현재값(A)가 6이면 16#00, 카운터의 현재값(A)가 7이면 16#08
  카운터의 현재값(A)가 8이면 카운터의 출력에 의해서 자동 리셋되면서 카운터의 현재값(A)가 0이 되고 초기값 16#00이 출력되고 위의 출력이 계속 반복된다.

④ 실린더 출력 형태 선택 릴레이

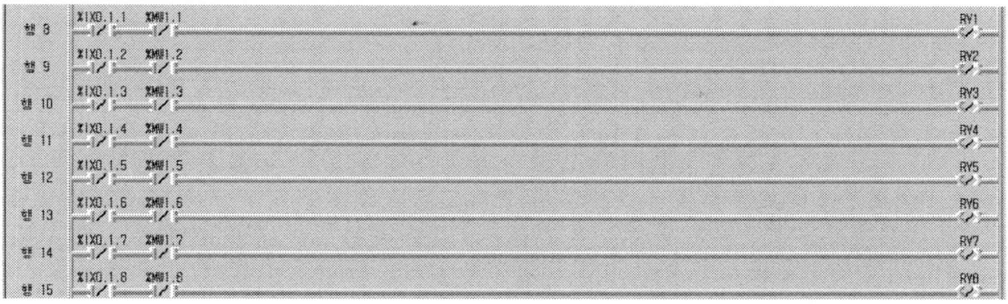

[그림 4-75]

· 역 코일을 이용하여 행을 줄여서 작성하였다.
· 예) RY1은 외부 입력신호(%IX0.1.1) 또는 모니터 선택신호(%MW1.1)에 의해서 동작하여 다음 배열8형중 SOL열1의 배열형태로 SOL출력에 데이터를 전송한다.

⑤ 배열 형태별 출력 전송

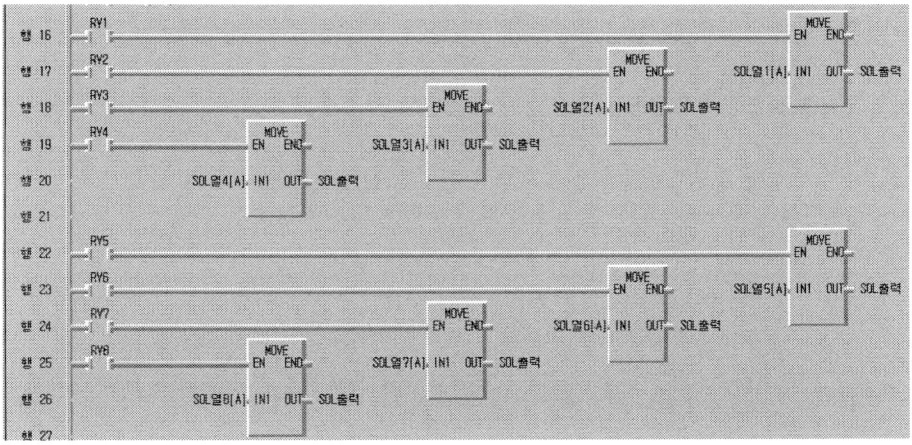

[그림 4-76]

⑥ SOL 출력 초기화

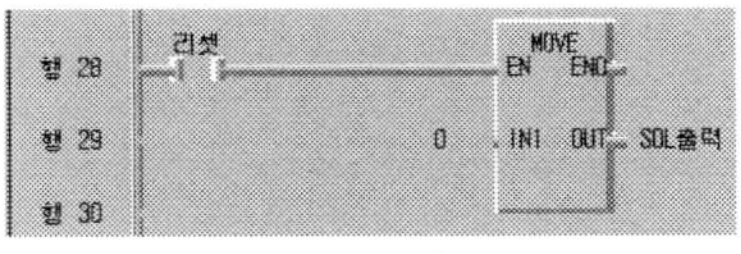

[그림 4-77]

· ②의 공통 리셋 접점에 의하여 SOL 출력에 "0"이 전송되어 초기값인 모든 솔레노이드가 후진 상태에 있게 한다.

⑦ 변수와 메모리 할당

	변수 명	데이터 타입	메모리 할당	초기 값	변수 종류	사용 여부	설명문
1	리셋	BOOL	<자동>		VAR	*	
2	설정값	TIME	<자동>		VAR	*	
3	시간	DWORD	%MD10	500	VAR	*	
4	A	INT	<자동>		VAR	*	
5	C1	FB Instance	<자동>		VAR	*	
6	M_기동	BOOL	%MW0.11		VAR	*	
7	M_정지	BOOL	%MW0.10		VAR	*	
8	RY0	BOOL	%MW0.0		VAR	*	
9	RY1	BOOL	%MW1.1	1	VAR	*	
10	RY2	BOOL	%MW1.2		VAR	*	
11	RY3	BOOL	%MW1.3		VAR	*	
12	RY4	BOOL	%MW1.4		VAR	*	
13	RY5	BOOL	%MW1.5		VAR	*	
14	RY6	BOOL	%MW1.6		VAR	*	
15	RY7	BOOL	%MW1.7		VAR	*	
16	RY8	BOOL	%MW1.8		VAR	*	
17	S_기동	BOOL	%IX0.0.11		VAR	*	
18	S_정지	BOOL	%IX0.0.10		VAR	*	
19	SOL열1	ARRAY[8] OF BYTE	<자동>	설정	VAR	*	
20	SOL열2	ARRAY[8] OF BYTE	<자동>	설정	VAR	*	
21	SOL열3	ARRAY[8] OF BYTE	<자동>	설정	VAR	*	
22	SOL열4	ARRAY[8] OF BYTE	<자동>	설정	VAR	*	
23	SOL열5	ARRAY[8] OF BYTE	<자동>	설정	VAR	*	
24	SOL열6	ARRAY[8] OF BYTE	<자동>	설정	VAR	*	
25	SOL열7	ARRAY[8] OF BYTE	<자동>	설정	VAR	*	
26	SOL열8	ARRAY[8] OF BYTE	<자동>	설정	VAR	*	
27	SOL출력	BYTE	%QB0.2.0		VAR	*	
28	T1	FB Instance	<자동>		VAR	*	
29	T2	FB Instance	<자동>		VAR	*	

[그림 4-78]

❖ 배열변수 등록하기

ⓐ 위의 화면에서 마우스 오른쪽 클릭 : 단축메뉴에서 새로운 변수추가

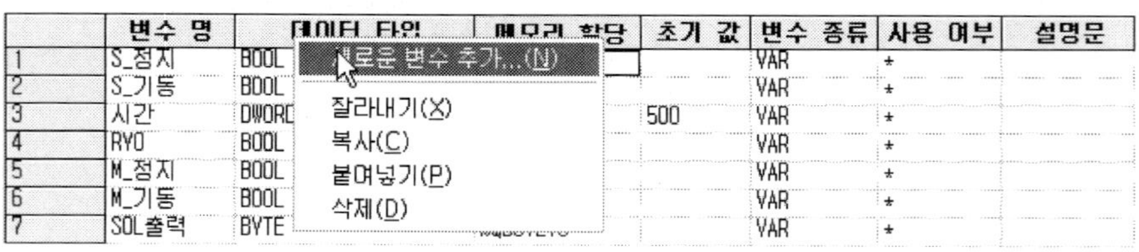

[그림 4-79]

ⓑ 다음 그림과 같이 입력한다.

변수 이름과 데이터 타입을 "Array"를 선택하고 그림과 같이 입력한다.

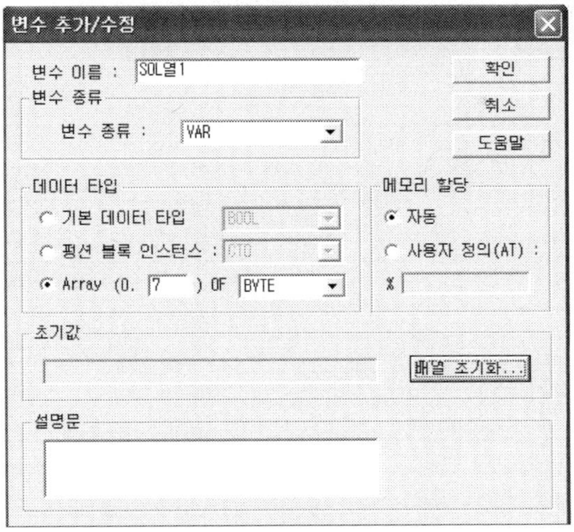

[그림 4-80]

ⓒ "배열 초기화"버턴을 클릭하여 그림과 같이 입력한다.

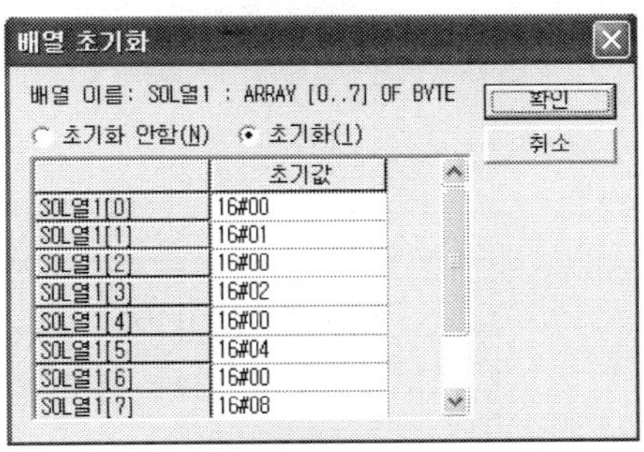

[그림 4-81]

ⓓ 배열 변수를 아래 표와 같이 입력한다.

[표 4-15]

변수명	데이터 타입	메모리할당	초기값
SOL열1	ARRAY[8] OF BYTE	〈자동〉	[16#00, 16#01, 16#00, 16#02, 16#00, 16#04, 16#00, 16#08]
SOL열2	ARRAY[8] OF BYTE	〈자동〉	[16#00, 16#08, 16#00, 16#04, 16#00, 16#02, 16#00, 16#01]
SOL열3	ARRAY[8] OF BYTE	〈자동〉	[16#00, 16#01, 16#03, 16#07, 16#0F, 16#07, 16#03, 16#01]
SOL열4	ARRAY[8] OF BYTE	〈자동〉	[16#00, 16#02, 16#03, 16#07, 16#0F, 16#07, 16#03, 16#02]
SOL열5	ARRAY[8] OF BYTE	〈자동〉	[16#00, 16#03, 16#06, 16#0C, 16#00, 16#03, 16#06, 16#0C]
SOL열6	ARRAY[8] OF BYTE	〈자동〉	[16#00, 16#03, 16#05, 16#09, 16#00, 16#03, 16#05, 16#09]
SOL열7	ARRAY[8] OF BYTE	〈자동〉	[16#00, 16#07, 16#0C, 16#08, 16#00, 16#07, 16#0C, 16#08]
SOL열8	ARRAY[8] OF BYTE	〈자동〉	[16#00, 16#03, 16#00, 16#0C, 16#00, 16#03, 16#00, 16#0C]

- 외부 입출력 배선하기

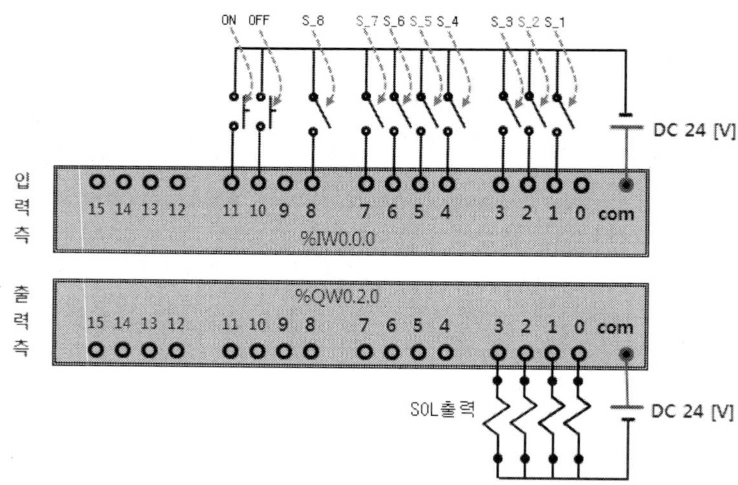

[그림 4-82]

- GMWIN PLC프로그램을 온라인 메뉴에서 접속+쓰기+모드전환(런)+모니터시작을 선택하여 PLC로 전송한다.
- 전송 후 PLC와 컴퓨터와 접속을 GMWIN 온라인 메뉴에서 접속/해제를 선택하여 접속 해제를 시킨다.

☑ 4-3-2 I/O 디바이스 설정하기

(1) CimonD의 메뉴 중에서 "파일" - "새프로젝트"를 선택한다.

- 프로젝트 이름을 "실린더제어2(교재)"로 한다.
  C:₩Program Files₩CIMON₩실린더제어2(교재)

(2) CimonD의 메뉴 중에서 "도구" - "페이지 환경설정"을 선택한다.

- 제목 : MAIN
- 배경색 : 연회색

(3) CimonD의 메뉴 중에서 "도구" - "I/O 디바이스"를 선택한다.

"I/O 디바이스 설정" 대화상자가 표시되면 "4-3-2 I/O 디바이스 설정하기"와 같은 방법으로 디바이스를 설정한다.

(4) 아래와 같이 I/O 디바이스가 설정된다.

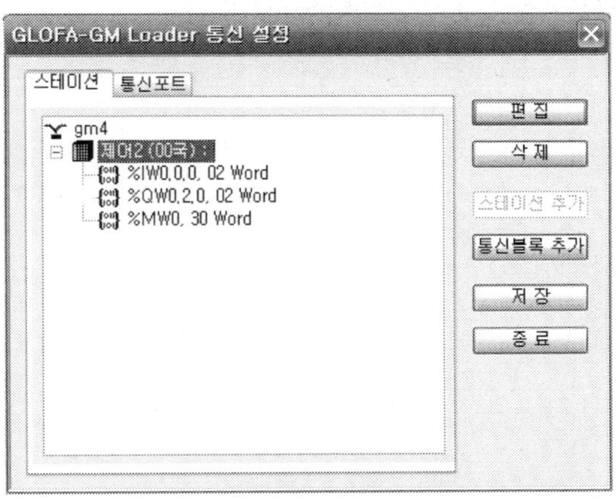

[그림 4-83]

☑ 4-3-3 실태그 등록하기

(1) 데이터베이스 관리기를 이용해서 "입력", "가상", "실린더", "출력", "RY"의 그룹 태그를 아래와 같이 추가한다.

[그림 4-84]

(2) 그룹 내 태그 입력하기

1) 입력 그룹

- 실태그를 선택하여 아래와 같이 입력한다.
- M_1 ~ M_8 은 모니터에서 실린더 제어 방법(8가지)를 선택하기위한 실태그
  - 예를 들면 M_1의 초기값이 "1"로 설정되어 있으므로 PLC 프로그램에서 "%MW0.1"이 ON 되어 실린더제어 1형이 동작한다.

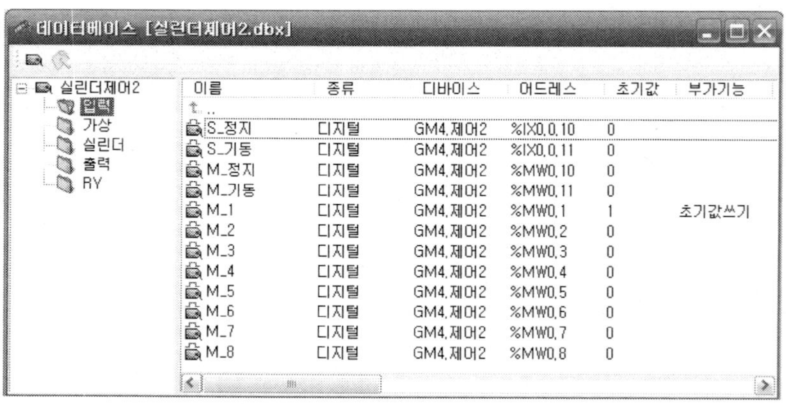

[그림 4-85]

- M_1 태그는 아래와 같이 입력한다.(초기값 설정)

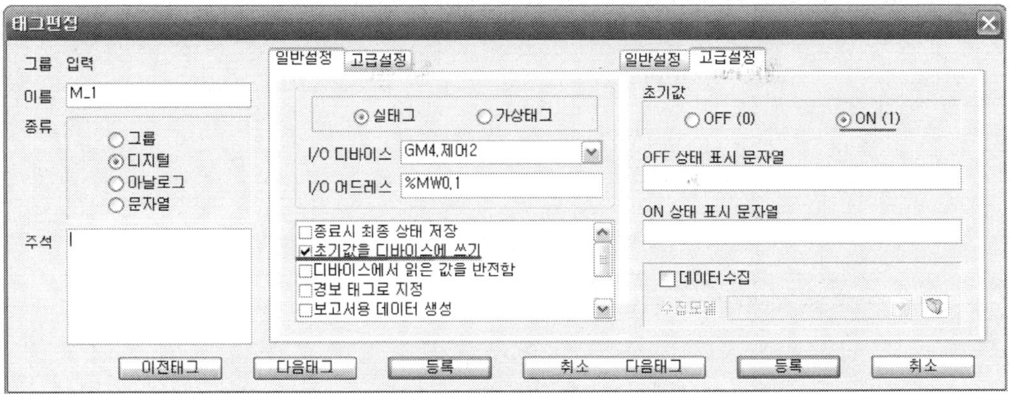

[그림 4-86]

2) 가상 그룹

- 실린더의 가상속도를 스크립터에 의해서 제어된다.
  - · 값이 클수록 전진, 후진 속도가 빠르다.(0~20)

[표 4-16]

이름	종류	일반설정	초기값	데이터형태	최저값	최대값
속도	아날로그	가상태그	2	UINT8	0	20

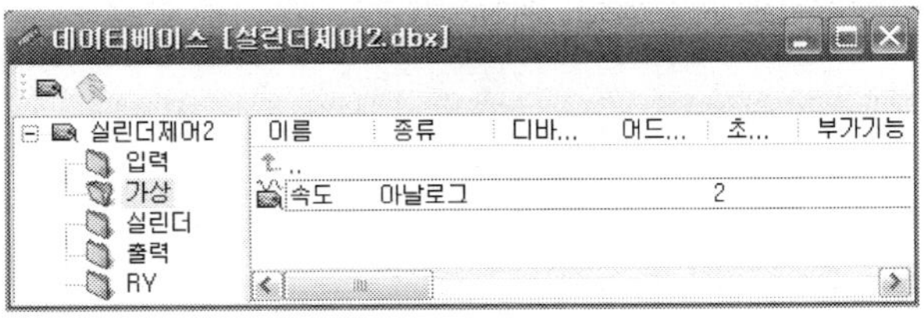

[그림 4-87]

3) 실린더 그룹

- 실린더의 동작은 스크립터와 PLC 프로그램에 의해서 제어된다.
- 가상태그로 다음을 입력시킨다.

[표 4-17]

이름	종류	일반설정	초기값	데이터형태	최저값	최대값
_A	아날로그	가상태그	0	UINT8	0	100
_B	"	"	0	"	"	"
_C	"	"	0	"	"	"
_D	"	"	0	"	"	"

- 아래 화면과 같이 가상태그가 추가 등록된다.

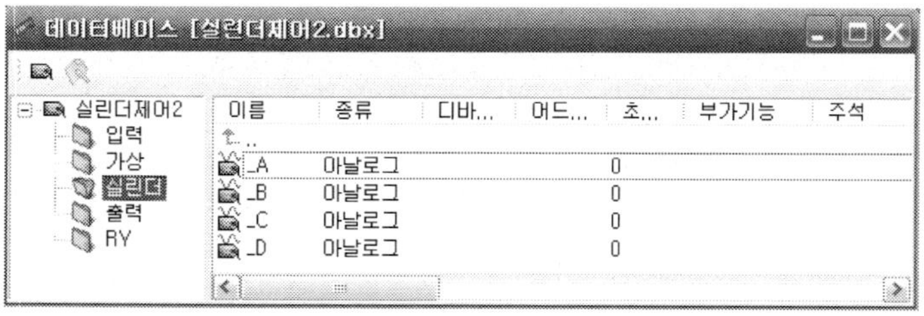

[그림 4-88]

4) 출력 그룹

- 출력그룹은 데이터를 실태그로 입력을 한다.

[표 4-18]

이름	종류	태그형식	I/O 디바이스	I/O 어드레스	초기값
SOL _A	디지털	실태그	GM4.제어2	%QX0.2.0	0
SOL _B	"	"	"	%QX0.2.1	0
SOL _C	"	"	"	%QX0.2.2	0
SOL _D	"	"	"	%QX0.2.3	0

- 아래 화면과 같이 실태그가 추가 등록된다.

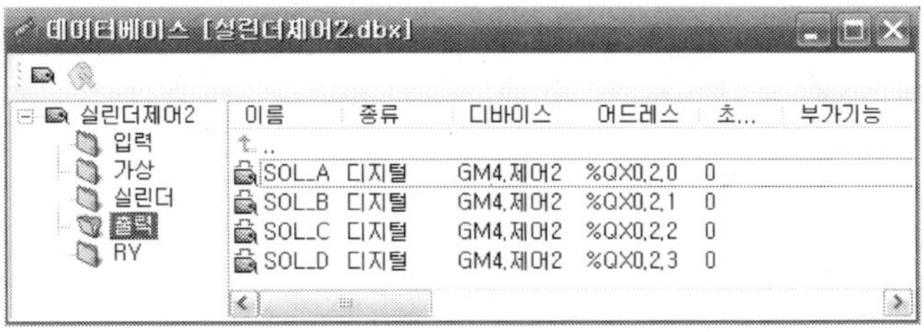

[그림 4-89]

5) RY 그룹

- "S시간조정" 아날로그 태그는 PLC 프로그램의 카운터 펄스 입력의 시간을 모니터에서 제어할 수 있다.
  - 초기값 : 500 설정(펄스 주기: 1000 ms)
- PLC 프로그램에서 RY1~RY8 동작하면 실린더 제어형의 색변환으로 표시하기 위한 태그 사용
- RY 그룹은 데이터를 실태그로 입력을 한다.

[표 4-19]

이름	종류	일반설정	I/O 디바이스	I/O 어드레스	데이터형태	최저값	최대값
S시간조정	아날로그	실태그	GM4.제어2	%MD10	UINT32	0	4294967295

[표 4-20]

이름	종류	태그형식	I/O 디바이스	I/O 어드레스	초기값
_0	디지털	실태그	GM4.제어2	%MW1.0	0
_1	"	"	"	%MW1.1	1
_2	"	"	"	%MW1.2	0
_3	"	"	"	%MW1.3	0
_4	"	"	"	%MW1.4	0
_5	"	"	"	%MW1.5	0
_6	"	"	"	%MW1.6	0
_7	"	"	"	%MW1.7	0
_8	"	"	"	%MW1.8	0

- 아래 화면과 같이 실태그가 추가 등록된다.

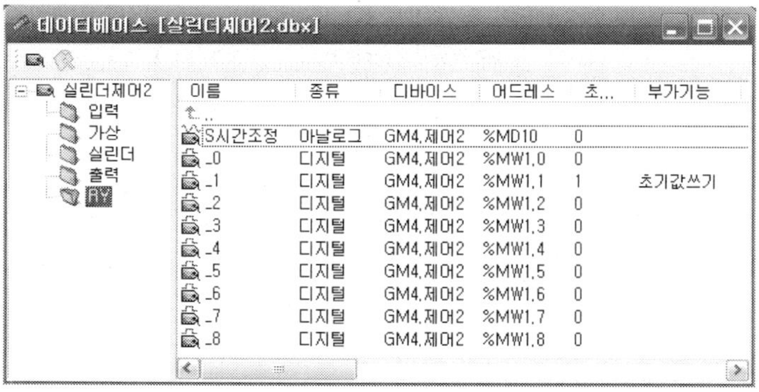

[그림 4-90]

☑ 4-3-4 모니터 화면 모니터링하기

(1) CimonD의 메뉴 중에서 "정렬"-"격자선에 맞추기"를 지정한다.

(2) 그림 메뉴를 이용하여 오브젝트를 등록한다.

(3) 제3장의 실린더 제어의 오브젝트 등록하기를 참고한다.

(4) 화면 모니터링이 되면 C:₩Program Files₩CIMON₩실린더제어2(교재)의 폴더에 "Main".pgx의 확장자명으로 저장한다.

(5) 도구-사이먼 X환경에서 초기값을 "Main.pgx"로 설정한다.

☑ 4-3-5 오브젝트에 기능 부여하기

(1) 실린더 동작등 오브젝트

- 색변환 기능을 이용한다.
- 아래와 같이 입력한다.

[표 4-21]

설정	태그이름	배경색	기준점
색변환	출력.SOL_A	적색	ON
"	출력.SOL_B	녹색	"
"	출력.SOL_C	청색	"
"	출력.SOL_D	주황색	"

(2) 실린더 운전 버턴 오브젝트

- 터치기능 기능을 이용한다.

1) 운전 버턴의 터치 기능 부여하기
- 버턴을 더블 클릭한다.
- 그림설정의 대화상자에서 "터치"를 클릭한다.
- 오른쪽 화면의 "동작정의"를 선택한다.
  · 동작 : 명령식
  · 명령식-Down : 입력.M_기동=1
  · 명령식-Up : 입력.M_기동=0

2) 정지 버턴의 터치 기능 부여하기
- 운전버턴과 같은 방법으로 한다.
  · 명령식-Down : 입력.M_정지=1
  · 명령식-Up : 입력.M_정지=0

(3) 시간조정 버턴과 태그값 표시 오브젝트

1) 동작번호 버턴

- 버턴 오브젝트를 더블 클릭하여 데이터입력 기능을 부여한다.
- 아래와 같이 등록한다.

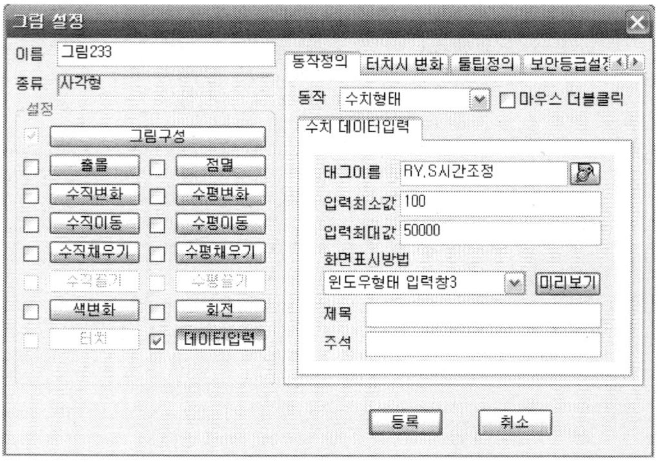

[그림 4-91]

- 동작 : 수치형태
- 태그이름 : RY.S시간조정
- 입력최소값 : 100
- 입력최대값 : 50000
- 화면표시방법 : 윈도우형태 입력창3

2) 태그값 표시

- 태그값 표시 오브젝트를 더블클릭하면 태그값 표시 대화상자가 나타난다.

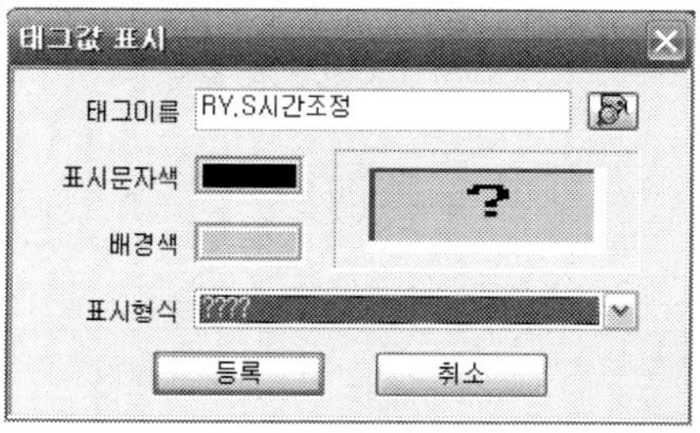

[그림 4-92]

- 태그이름 : RY.S시간조정
- 문자표시색 : 흑색
- 배경색 : 주황색
- 표시형식 : ????

(4) 실린더속도 슬라이더와 태그값 표시 오브젝트

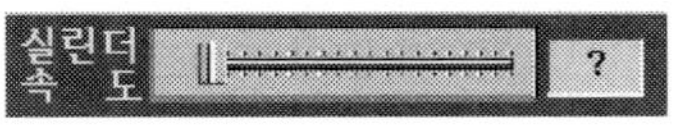

– 슬라이더의 오브젝트를 더블 클릭하여 "수평끌기" 기능을 부여한다.
– 아래와 같이 등록한다.

[그림 4-93]

- 설정 : 수평끌기
- 태그이름 : 가상.속도
- 이동 범위 설정 : 0 〈= 태그값 〈= 20
- 이동기준설정 : 왼쪽
- 이동거리 : 150

– 태그값 표시 오브젝트를 더블클릭하여 동작번호 버턴과 같은 방법으로 등록한다.

- 태그이름 : 가상.속도
- 문자표시색 : 흑색

· 배경색 : 주황색
· 표시형식 : ????

(5) 동작번호 표시 오브젝트

[1] [2] ...... [8]

– 색변환 기능과 터치기능을 부여한다.

1) 동작번호의 색변환 기능
– 색변화 기능으로 제어할 동작번호가 녹색으로 표시된다.
  · 설정 : 색변화
  · 태그이름 : RY._1
  · 배경색 : 녹색
  · 기준점 : ON
– 아래와 같이 등록한다.

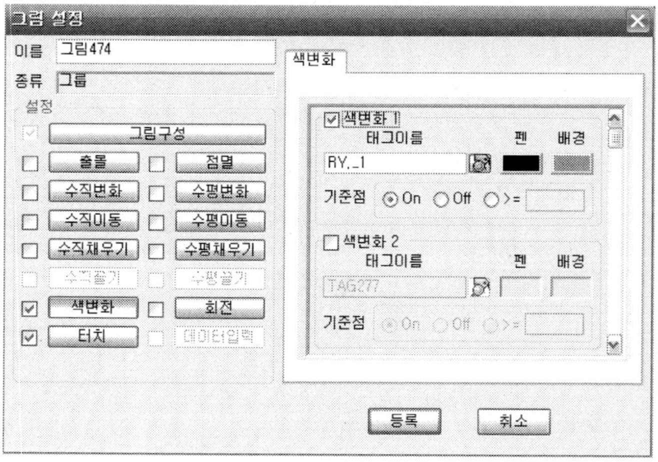

[그림 4-94]

2) 동작번호의 터치 기능 부여하기
– 번호를 클릭하면 ON/OFF를 TOGGLE하면서 선택된다.
– 번호를 더블 클릭한다.
– 그림설정의 대화상자에서 "터치"를 클릭한다.

- 오른쪽 화면의 "동작정의"를 선택한다.
  - 동작 : 디지털값쓰기
  - 태그이름 : 입력.M_1
  - 쓰기값.: Toggle
- 아래와 같이 등록한다.

[그림 4-95]

- 2 …… 8 의 기능은 위와 같은 방법으로 태그이름만 다르게 부여한다.
  - 색변환 : RY._2 · · · · · · RY._8
  - 터치 : 입력.M_2 · · · · · · 입력.M_8

(6) 실린더 오브젝트

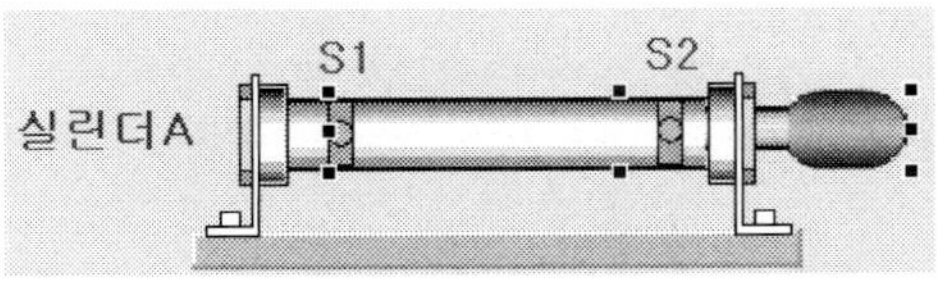

- 수평이동 기능을 부여하여 스크립터의 제어문에 의하여 전진, 후진을 반복한다.
  - 설정 : 수평이동
  - 태그이름 : 실린더._A
  - 이동기준 : 왼쪽

· 이동거리 : 150

- 실린더B, 실린더C, 실린더D의 기능은 위와 같은 방법으로 태그이름만 다르게 부여한다.
  · 실린더._B, 실린더._C, 실린더._D
- 아래와 같이 등록한다.

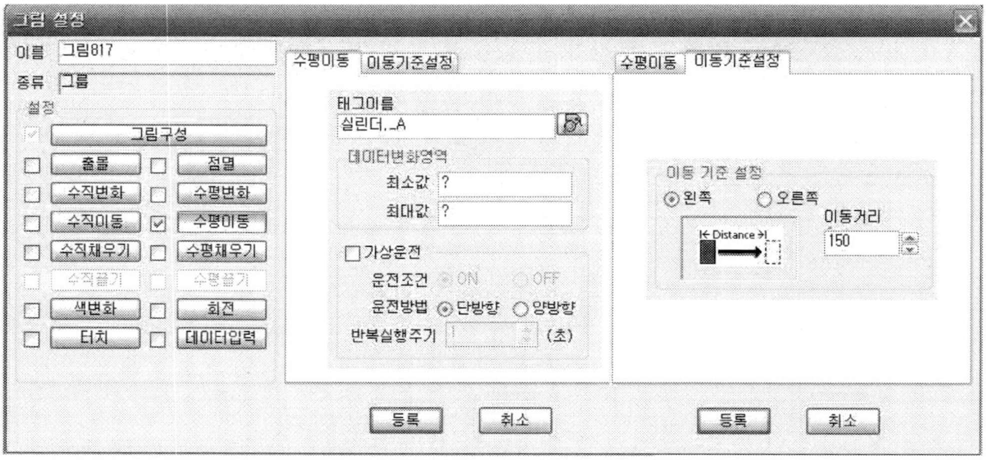

[그림 4-96]

(7) 센서 오브젝트

- 센서를 사용하지 않고 시간으로 제어하기 때문에 생략한다.

☑ 4-3-6 스크립터 작성하기

(1) 실린더A 제어 스크립터

- PLC의 출력 (출력.SOL_A : %QX0.2.0)이 동작하면 실린더A가 설정된 속도로 증가, 감소하면서 전진, 후진한다.

```
Sub moveA()
    while 1
        speed= GetTagVal ("가상.속도")          /* 속도 설정값 */
        TagA = GetTagVal ("실린더._A")          /* 실린더의 현재 값 */
        Tag1 = GetTagVal ("출력.SOL_A")         /* PLC의 출력 디지털 값 */

        if(Tag1 =1) then
```

```
            settagval"실린더._A",TagA+speed     /* 실린더A 전진 */
        else
            settagval"실린더._A",TagA-speed     /* 실린더A 후진 */
        end if
            sleep(10)
    wend
End Sub
```

(2) 실린더B 제어 스크립터

```
Sub moveB()
    while 1
        speed= GetTagVal ("가상.속도")
        TagB = GetTagVal ("실린더._B")
        Tag2 = GetTagVal ("출력.SOL_B")

        if(Tag2 =1) then
            settagval"실린더._B",TagB+speed
        else
            settagval"실린더._B",TagB-speed
        end if
            sleep(10)
    wend
End Sub
```

(3) 실린더C 제어 스크립터

```
Sub moveC()

    while 1
        speed= GetTagVal ("가상.속도")
        TagC = GetTagVal ("실린더._C")
        Tag3 = GetTagVal ("출력.SOL_C")

        if(Tag3 =1) then
```

```
            settagval"실린더._C",TagC+speed
        else
            settagval"실린더._C",TagC-speed
        end if
            sleep(10)
    wend
End Sub
```

(4) 실린더D 제어 스크립터

```
Sub moveD()

    while 1
        speed= GetTagVal ("가상.속도")
        TagD = GetTagVal ("실린더._D")
        Tag4 = GetTagVal ("출력.SOL_D")

        if(Tag4 =1) then
            settagval"실린더._D",TagD+speed
        else
            settagval"실린더._D",TagD-speed
        end if
            sleep(10)
    wend
End Sub
```

(5) 스크립터 동작설정

CimonD의 메뉴 중에서 "도구"-"페이지 환경설정"을 선택하여 동작정의 탭에서 스크립터의 동작을 지정한다.

- 페이지 열기시 동작정의

```
runscript("moveA")
runscript("moveB")
runscript("moveC")
runscript("moveD")
```

- 페이지 닫기시 동작정의
  stopscript("moveA")
  stopscript("moveB")
  stopscript("moveC")
  stopscript("moveD")

[그림 4-97]

4-3-7 CIMON X 프로그램 실행하기

- CimonD의 메뉴 중에서 "도구"-"Cimonx 환경"을 선택하여 클릭하면 Cimonx 환경 설정 대화상자가 나타난다.
- 윈도우 형태 탭에서 초기화면에 "MAIN.PGX"를 선택하여 확인을 클릭한다.
- CimonD의 메뉴 중에서 "도구"-"Cimonx 실행"을 선택하여 클릭한다.

4-3-8 동작 상태 확인

(1) 초기값으로 동작을 확인한다.

- 동작번호 : 1, 시간 : 500ms, 실린더 속도 : 2 초기값이 설정되어 있으므로 운전 버턴을 클릭하여 확인한다.

(2) 동작번호를 변경하여 실린더의 동작이 표시된 순서와 같이 동작되는지 확인한다.

- 예를 들면 "8"번 동작번호를 클릭하면
  (A+ B+), (A- B-), (C+ D+), (C- D-)와 같이 동작하여야 한다.

(3) 시간을 변경하여 실린더의 제어 시간이 변경되는지 확인한다.
- 예를 들면 시간 데이터 입력 버턴을 이용하여 "1000" 숫자를 클릭하면 제어 시간이 2배 정도로 늦어져야 한다.

(4) 실린더 속도를 변경하여 실린더의 전진, 후진 속도가 변경되는지 확인한다.
- 예를 들면 속도 끌기 바를 이용하여 숫자가 클수록 빨라진다.

(5) 실린더 램프를 확인한다.(실제로는 SOL 밸브의 출력에 따라 동작한다)

(6) 동작시 정지 버턴을 누르면 실린더의 모든 동작이 초기상태로 되는지 확인한다.

(7) PLC의 %IX0.0.1 ~ %IX0.0.8 중 토클스위치 1개를 ON하여 제어 형태를 선택하고 %IX0.0.11를 ON하여 동작하는지 확인한다.

(8) %IX0.0.10을 ON하면 동작이 정지하는지 확인한다.

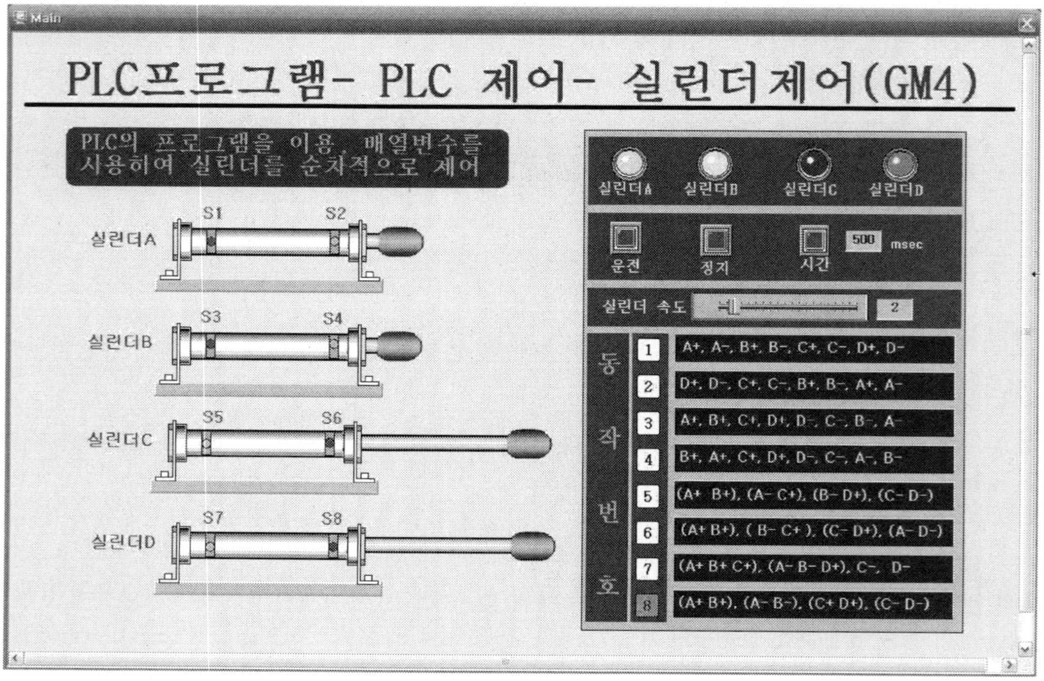

[그림 4-98]

4-4 디지털 시계 제어(GLOFA)

GLOFA PLC의 GM4를 사용하여 수를 제어하는 방법, BCD, SEG 등의 펑션을 사용하는 방법 등을 디지털시계를 제어 방법을 통하여 알아보도록 한다.

- 사용되는 기능
  색변환, 터치(명령식), 터치(디지털값 쓰기), 태그값 표시, 수평이동, 수평끌기 데이터 입력, 스크립터
- 이번 과제에서는 FND 모니터링을 앞의 방식(0부터 9까지의 숫자를 겹쳐 태그 조건에 맞으면 출력하는 방식)과 달리 PLC“SEG” 펑션 명령어를 프로그래밍에 의하여 모니터에 출력하는 방법을 알아보도록 한다.
- 프로젝트명 : 시계제어(GM)
- 완성된 페이지 화면은 다음과 같다.

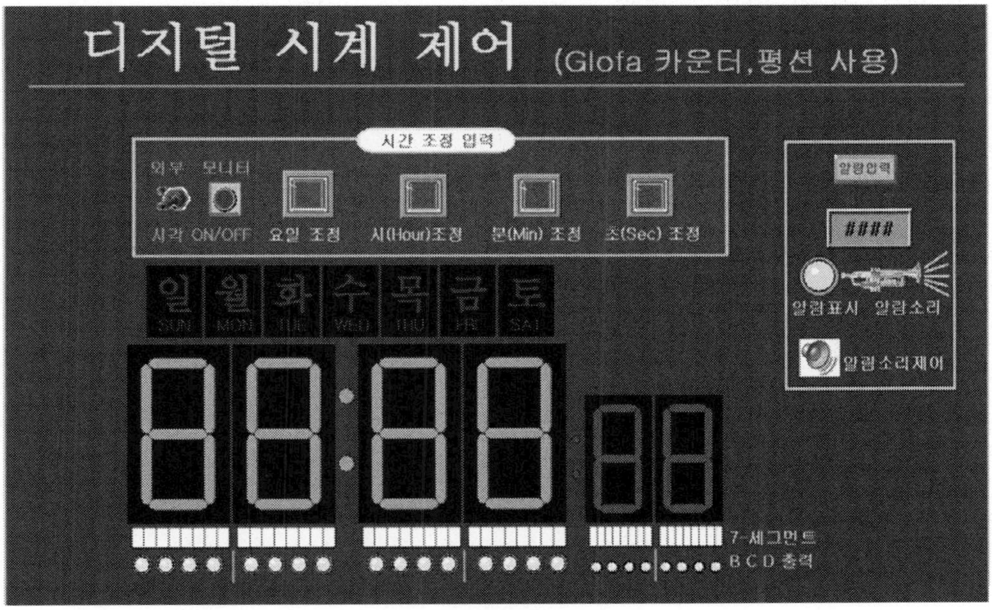

[그림 4-99]

4-4-1 시계 제어 프로그램 작성하기

- PLC 프로그램을 작성하여 실태그를 사용할 입출력과 내부메모리를 확인한다.
- GM4 PLC를 이용하여 제어 프로그램을 작성한다.

(1) 프로그램 작성

1) 카운터에 의한 시간제어 부분

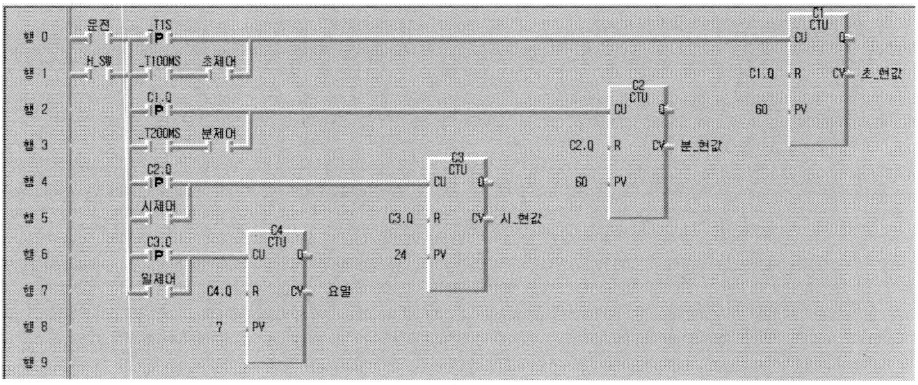

[그림 4-100]

2) 시간의 현재값(int)을 BCD(byte)로 변환시키는 부분 : 디스플레이에 출력

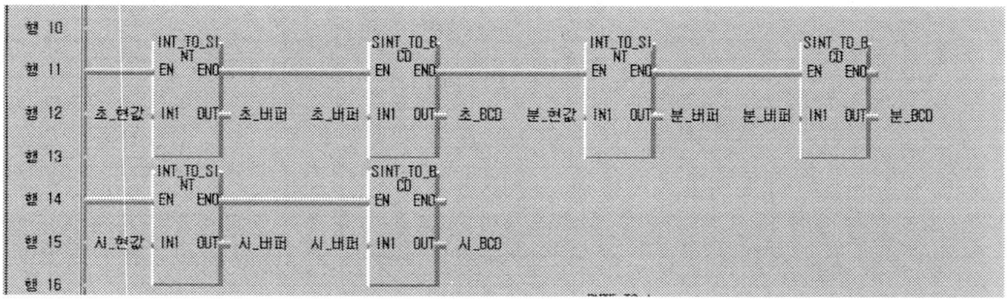

[그림 4-101]

3) 초(sec)의 BCD(byte) 값을 7-세그먼트(bit)로 변환시키는 부분 : 모니터에 출력

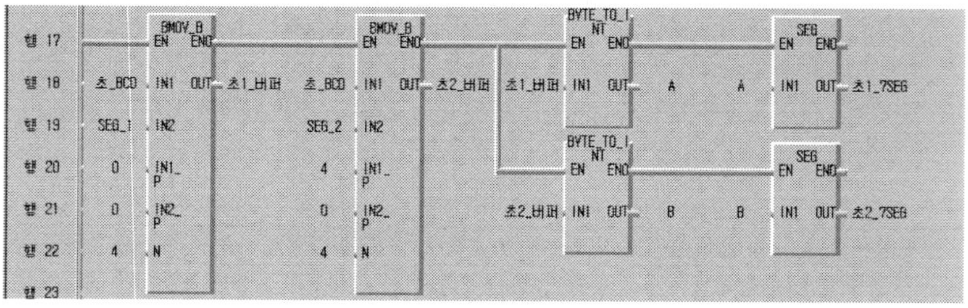

[그림 4-102]

4) 분(min)의 BCD(byte) 값을 7-세그먼트(bit)로 변환시키는 부분 : 모니터에 출력

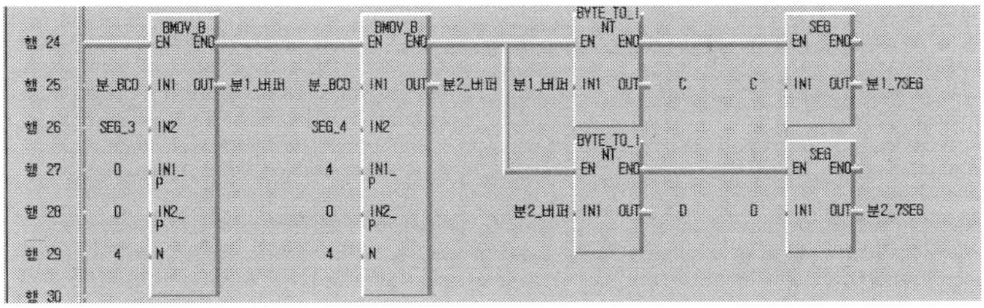

[그림 4-103]

5) 시(hour)의 BCD(byte) 값을 7-세그먼트(bit)로 변환시키는 부분 : 모니터에 출력

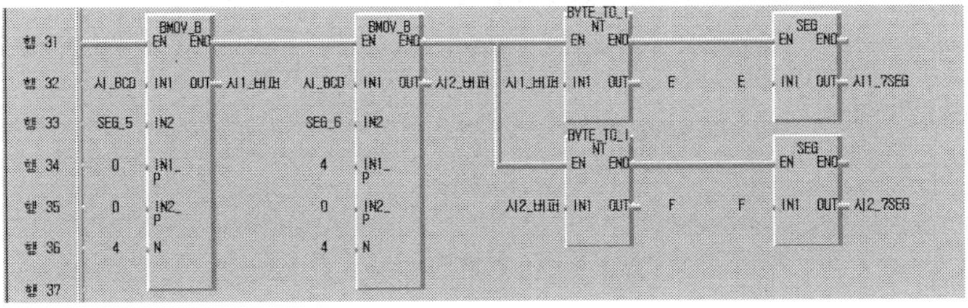

[그림 4-104]

(2) 변수와 메모리 할당

[표 4-22(1)]

변수명	데이터타입	메모리할당	초기값	변수종류	사용여부
운전	BOOL	%IX0.0.1		VAR	*
초제어	BOOL	%MW20.0		VAR	*
분제어	BOOL	%MW20.1		VAR	*
H_SW	BOOL	%MW20.10		VAR	*
시제어	BOOL	%MW20.2		VAR	*
일제어	BOOL	%MW20.3		VAR	*
초1_7SEG	BYTE	%MB20		VAR	*
초2_7SEG	BYTE	%MB21		VAR	*
분1_7SEG	BYTE	%MB22		VAR	*
분2_7SEG	BYTE	%MB23		VAR	*
시1_7SEG	BYTE	%MB24		VAR	*
시2_7SEG	BYTE	%MB25		VAR	*

[표 4-22(2)]

변수명	데이터타입	메모리할당	초기값	변수종류	사용여부
분_BCD	BYTE	%QB0.2.0		VAR	*
시_BCD	BYTE	%QB0.2.1		VAR	*
초_BCD	BYTE	%QB0.3.0		VAR	*
분1_버퍼	BYTE	〈자동〉		VAR	*
분2_버퍼	BYTE	〈자동〉		VAR	*
시1_버퍼	BYTE	〈자동〉		VAR	*
시2_버퍼	BYTE	〈자동〉		VAR	*
초1_버퍼	BYTE	〈자동〉		VAR	*
초2_버퍼	BYTE	〈자동〉		VAR	*
SEG_1	BYTE	〈자동〉		VAR	*
SEG_2	BYTE	〈자동〉		VAR	*
SEG_3	BYTE	〈자동〉		VAR	*
SEG_4	BYTE	〈자동〉		VAR	*
SEG_5	BYTE	〈자동〉		VAR	*
SEG_6	BYTE	〈자동〉		VAR	*
C1	FB Instance	〈자동〉		VAR	*
C2	FB Instance	〈자동〉		VAR	*
C3	FB Instance	〈자동〉		VAR	*
C4	FB Instance	〈자동〉		VAR	*
요일	INT	%MW3		VAR	*
분_현값	INT	〈자동〉		VAR	*
시_현값	INT	〈자동〉		VAR	*
초_현값	INT	〈자동〉		VAR	*
A	INT	〈자동〉		VAR	*
B	INT	〈자동〉		VAR	*
C	INT	〈자동〉		VAR	*
D	INT	〈자동〉		VAR	*
E	INT	〈자동〉		VAR	*
F	INT	〈자동〉		VAR	*
분_버퍼	SINT	〈자동〉		VAR	*
시_버퍼	SINT	〈자동〉		VAR	*
초_버퍼	SINT	〈자동〉		VAR	*

(3) 외부 입출력 배선하기

- GMWIN PLC프로그램을 온라인 메뉴에서 접속+쓰기+모드전환(런)+모니터시작을 선택하여 PLC로 전송한다.
- 전송 후 PLC와 컴퓨터와 접속을 GMWIN 온라인 메뉴에서 접속/해제를 선택하여 접속 해제를 시킨다.

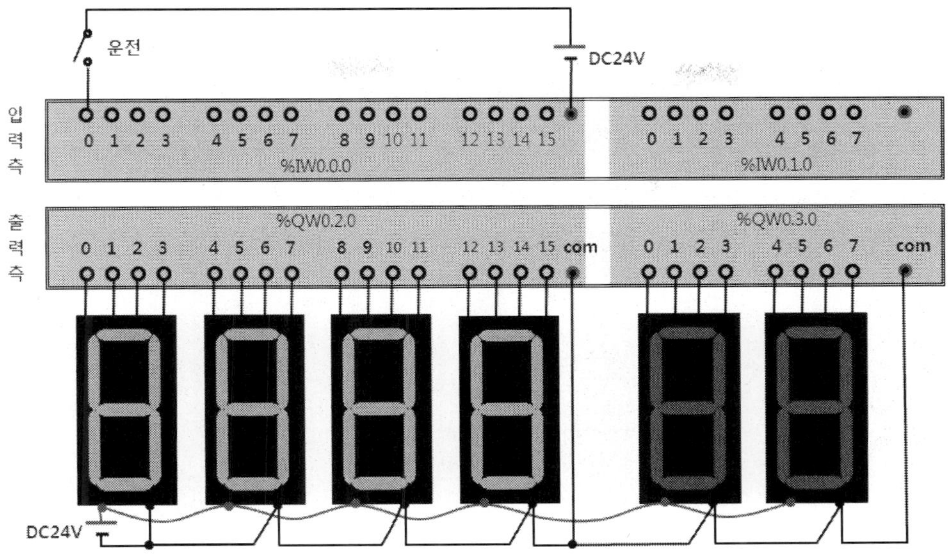

[그림 4-105]

4-4-2 I/O 디바이스 설정하기

1) CimonD의 메뉴 중에서 "파일"-"새프로젝트"를 선택한다.

· 프로젝트 이름을 "시간제어"로 한다.
C:₩Program Files₩CIMON₩시간제어

2) CimonD의 메뉴 중에서 "도구"-"페이지 환경설정"을 선택한다.

❖ "C:₩Program Files₩CIMON₩시간제어"의 시간제어 폴더(프로젝트는 폴더형으로 저장됨)에 "시계"로 입력

❖ 이때 메뉴 중에서 "도구"-"CimonX 환경"을 선택하여 환경 설정의 대화상자에서 초기화면에서 "시계"란 페이지 화면이 있어야 한다.

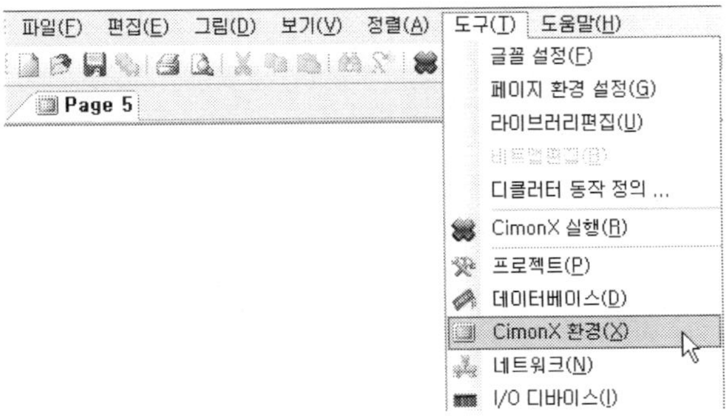

[그림 4-106]

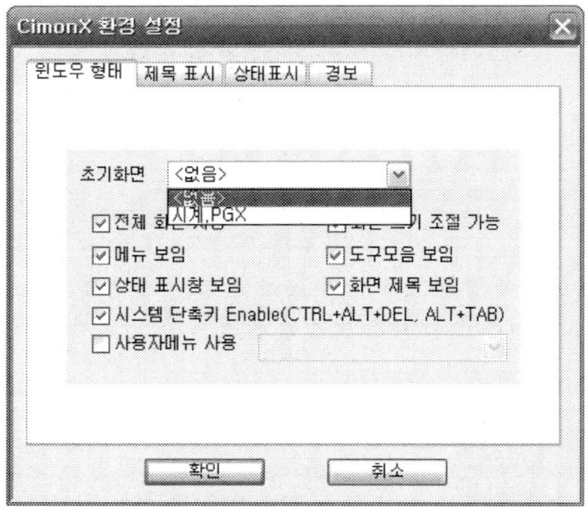

[그림 4-107]

3) CimonD의 메뉴 중에서 "도구"-"I/O 디바이스"를 선택한다.

4) "새 디바이스" 버턴을 클릭한다.
"I/O 디바이스 종류 선택" 대화상자가 표시된다.

5) 디바이스 이름을 "GM4"으로 입력한다.

6) 디바이스 종류를 "GLOFA-GM Loader Port"를 선택한다.

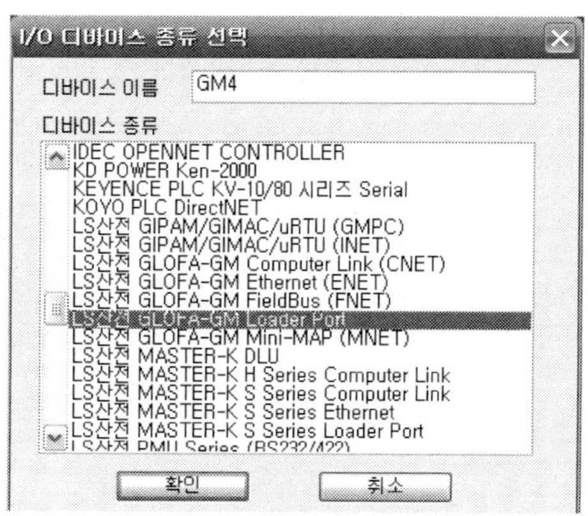

[그림 4-108]

7) "I/O 디바이스 종류 선택" 대화상자의 "확인" 버턴을 클릭한다.

8) 탭 컨트롤 중에서 "스테이션"을 클릭한 다음 우측의 "스테이션 추가" 버턴을 클릭한다.
- "스테이션 설정" 대화상자가 표시된다.
- 스테이션 이름을 "시계"로 입력한다.
- PLC CPU 종류를 "Glofa GM4"으로 선택한다.

9) "스테이션 설정" 대화상자의 "등록" 버턴을 클릭한다.
다음과 같이 스테이션이 추가된다.

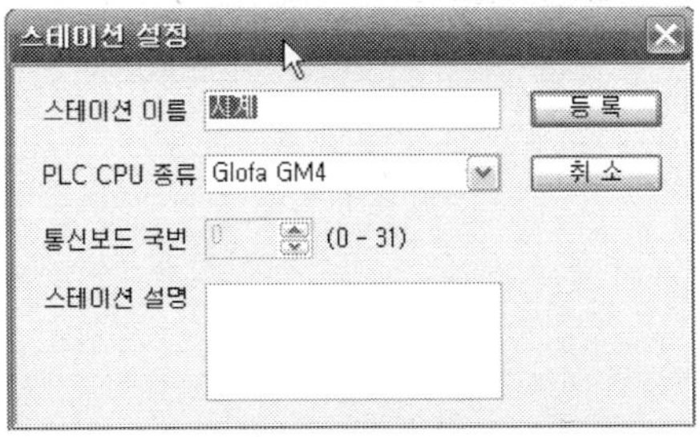

[그림 4-109]

10) "통신블록 추가" 버턴을 클릭한다.
"통신블록 설정" 대화상자가 표시된다.
- 어드레스를 "%IW0.0.0"로 입력한다.
- 워드 수를 1로 입력한다.
- 통신주기를 0.1(초)로 입력한다.

11) "통신블록 설정" 대화상자의 "등록" 버턴을 클릭한다.

12) "통신블록 추가" 버턴을 클릭한다.
다시 "통신블록 설정" 대화상자가 표시된다.
- 어드레스를 "%QW0.2.0"로 입력한다.
- 워드 수를 1로 입력한다.
- 통신주기를 0.1(초)로 입력한다.

13) 위와 같은 방법으로
- 어드레스를 "%MW0"를 입력한다.
- 워드 수를 30으로 입력한다.

· 통신주기를 0.1(초)로 입력한다.

아래와 같이 설정이 된다.

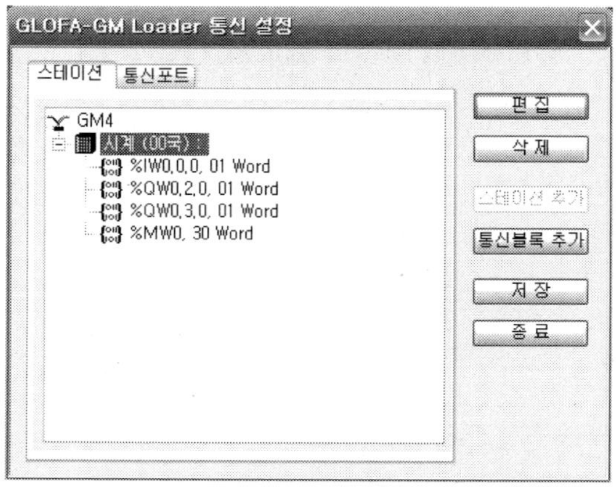

[그림 4-110]

14) 탭 컨트롤 중에서 "통신포트"를 클릭한다.
통신과 관련된 특성을 설정한다. 여기서는 디폴트 값을 그대로 사용한다.
단, 주의할 것은 통신포트를 컴퓨터와 맞추어야 한다.

15) "Glofa-GM Loader 통신 설정" 대화상자의 "저장" 버턴과 "종료" 버턴을 순서대로 클릭한다.

16) "I/O 디바이스 설정" 대화상자의 "닫기" 버턴을 클릭한다.

☑ 4-4-3 실태그 등록하기

실태그를 다음과 같이 등록한다.

1) 데이터베이스 관리기를 이용해서 "초_일", "초_십", "분_일", "분_십", "시_일", "시_십", "출력", "조정", "요일", "BCD" 그룹태그를 등록한다.

- 좌측의 "시계제어(GM사용)"를 선택하고 그 위의 새태그를 클릭한다.
태그편집 대화상자가 나타난다.

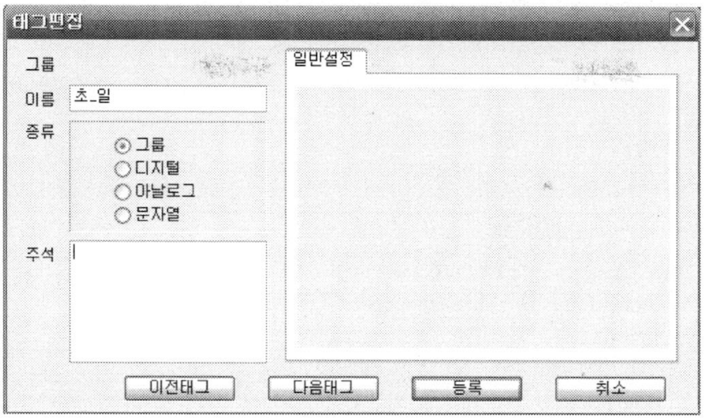

[그림 4-111]

- 이름 : 초_일
- 종류 : 그룹
  태그편집 대화상자의 "다음태그" 클릭한다.
- 이와 같이 "초_십", "분_일", "분_십", "시_일", "시_십", "출력", "조정", "요일", "BCD" 그룹태그를 등록한다. 등록하면 아래와 같이 그룹의 태그가 등록된다.

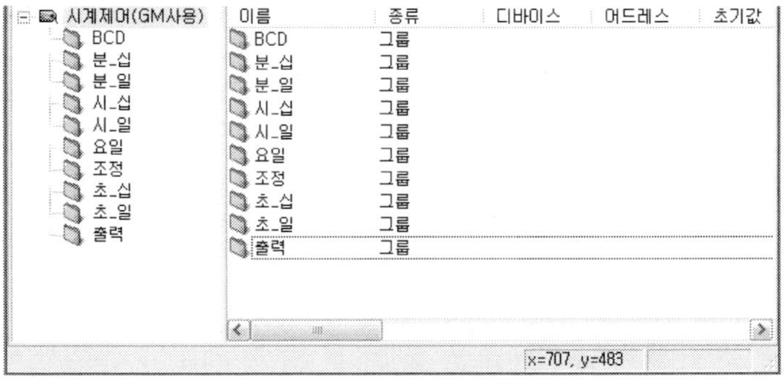

[그림 4-112]

2) 좌측의 "BCD" 그룹태그를 선택한다.
- "새태그" 아이콘으로 태그편집기를 표시한 다음 종류를 "디지털"로 선택한다.
- 태그이름을 "초일_1"으로 입력한다.
- 일반설정에서 "실태그"로 선택한다.
- I/O 디바이스를 "GM4.시계"로 선택한다.
- I/O 어드레스를 "%QX0.3.0"로 입력한다.
- 고급설정에서 초기값을 OFF로 설정한다.
- "다음태그" 버턴을 클릭한다.

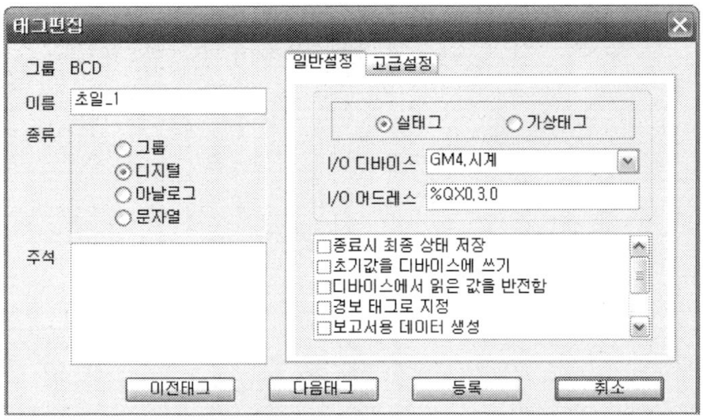

[그림 4-113]

- 이와 같이 하여 태그이름과 I/O 어드레스를 다음과 같이 입력시킨다. (다음태그를 누르면 이름과 I/O 어드레스만 변경하면 된다.)

[표 4-23]

이름	I/O 어드레스	이름	I/O 어드레스	이름	I/O 어드레스
초일_1	%QX0.3.0	분일_1	%QX0.2.0	시일_1	%QX0.2.8
초일_2	%QX0.3.1	분일_2	%QX0.2.1	시일_2	%QX0.2.9
초일_4	%QX0.3.2	분일_4	%QX0.2.2	시일_4	%QX0.2.10
초일_8	%QX0.3.3	분일_8	%QX0.2.3	시일_8	%QX0.2.11
초십_1	%QX0.3.4	분십_1	%QX0.2.4	시십_1	%QX0.2.12
초십_2	%QX0.3.5	분십_2	%QX0.2.5	시십_2	%QX0.2.13
초십_4	%QX0.3.6	분십_4	%QX0.2.6	시십_4	%QX0.2.14
초십_8	%QX0.3.7	분십_8	%QX0.2.7	시십_8	%QX0.2.15

- 아래 화면과 같이 실태그가 추가 등록된다.

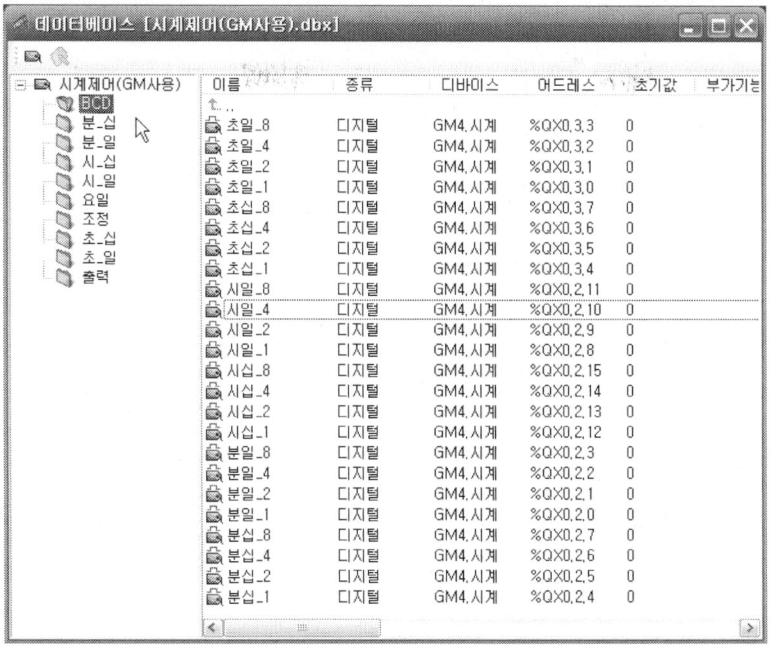

[그림 4-114]

❖ BCD그룹의 태그는 PLC 출력을 이용하여 디스플레이를 동작하기 위한 것입니다.

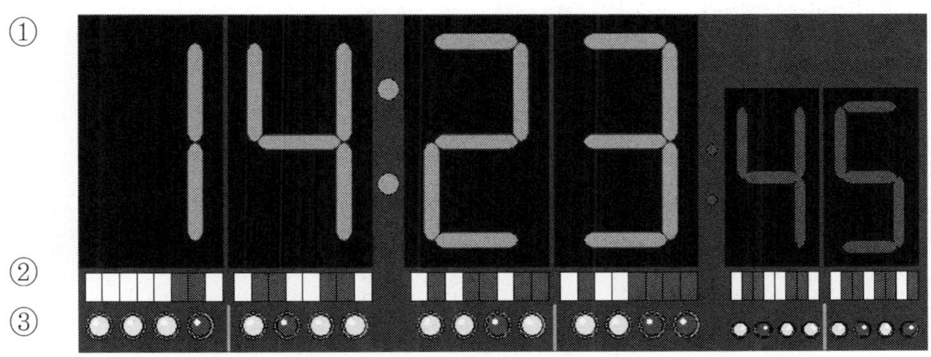

[그림 4-115]

① : 디스플레이 표시(모니터에 작화하여 PLC 내부 메모리의 동작에 의해서 표시)
② : 7-세그먼트 출력을 위한 PLC 내부 메모리의 동작 표시
③ : 디스플레이 출력을 위한 PLC 출력부 동작 표시 (BCD로 표시)

2) 좌측의 "초_일" 그룹태그를 선택한다.

초_일 그룹의 태그는 위의 ① 부분의 우측 끝 숫자인 초의 "일 단위"를 나타내는 숫자를 디스플레이하기 위한 실태그입니다.

[표 4-24]

이름	I/O 어드레스	비고
A	%MW10.0	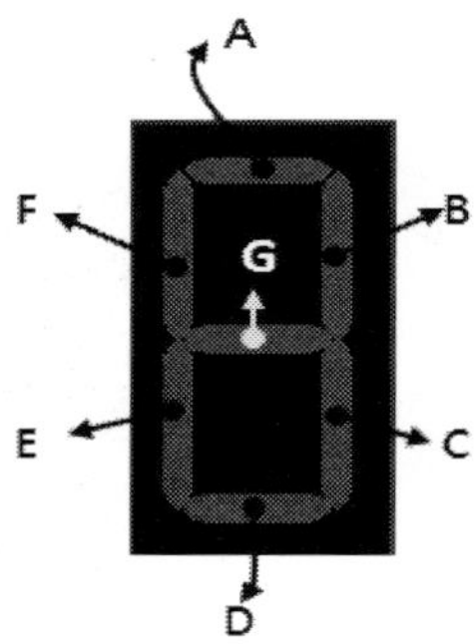
B	%MW10.1	
C	%MW10.2	
D	%MW10.3	
E	%MW10.4	
F	%MW10.5	
G	%MW10.6	

❖ Glofa에서는 내부 메모리의 표기 방법을 워드 단위로 표시하여 비트를 지정하여 사용하면 편리하다. 이렇게 하면 "M 영역 계산기를 사용하지 않고 비트 표현을 정확하게 할 수 있습니다.(내부메모리 16개를 지정하여 "%MW워드번호.비트번호" 형식으로 표시)

예) %MX009 --〉 %MW00.09 --〉 MW0.9 가능

%MX024 --〉 %MW01.08 --〉 MW1.8 가능

위에서 %MW10.5의 메모리는 %MX165의 내부 메모리입니다.

- 아래 화면과 같이 실태그가 추가 등록된다.

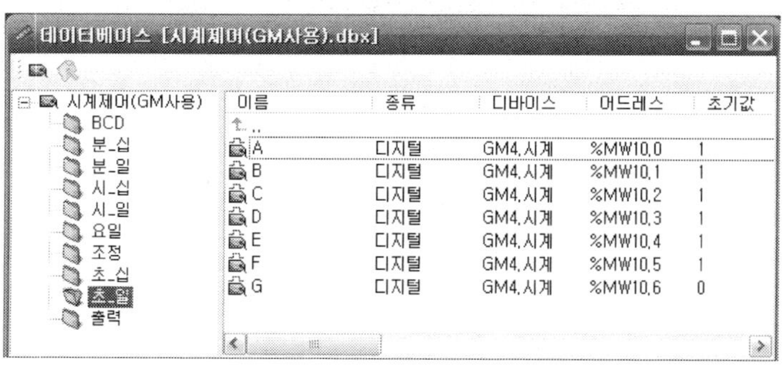

[그림 4-116]

❖ 위의 실태그에서 고급설정에서 초기값을 "G"를 제외하고 1을 선택한 이유는 실행시 에 디스플레이 출력을 "0"으로 하기 위함입니다.

3) 좌측의 "초_십" 그룹태그를 선택한다.
초_십 그룹의 태그는 위의 ① 부분의 우측에서 두번째 숫자인 초의 "십단위"를 나타내는 숫자를 디스플레이 하기위한 실태그입니다.

[표 4-25]

이름	I/O 어드레스
A	%MW10.8
B	%MW10.9
C	%MW10.10
D	%MW10.11
E	%MW10.12
F	%MW10.13
G	%MW10.14

❖ 입력시 초_일의 내용을 복사하여 "초_십"에 붙여 넣고 I/O 어드레스만 바꾸면 편리하다.

- 아래 화면과 같이 실태그가 추가 등록된다.

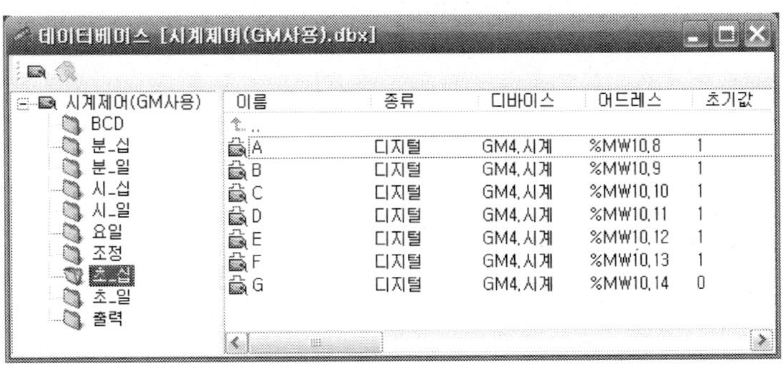

[그림 4-117]

4) 좌측의 "분_일" 그룹태그를 선택한다.
분_일 그룹의 태그는 위의 ① 부분의 우측에서 세번째 녹색 숫자인 분의 "일단위"를 나타내는 숫자를 디스플레이하기 위한 실태그입니다.

[표 4-26]

이름	I/O 어드레스
A	%MW11.0
B	%MW11.1
C	%MW11.2
D	%MW11.3
E	%MW11.4
F	%MW11.5
G	%MW11.6

❖ 입력시 초_일의 내용을 복사하여 "분_일"에 붙여넣고 I/O 어드레스만 바꾸면 편리하다.(이때 편집 메뉴의 바꾸기 기능을 사용하면 좋음. 주의할 점은 바꾸는 범위를 꼭 "현재 선택된 범위"를 선택해야 한다. 방법은 찾을 문자열에서 "10."을 바꿀 문자열에서 "11."으로 하면 된다.)

5) 좌측의 "분_십" 그룹태그를 선택한다.
분_십 그룹의 태그는 위의 ① 부분의 우측에서 네 번째 녹색 숫자인 분의 "십단위"를 나타내는 숫자를 디스플레이 하기위한 실태그입니다.

[표 4-27]

이름	I/O 어드레스
A	%MW11.8
B	%MW11.9
C	%MW11.10
D	%MW11.11
E	%MW11.12
F	%MW11.13
G	%MW11.14

6) 좌측의 "시_일" 그룹태그를 선택한다.
시_일 그룹의 태그는 위의 ① 부분의 좌측에서 두 번째 녹색 숫자인 시(Hour)의 "일 단위"를 나타내는 숫자를 디스플레이하기 위한 실태그입니다.

[표 4-28]

이름	I/O 어드레스
A	%MW12.0
B	%MW12.1
C	%MW12.2
D	%MW12.3
E	%MW12.4
F	%MW12.5
G	%MW12.6

7) 좌측의 "시_십" 그룹태그를 선택한다.
시_십 그룹의 태그는 위의 ① 부분의 좌측에서 첫 번째 녹색 숫자인 시(Hour)의 "십 단위"를 나타내는 숫자를 디스플레이하기 위한 실태그입니다.

[표 4-29]

이름	I/O 어드레스
A	%MW12.8
B	%MW12.9
C	%MW12.10
D	%MW12.11
E	%MW12.12
F	%MW12.13
G	%MW12.14

8) 데이터베이스 창의 좌측 "조정" 그룹태그를 선택한다.
"조정" 그룹의 태그는 위의 요일, 시, 분, 초를 조정하기 위한 실태그입니다.(PLC의 카운터 입력으로 사용)

[표 4-30]

이름	I/O 어드레스
초	%MW20.0
분	%MW20.1
시	%MW20.2
요일	%MW20.3

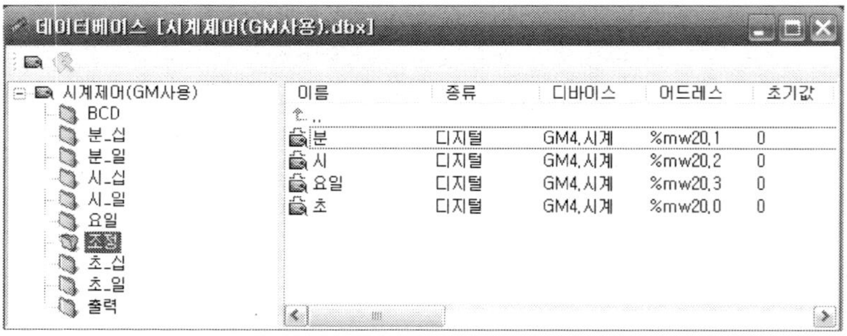

[그림 4-118]

9) 데이터베이스 창의 좌측 "출력" 그룹태그를 선택한다.
"출력" 그룹의 태그는 실태그와 가상태그로 되어 있습니다.

[표 4-31]

이름	I/O 어드레스	기능
알람_시분		알람 시간을 입력
소리		알람 동작시 점멸기능을 이용하여 소리 표현
시_분	%QW0.2.0	알람시간을 시(hour)와 분(min)으로 출력
초	%QB0.3.0	알람시간을 초(sec)로 출력
알람	%QX0.3.10	알람신호 출력

① 알람_시분
- 이름 : 알람_시분
- 종류 : 아날로그
- 일반 설정 : 가상태그
- 고급 설정 : 데이터 형태- UBCD16

내부데이터 - 최소(0), 최대(2359)

❖ 최대입력 시간이 23시 59분이기 때문

② 소리

- 이름 : 소리
- 종류 : 디지털
- 일반 설정 : 가상태그
- 고급 설정 : 초기값(0)

③ 초

- 이름 : 초
- 종류 : 아날로그
- 일반 설정 : 실태그
  I/O 디바이스 : GM4.시계
  I/O 어드레스 : %QB0.3.0
- 고급 설정 : 데이터 형태- UBCD8
  내부데이터 - 최소(0), 최대(59)

❖ 최대입력 시간이 59초이기 때문

④ 시_분

- 이름 : 시_분
- 종류 : 아날로그
- 일반 설정 : 실태그
  I/O 디바이스 : GM4.시계
  I/O 어드레스 : %QW0.2.0
- 고급 설정 : 데이터 형태- UBCD16
  내부데이터 - 최소(0), 최대(2359)

❖ 최대입력 시간이 23시 59분이기 때문

⑤ 알람

- 이름 : 알람
- 종류 : 디지털
- 일반 설정 : 실태그
  I/O 디바이스 : GM4.시계
  I/O 어드레스 : %QX0.3.10
- 고급 설정 : 초기값(0)
- 아래 화면과 같이 실태그와 가상태그가 등록된다.

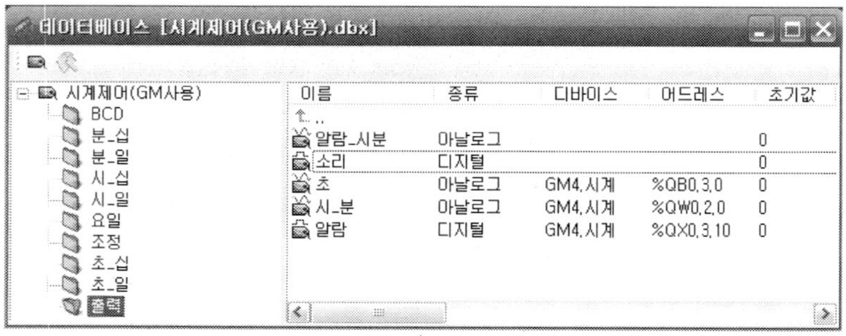

[그림 4-119]

10) 데이터베이스 창의 좌측 “요일” 그룹태그를 선택한다.
“요일” 그룹의 태그는 가상태그와 실태그로 되어있습니다.

[표 4-32]

이름	종류	I/O 어드레스	기능
월	디지털		색변환 기능으로 표시
화	디지털		"
수	디지털		"
목	디지털		"
금	디지털		"
토	디지털		"
일	디지털		"
현값	아날로그	%MW3	1~ 7까지의 숫자 출력하여 요일구분

❖ 현값
- 이름 : 현값
- 종류 : 아날로그
- 일반 설정 : 실태그
  I/O 디바이스 : GM4.시계
  I/O 어드레스 : %MW3
- 고급 설정 : 데이터 형태- UBCD16
  내부데이터 - 최소(0), 최대(7)

❖ 최대입력 요일의 번호는 1 : 월 ~ 7(0) : 일 표현

– 아래 화면과 같이 실태그와 가상태그가 등록된다.

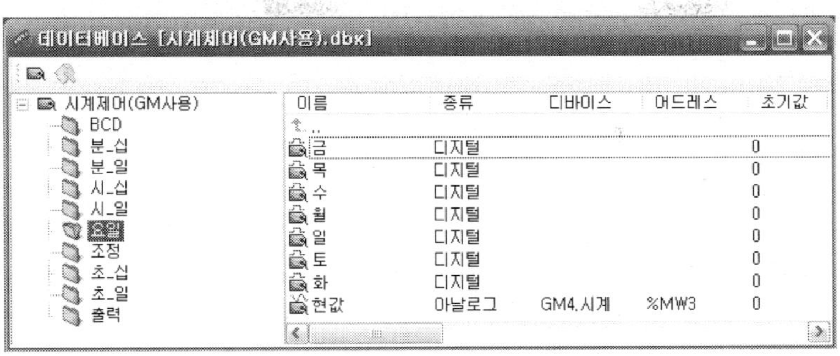

[그림 4-120]

11) 데이터베이스 창의 좌측 "시계제어(GM사용)" 데이터베이스명을 선택한다. 그룹 태그 외에 다음과 같이 입력한다.

[표 4-33]

이름	I/O 어드레스	기능
초		점멸 기능을 이용하여 1초 단위로 점멸 표시
ON_SW	%IX0.0.1	외부에서 입력스위치로 동작
H_SW	%MW20.10	모니터에서 입력스위치로 동작

– 아래 화면과 같이 실태그와 가상태그가 등록된다.

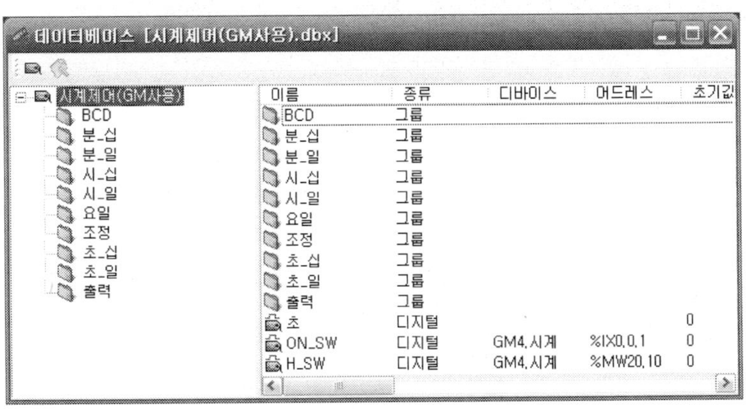

[그림 4-121]

4-4-4 모니터 화면 모니터링하기

(1) CimonD의 메뉴 중에서 "정렬" - "격자선에 맞추기"를 지정한다.

(2) 그림 메뉴를 이용하여 오브젝트를 등록한다.

(3) 화면 모니터링이 되면 C:₩Program Files₩CIMON₩시계제어(GM사용) 폴더에 "Main.pgx"의 확장자명으로 저장한다.

(4) 도구-사이먼 X환경에서 초기값을 "Main.pgx"로 설정한다.

4-4-5 오브젝트에 기능 부여하기

(1) 시간조정 입력 태그

1)  : 외부에서 입력스위치로 동작 표시 기능을 한다.

: 토글 스위치 2개로 구성되어 있습니다.

[표 4-34]

태그모양	설정	태그이름	조건	기타
	출몰	ON_SW	OFF	
	출몰	ON_SW	ON	

[그림 4-122]

2)  : 모니터에서 입력스위치로 동작 기능을 한다.

[표 4-35]

태그모양	설정	동작	태그이름	쓰기값	기타
	터치	디지털값쓰기	H_SW	toggle	

3) 요일, 시, 분, 초를 조정하는 태그입니다.

[표 4-36]

태그모양	설정	동작	명령식-Down	명령식-up	비고
	터치	명령식	조정.요일 =1	조정.요일 =0	요일조정
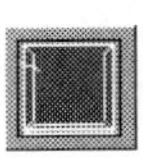	터치	명령식	조정.시 =1	조정.시 =0	시(hour)조정
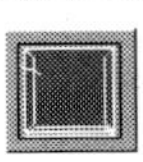	터치	명령식	조정.분 =1	조정.분 =0	분(min)조정
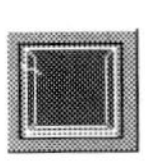	터치	명령식	조정.초 =1	조정.초 =0	초(sec)조정

(2) 알람에 관한 태그

[표 4-37]

태그모양	설정	동작	태그이름	기타
알람입력	데이터 입력	수치형태	출력. 알람_시분	- 입력최소: 0, 입력최대값: 1 - 화면표시 : 윈도우입력창1
####			출력. 알람_시분	- 그림메뉴 - 태그값에서 모양설정
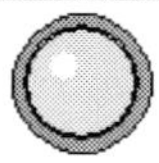	색변환		출력.알람	- 변환 배경색 : 적색 - 기준점 :on
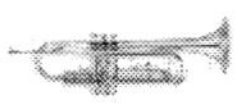				
	출몰		출력.소리	- 출몰조건 : on
	점멸		출력.소리	- 점멸조건 : on, 점멸간격 : 1
	터치	명령식		- 명령식-Down 탭에서 RunScript ("음조절")

(3) 요일에 관한 태그

[표 4-38]

태그모양	설정	태그이름	기준점	펜색	비고
일 SUN	색변환	요일.일	on	적색	일 SUN 2개의 오브젝트가 그룹으로 되어 있기 때문에 글자만 선택하여 색변환을 하여야 한다. 이때 펜색을 선택하여야 한다.
월 MON	색변환	요일.월	on	황색	
화 TUE	색변환	요일.화	on	황색	
수 WED	색변환	요일.수	on	황색	
목 THU	색변환	요일.목	on	황색	
금 FRI	색변환	요일.금	on	황색	
토 SAT	색변환	요일.토	on	청색	

(4) 시간에 관한 태그

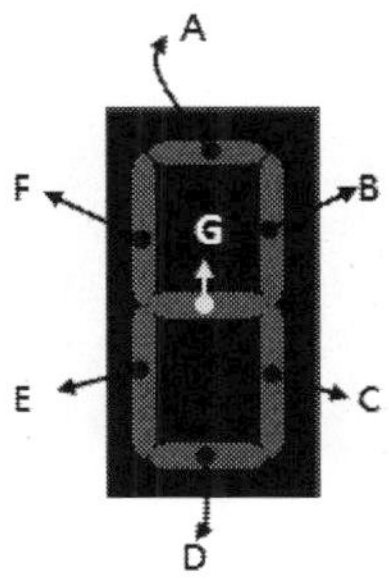

- 7_세그먼트의 구성은 좌측의 그림과 같이 구성되어 있으므로 A~G까지 하나씩 출몰기능을 주어야 한다.
- 각 시_십, 시_일, 분_십, 분_일, 초_십, 초_일의 태그그룹을 선택하여 기능을 주어야 한다.

❖ 바꾸기 기능을 사용하면 편리하다.
예) 초_ ==〉 분_

– 설정 : 출몰	– 설정 : 출몰	– 설정 : 출몰	– 설정 : 출몰	– 설정 : 출몰	– 설정 : 출몰
– 태그이름 시_십.A 시_십.B 시_십.C 시_십.D 시_십.E 시_십.F 시_십.G	– 태그이름 시_일.A 시_일.B 시_일.C 시_일.D 시_일.E 시_일.F 시_일.G	– 태그이름 분_십.A 분_십.B 분_십.C 분_십.D 분_십.E 분_십.F 분_십.G	– 태그이름 분_일.A 분_일.B 분_일.C 분_일.D 분_일.E 분_일.F 분_일.G	– 태그이름 초_십.A 초_십.B 초_십.C 초_십.D 초_십.E 초_십.F 초_십.G	– 태그이름 초_일.A 초_일.B 초_일.C 초_일.D 초_일.E 초_일.F 초_일.G
– 출몰조건 ON	– 출몰조건 ON	– 출몰조건 ON	– 출몰조건 ON	– 출몰조건 ON	– 출몰조건 ON

(5) 7-세그먼트와 BCD 출력에 관한 표시 오브젝트

시(hour)십단위	시(hour)일단위	분(min)십단위	분(min)일단위	초 십단위	초 일단위

1) 7-세그먼트 비트 오브젝트
- 각 시, 분, 초에 해당하는 비트에 출몰대신 색변환으로 하면 된다.
  설정 : 색변환
  태그이름 : (3)번과 동일
  배경색 : 적색
❖ 각 바이트의 최상위 비트(좌측)는 색변환을 하지 않습니다.(A~G이기 때문)
❖ 위의 표시 시각은 12 : 33 : 56입니다.

2) BCD 출력 표시 오브젝트 BCD.초십_4
- 외부 디스플레이 표시기 출력을 내기 위한 PLC 출력부를 BCD로 출력 표시한 것입니다.
- 각 시, 분, 초에 해당하는 비트에 출몰대신 색변환으로 하면 된다.
  설정 : 색변환
  태그이름 : 아래표 참고
  배경색 : 녹색

- 설정 : 출몰	- 설정 : 출몰	- 설정 : 출몰	- 설정 : 출몰	- 설정 : 출몰	- 설정 : 출몰
- 태그이름 BCD.시십_1 BCD.시십_2 BCD.시십_4 BCD.시십_8	- 태그이름 BCD.시일_1 BCD.시일_2 BCD.시일_4 BCD.시일_8	- 태그이름 BCD.분십_1 BCD.분십_2 BCD.분십_4 BCD.분십_8	- 태그이름 BCD.분일_1 BCD.분일_2 BCD.분일_4 BCD.분일_8	- 태그이름 BCD.초십_1 BCD.초십_2 BCD.초십_4 BCD.초십_8	- 태그이름 BCD.초일_1 BCD.초일_2 BCD.초일_4 BCD.초일_8
- 출몰조건 ON	- 출몰조건 ON	- 출몰조건 ON	- 출몰조건 ON	- 출몰조건 ON	- 출몰조건 ON

☑ 4-4-6 스크립터 작성하기

(1) 요일 조정하는 스크립터

```
Sub 요일()
    settagval"요일.일",1
 while 1
   WEEK=gettagval("요일.현값")
```

```
  IF (WEEK=1) THEN
   settagval"요일.일",0:settagval"요일.월",1:settagval"요일.화",0:settagval"요일.수",0
   settagval"요일.목",0 : settagval"요일.금",0 :  settagval"요일.토",0

  elseif (WEEK=2) THEN
  settagval"요일.일",0 : settagval"요일.월",0 :  settagval"요일.화",1 :  settagval"요일.수",0
  settagval"요일.목",0 : settagval"요일.금",0 :  settagval"요일.토",0

 elseif (WEEK=3) THEN
  settagval"요일.일",0 : settagval"요일.월",0 :  settagval"요일.화",0 :  settagval"요일.수",1
 .settagval"요일.목",0 : settagval"요일.금",0 :  settagval"요일.토",0

 elseif (WEEK=4) THEN
  settagval"요일.일",0 : settagval"요일.월",0 :  settagval"요일.화",0 :  settagval"요일.수",0
  settagval"요일.목",1 : settagval"요일.금",0 :  settagval"요일.토",0

elseif (WEEK=5) THEN
  settagval"요일.일",0 : settagval"요일.월",0 :  settagval"요일.화",0 :  settagval"요일.수",0
  settagval"요일.목",0 : settagval"요일.금",1 :  settagval"요일.토",0

elseif (WEEK=6) THEN
  settagval"요일.일",0 : settagval"요일.월",0 :  settagval"요일.화",0 :  settagval"요일.수",0
  settagval"요일.목",0 : settagval"요일.금",0 :  settagval"요일.토",1

elseif (WEEK=0) THEN
  settagval"요일.일",1 : settagval"요일.월",0 :  settagval"요일.화",0 :  settagval"요일.수",0
  settagval"요일.목",0 : settagval"요일.금",0 :  settagval"요일.토",0

else
  settagval"요일.토",0
    end if
 sleep(100)
wend
End Sub
```

(2) 알람시간 설정하는 스크립터

```
Sub 알람()
while 1
    T1=gettagval("출력.시_분")
    T2=gettagval("출력.초")
    T4=gettagval("출력.알람_시분")

      IF ((T1=T4)AND(T2=0)) THEN
        playsound"기상" : settagval"출력.소리",1 : settagval"출력.알람",1 : sleep(35000)
       else
            settagval"출력.알람",0
            settagval"출력.소리",0
      end if
    sleep(100)
wend
End Sub
```

(3) 음크기 조정하는 스크립터

```
Sub 음조절()
  'sndvol32.exe실행
  vol= Shell ("C:\WINDOWS\SYSTEM32\sndvol32.exe",ebNormalFocus)
End Sub
```

❖ "알람" 스크립트와 "요일" 스크립트를 도구 메뉴-페이지 환경설정을 선택하여 다음과 같이 입력한다.

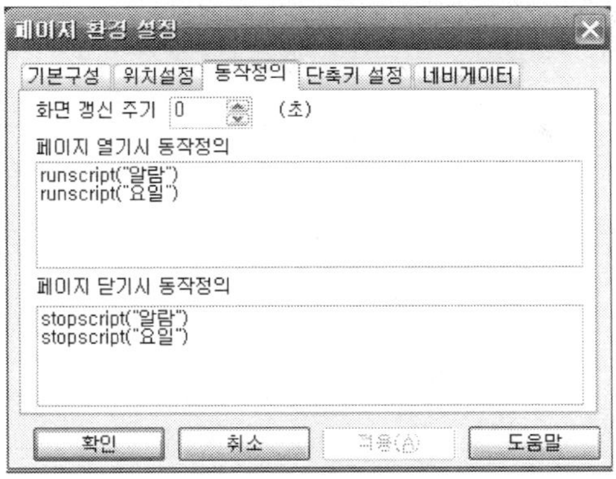

[그림 4-123]

4-4-7 CIMON X 프로그램 실행하기

- CimonD의 메뉴 중에서 "도구"-"Cimonx 환경"을 선택하여 클릭하면 Cimonx 환경 설정 대화상자가 나타난다.
- Cimonx 환경설정 화면에 "시계.PGX"를 선택하여 확인을 클릭한다.
- CimonD의 메뉴 중에서 "도구"-"Cimonx 실행"을 선택하여 클릭한다.

4-4-8 동작 상태 확인

- 모니터의 "알람입력"을 클릭하여 "1200"을 입력한다.
- 모니터의 "시각 ON/OFF" 모니터 버턴을 클릭하면 초(SEC)가 동작하는지 확인한다.
- 모니터의 "요일조정" 버턴을 클릭하여 요일이 바뀌는지 확인한다.
- 모니터의 "시(hour)조정" 버턴을 한 번씩 클릭하여 시(hour)이 바뀌는지 확인한다.
- 모니터의 "분(min)조정" 버턴을 누르면 계속해서 분(min)이 바뀌는지 확인한다.
- 모니터의 "초(sec)조정" 버턴을 누르면 계속해서 초(sec)가 바뀌는지 확인한다.
- 위와 같은 시, 분, 초를 조정하여 11시 59분 50초를 맞추어 10초 후(12:00:00)에서 알람 램프와 알람 소리가 동작하는지 확인한다.

4-5 보행자 신호등 제어(Master-k)

보행자에 신호에 의한 신호등 제어 상태를 이해할 수 있도록 Master-k PLC 응용 명령어를 이용하여 직접 제어하고 동작 상태를 모니터에서 확인할 수 있도록 한다.

- 사용되는 기능
  출몰, 점멸, 색변환, 터치(명령식), 터치(디지털값 사용)
- 프로젝트명 : 신호등제어(교재)
- 완성된 페이지 화면은 다음과 같다.

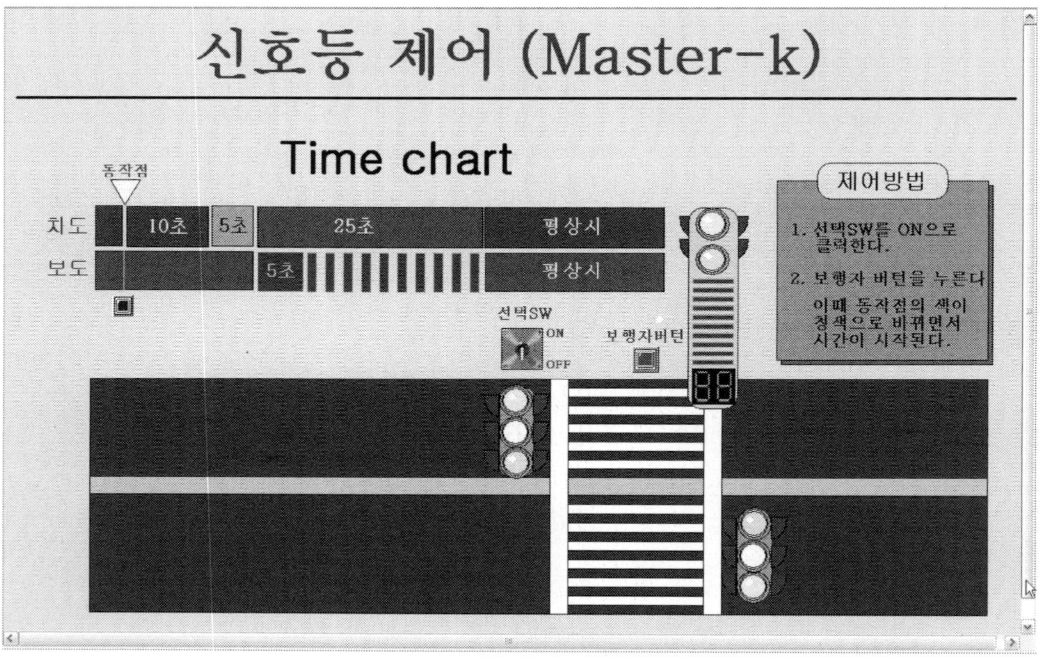

[그림 4-124]

☑ 4-5-1 PLC 프로그램 작성

(1) PLC 프로그램을 작성하여 실태그를 사용할 입출력 및 내부메모리를 확인한다.

(2) Master-k PLC를 이용하여 제어 프로그램을 작성한다.

1) 프로그램 작성

① 외부(시스템)와 모니터에서 선택 스위치 동작

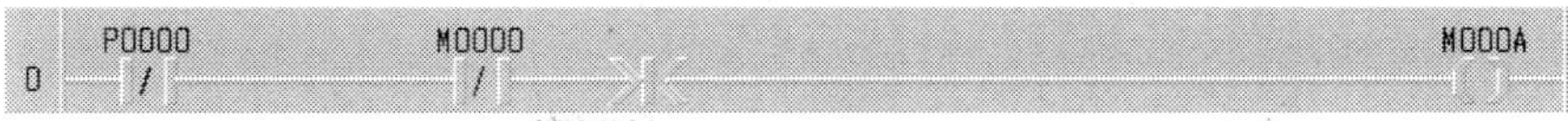

[그림 4-125]

- 위의 동작은 아래와 같다.

[그림 4-126]

· P0000 : 시스템 선택 토글 스위치
· M0000 : 모니터에서 선택 토글 스위치용 내부메모리

② 모니터와 시스템에서 기동입력

[그림 4-127]

- 위의 동작은 아래와 같다.

[그림 4-128]

· P0001 : 시스템 기동 버턴 스위치
· M0001 : 모니터에서 기동버턴 스위치용 내부메모리

③ 타이머에 의한 순차회로, 플리커회로 및 데이터 전송
· [그림 4-129]의 11번 스텝~20번 스텝 : 타이머에 의한 순차회로
· [그림 4-129]의 23번 스텝~31번 스텝 : 1초 주기의 플리커회로
· [그림 4-129]의 34번 스텝~49번 스텝 : 외부 시스템의 출력(디스플레이출력)이

“0”이고 T3 타이머 출력이 나왔을 때 D0010에는 “20”을 전송하고 M002 워드에는 16진으로 “07FE”를 전송한다. 여기서 D0010의 데이터는 디스플레이 제어용으로 사용, M002 워드의 데이터는 LED 제어용으로 사용한다.

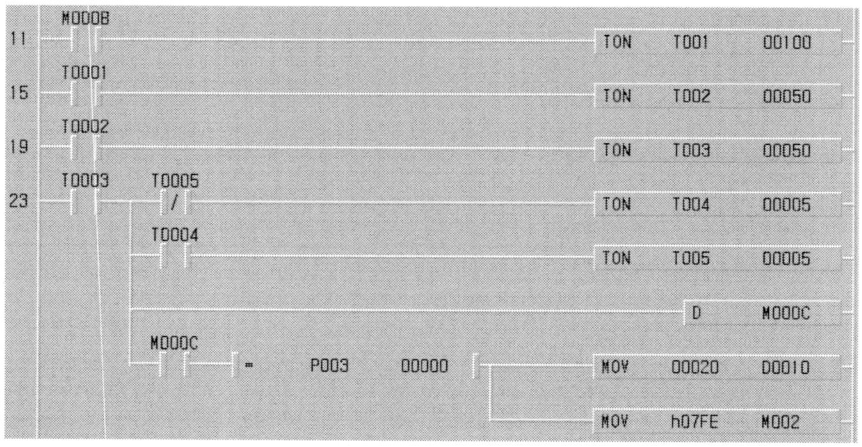

[그림 4-129]

❖ 스텝번호는 KGL 프로그램 편집기에서 보기 메뉴에서 니모닉을 클릭하면 확인할 수 있다.

④ 데이터 초기화전송, 디스플레이, 모니터 세그멘터 및 LED출력

- [그림 4-130]의 54번 스텝~60번 스텝 : 타이머의 플리커회로에 의한 1초주기 펄스로 D0010은 데이터 감소, D0011은 데이터 증가
- [그림 4-130]의 63번 스텝~83번 스텝 : D0011의 데이터 증가하여 “20”(이때 D0010의 데이터는 감소하여 “0”이고 외부선택 스위치 또는 모니터 선택 스위치가 작동하면 D0010, D0011, M002의 데이터를 “0”으로 초기화 시켜 처음 상태로 된다.
- [그림 4-130]의 88번 스텝~103번 스텝 : D0010의 데이터(10진)를 D0012에 BCD값으로 변환하여 외부출력(P003워드)에 0번비트에서 7번비트까지 8비트가 전송하여 디스플레이로 출력된다.BCD값으로 변환된 D0012 데이터는 M001워드에서 세그멘트 값으로 변환되어 모니터에 나타난다.

  예) 18을 데이터 형태별로 저장된 어드레스 동작을 나타내면

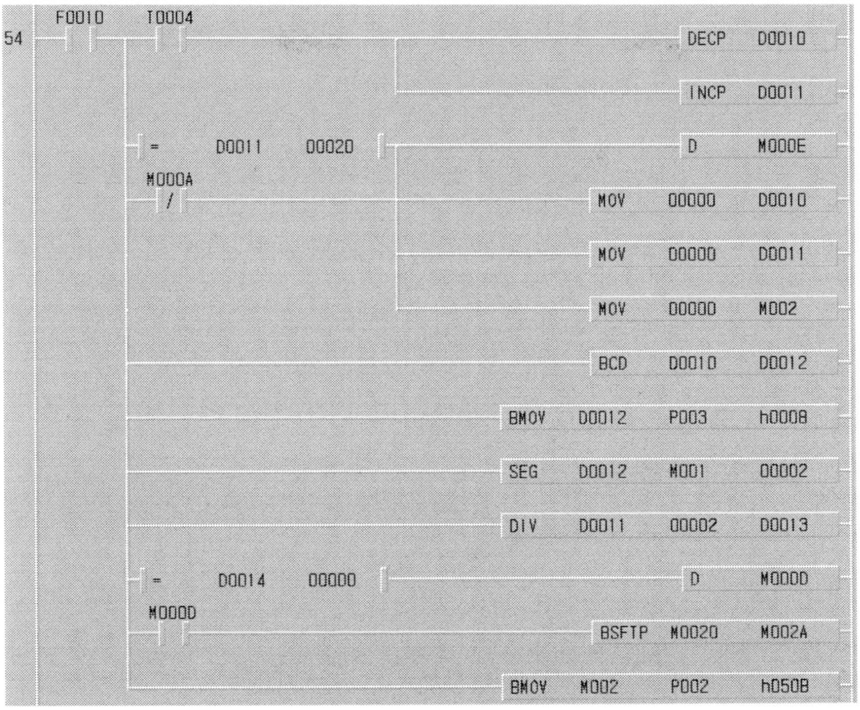

[그림 4-130]

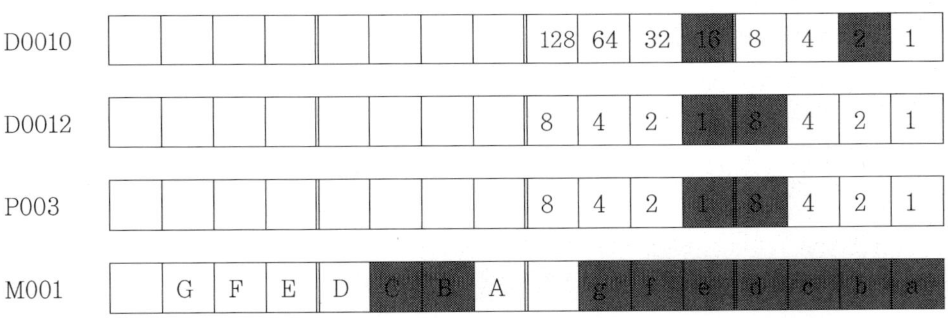

[그림 4-131]

· [그림 4-130]의 110번 스텝~134번 스텝 : DIV D0011 00002 D0013은 D0011의 증가되는 데이터 값을 2로 나누어 몫은 D0013에 저장되고 나머지는 자동적으로 D0014에 저장된다.

· D0014에 저장된 값은 "0"과 "1"이 저장된다.(2로 나누었기 때문이다.) 따라서 M000D의 1SCAN 접점은 2초에 한번씩 ON/OFF 한다.

· M000D의 접접에 의하여 M002의 0번 비트에서 A번 비트까지 하위 비트의 M0020의 값이 전송되고 하위비트는 "0"으로 채워진다.

- 전송된 M002의 데이터값을 LED로 출력하기 위해서는 외부 출력접점이 10개가 필요하다. P003워드는 이미 디스플레이 출력으로 8점을 사용하였으므로 사용이 불가하다. (P002워드의 출력도 0번에서 4번 비트도 보도 및 차도의 램프 출력으로 사용하였으므로 사용불가.)
- P002워드의 출력점점을 BMOV M002 P002 H050B 을 사용하여 M002데이터를 P002 출력에 P0025에서 P002F까지 11비트의 값을 전송한다. (최하위 비트인 M0020의 값은 "0"으로 하여 "0" 전송되도록 한다.
  따라서 M002의 초기값은 "h07FE"이다.
- 예를 들면 초기값은

M002	8	4	2	1	8	4	2	1	8	4	2	1	8	4	2	1
비트번호	F	E	D	C	B	A	9	8	7	6	5	4	3	2	1	0
16진값	0				7				F				E			

P002																
비트번호	F	E	D	C	B	A	9	8	7	6	5	4	3	2	1	0

[그림 4-132]

- 4초 후의 값은 M002의 최하위 비트 값 "0"이 2비트 이동하였으므로

M002	8	4	2	1	8	4	2	1	8	4	2	1	8	4	2	1
비트번호	F	E	D	C	B	A	9	8	7	6	5	4	3	2	1	0
16진값	0				7				F				E			

P002																
비트번호	F	E	D	C	B	A	9	8	7	6	5	4	3	2	1	0

[그림 4-133]

- 따라서 LED가 위에서 2개가 소등된다.
- P0026~P002F의 외부 출력을 이용하여 실태그 지정하여 출몰기능을 이용한다.

⑤ 보도 및 차도 램프출력

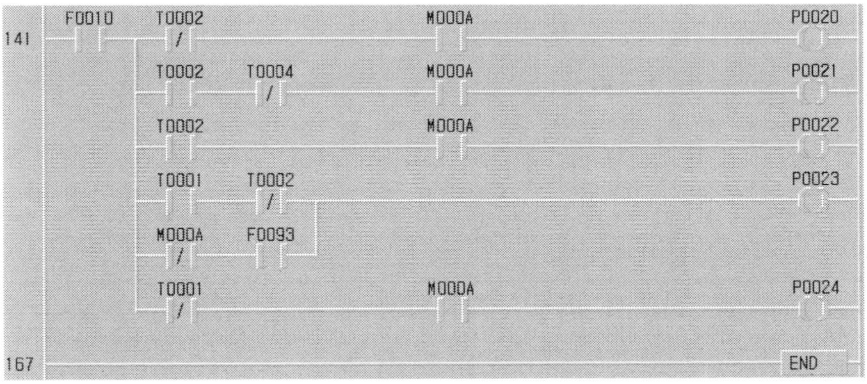

[그림 4-134]

- P0020 : 보도 적색 신호등
- P0021 : 보도 녹색 신호등
- P0022 : 차도 적색 신호등
- P0023 : 차도 황색 신호등
- P0024 : 차도 녹색 신호등

2) 외부 입출력 배선하기

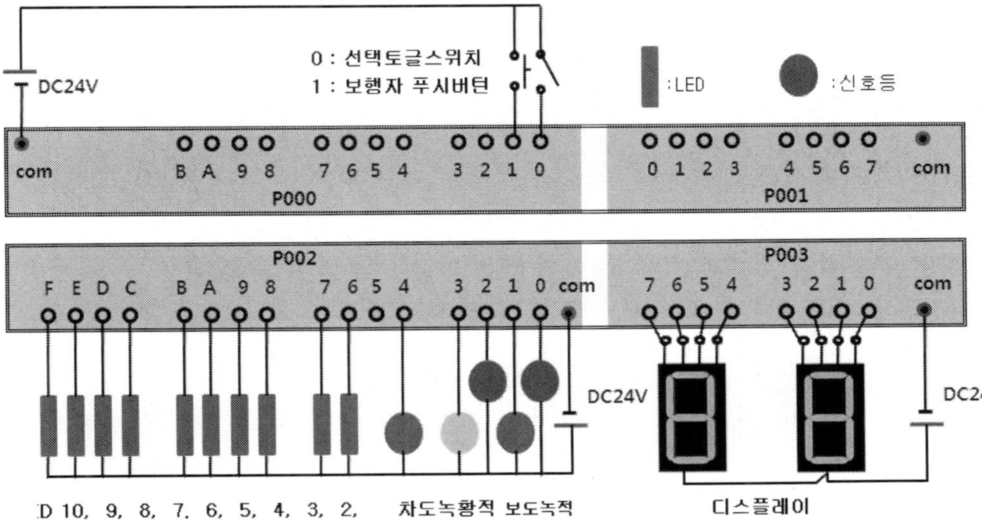

[그림 4-135]

(3) PLC 프로그램을 온라인 메뉴에서 접속+쓰기+모드전환(런)+모니터시작을 선택하여 PLC로 전송한다.

(4) 전송 후 PLC와 컴퓨터와 접속을 온라인 메뉴에서 접속/해제를 선택하여 접속 해제를 시킨다.

☑ 4-5-2 I/O 디바이스 설정하기

(1) CimonD의 메뉴 중에서 "파일" - "새프로젝트"를 선택한다.
- 프로젝트 이름을 "신호등제어(교재)"로 한다.
  C:₩Program Files₩CIMON₩신호등제어(교재)

(2) CimonD의 메뉴 중에서 "도구" - "페이지 환경설정"을 선택한다.
- 제목 : 신호등
- 배경색 : 연회색

(3) CimonD의 메뉴 중에서 "도구" - "I/O 디바이스"를 선택한다.

(4) "새 디바이스" 버턴을 클릭한다.
"I/O 디바이스 종류 선택" 대화상자가 표시된다.

(5) 디바이스 이름을 "MK"으로 입력한다.

(6) 디바이스 종류를 "LS산전 MASTER-K S Series Loader Port"를 선택한다.

(7) "I/O 디바이스 종류 선택" 대화상자의 "확인" 버턴을 클릭한다.

(8) 탭 컨트롤 중에서 "스테이션"을 클릭한 다음 우측의 "스테이션 추가" 버턴을 클릭한다. "스테이션 설정" 대화상자가 표시된다.
- 스테이션 이름 : 신호등
- PLC CPU 종류: Master-k300S

(9) "통신블록 추가" 버턴을 클릭한다.

- "통신블록 설정" 대화상자가 표시된다.
  - 어드레스를 "P0000"로 입력한다.
  - 워드 수를 2로 입력한다.
  - 통신주기를 0.1(초)로 입력하고 등록한다.
- "통신블록 추가" 버턴을 클릭한다.
  - 어드레스를 "P0002"로 입력한다.
  - 워드 수를 2로 입력한다.
  - 통신주기를 0.1(초)로 입력한다.
- 위와 같은 방법으로
  - 어드레스를 "M0000"를 입력한다.
  - 워드 수를 30으로 입력한다.
  - 통신주기를 0.1(초)로 입력한다.
- 아래와 같이 설정이 된다.

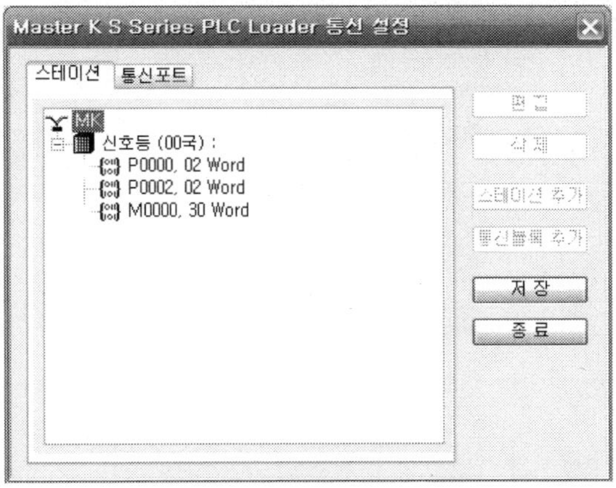

[그림 4-136]

(10) 탭 컨트롤 중에서 "통신포트"를 클릭한다.

- 통신과 관련된 특성을 설정한다. 여기서는 디폴트 값을 그대로 사용한다. 단, 주의할 것은 통신포트를 컴퓨터와 맞추어야 한다.

(11) "Master K S Series PLC Loader 통신 설정" 대화상자의 "저장" 버턴과 "종료" 버턴을 순서로 클릭한다.

(12) "I/O 디바이스 설정" 대화상자의 "닫기" 버턴을 클릭한다.

☑ 4-5-3 실태그 등록하기

실태그를 다음과 같이 등록한다.

(1) 데이터베이스 관리기를 이용해서 "차도", "보도", "가상", "SW" , "LED", "FND" 그룹태그를 등록한다.

- 좌측의 "신호등제어(교재)"를 선택하고 그 위의 새 태그를 클릭한다.
  태그편집 대화상자가 나타난다.
  - 이름 : 차도
  - 종류 : 그룹
- 태그편집 대화상자의 등록버턴을 클릭한다.
- 이와 같이 "보도", "가상", "SW", "LED", "FND" 그룹 태그를 추가하면 아래와 같이 그룹의 태그가 등록된다.

[그림 4-137]

(2) 그룹 내 태그 입력하기

1) 차도그룹

- 좌측의 "차도" 그룹태그를 선택한다.
  - 이름 : RL
  - 종류 : 디지털
  - 실태그를 선택
    I/O 디바이스 : MK.신호등
    I/O 어드레스 : P0022
- 아래와 같이 "차도" 그룹 내에 "RL"이라는 실태그가 등록한다.

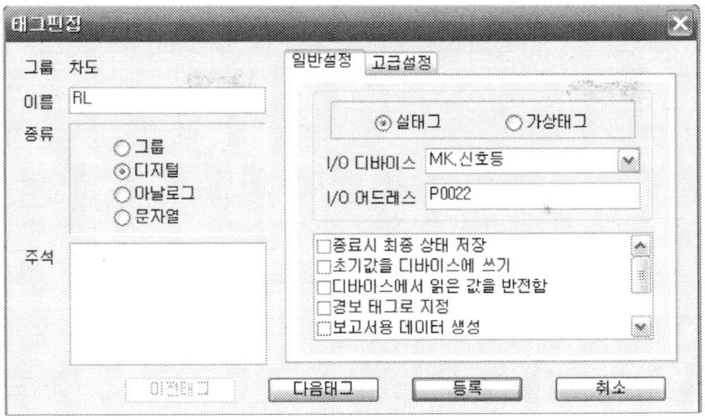

[그림 4-138]

- 다음태그를 눌러 위와 같이 "차도" 그룹 내에 "YL", "GL"이라는 태그를 등록한다. 이름과 I/O 어드레스만 바꾸면 된다.
- 다음과 같이 등록된다.

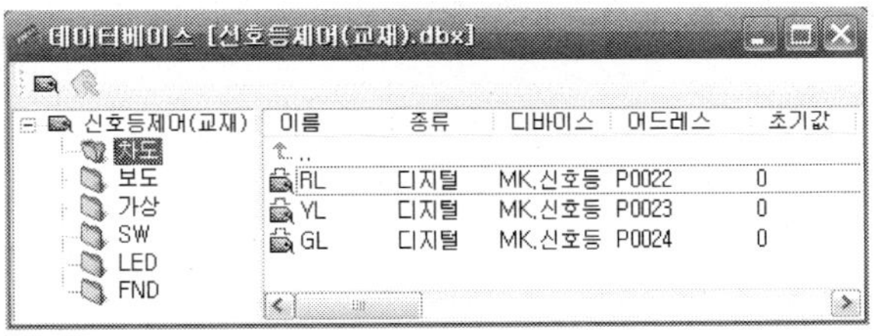

[그림 4-139]

2) 보도그룹
- 위의 "차도" 그룹태그와 같이 등록한다.
- 이름과 I/O 어드레스를 아래 그림과 같이 등록한다.

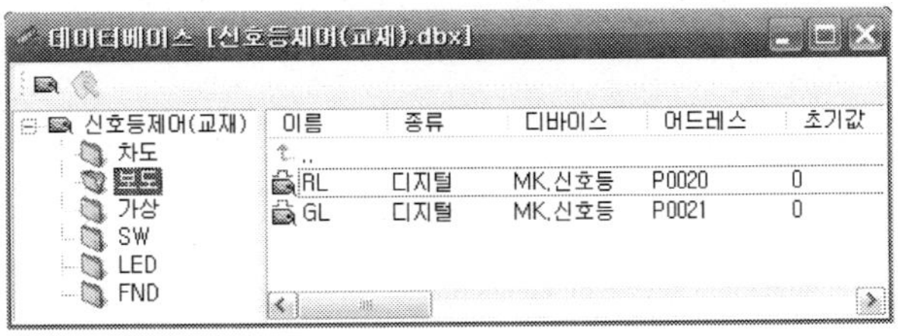

[그림 4-140]

3) 가상그룹
- 가상 태그를 이용하여 신호등제어를 시뮬레이션을 할 수 있다.

간단한 스크립터를 이용하여 모니터에서만 할 수 있으므로 PLC와는 무관하므로 다음 기회에 소개하기로 한다.

4) SW그룹

- 모니터에서 신호등을 제어할 수 있는 스위치와 스위치 동작 확인을 할 수 있는 그룹이다.
- PLC의 프로그램에서 M0000, M0001의 역할은 P0000, P0001의 외부시스템 스위치와 같이 모니터에서 같은 동작을 한다.
- 입력은 차도그룹과 같은 방법으로 한다.
- 이름과 I/O 어드레스를 아래 그림과 같이 등록한다.

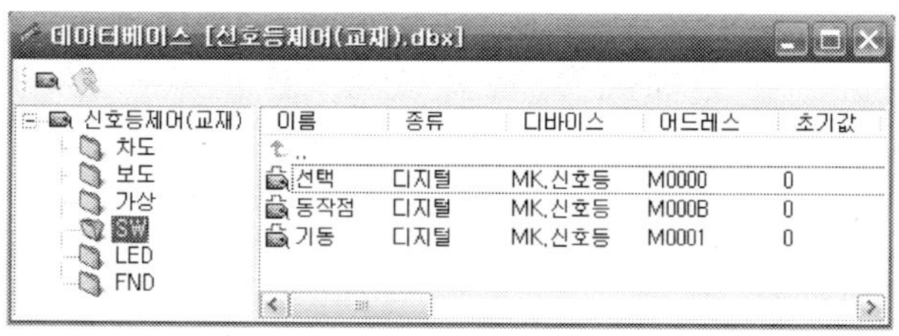

[그림 4-141]

5) LED그룹

- PLC의 외부 출력을 이용하여 신호등 LED 출력을 한다.
- PLC 프로그램을 이해하고 P0026~P002F까지 어드레스를 사용한 이유를 알아보자. (BMOV 특수 명령어 이해)
- 입력은 차도그룹과 같은 방법으로 한다.
- 이름과 I/O 어드레스를 아래 그림과 같이 등록한다.

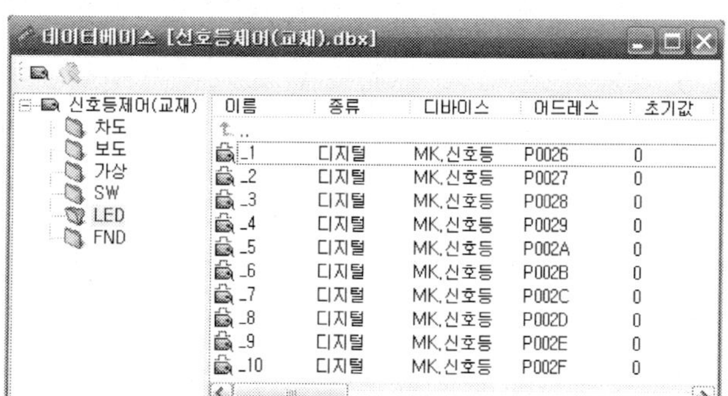

[그림 4-142]

6) FND그룹

- PLC의 내부 메모리를 이용하여 모니터에 수치를 출력한다.
- PLC의 "SEG" 특수 명령어를 사용하여 BCD값을 7-세그멘트 값으로 변환하여 출력한다.
- 1Byte 당 숫자 1자, 숫자당 최대 7Bit (a~g)이므로 바이트의 최상위 비트는 사용하지 않는다.
- 워드 당 숫자 2자이므로 비트번호 7번과 F번은 사용하지 않는다.
- 입력은 차도그룹과 같은 방법으로 한다.
- 이름과 I/O 어드레스를 아래 그림과 같이 등록한다.

[그림 4-143]

☑ 4-5-4 모니터 화면 모니터링하기

(1) CimonD의 메뉴 중에서 "정렬"-"격자선에 맞추기"를 지정한다.

(2) 그림 메뉴를 이용하여 오브젝트를 등록한다.

(3) 화면 모니터링이 되면 C:₩Program Files₩CIMON₩신호등제어(교재)의 폴더에 "MAIN".pgx의 확장자명으로 저장한다.

(4) 도구-사이먼 X환경에서 초기값을 "MAIN".pgx로 설정한다.

☑ 4-5-5 오브젝트에 기능 부여하기

(1) 선택SW 오브젝트 : 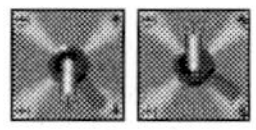

1) 두 개의 오브젝트를 기능을 부여한 뒤 겹치게 한다.

2) 출몰기능과 터치기능의 디지털값 쓰기를 이용한다.

① OFF(왼쪽) 오브젝트
- 출몰
  - · 태그이름 : SW.선택
  - · 출몰조건 : OFF
- 터치
  - · 동작 : 디지털값 쓰기
  - · 태그이름 : SW.선택
  - · 쓰기값 : Toggle

② ON(오른쪽) 오브젝트
- 출몰
  - · 태그이름 : SW.선택
  - · 출몰조건 : ON
- 터치
  - · 동작 : 디지털값 쓰기
  - · 태그이름 : SW.선택
  - · 쓰기값 : Toggle

(2) 보행자버턴 오브젝트 :  , 

1) 두 개의 오브젝트에 같은 터치기능을 부여한다.
- 터치
  - · 동작 : 명령식
  - · 명령식-Down : SW.기동=1
  - · 명령식-up : SW.기동=0

(3) 횡단보도 숫자 오브젝트 : 

1) 오브젝트의 크기를 확대하여 기능을 부여한 뒤 축소시킨다.

2) 7_세그먼트의 구성은 좌측의 그림과 같이 구성되어 있으므로 A~G까지 하나씩 출몰기능을 부여한다.

① 일단위 A 오브젝트
- 출몰
  - · 태그이름 : FND._1A
  - · 출몰조건 : ON
- 옆 그림을 참고하여 B, C, D, E, F, G의 오브젝트 출몰기능을 태그명만 바꾸어 부여한다.
- 각각 FND._1B, FND._1C, ……, FND._1G
  (태그명은 데이터베이스 FND 그룹과 같이한다)

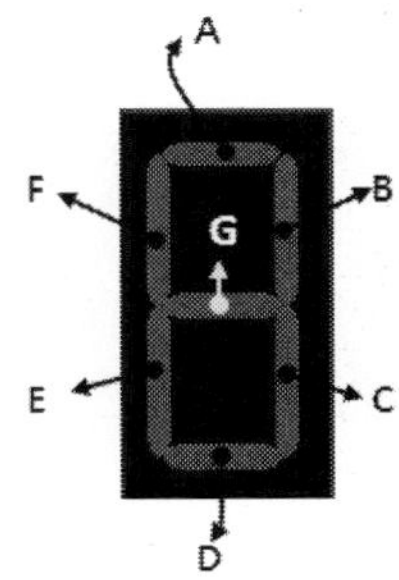

② 십단위 A 오브젝트
- 일단위와 같이 출몰기능을 부여하고 태그이름만 변경한다.
- 각각 FND._2A, FND._2B, FND._2C, ……, FND._2G를 부여한다.
  (태그명은 데이터베이스 FND 그룹과 같이한다.)
- 출몰조건은 모두 "ON"으로 한다.

(4) 횡단보도 램프 오브젝트 : 

1) 색변환 기능을 부여한다.

2) 실제 오브젝트의 색은 연녹색과 연분홍색으로 되어있으므로 PLC에서 오브젝트의 실태그에 사용되는 어드레스가 ON하면 각각 진녹색, 빨강색으로 색변환을 시킨다.

① 적색 램프 오브젝트
- 색변환
  - · 태그이름 : 보도.RL
  - · 배경색 : 빨강색
  - · 기준 : ON

② 녹색 램프 오브젝트
- 색변환
  - 태그이름 : 보도.GL
  - 배경색 : 진녹색
  - 기준 : ON

(5) 횡단보도 LED 오브젝트 : 

1) 색변환 기능을 부여한다.

2) 실제 오브젝트의 색은 진녹색으로 되어있으므로 PLC에서 오브젝트의 실태그에 사용되는 어드레스가 ON에서 OFF하면서 위에서 하나씩 소등(2초 간격)하므로 배경색과 기준을 반대로 한다.(횡단보도 LED 점멸과정 참고)

① LED1 오브젝트
- 아래 그림과 같이 위쪽부터 1개씩 지정하여 기능을 부여 한다.
- 색변환
  - 태그이름 : LED._1
  - 펜색 : 진녹색
  - 배경색 : 신호등 바탕색과 같은 연회색
  - 기준 : OFF

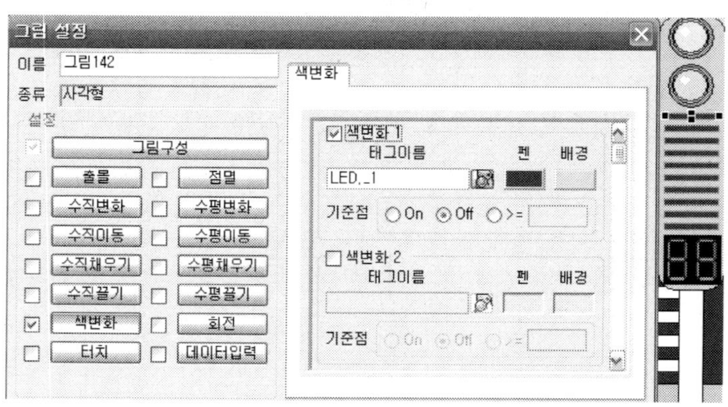

[그림 4-144]

② LED2 오브젝트 ~ LED10 오브젝트

- 같은 방법으로 태그이름만 변경시켜 색변환 기능을 부여 하면 된다.
- 각각 LED._2, LED._3, LED._4, ……, LED._10을 부여한다.
  (태그명은 데이터베이스 LED 그룹과 같이한다)

(6) 차도 램프 오브젝트 : 

1) 횡단보도 램프 오브젝트와 같이 색변환 기능을 부여한다.

2) 태그이름만 변경하면 된다.

① 적색 램프 오브젝트
- 색변환
  - 태그이름 : 차도.RL
  - 배경색 : 빨강색
  - 기준 : ON

② 녹색 램프 오브젝트
- 색변환
  - 태그이름 : 차도.GL
  - 배경색 : 진녹색
  - 기준 : ON

③ 황색 램프 오브젝트
- 색변환
  - 태그이름 : 차도.YL
  - 배경색 : 진노랑색
  - 기준 : ON

(7) 타임차트 사각형 오브젝트 :

1) 타임차트 사각형 오브젝트는 진녹색, 빨강색, 진노랑색으로 되어있기 때문에 태그명은 차도, 횡단보도 램프 오브젝트와 같이 색변환 기능을 부여하고 배경색은 각각 연녹색, 연분홍색, 연노랑색으로 하고 기준점은 모두 OFF로 한다.

① 차도 녹색사각 오브젝트, 차도 평상시사각 오브젝트

– 색변환

- 태그이름 : 차도.GL
- 배경색 : 연녹색
- 기준 : OFF

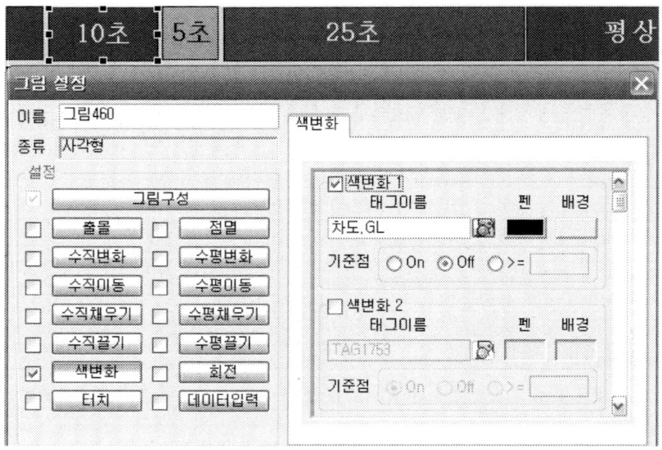

[그림 4-145]

② 차도 황색사각 오브젝트, 차도 적색사각 오브젝트

– 같은 방법으로 배경색을 연노랑색, 연분홍색으로 하고 색변환 기능을 부여하면 된다.

– 태그이름은 각각 차도.YL, 차도.RL을 부여한다.

(8) 동작점표시 사각형 오브젝트 : 

1) 타임차트에서 보행자 버턴을 누르면 진청색으로 변하면서 동작되는 상태를 보여준다.

2) 색변환 기능을 이용한다.

– 색변환

- 태그이름 : SW.동작점
- 배경색 : 진청색
- 기준 : ON

❖ PLC 프로그램에서 P0001이나 M0001이 ON 하면 M000B가 동작하는 것을 알 수 있다. M000B가 SW.동작점의 실태그 어드레스이다.

4-5-6 CIMON X 프로그램 실행하기

- CimonD의 메뉴 중에서 "도구"-"Cimonx 환경"를 선택하여 클릭하면 Cimonx 환경 설정 대화상자가 나타난다.
- 윈도우 형태 탭에서 초기화면에 "MAIN.PGX"를 선택하여 확인을 클릭한다.
- CimonD의 메뉴 중에서 "도구"-"Cimonx 실행"를 선택하여 클릭한다.

4-5-7 동작 상태 확인

(1) 모니터에서 확인

- 모니터에서 선택스위치를 OFF에 위치하면 차도의 황색등이 점멸하는지 확인한다.
- 모니터에서 선택스위치를 ON에 위치하면 차도의 황색등이 소등하면서 차도에는 녹색등이 보도에는 적색등이 점등하는지 확인한다.
- 모니터에서 보행자 버턴을 클릭하면 동작점이 청색으로 변하는지 확인한다.
- 모니터에서 동작점이 청색으로 변한 후 차도와 보도의 램프가 다음과 같이 동작하는지 확인한다.
  - 차도 : 녹색등(10초 후) => 황색등(5초) => 적색등(25초) ==> 녹색등(평상시)
  - 보도 : 적색등(15초 후) ========> 녹색등(5초 후) 20초간점멸 => 적색등
  - 보도의 녹색등이 점멸할 때 수치는 20에서 1씩 감소하여 "0" 동작시 차도, 보도 각각 정상적으로 녹색등, 적색등으로 작동하는지 확인한다.
  - 보도의 녹색등이 점멸할 때 LED는 초기에 전부 점등하여 2초에 하나씩 위에서 아래로 소등하는지 확인한다.

(2) 시스템에서 확인

- 시스템에서 선택스위치(P0000)를 OFF에 위치하면 차도의 황색(P0023)등이 점멸하는지 확인한다.
- 시스템에서 선택스위치(P0000)를 ON에 위치하면 차도의 황색등이 소등하면서 차도에는 녹색등(P0024)이 보도에는 적색등(P0020)이 점등하는지 확인한다.
- 시스템에서 보행자 버턴(P0001)을 클릭하면 동작점이 청색으로 변하는지 확인한다.
- 모니터에서 동작점이 청색으로 변한 후 차도와 보도의 램프가 다음과 같이 동작하는지 확인한다.
  - 신호등(P0020~P0024)의 출력이 화면과 같이 출력되는지 확인한다.
  - LED(P0026~P002F)의 출력이 화면과 같이 출력되는지 확인한다.
  - 디스플레이(P0030~P0037)의 출력이 화면과 같이 출력되는지 확인한다.

4-6 전자레인지 제어(Master-k)

가전제품의 동작상태를 이해할 수 있도록 가상태그와 실태그를 Master-k PLC 응용 명령어를 이용하여 직접 제어하고 동작 상태를 모니터에서 확인할 수 있도록 한다.

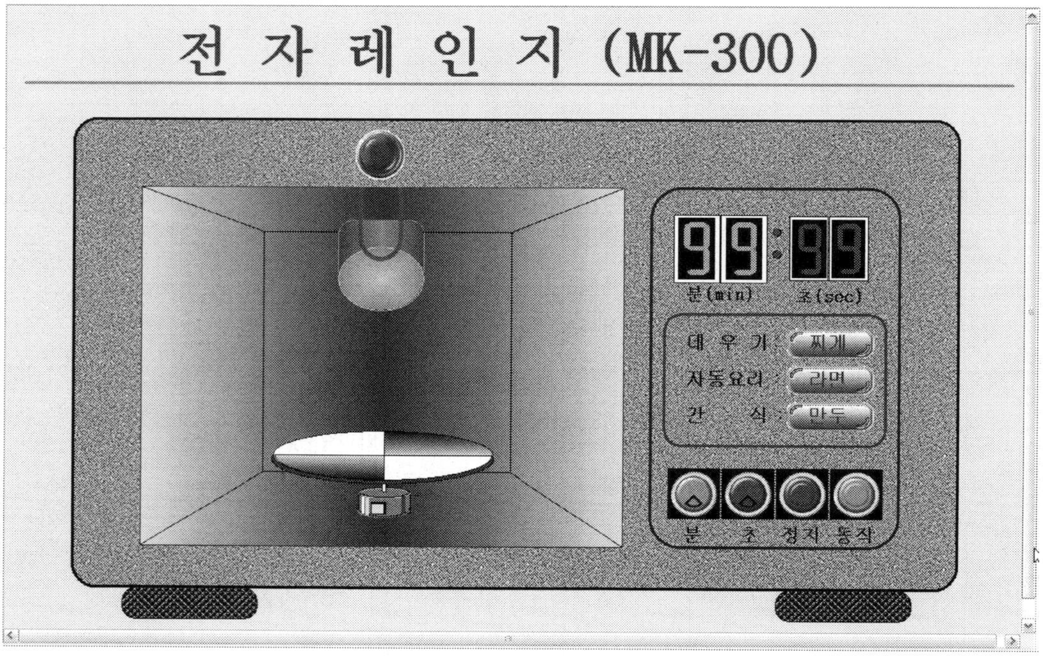

[그림 4-146]

- 사용되는 기능
  출몰, 점멸, 색변환, 터치(명령식), 회전, 스크립터
- 프로젝트명 : 전자레인저(교재)
- 완성된 페이지 화면은 다음과 같다.

☑ 4-6-1 PLC 프로그램 작성

(1) PLC 프로그램을 작성하여 실태그를 사용할 입출력 및 내부메모리를 확인한다.

(2) Master-k PLC를 이용하여 제어 프로그램을 작성한다.

1) 프로그램 작성

① 프로그램 PLC 전송시 데이터 메모리 초기화

[그림 4-147]

② 모니터와 시스템에서 입력(1SCAN 출력)

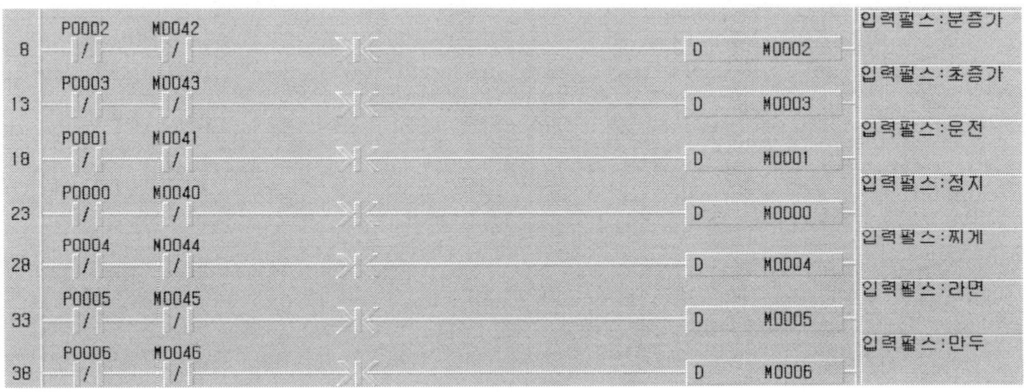

[그림 4-148]

· 그림 4-148의 8번 스텝은 반전 명령어를 사용하여 외부입력 P0002와 모니터에서 내부메모리 M0042를 이용하여 두 곳 중 한곳의 입력조건이 상승시 M0002의 접점이 1SCAN 펄스가 출력하도록 하였다.(동작은 아래 [그림 4-149]와 같다)

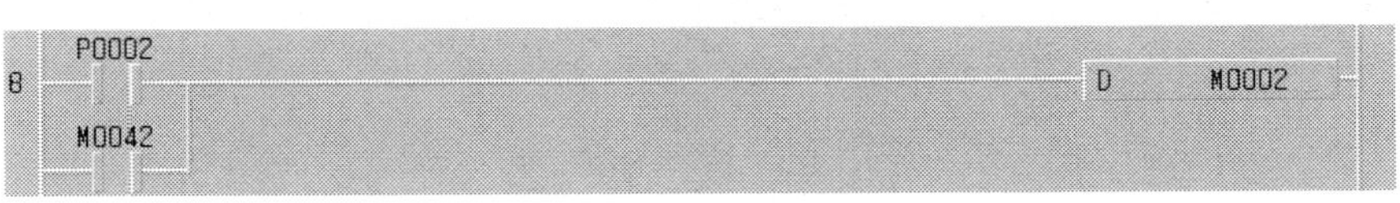

[그림 4-149]

③ 1초 주기 특수릴레이(1SCAN 출력)

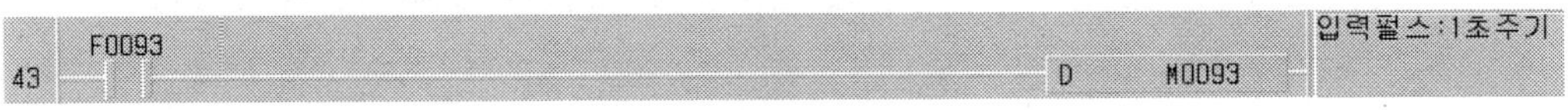

[그림 4-150]

④ 분, 초 데이터 설정

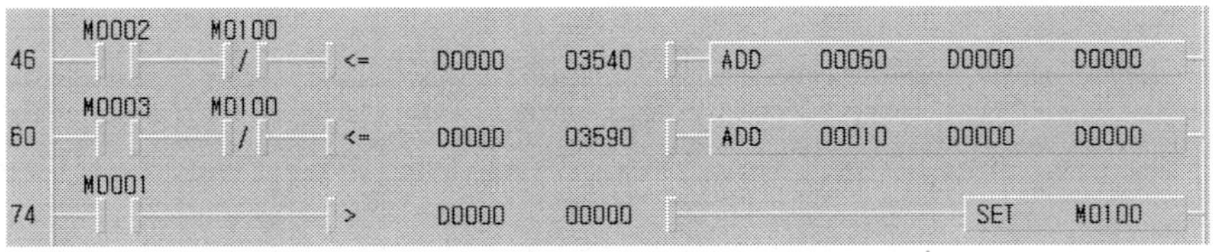

[그림 4-151]

- [그림 4-151]의 46번 스텝: M0002(1스캔접점)에 의해서 클릭시 60씩 증가하여 D0000의 데이터 메모리에 저장된다.(작동 중에는 설정이 되지 않음)
- [그림 4-151]의 60번 스텝: M0003(1스캔접점)에 의해서 클릭시 10씩 증가하여 D0000의 데이터 메모리에 저장된다.(작동 중에는 설정이 되지않음)
- [그림 4-151]의 74번 스텝: M0001(운전 1스캔접점)에 의해서 시간이 설정되어 있을 때 M0100(운전 내부RELAY)가 동작한다.

⑤ 작동 중 시간감소

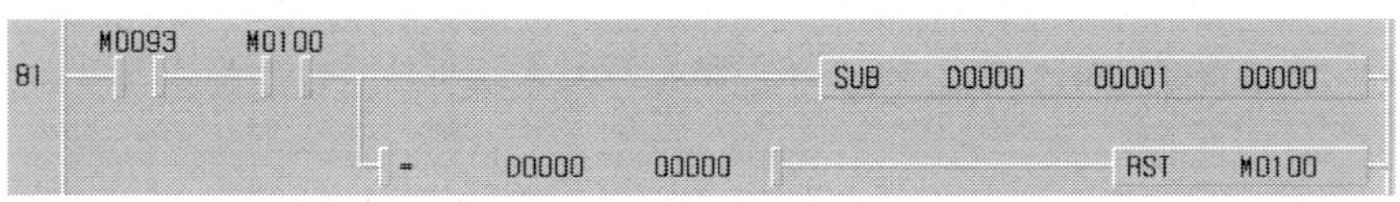

[그림 4-152]

- 작동 중에 1초 단위로 D0000의 데이터가 감소하여 "0"이 되면 M0100(운전 내부RELAY)가 리셋하여 작동이 멈춘다.

⑥ 작동 중 정지

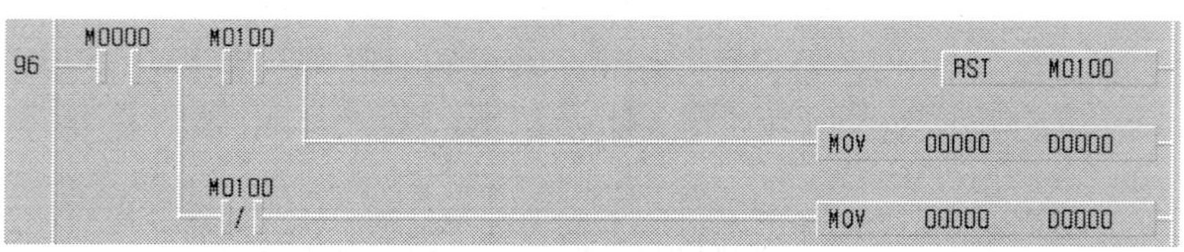

[그림 4-153]

- 작동 중, 정지시에 정지 버턴을 누르면 D0000에 저장된 데이터는 모두 초기화(0)가 된다.

⑦ 요리 조리시간 입력

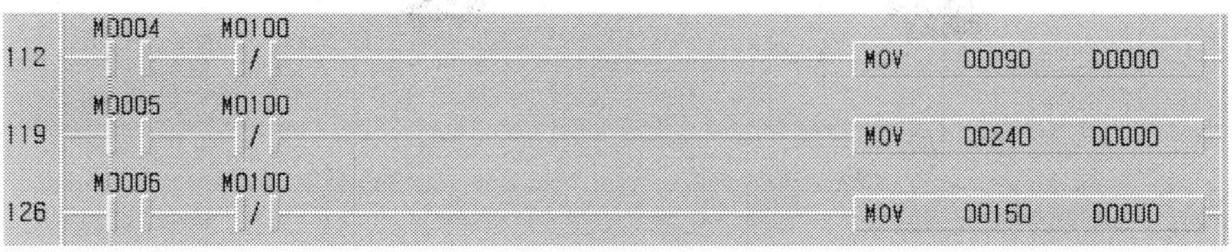

[그림 4-154]

· M0004(찌개조리시간입력 1스캔 접점)을 누르면 D0000에 "90"의 데이터가 저장된다.(작동 중에는 저장되지 않음)

· M0005, M0006의 조리시간입력 1스캔 접점을 누르면 D0000에 각각 "240", "150"의 데이터가 저장된다.

⑧ 분, 초 저장 및 출력

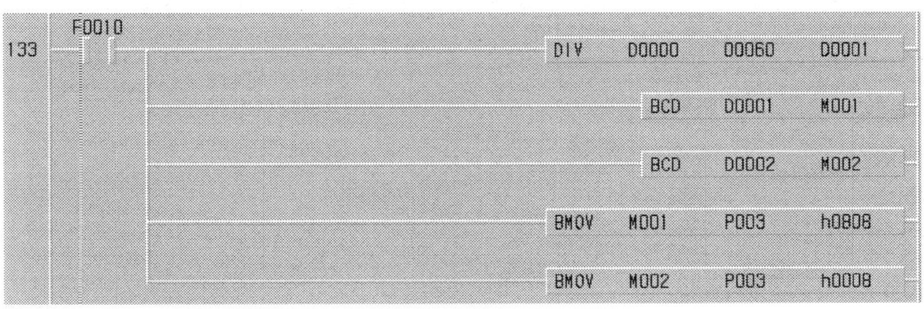

[그림 4-155]

· D0000에 저장된 데이터를 60으로 나눈 몫(분)은 D0001에 저장되어 M001 워드(2바이트)에 BCD 형태로 저장된다.

· D0000에 저장된 데이터를 60으로 나눈 몫(분)외의 나머지(초)는 D0002에 자동 저장되어 M002 워드(2바이트)에 BCD 형태로 저장된다.

· M001에 워드 형태로 저장된 데이터를 P003의 상위바이트(P0038~P003F)에 저장된다.

· M002에 워드 형태로 저장된 데이터를 P003의 하위바이트(P0030~P003F)에 저장된다.

❖ 예를 들면 D0000에 "270"의 데이터가 저장되면 아래의 적색으로 표시된 부분이 "1"의 상태로 저장된다.

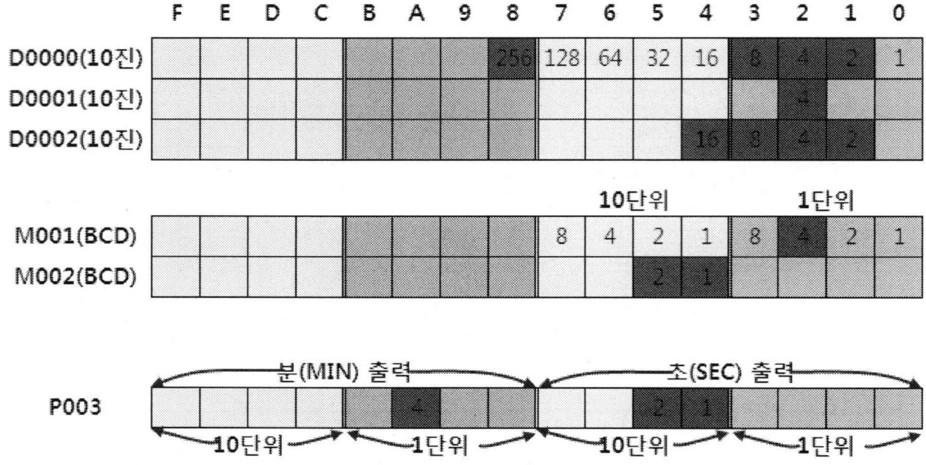

[그림 4-156]

⑨ 모터, 램프 출력

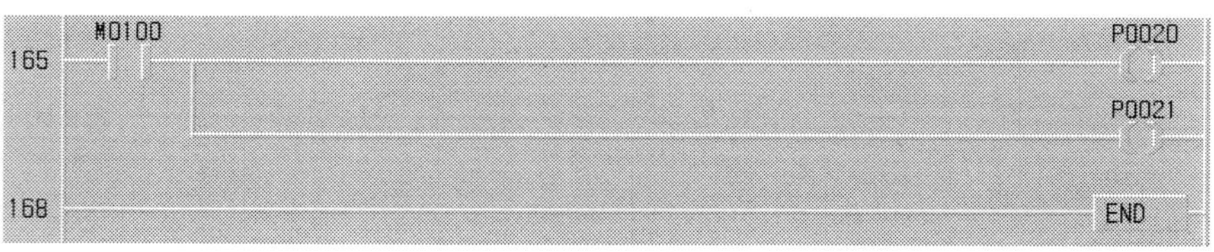

[그림 4-157]

2) 외부 입출력 배선하기

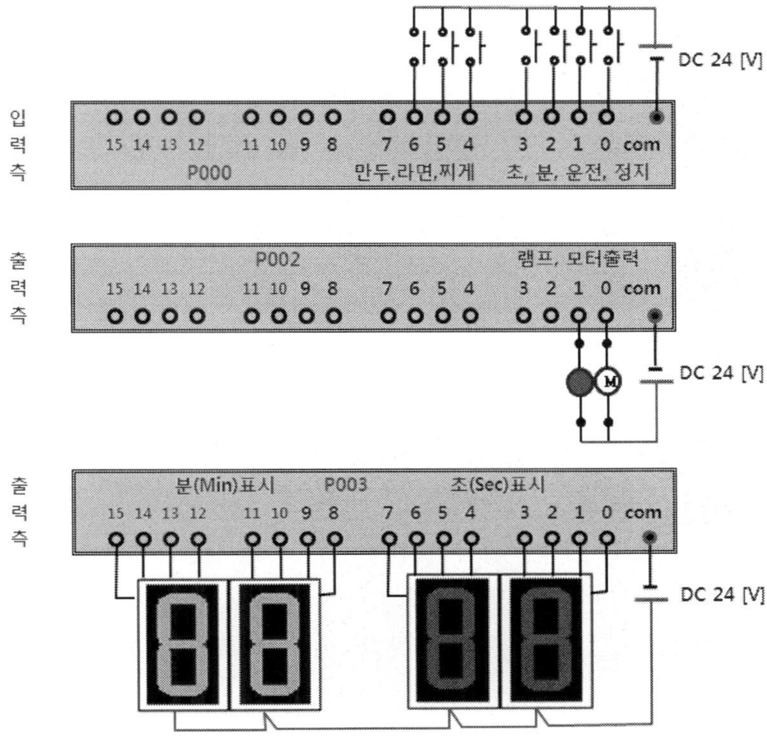

[그림 4-158]

(3) PLC 프로그램을 온라인 메뉴에서 접속+쓰기+모드전환(런)+모니터시작을 선택하여 PLC로 전송한다.

(4) 전송후 PLC와 컴퓨터와 접속을 온라인 메뉴에서 접속/해제를 선택하여 접속 해제를 시킨다.

☑ 4-6-2 I/O 디바이스 설정하기

(1) CimonD의 메뉴 중에서 "파일"-"새프로젝트"를 선택한다.

- 프로제트 이름을 "전자레인저(교재)"로 한다.
  C:₩Program Files₩CIMON₩전자레인저(교재)

(2) CimonD의 메뉴 중에서 "도구"-"페이지 환경설정"을 선택한다.
- 제목 : 전자레인저
- 배경색 : 연회색

(3) CimonD의 메뉴 중에서 "도구"-"I/O 디바이스"를 선택한다.

(4) "새 디바이스" 버턴을 클릭한다.
"I/O 디바이스 종류 선택" 대화상자가 표시된다.

(5) 디바이스 이름을 "MK"으로 입력한다.

(6) 디바이스 종류를 "LSTKS전 MASTER-K S Series Loader Port"를 선택한다.

(7) "I/O 디바이스 종류 선택" 대화상자의 "확인" 버턴을 클릭한다.

(8) 탭 컨트롤 중에서 "스테이션"을 클릭한 다음 우측의 "스테이션 추가" 버턴을 클릭한다. "스테이션 설정" 대화상자가 표시된다.
- 스테이션 이름 : 정역제어
- PLC CPU 종류 : Master-k300S

(9) "통신블록 추가" 버턴을 클릭한다.
- "통신블록 설정" 대화상자가 표시된다.
  · 어드레스를 "P0000"로 입력한다.
  · 워드 수를 2로 입력한다.
  · 통신주기를 0.1(초)로 입력하고 등록한다.
- "통신블록 추가" 버턴을 클릭한다.
  · 어드레스를 "P0002"로 입력한다.
  · 워드 수를 2로 입력한다.
  · 통신주기를 0.1(초)로 입력한다.
- 위와 같은 방법으로
  · 어드레스를 "M0000"를 입력한다.
  · 워드 수를 30으로 입력한다.

· 통신주기를 0.1(초)로 입력한다.

- 아래와 같이 설정이 된다.

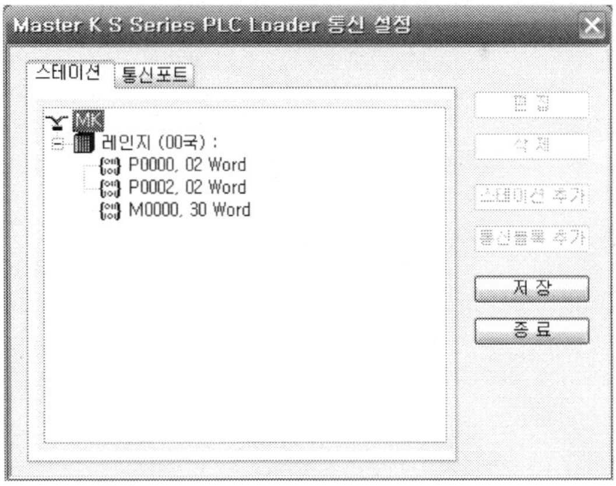

[그림 4-159]

(10) 탭 컨트롤 중에서 "통신포트"를 클릭한다.

- 통신과 관련된 특성을 설정한다. 여기서는 디폴트 값을 그대로 사용한다.
  단, 주의할 것은 통신포트를 컴퓨터와 맞추어야 한다.

(11) "Master K S Series PLC Loader 통신 설정" 대화상자의 "저장" 버턴과 "종료" 버턴을 순서로 클릭한다.

(12) "I/O 디바이스 설정" 대화상자의 "닫기" 버턴을 클릭한다.

☑ 4-6-3 실태그 등록하기

실태그를 다음과 같이 등록한다.

(1) 데이터베이스 관리기를 이용해서 "출력", "조리", "시간", "버턴", "가상" 그룹태그를 등록한다.

- 좌측의 "전자레인지(교재)"를 선택하고 그 위의 새 태그를 클릭한다.
  태그편집 대화상자가 나타난다.
- 이름 : 출력
- 종류 : 그룹

태그편집 대화상자의 등록버턴을 클릭한다.

- 이와 같이 "조리", "시간", "버턴", "가상" 그룹 태그를 추가하면 아래와 같이 그룹의 태그가 등록된다.

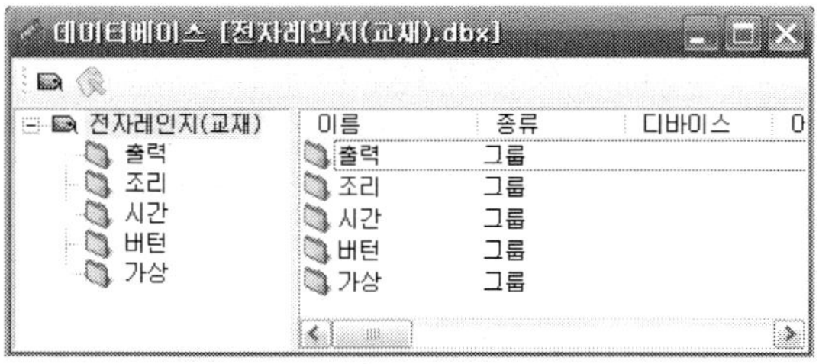

[그림 4-160]

(2) 그룹 내 태그 입력하기

1) 출력그룹

- 좌측의 "출력" 그룹태그를 선택한다.
  - 이름 : 모터
  - 종류 : 디지털
  - 실태그를 선택

    I/O 디바이스 : MK.레인지

    I/O 어드레스 : P0020
- 아래와 같이 "출력" 그룹 내에 "모터"라는 태그가 등록한다.

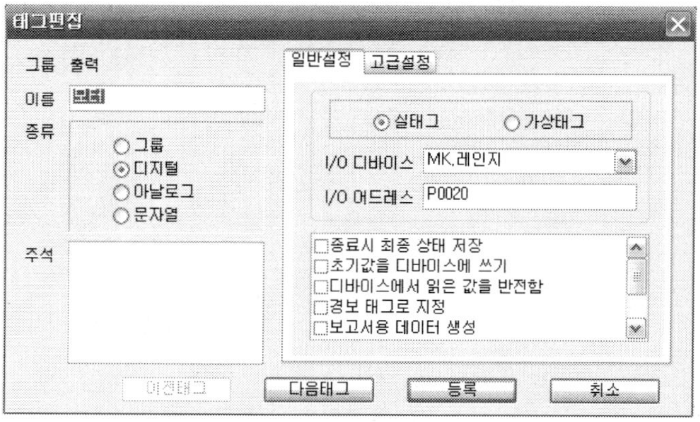

[그림 4-161]

- 위와 같이 "출력" 그룹 내에 "램프"라는 태그를 등록한다.

이름과 I/O 어드레스만 바꾸면 된다.

- 이름 : 램프
- 종류 : 디지털
- 실태그를 선택
  I/O 디바이스 : MK.레인지
  I/O 어드레스 : P0021

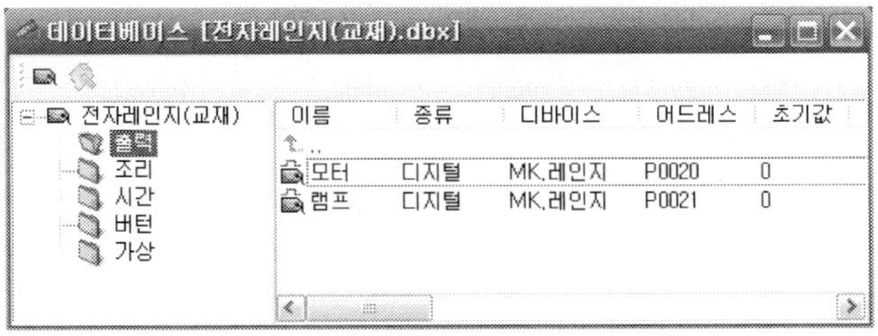

[그림 4-162]

2) 조리그룹

- 위의 "출력" 그룹태그와 같이 등록한다.
- 이름과 I/O 어드레스를 아래 그림과 같이 등록한다.

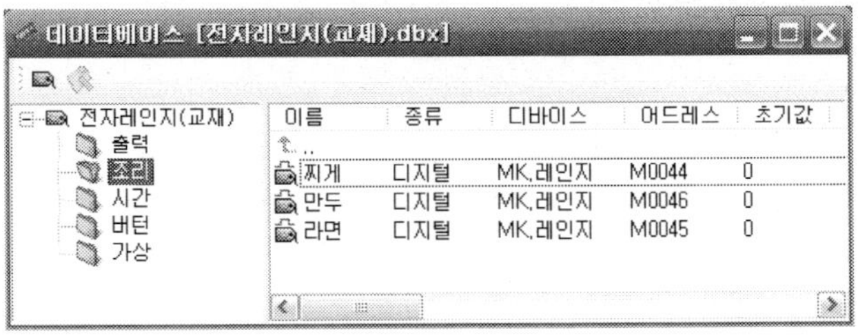

[그림 4-163]

3) 시간그룹

- 좌측의 "시간" 그룹태그를 선택한다.
  - 이름 : 초
  - 종류 : 아날로그
  - 실태그를 선택
    I/O 디바이스 : MK.레인지
    I/O 어드레스 : M002
  - 데이터 형태 : UBCD16

최소값 : 0

최대값 : 60

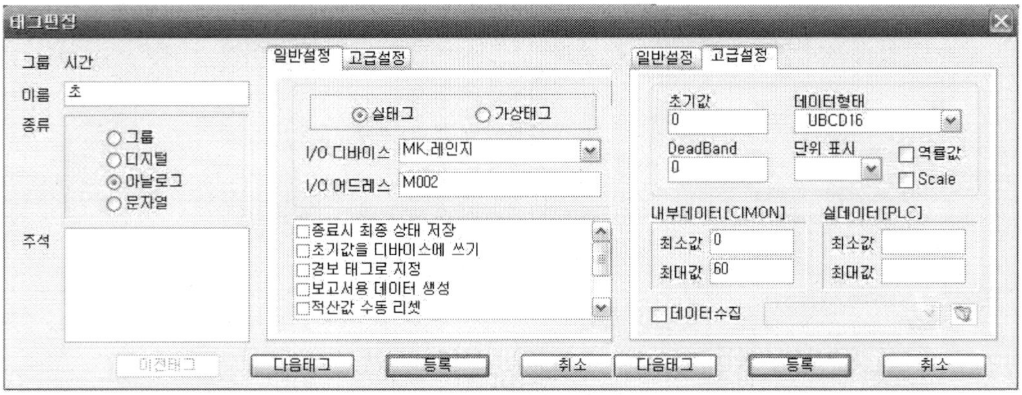

[그림 4-164]

- 위와 같이 "시간" 그룹 내에 "분"이라는 태그를 등록한다.
  이름과 I/O 어드레스만 바꾸면 된다.
  · 이름 : 분
  · 종류 : 아날로그
  · 실태그를 선택
    I/O 디바이스 : MK.레인지
    I/O 어드레스 : M001
  · 데이터 형태 : UBCD16
    최소값 : 0
    최대값 : 60
- 아래 화면과 같이 실태그가 추가 등록된다.

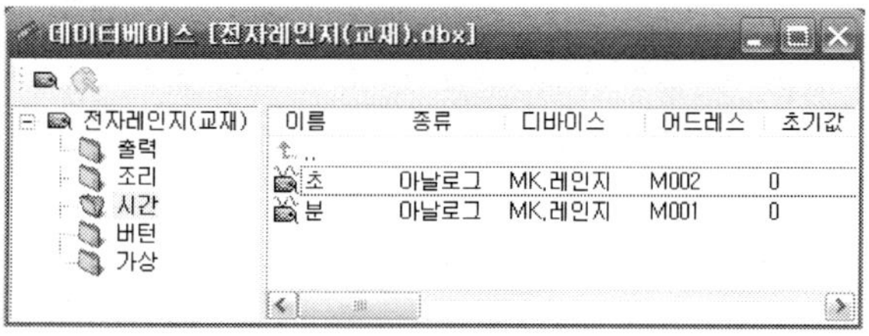

[그림 4-165]

4) 버턴그룹
- 좌측의 "버턴" 그룹태그를 선택한다.
  · 이름 : 정지
  · 종류 : 디지털
  · 실태그를 선택
    I/O 디바이스 : MK.레인지
    I/O 어드레스 : M0040
- 같은 방법으로 "운전", "분증가", "초증가" 태그를 이름과 I/O 디바이스를 아래와 같이 등록한다.

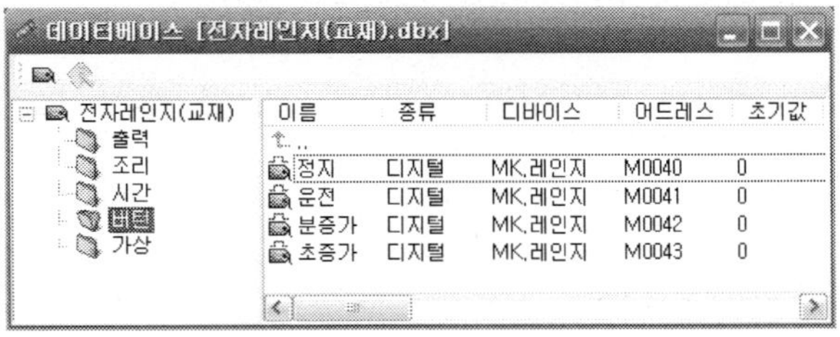

[그림 4-166]

5) 가상그룹
- 좌측의 "가상" 그룹태그를 선택한다.
  · 이름 : 모터
  · 종류 : 아날로그
  · 가상태그를 선택
  · 데이터 형태 : UBCD8
    최소값 : 0
    최대값 : 100

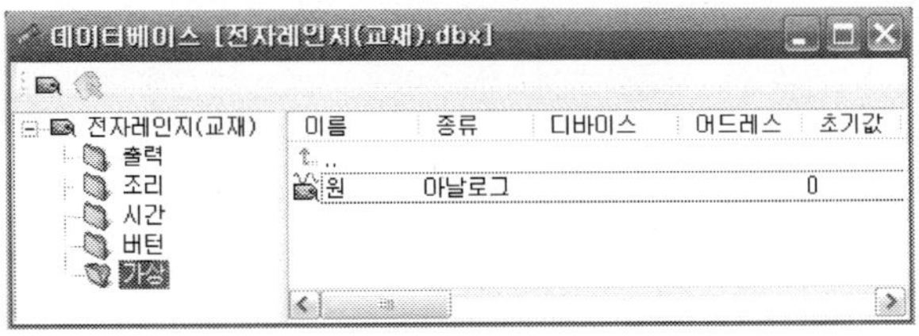

[그림 4-167]

4-6-4 모니터 화면 모니터링하기

(1) CimonD의 메뉴 중에서 "정렬"-"격자선에 맞추기"를 지정한다.

(2) 그림 메뉴를 이용하여 오브젝트를 등록한다.

- 3장 "3-3 시스템 시계제어"의 분, 초 오브젝트를 이용하면 된다. 전체를 선택하면 0~9의 오브젝트가 겹쳐진 상태로 복사된다.

(3) 화면 모니터링이 되면 C:₩Program Files₩CIMON₩전자레인지(교재)의 폴더에 "MAIN".pgx의 확장자명으로 저장한다.

(4) 도구-사이먼 X환경에서 초기값을 "MAIN".pgx로 설정한다.

4-6-5 오브젝트에 기능 부여하기

(1) 분(MIN) 표시 오브젝트 : 녹색

1) 3장 "3-3 시스템 시계제어"의 오브젝트를 이용하면 된다.

- 분의 오브젝트 전체를 선택하여 복사를 한다.

[그림 4-168]

- 편집에서 바꾸기 기능을 이용하여 아래와 같이 태그명을 "태그시계.MIN"를 "시계.분"으로 전체 바꾸기를 한다.
  - 찾을 범위 : 현재 선택된 그림

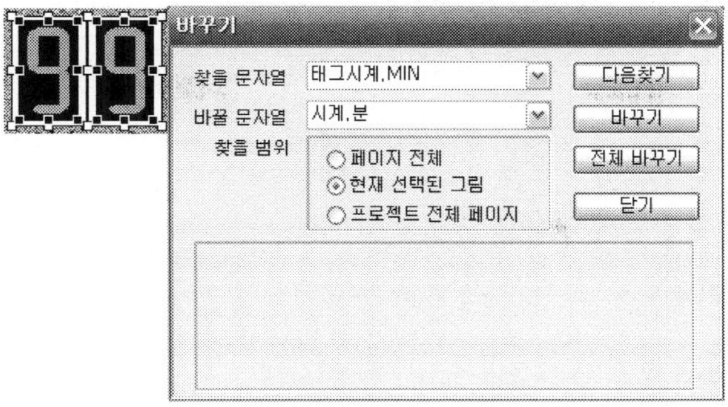

[그림 4-169]

2) 복사하면 출몰 기능까지 복사되므로 위와 같이 태그명만 바꾸면 된다.

(2) 초(SEC) 표시 오브젝트 : 적색

1) 위의 분 오브젝트와 같이 3장 "3-3 시스템 시계제어"의 오브젝트를 복사하여 태그명 만 바꾸어 준다.

❖ 숫자 색에 무관하면 분 오브젝트에서 태그명을 "시계.분"에서 "시계.초"만 바꾸면 된다.

(3) 조리 버턴 오브젝트

1) 

버턴

- 터치 명령식을 이용하여 푸쉬버턴 기능을 부여한다.
- 버턴을 더블클릭한다.
- 그림설정의 대화상자에서 "터치"을 클릭한다.
- 오른쪽 화면의 "동작정의"를 선택한다.
  - 동작 : 명령식
  - 명령식-Down : 조리.찌개=1
  - 명령식-Up : 조리.찌개=0

2) 

버턴

- 위와 같이 기능을 부여한다.
- 명령식에서 태그명만 변경한다.
  - 동작 : 명령식
  - 명령식-Down : 조리.라면=1
  - 명령식-Up : 조리.라면=0

3) 

버턴

- 위와 같이 기능을 부여한다.
- 명령식에서 태그명만 변경한다.
  - 동작 : 명령식
  - 명령식-Down : 조리.만두=1
  - 명령식-Up : 조리.만두=0

(4) 제어 버턴 오브젝트

1)  분입력 버턴

- 터치 명령식을 이용하여 푸쉬버턴 기능을 부여.
- 버턴을 더블 클릭한다.
- 그림설정의 대화상자에서 "터치"를 클릭한다.
- 오른쪽 화면의 "동작정의"를 선택한다.
  - 동작 : 명령식
  - 명령식-Down : 버턴.분증가=1
  - 명령식-Up : 버턴.분증가=0

2)  초입력 버턴

- 터치 명령식을 이용하여 푸쉬버턴 기능을 부여.
- 명령식에서 태그명만 변경한다.
  - 동작 : 명령식
  - 명령식-Down : 버턴.초증가=1
  - 명령식-Up : 버턴.초증가=0

3)  정지 버턴

- 터치 명령식을 이용하여 푸쉬버턴 기능을 부여.
- 명령식에서 태그명만 변경한다.
  - 동작 : 명령식
  - 명령식-Down : 버턴.정지=1
  - 명령식-Up : 버턴.정지=0

4)  운전 버턴

- 터치 명령식을 이용하여 푸쉬버턴 기능을 부여.
- 명령식에서 태그명만 변경한다.
  · 동작 : 명령식
  · 명령식-Down : 버턴.운전=1
  · 명령식-Up : 버턴.운전=0

(5) 램프 오브젝트

정지램프(청색)와 운전램프(적색)가 겹쳐진 오브젝트이므로 출몰 기능을 이용한다.

1)  청색 정지램프

- 출몰 기능을 부여.
  · 태그이름 : 출력.모터
  · 출몰조건 : OFF

2)  적색 운전램프

- 출몰 기능을 부여.
  · 태그이름 : 출력.모터
  · 출몰조건 : ON

(6) 기타 오브젝트

1)  마이크로파 발생장치

- 색변환 기능을 부여.
  · 태그이름 : 출력.램프
  · 배경 : 적색
  · 기준점 : ON

2)  마이크로파 표시

- 출몰 기능을 부여.

  · 태그이름 : 출력.램프
  · 출몰조건 : ON
- 점멸 기능을 부여.
  · 태그이름 : 출력.램프
  · 점멸조건 : ON
  · 점멸간격 : 5(100ms)

3)  전동기 회전표시
- 회전 기능을 부여.
  · 태그이름 : 가상.원
  · 최대회전각도 : 360도
  · 회전방향 : 시계방향
  · 회전중심점 : 원의 중심좌표(x,y: 사이먼 화면의 우측 하단에 표시)

4-6-6 스크립터 작성하기

(1) 원1의 제어 스크립터

```
Sub motor()
        SetTagVal  "가상.원",1

    While 1
        Tag1= GetTagVal("가상.원")
    Tag2= GetTagVal("출력.모터")

     if(Tag2=1) Then
            if(Tag1=100) Then
        SetTagVal  "가상.원", 0
          else
        SetTagVal  "가상.원", Tag1+1
          end if
                sleep (10)
      end if
   Wend
End Sub
```

- 스크립터 편집기를 사용하여 아래와 같이 입력한다.

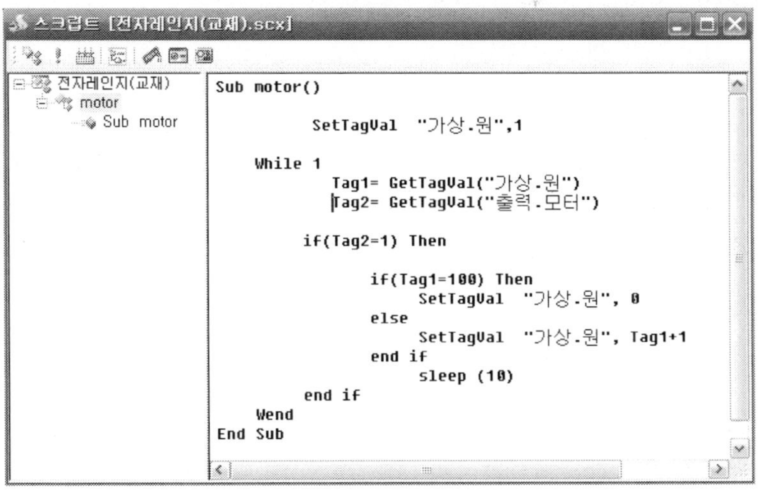

[그림 4-170]

(2) 스크립터 동작

CimonD의 메뉴 중에서 "도구" - "페이지 환경설정"을 선택하여 동작정의 탭에서 스크립터의 동작을 지정한다.

- 페이지 열기시 동작정의 : runscript("motor")
- 페이지 닫기시 동작정의 : stopscript("motor")

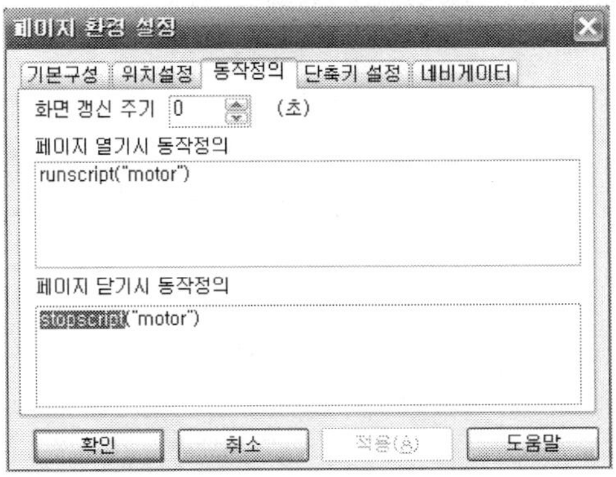

[그림 4-171]

☑ 4-6-7 CIMON X 프로그램 실행하기

- CimonD의 메뉴 중에서 "도구"-"Cimonx 환경"을 선택하여 클릭하면 Cimonx 환경 설정 대화상자가 나타난다.
- 윈도우 형태 탭에서 초기화면에 "MAIN.PGX"를 선택하여 확인을 클릭한다.
- CimonD의 메뉴 중에서 "도구"-"Cimonx 실행"을 선택하여 클릭한다.

☑ 4-6-8 동작 상태 확인

(1) 모니터에서 확인

- 모니터에서 분증가 버턴을 클릭하면 1분씩 증가하는지 확인한다.
- 모니터에서 초증가 버턴을 클릭하면 10초씩 증가하는지 확인한다.
- 모니터에서 찌개 버턴을 클릭하면 1분 30초를 표시하는지 확인한다.
- 모니터에서 라면 버턴을 클릭하면 4분을 표시하는지 확인한다.
- 모니터에서 만두 버턴을 클릭하면 2분 30초를 표시하는지 확인한다.
- 시간이 설정된 상태에서 모니터에서 동작 버턴을 클릭하면 다음을 확인한다.
  - · 초(sec)가 1초씩 감소하는가?
  - · 램프의 색깔이 적색으로 바뀌었는가?
  - · 마이크로파 발생장치의 색변화와 표시가 점멸되는가?
  - · 전동기가 회전하는가?
- 동작 중에 분증가, 초증가, 찌개, 라면, 만두버턴으로 설정된 시간이 변경이 되지 않아야 한다.
- 동작 중에 정지버턴을 클릭하면 모든 기능이 정지되고 시간은 "0"으로 초기화 되어야 한다.
- 설정된 시간이 감소하여 "0"이 되면 모든 기능이 정지되고 시간은 "0"으로 초기화되어야 한다.

(2) 시스템에서 확인

- P0002 분증가 버턴을 클릭하면 1분씩 증가하는지 확인한다.
- P0003 초증가 버턴을 클릭하면 10초씩 증가하는지 확인한다.
- P0004 찌개 버턴을 클릭하면 1분 30초를 표시하는지 확인한다.
- P0005 라면 버턴을 클릭하면 4분을 표시하는지 확인한다.
- P0006 만두 버턴을 클릭하면 2분 30초를 표시하는지 확인한다.
- 시간이 설정된 상태에서 P0001 동작 버턴을 클릭하면 다음을 확인한다.

· 초(sec)가 1초씩 감소하는가?
· 램프의 색깔이 적색으로 바뀌었는가?
· 마이크로파 발생장치의 색변화와 표시가 점멸되는가?
· 전동기가 회전하는가?

- 동작중에 분증가, 초증가, 찌개, 라면, 만두버턴으로 설정된 시간이 변경이 되지 않아야 한다.
- 동작중에 P0000 정지버턴을 클릭하면 모든 기능이 정지되고 시간은 "0"으로 초기화 되어야 한다.
- 설정된 시간이 감소하여 "0"이 되면 모든 기능이 정지되고 시간은 "0"으로 초기화 되어야 한다.

4-7 전기공압 제어(Master-k)

전기공압 제어를 가상태그와 실태그를 Master-k PLC 응용 명령어를 이용하여 직접 제어하고 동작 상태를 모니터에서 확인할 수 있도록 한다.

- 사용되는 기능
  출몰, 색변환, 터치(명령식), 수평이동, 스크립터
- 프로젝트명 : 전기공압제어(교재)
- 완성된 페이지 화면은 다음과 같다.

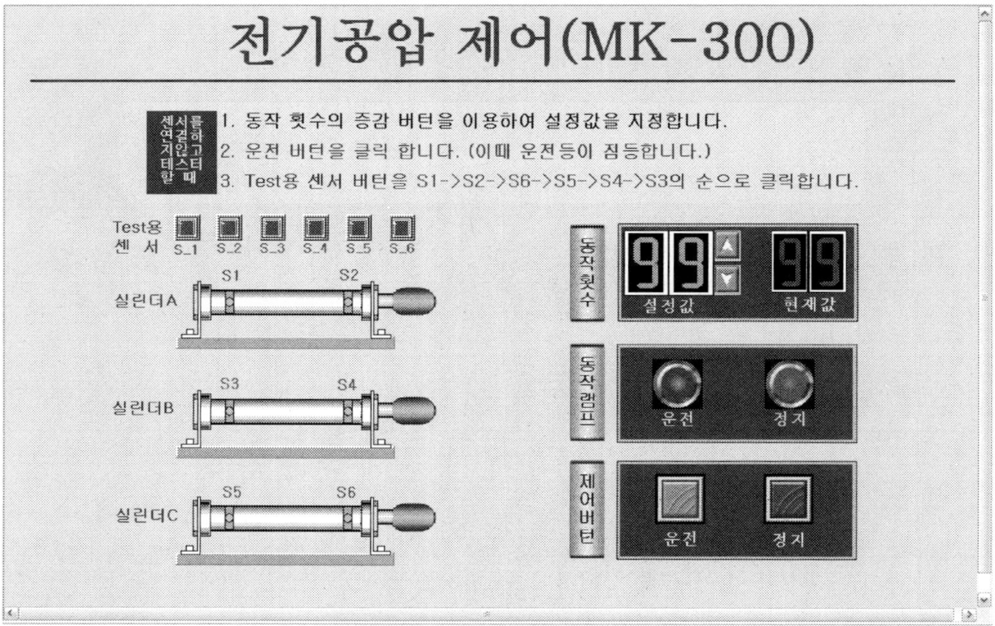

[그림 4-172]

4-7-1 PLC 프로그램 작성

(1) PLC 프로그램을 작성하여 실태그를 사용할 입출력 및 내부메모리를 확인한다.

(2) Master-k PLC를 이용하여 제어 프로그램을 작성한다.

1) 프로그램 작성

① 데이터 메모리 초기화

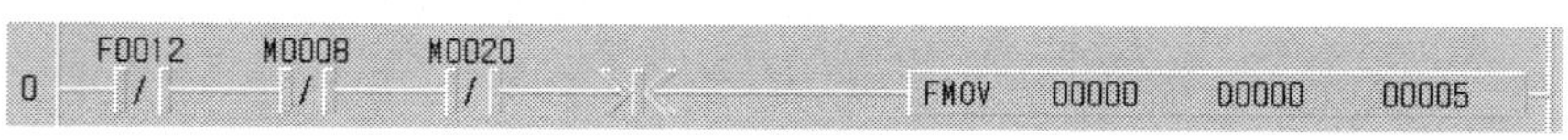

[그림 4-173]

· 프로그램 PLC전송시, 동작완료시, 정지시 데이터 메모리 D0000~D0004까지 “0”을 전송하여 메모리 초기화 시킨다.

② 모니터와 시스템에서 입력

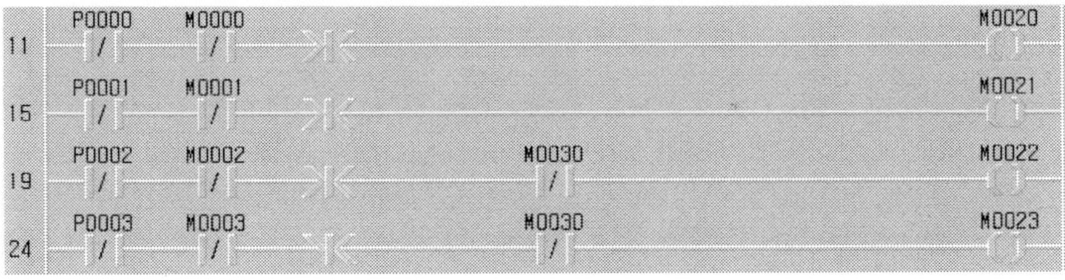

[그림 4-174]

- [그림 4-174]의 11번 스텝은 반전 명령어를 사용하여 외부입력 P0000와 모니터에서 내부메모리 M0000을 이용하여 두 곳 중 한 곳의 입력조건이 "1"이면 M0020의 접점이 출력하도록 하였다.
- 11번 스텝 ~ 14번 스텝 : 정지 신호
- 15번 스텝 ~ 14번 스텝 : 운전 신호
- 19번 스텝 ~ 23번 스텝 : 설정값 증가 신호
- 24번 스텝 ~ 28번 스텝 : 설정값 감소 신호
- 19번 스텝 ~ 23번 스텝 동작은 아래 그림 [그림 4-175]와 같다.

[그림 4-175]

③ 모니터와 시스템에서 센서 입력

[그림 4-176]

④ 1 스캔 접점 출력

[그림 4-177]

- M0010 : 설정값 증가 신호 입력시(상승에지) 1 스캔 접점 출력
- M0011 : 설정값 감소 신호 입력시(상승에지) 1 스캔 접점 출력
- M0012 : 설정값 증가, 감소 신호가 1초 이상 입력시 0.1초 주기(상승에지)로 1 스캔 접점 출력
- M0016 : 실린더 동작이 1행정 완료 신호 입력시(상승에지) 1 스캔 접점 출력 (현재값의 데이터 신호)

⑤ 설정값, 현재값 데이터저장

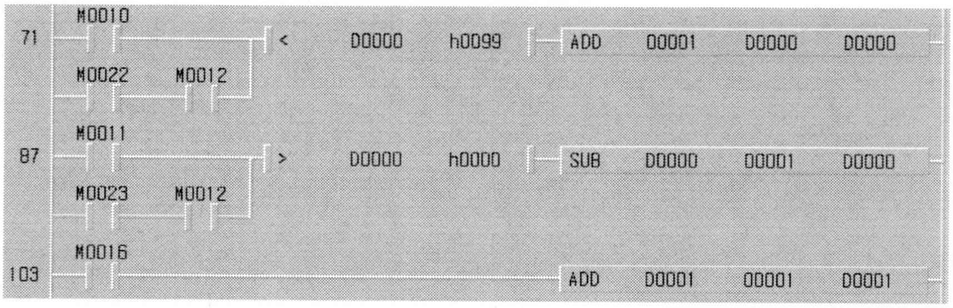

[그림 4-178]

- 71번 스텝 ~ 86번 스텝 : 증가 신호 입력시 설정값 데이터 증가
- 87번 스텝 ~ 102번 스텝 : 감소 신호 입력시 설정값 데이터 감소
- 위의 동작중 입력 신호가 1초 이상 계속 될 경우 0.1초 주기로 데이터가 증가, 감소 한다.
- 103번 스텝 ~ 110번 스텝 : 실린더 동작이 1행정 완료 신호 입력시 현재값 데이터 증가

⑥ 데이터 초기화

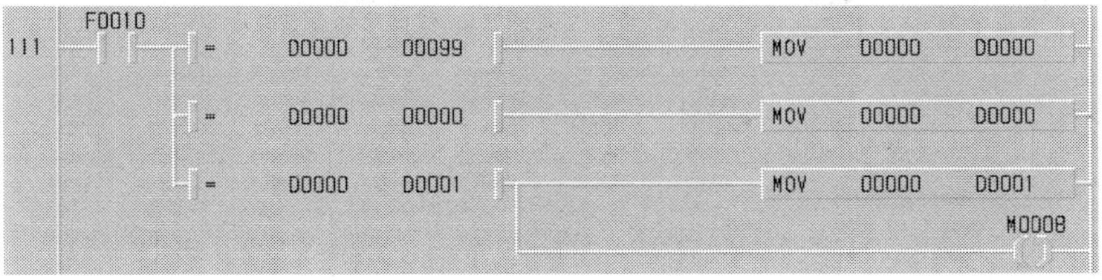

[그림 4-179]

· 설정값이 증가하여 "99"와 같거나, 감소하여 "0"이면 D0000의 데이터 메모리는 "0000"이 전송되어 저장된 데이터는 모두 초기화(0)가 된다.
· 현재값이 증가하여 D0001의 데이터와 D0000의 데이터가 같으면 D0001 의 데이터 메모리는 "0000"이 전송되어 저장된 데이터는 모두 초기화(0)가 된다.
· D0001의 데이터와 D0000의 데이터가 같으면 "M0008"이 출력하여 실린더 행정이 정지되고 메모리 데이터(D0000~D0005)가 초기화된다.

⑦ 데이터를 BCD저장 및 출력

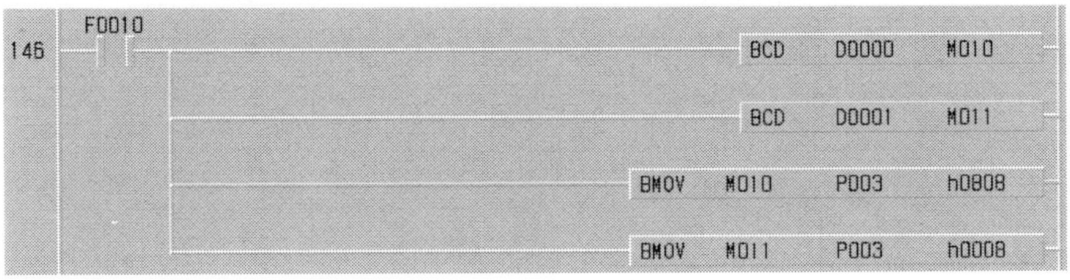

[그림 4-180]

· D0000(설정값 데이터)에 저장된 데이터를 M010 워드(2바이트)에 BCD 형태로 저장된다.
· D0001(현재값 데이터)에 저장된 데이터를 M011 워드(2바이트)에 BCD 형태로 저장된다.
· M010에 워드 형태로 저장된 데이터를 P003의 상위바이트(P0038~P003F)에 저장된다.
· M012에 워드 형태로 저장된 데이터를 P003의 하위바이트(P0030~P003F)에 저장된다.

⑧ 실린더 제어회로

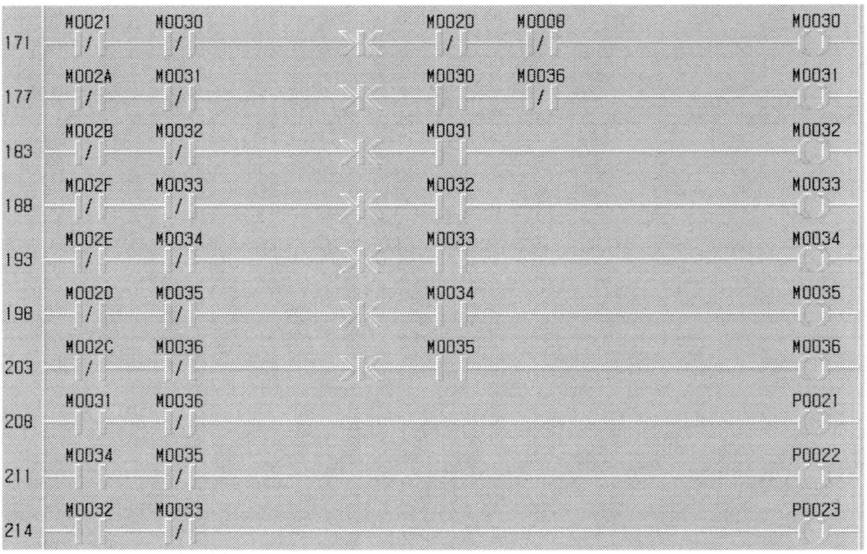

[그림 4-181]

- 반전회로를 이용하여 실린더의 제어회로를 프로그래밍 한다.
- 171번 스텝 ~ 176번 스텝 동작은 아래 [그림 4-182]와 같다.

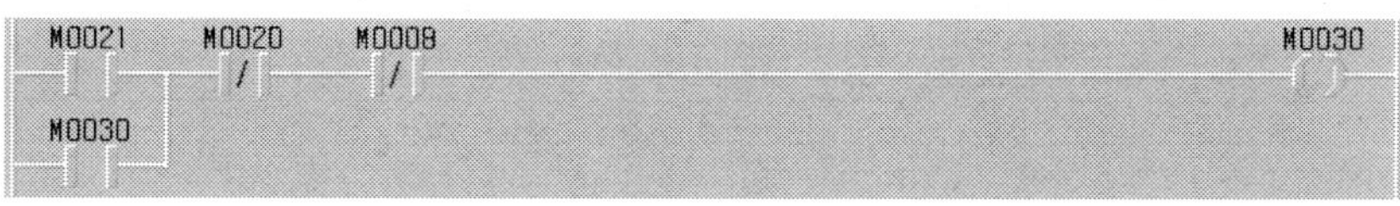

[그림 4-182]

- 171번 스텝 ~ 176번 스텝 : 자기유지회로에 의한 제어회로를 ON, OFF 한다.
- 177번 스텝 ~ 182번 스텝 : 1단계 동작신호(실린더A 전진) : M0031동작
- 173번 스텝 ~ 187번 스텝 : 2단계 동작신호(실린더C 전진) : M0032동작
- 188번 스텝 ~ 192번 스텝 : 3단계 동작신호(실린더C 후퇴) : M0033동작
- 193번 스텝 ~ 197번 스텝 : 4단계 동작신호(실린더B 전진) : M0034동작
- 198번 스텝 ~ 202번 스텝 : 5단계 동작신호(실린더B 후퇴) : M0035동작
- 203번 스텝 ~ 207번 스텝 : 6단계 동작신호(실린더A 후퇴) : M0036동작
- 208번 스텝 ~ 210번 스텝 : 실린더A 전진(M0031), 후퇴(M0036)
- 211번 스텝 ~ 213번 스텝 : 실린더B 전진(M0034), 후퇴(M0035)
- 214번 스텝 ~ 216번 스텝 : 실린더C 전진(M0032), 후퇴(M0033)

2) 외부 입출력 배선하기

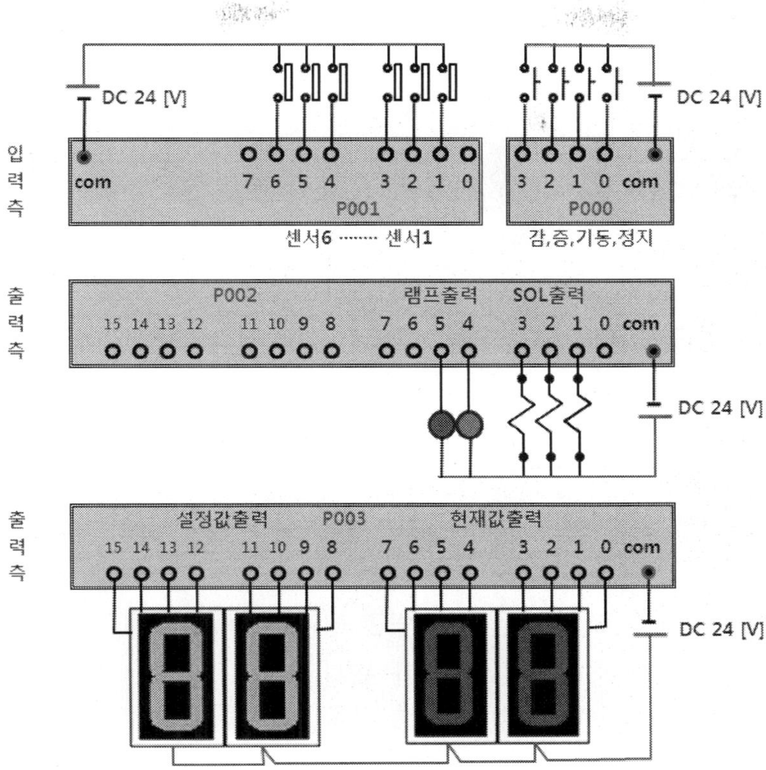

[그림 4-183]

(3) PLC 프로그램을 온라인 메뉴에서 접속+쓰기+모드전환(런)+모니터시작을 선택하여 PLC로 전송한다.

(4) 전송후 PLC와 컴퓨터와 접속을 온라인 메뉴에서 접속/해제를 선택하여 접속 해제를 시킨다.

☑ 4-7-2 I/O 디바이스 설정하기

(1) CimonD의 메뉴 중에서 "파일" - "새프로젝트"를 선택한다.

- 프로제트 이름을 "전기공압제어(교재)"로 한다.
  C:₩Program Files₩CIMON₩전기공압제어(교재)

(2) CimonD의 메뉴 중에서 "도구" - "페이지 환경설정"을 선택한다.

- 제목 : 공압제어
- 배경색 : 연회색

(3) CimonD의 메뉴 중에서 "도구"-"I/O 디바이스"를 선택한다.

(4) "새 디바이스" 버턴을 클릭한다.
"I/O 디바이스 종류 선택" 대화상자가 표시된다.

(5) 디바이스 이름을 "MK"으로 입력한다.

(6) 디바이스 종류를 "LSTKS전 MASTER-K S Series Loader Port"를 선택한다.

(7) "I/O 디바이스 종류 선택" 대화상자의 "확인" 버턴을 클릭한다.

(8) 탭 컨트롤 중에서 "스테이션"을 클릭한 다음 우측의 "스테이션 추가" 버턴을 클릭한다. "스테이션 설정" 대화상자가 표시된다.
- 스테이션 이름 : 공압제어
- PLC CPU 종류: Master-k300S

(9) "통신블록 추가" 버턴을 클릭한다.
- "통신블록 설정" 대화상자가 표시된다.
  · 어드레스를 "P0000"로 입력한다.
  · 워드 수를 2로 입력한다.
  · 통신주기를 0.1(초)로 입력하고 등록한다.
- "통신블록 추가" 버턴을 클릭한다.
  · 어드레스를 "P0002"로 입력한다.
  · 워드 수를 2로 입력한다.
  · 통신주기를 0.1(초)로 입력한다.
- 위와 같은 방법으로
  · 어드레스를 "D0000"를 입력한다.
  · 워드 수를 30으로 입력한다.
  · 통신주기를 0.1(초)로 입력한다.
- 위와 같은 방법으로

· 어드레스를 "M0000"를 입력한다.
· 워드 수를 30으로 입력한다.
· 통신주기를 0.1(초)로 입력한다.

- 아래와 같이 설정이 된다.

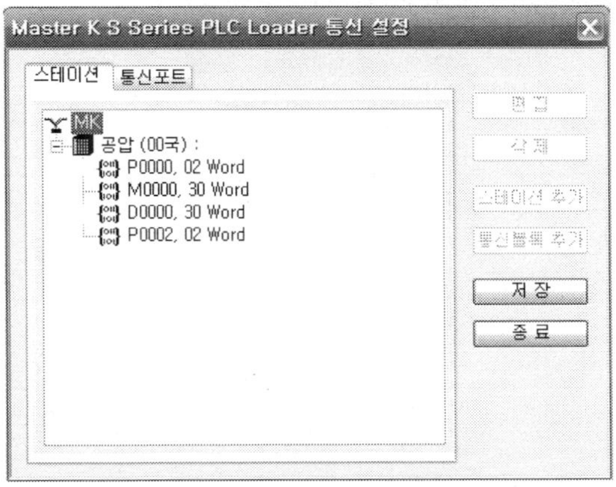

[그림 4-184]

(10) 탭 컨트롤 중에서 "통신포트"를 클릭한다.

- 통신과 관련된 특성을 설정한다. 여기서는 디폴트 값을 그대로 사용한다. 단, 주의할 것은 통신포트를 컴퓨터와 맞추어야 한다.

(11) "Master K S Series PLC Loader 통신 설정" 대화상자의 "저장" 버턴과 "종료" 버턴을 순서로 클릭한다.

(12) "I/O 디바이스 설정" 대화상자의 "닫기" 버턴을 클릭한다.

4-7-3 실태그 등록하기

실태그를 다음과 같이 등록한다.

(1) 데이터베이스 관리기를 이용해서 "FND", "H_센서", "RY", "SOL", "S_센서", "램프", "실린더" 그룹태그를 등록한다.

- 좌측의 "전기공압제어(교재)"를 선택하고 그 위의 새 태그를 클릭한다. 태그편집 대화상자가 나타난다.

- 이름 : FND
- 종류 : 그룹

  태그편집 대화상자의 등록버턴을 클릭한다.
- 이와 같이 "H_센서", "RY", "SOL", "S_센서", "램프", "실린더" 그룹 태그를 추가하면 아래와 같이 그룹의 태그가 등록된다.

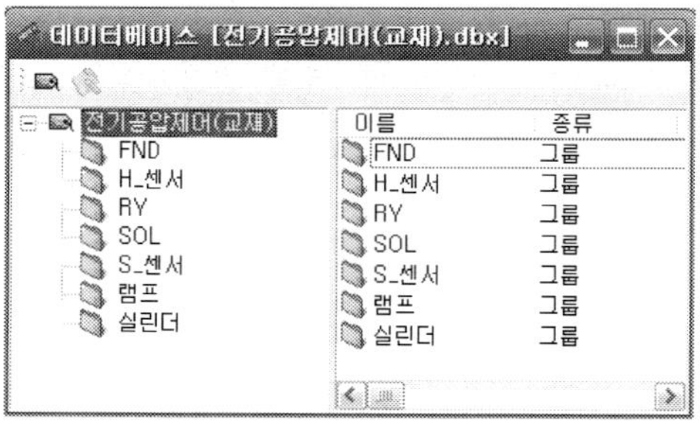

[그림 4-185]

(2) 그룹 내 태그 입력하기

1) FND 그룹

- 좌측의 "FND" 그룹태그를 선택한다.
  - 이름 : 증가
  - 종류 : 디지털
  - 실태그를 선택

    I/O 디바이스 : MK.공압

    I/O 어드레스 : M0002
- 아래와 같이 "FND" 그룹 내에 "증가"라는 태그가 등록한다.

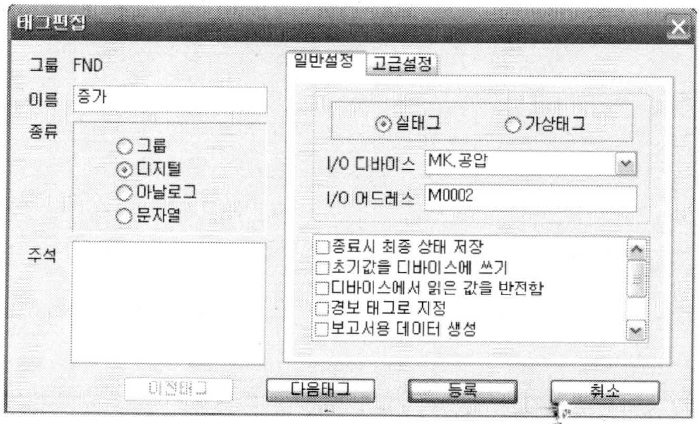

[그림 4-186]

- 위와 같이 "FND" 그룹 내에 "감소"라는 태그를 등록한다.
  이름과 I/O 어드레스만 바꾸면 된다.
  - 이름 : 감소
  - 종류 : 디지털
  - 실태그를 선택
    I/O 디바이스 : MK.공압
    I/O 어드레스 : M0003
- "FND" 그룹 내에 "설정값", "현재값"이라는 아날로그 태그를 등록한다.

① 설정값
  - 이름 : 설정값
  - 종류 : 아날로그
  - 실태그를 선택
    I/O 디바이스 : MK.공압
    I/O 어드레스 : M010
  - 데이터 형태 : UBCD16
    최소값 : 0
    최대값 : 99

② 현재값
  위 설정값에서 이름과 I/O 어드레스만 바꾸면 된다.
  - 이름 : 현재값
  - I/O 어드레스 : M011
- 아래와 같이 "FND" 그룹 내에 "증가", "감소", "설정값", "현재값"이라는 태그가 등록한다.

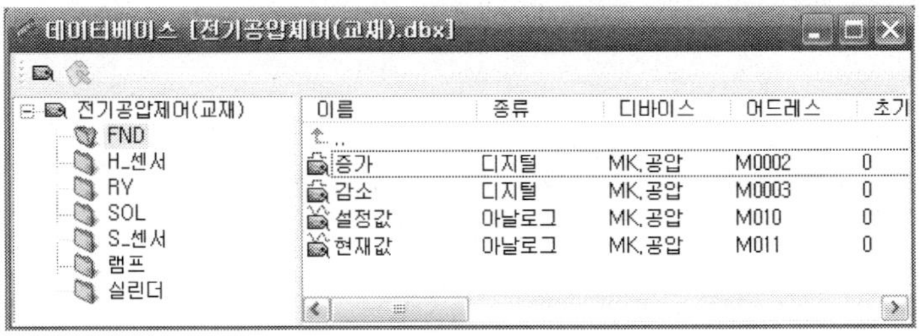

[그림 4-187]

2) H_센서 그룹
- 모니터에서 동작시험 하기 위한 태그

- 위의 "FND" 그룹 태그의 "증가"의 디지털 태그와 같이 등록한다.
  - 이름 : M41
  - 종류 : 디지털
  - 실태그를 선택

    I/O 디바이스 : MK.공압

    I/O 어드레스 : M000A
- 같은 방법으로 이름과 I/O 어드레스를 아래 그림과 같이 등록한다.

[그림 4-188]

3) S_센서 그룹

- 시스템에서 실센서가 동작시 모니터링 하기 위한 태그
- 위의 H_센서 그룹 태그와 같이 등록한다.
  - 이름 : _1
  - 종류 : 디지털
  - 실태그를 선택

    I/O 디바이스 : MK.공압

    I/O 어드레스 : P0011
- 같은 방법으로 이름과 I/O 어드레스를 아래 그림과 같이 등록한다.

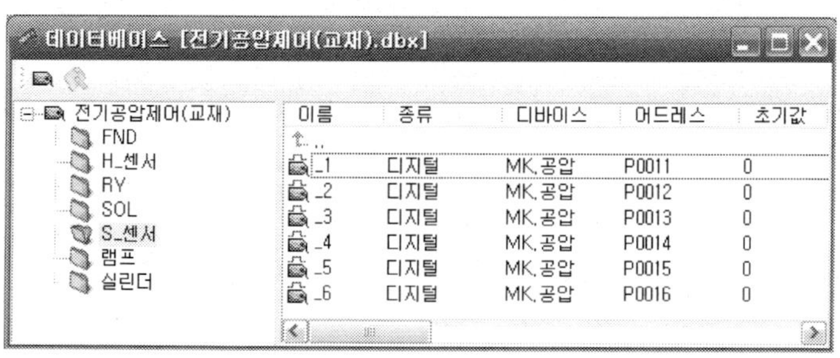

[그림 4-189]

4) RY 그룹

- 모니터에서 기동, 정지 하기위한 태그
  - 이름 : 기동
  - 종류 : 디지털
  - 실태그를 선택

    I/O 디바이스 : MK.공압

    I/O 어드레스 : M0001
- 같은 방법으로 "정지" 태그를 이름과 I/O 어드레스를 아래 그림과 같이 등록한다.

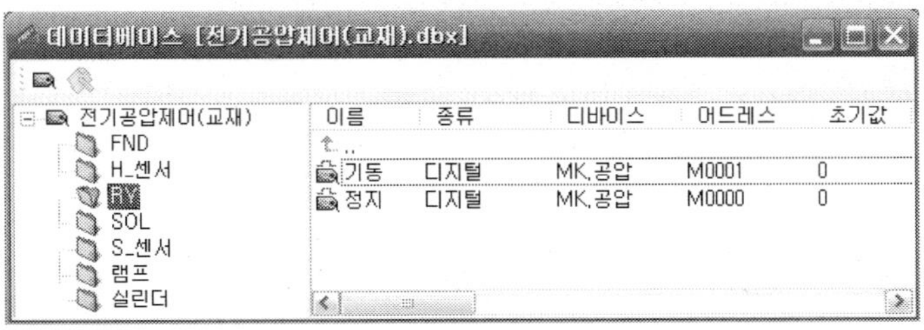

[그림 4-190]

5) SOL 그룹

- 솔레노이드 출력을 스크립터에 이용하기 위한 태그
  - 이름 : A
  - 종류 : 디지털
  - 실태그를 선택

    I/O 디바이스 : MK.공압

    I/O 어드레스 : P0021
- 같은 방법으로 "B", "C" 태그를 이름과 I/O 어드레스를 아래 그림과 같이 등록한다.

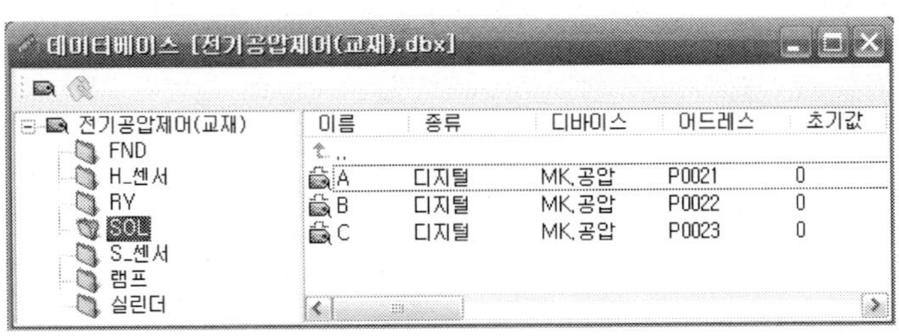

[그림 4-191]

6) 램프 그룹

- 시스템의 램프 동작 상태를 모니터링 하기 위한 태그
  - 이름 : 운전
  - 종류 : 디지털
  - 실태그를 선택

    I/O 디바이스 : MK.공압

    I/O 어드레스 : P0025
- 같은 방법으로 "정지" 태그를 이름과 I/O 어드레스를 아래 그림과 같이 등록한다.

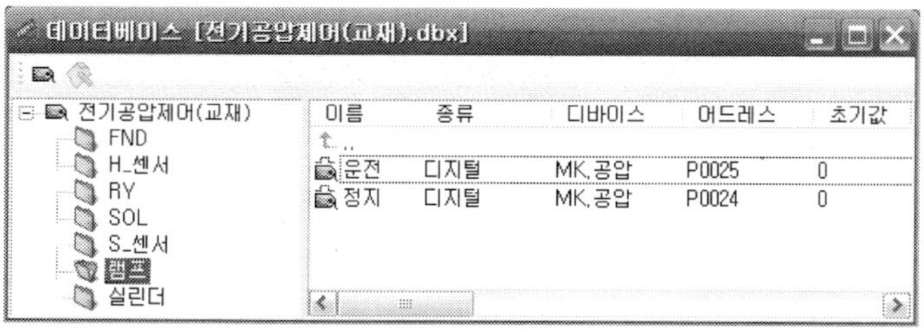

[그림 4-192]

7) 실린더 그룹

- 실린더의 동작을 모니터링 하기 위한 아날로그 태그
  - 이름 : A
  - 종류 : 아날로그
  - 가상태그를 선택
  - 데이터 형태 : UINT8

    최소값 : 0

    최대값 : 100
- 같은 방법으로 "B", "C" 태그를 이름과 I/O 어드레스를 아래 그림과 같이 등록한다.

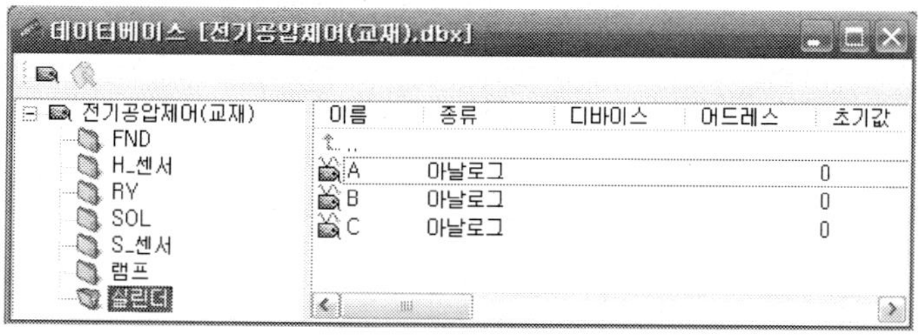

[그림 4-193]

4-7-4 모니터 화면 모니터링하기

(1) CimonD의 메뉴 중에서 "정렬" - "격자선에 맞추기"를 지정한다.

(2) 그림 메뉴를 이용하여 오브젝트를 등록한다.

- 3장 "3-3 시스템 시계제어"의 분, 초 오브젝트의 FND와 4장 "4-3 PLC프로그램-PLC 제어-실린더제어"를 이용하면 된다.

(3) 화면 모니터링이 되면 C:₩Program Files₩CIMON₩전기공압제어(교재)의 폴더에 "MAIN".pgx의 확장자명으로 저장한다.

(4) 도구-사이먼 X환경에서 초기값을 "MAIN".pgx로 설정한다.

4-7-5 오브젝트에 기능 부여하기

(1) 설정값 표시 오브젝트 : 녹색

1) 3장 "3-3 시스템 시계제어"의 오브젝트를 이용하면 된다.

- 분의 오브젝트 전체를 선택하여 복사를 한다.

[그림 4-194]

- 편집에서 바꾸기 기능을 이용하여 아래와 같이 태그명을 "태그시계.MIN"를 "FND.설정값"으로 전체 바꾸기를 한다.
  - 찾을 범위 : 현재 선택된 그림

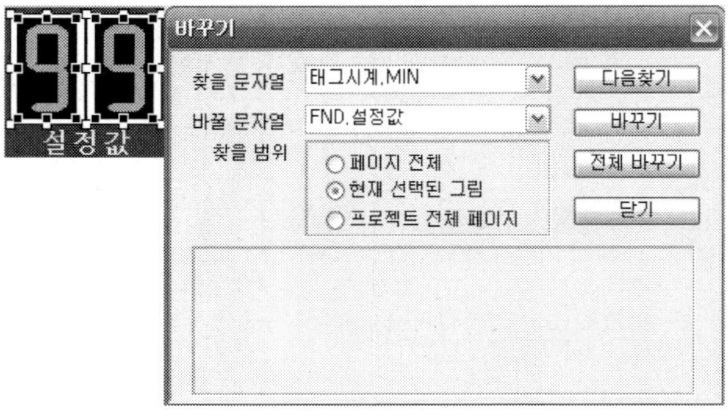

[그림 4-195]

2) 복사하면 출몰 기능까지 복사되므로 위와 같이 태그명만 바꾸면 된다.

(2) 현재값 표시 오브젝트 : 적색

1) 위의 분 오브젝트와 같이 3장 "3-3 시스템 시계제어"의 오브젝트를 복사하여 태그명만 바꾸어 준다.

- 태그시계.SEC ==〉 FND.현재값

❖ 숫자 색에 무관 하면 분 오브젝트에서 태그명을 "FND.설정값"에서 "FND.현재값"만 바꾸면 된다.

(3) 증가, 감소 버턴 오브젝트

1)  설정값 증가 버턴

- 클릭할 때 1씩 증가하나 1초 이상 누르고 있을 경우 0.1초 간격으로 1씩 증가한다.
- 터치 명령식을 이용하여 푸쉬버턴 기능을 부여.
- 버턴을 더블 클릭한다.
- 그림설정의 대화상자에서 "터치"를 클릭한다.
- 오른쪽 화면의 "동작정의"를 선택한다.
  - 동작 : 명령식
  - 명령식-Down : FND.증가=1
  - 명령식-Up : FND.증가=0

2)  설정값 감소 버턴

- 클릭할 때 1씩 감소하나 1초 이상 누르고 있을 경우 0.1초 간격으로 1씩 감소한다.

- 터치 명령식을 이용하여 푸쉬버턴 기능을 부여한다.
- 버턴을 더블 클릭한다.
- 그림설정의 대화상자에서 "터치"을 클릭한다.
- 오른쪽 화면의 "동작정의"를 선택한다.
  - 동작 : 명령식
  - 명령식-Down : FND.감소=1
  - 명령식-Up : FND.감소=0

(4) 램프 오브젝트

두 개의 램프가 겹쳐진 오브젝트이므로 출몰 기능을 이용한다.

1) 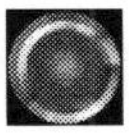 적색(1) 램프 오브젝트 : 정지시 표시

- 출몰 기능을 부여.
  - 태그이름 : 램프.운전
  - 출몰조건 : OFF

2)  적색(2) 램프 오브젝트 : 운전시 표시

- 출몰 기능을 부여.
  - 태그이름 : 램프.운전
  - 출몰조건 : ON

3)  녹색(1) 램프 오브젝트 : 정지시(소등) 표시

- 출몰 기능을 부여.
  - 태그이름 : 램프.정지
  - 출몰조건 : OFF

4)  녹색(2) 램프 오브젝트 : 정지시(점등) 표시

- 출몰 기능을 부여.
  - 태그이름 : 램프.정지
  - 출몰조건 : ON

(5) 버턴 오브젝트

1) 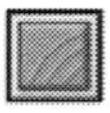운전 제어 버턴(녹색)

- 터치 명령식을 이용하여 푸쉬버턴 기능을 부여한다.
- 버턴을 더블클릭한다.
- 그림설정의 대화상자에서 "터치"를 클릭한다.
- 오른쪽 화면의 "동작정의"를 선택한다.
  - · 동작 : 명령식
  - · 명령식-Down : RY.기동=1
  - · 명령식-Up : RY.기동=0

2) 정지 제어 버턴(적색)

- 터치 명령식을 이용하여 푸쉬버턴 기능을 부여한다.
- 버턴을 더블 클릭한다.
- 그림설정의 대화상자에서 "터치"를 클릭한다.
- 오른쪽 화면의 "동작정의"를 선택한다.
  - · 동작 : 명령식
  - · 명령식-Down : RY.정지=1
  - · 명령식-Up : RY.정지=0

(6) TEST용 센서 버턴 오브젝트

1) S_1 버턴(적색)

- 버턴을 더블클릭하여 색변환 기능과 터치 기능을 부여한다.

① 색변환 기능
  - · 태그이름 : S_센서._1||H_센서.M41
  - · 배경 : 녹색
  - · 기준점 : ON

② 터치기능
  - · 동작 : 명령식
  - · 명령식-Down : H_센서.M41=1
  - · 명령식-Up : H_센서.M41=0

2)  S_2 버턴 ~ S_6 버턴(적색)

- 위의 S_1과 같이 색변환 기능과 터치 기능을 부여한다.
- 모든 것은 동일하고 태그이름만 바꾼다.

① 색변환 기능 : 배경(녹색), 기준점(ON)은 같다.

- S_2 : S_센서._2||H_센서.M42
- S_3 : S_센서._3||H_센서.M43
- S_4 : S_센서._4||H_센서.M44
- S_5 : S_센서._5||H_센서.M45
- S_6 : S_센서._6||H_센서.M46

② 터치기능 : 동작은 명령식을 사용한다.

- S_2 명령식-Down : H_센서.M42=1, 명령식-Up : H_센서.M42=0
- S_3 명령식-Down : H_센서.M43=1, 명령식-Up : H_센서.M43=0
- S_4 명령식-Down : H_센서.M44=1, 명령식-Up : H_센서.M44=0
- S_5 명령식-Down : H_센서.M45=1, 명령식-Up : H_센서.M45=0
- S_6 명령식-Down : H_센서.M46=1, 명령식-Up : H_센서.M46=0

(7) 실린더 오브젝트

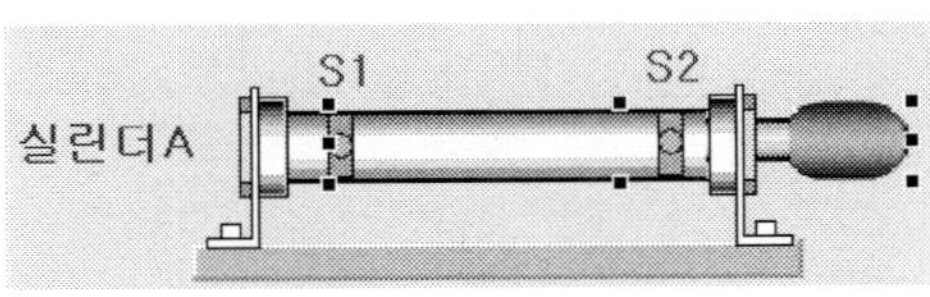

- 수평이동 기능을 부여하여 스크립터의 제어문에 의하여 전진, 후진을 반복한다.
  - 설정 : 수평이동
  - 태그이름 : 실린더.A
  - 이동기준 : 왼쪽
  - 이동거리 : 150
- 실린더B, 실린더C의 기능은 위와 같은 방법으로 태그이름만 다르게 부여한다.
  - 실린더.B, 실린더.C
- 아래와 같이 등록한다.

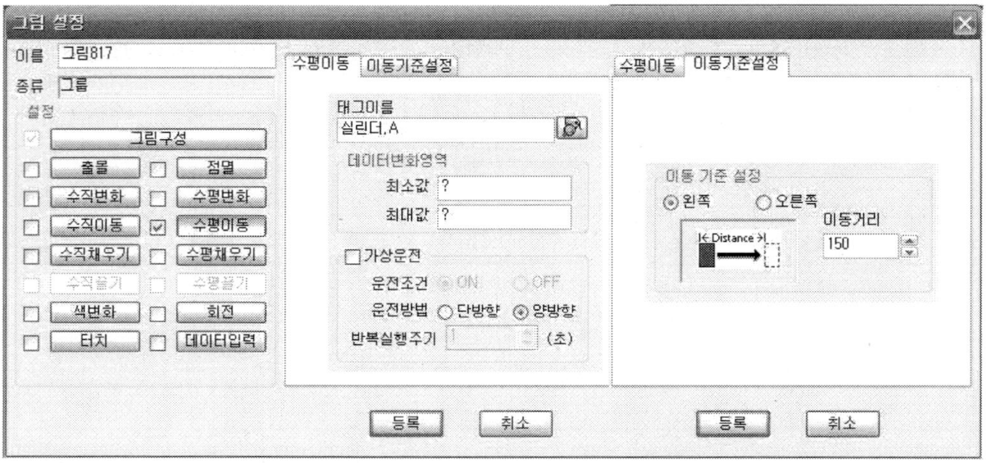

[그림 4-196]

(8) 센서 오브젝트

– 시스템의 센서 작동 상태를 모니터링한다.

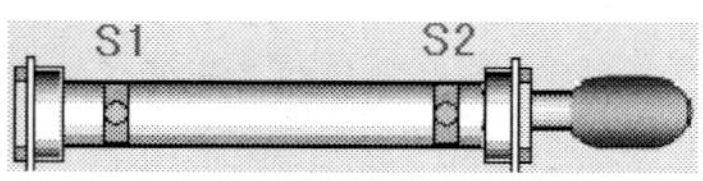

1) S1(연분홍색)

– 오브젝트( ) 더블클릭하여 색변화 기능을 부여한다.
  - 태그이름 : S_센서._1||H_센서.M41
  - 배경 : 적색
  - 기준점 : ON

– 위와 같이 S2~S6 오브젝트( ) 더블 클릭하여 색변화 기능을 부여한다.

– 모든 것은 동일하고 태그이름만 바꾼다.

– 배경(적색), 기준점(ON)은 같다.
  - S2 : S_센서._2||H_센서.M42
  - S3 : S_센서._3||H_센서.M43
  - S4 : S_센서._4||H_센서.M44
  - S5 : S_센서._5||H_센서.M45
  - S6 : S_센서._6||H_센서.M46

4-7-6 스크립터 작성하기

(1) 실린더A의 제어 스크립터

```
Sub moveA()
    delta=2

  while 1
      TagA = GetTagVal ("실린더.A")
      Tag1 = GetTagVal ("SOL.A")

    if(Tag1=1) then
        settagval"실린더.A",TagA+delta
    else
        settagval"실린더.A",TagA-delta
    end if
        sleep(10)
  wend
End Sub
```

(2) 실린더B의 제어 스크립터

```
Sub moveB()
    delta=2

  while 1
      TagB = GetTagVal ("실린더.B")
      Tag2 = GetTagVal ("SOL.B")

    if(Tag2=1) then
        settagval"실린더.B",TagB+delta
    else
        settagval"실린더.B",TagB-delta
    end if
        sleep(10)
  wend
End Sub
```

(3) 실린더C의 제어 스크립터

```
Sub moveC()
    delta=2

  while 1
     TagC = GetTagVal ("실린더.C")
     Tag3 = GetTagVal ("SOL.C")

    if(Tag3=1) then
        settagval"실린더.C",TagC+delta
    else
        settagval"실린더.C",TagC−delta
    end if
        sleep(10)
 wend
End Sub
```

- 스크립터 편집기를 사용하여 아래와 같이 입력한다.

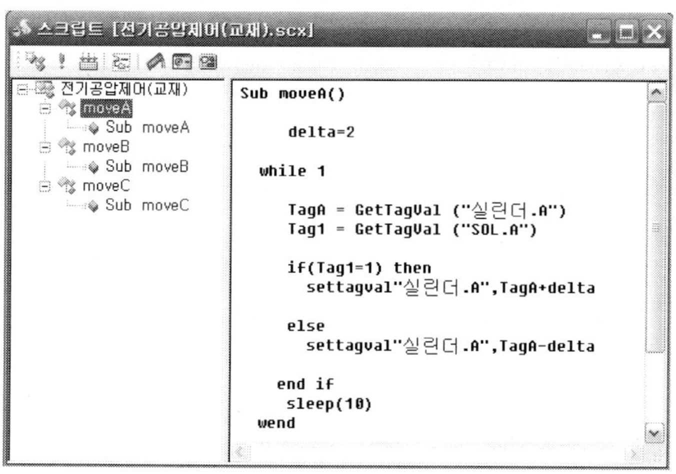

[그림 4-197]

(4) 스크립터 동작

CimonD의 메뉴 중에서 "도구" - "페이지 환경설정"을 선택하여 동작정의 탭에서 스크립터의 동작을 지정한다.

- 페이지 열기시 동작정의 : runscript("moveA")
  runscript("moveB")
  runscript("moveC")
- 페이지 닫기시 동작정의 : stopscript("moveA")
  stopscript("moveB")
  stopscript("moveC")

☑ 4-7-7 CIMON X 프로그램 실행하기

- CimonD의 메뉴 중에서 "도구"-"Cimonx 환경"을 선택하여 클릭하면 Cimonx 환경 설정 대화상자가 나타난다.
- 윈도우 형태 탭에서 초기화면에 "MAIN.PGX"를 선택하여 확인을 클릭한다.
- CimonD의 메뉴 중에서 "도구"-"Cimonx 실행"를 선택하여 클릭한다.

☑ 4-7-8 동작 상태 확인

(1) 모니터에서 확인

- 모니터에서 설정값 증가 버턴을 클릭하면 1씩 증가하는지 확인한다.
- 모니터에서 설정값 증가 버턴을 1초 이상 클릭하면 1씩 0.1초 주기로 계속 증가하는지 확인한다.
- 모니터에서 "1" 이상인 상태에서 설정값 감소 버턴을 클릭하면 1씩 감소하는지 확인한다.
- 모니터에서 "1" 이상인 상태에서 설정값 감소 버턴을 1초 이상 클릭하면 1씩 0.1초 주기로 계속 감소하는지 확인한다.
- 설정값이 "1" 이상인 상태에서 운전 버턴을 클릭하면 운전 램프가 점등되는지 확인한다. (이때 정지램프는 소등 되어야 한다.)
- 모니터에서 TEST용 센서 버턴을 S_1 -> S_2 -> S_6 -> S_5 -> S_4 -> S_3순으로 클릭하면 실린더A 전진, 실린더C 전진, 실린더C 후퇴, 실린더B 전진, 실린더B 후퇴, 실린더A 후퇴 순으로 동작 하는지 확인한다.
- 주기의 마지막 버턴(S_3)을 클릭하면 현재값이 1증가하는지 확인한다.
- 운전 중에는 설정값의 변화가 되어서는 안된다.
- 이때 시스템의 실린더, 디스플레이 작동상태가 모니터와 같은지 확인한다.

(2) 시스템에서 확인

- P0002 설정값 증가 버턴을 클릭하면 1씩 증가하는지 확인한다.
- P0002 설정값 증가 버턴을 1초 이상 클릭하면 1씩 0.1초 주기로 계속 증가하는지 확인한다.
- "1" 이상인 상태에서 P0003 설정값 감소 버턴을 클릭하면 1씩 감소하는지 확인한다.
- "1" 이상인 상태에서 P0003 설정값 감소 버턴을 1초 이상 클릭하면 1씩 0.1초 주기로 계속 감소하는지 확인한다.
- 설정값이 "1" 이상인 상태에서 P0001 운전 버턴을 클릭하면 운전 램프가 점등되고 실린더A 전진, 실린더C 전진, 실린더C 후퇴, 실린더B 전진, 실린더B 후퇴, 실린더A 후퇴 순으로 동작하는지 확인한다.(이때 정지램프는 소등되어야 한다.)
- 주기의 마지막 센서 P0013이 동작하면 현재값이 1증가 하는지 확인한다.
- 운전 중에는 설정값이 변화되어서는 안된다.
- 이때 시스템의 실린더, 디스플레이 작동상태가 모니터와 같은지 확인한다.
- 현재값이 증가하여 설정값과 같으면 모든 동작이 정지되는지 확인한다.
- 운전중에 P0000 정지버턴을 클릭하면 모든 기능이 정지되고 설정값은 "0"으로 초기화되어야 한다.

4-8 시간 제어하기 (Master-k)

Master-k PLC의 300S를 사용하여 수를 제어하는 방법, BCD, SEG 등의 특수명령어를 사용하는 방법 등을 디지털시계를 제어 방법을 통하여 알아보도록 한다.

- 사용되는 기능
  색변환, 터치(명령식), 터치(디지털값 쓰기), 태그값 표시, 수평이동, 수평끌기 데이터 입력, 스크립터
- 이번 과제에서는 FND 모니터링을 앞의 방식(0부터 9까지의 숫자를 겹쳐 태그조건에 맞으면 출력하는 방식)과 달리 PLC"SEG" 특수 명령어를 프로그래밍에 의하여 모니터에 출력하는 방법을 알아보도록 한다.
- 프로젝트명 : 시계제어(MK)
- 완성된 페이지 화면은 다음과 같다.

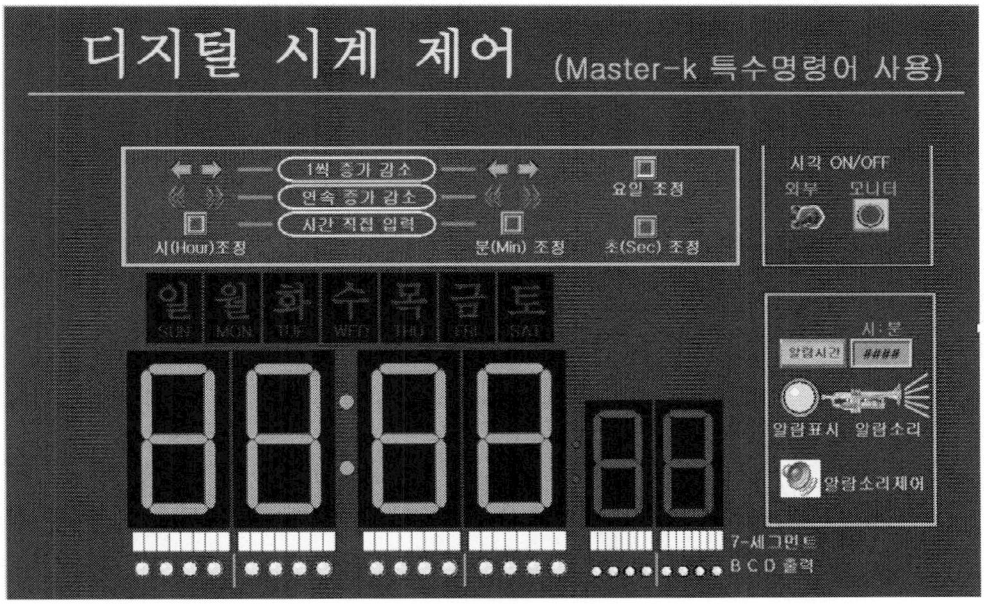

[그림 4-198]

4-8-1 시계 제어 프로그램 작성하기

- Master-k PLC의 KGL 소프트웨어 이용하여 제어 프로그램을 작성한다.
- 카운터와 타이머를 사용하지 않고 특수 명령어로 작성한다.

(1) 프로그램 작성

1) INCP의 숫자 증가 응용명령에 의한 시간제어 부분

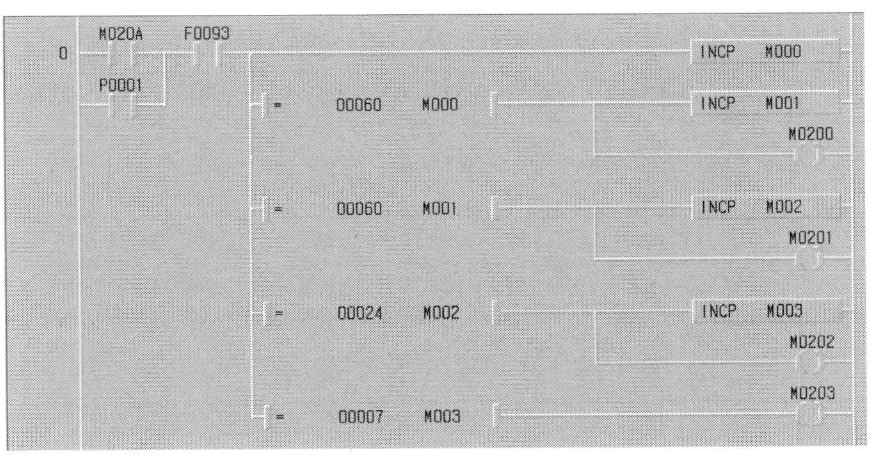

[그림 4-199]

2) MOVE 전송명령에 의한 요일, 시, 분, 초를 초기화 부분
   예) 60초가 되면 M000에 0000을 전송(M000 초기화)

[그림 4-200]

3) 시간의 시, 분, 초를 BCD(byte)로 변환시키는 부분 : 디스플레이에 출력

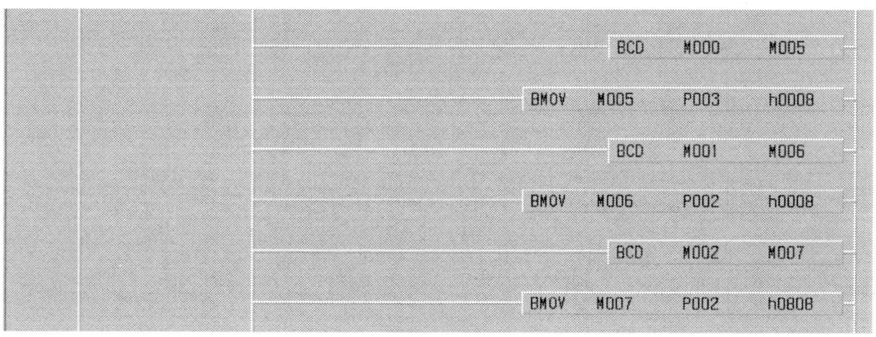

[그림 4-201]

4) 시, 분, 초의 정수값을 7-세그먼트(bit)로 변환시키는 부분 : 모니터에 출력

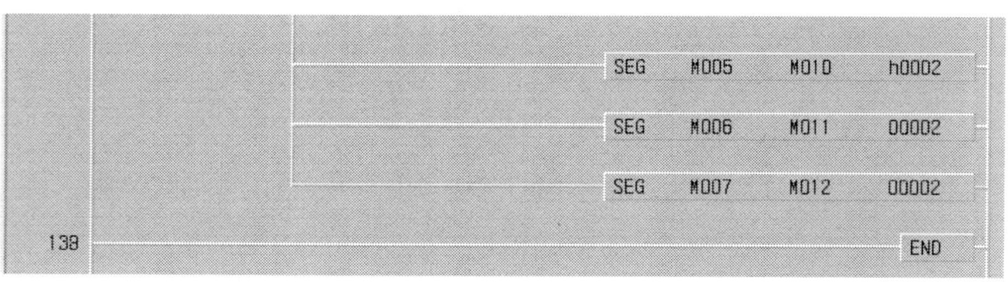

[그림 4-202]

- KGL PLC프로그램을 온라인 메뉴에서 접속+쓰기+모드전환(런)+모니터시작을 선택하여 PLC로 전송한다.

- 전송 후 PLC와 컴퓨터와 접속을 KGL 온라인 메뉴에서 접속/해제를 선택하여 접속해제를 시킨다.

(2) 외부 입출력 배선하기

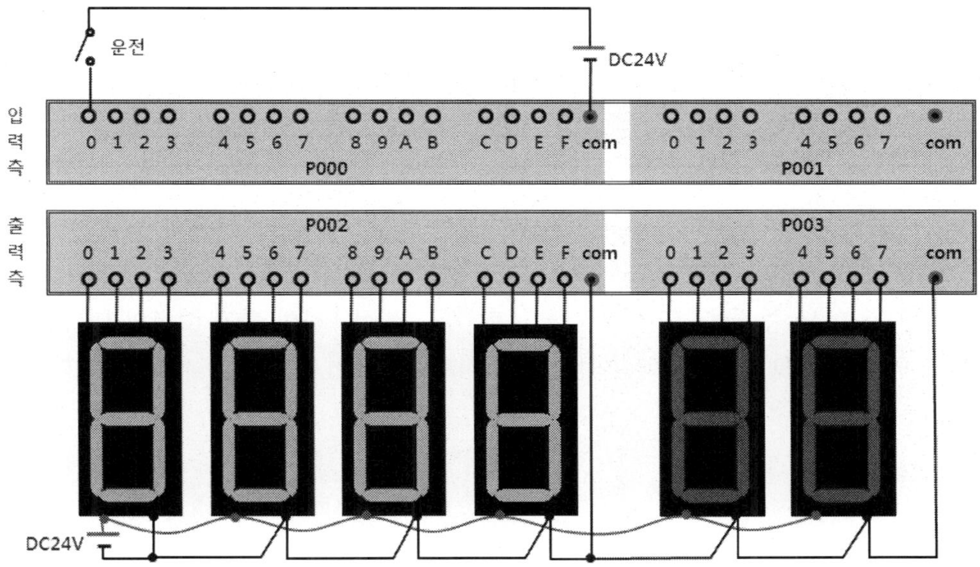

[그림 4-203]

4-8-2 I/O 디바이스 설정하기

(1) CimonD의 메뉴 중에서 "파일"-"새프로젝트"를 선택한다.

- 프로젝트 이름을 "시간제어"로 한다.
  C:₩Program Files₩CIMON₩시간제어

(2) CimonD의 메뉴 중에서 "도구"-"페이지 환경설정"을 선택한다.

1) 기본구성 탭에서 아래와 같이 설정한다.

- 제목 : 시계
- 배경색 : 진회색

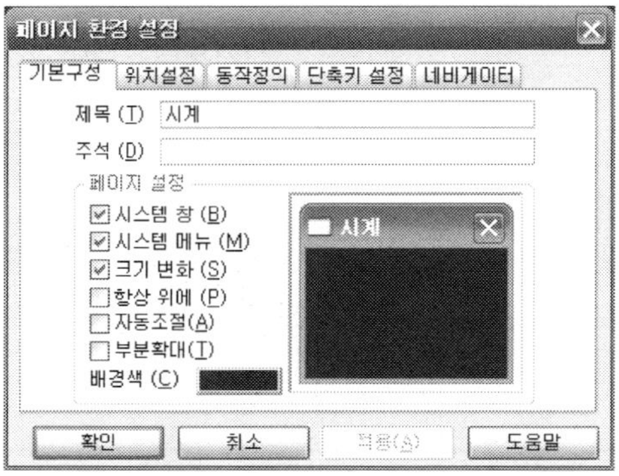

[그림 4-204]

2) 확인을 누르고 "C:₩Program Files₩CIMON₩시간제어"의 시간제어 폴더(프로젝트는 폴더형)에 "시계"로 저장한다.

❖ 저장 후 메뉴 중에서 "도구"-"CimonX 환경"을 선택하여 환경 설정의 대화상자에서 [그림 4-206]과 같이 초기 화면에서 "시계"란 페이지 화면이 있어야 한다.

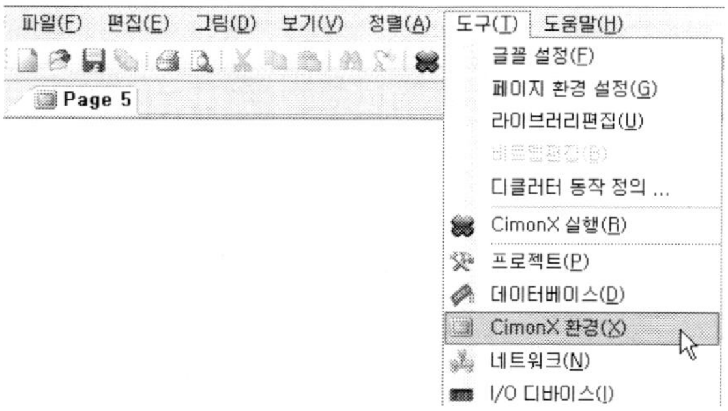

[그림 4-205]

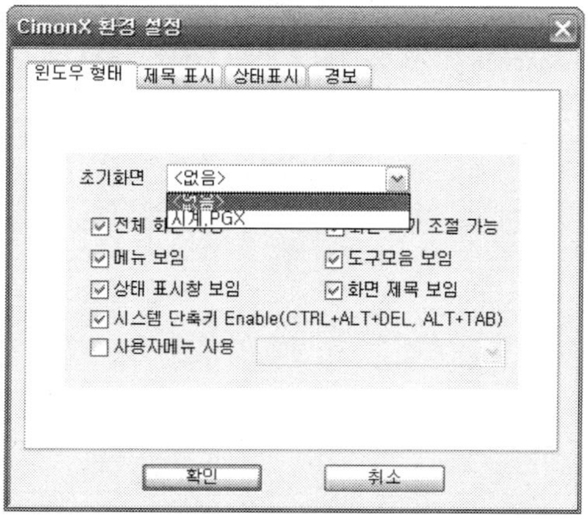

[그림 4-206]

(3) CimonD의 메뉴 중에서 "도구"-"I/O 디바이스"를 선택한다.

다음과 같은 "I/O 디바이스 설정" 대화상자가 표시된다.

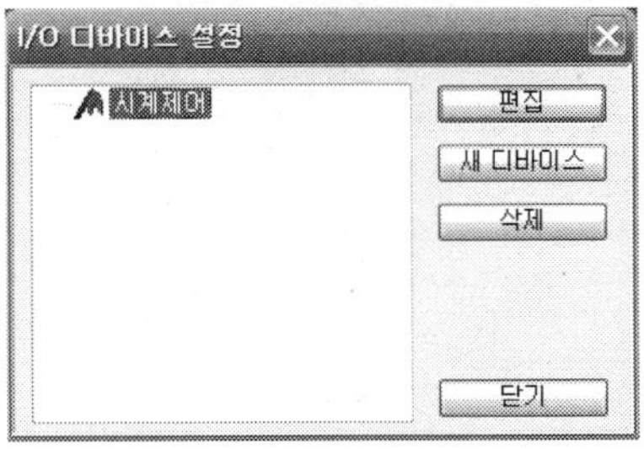

[그림 4-207]

(4) "새 디바이스" 버턴을 클릭한다.

"I/O 디바이스 종류 선택" 대화상자가 표시된다.

- 디바이스 이름을 "MK"로 입력한다.
- 디바이스 종류를 "LS산전 MASTER-K S Series Loader Port"를 선택한다.

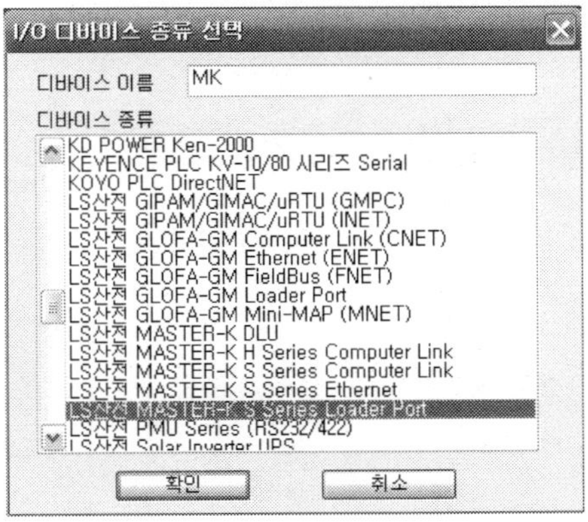

[그림 4-208]

- "I/O 디바이스 종류 선택" 대화상자의 "확인" 버턴을 클릭한다.

(5) 탭 컨트롤 중에서 "스테이션"을 클릭한 다음 우측의 "스테이션 추가" 버턴을 클릭한다.

- "스테이션 설정" 대화상자가 표시된다.
- 스테이션 이름을 "시계"로 입력한다.
- PLC CPU 종류를 "Master-k300S"을 선택한다.

- "스테이션 설정" 대화상자의 "등록" 버턴을 클릭한다.

다음과 같이 스테이션이 추가된다.

[그림 4-209]

(6) "통신블록 추가" 버턴을 클릭한다.

- "통신블록 설정" 대화상자가 표시된다.
  - 어드레스를 "P0000"로 입력한다.
  - 워드 수를 1로 입력한다.
  - 통신주기를 0.1(초)로 입력하고 등록한다.

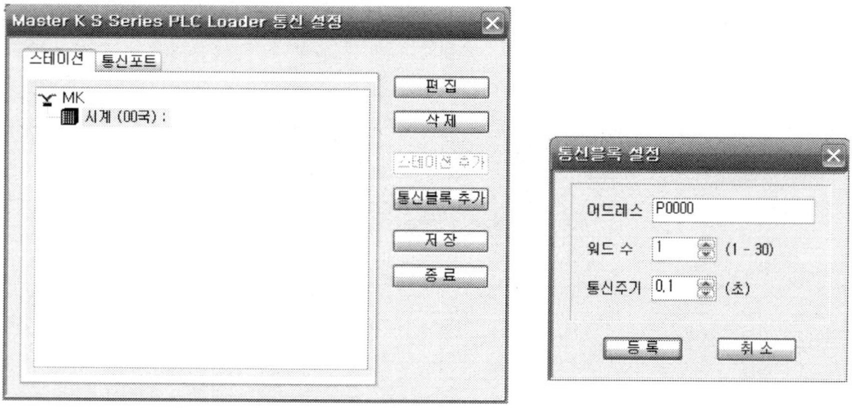

[그림 4-210]

- "통신블록 추가" 버턴을 클릭한다.
  다시 "통신블록 설정" 대화상자가 표시된다.
  - 어드레스를 "P0002"로 입력한다.
  - 워드 수를 2로 입력한다.
  - 통신주기를 0.1(초)로 입력한다.

- 위와 같은 방법으로
  - 어드레스를 "M0000"를 입력한다.
  - 워드 수를 30으로 입력한다.
  - 통신주기를 0.1(초)로 입력한다.
- 아래와 같이 설정이 된다.

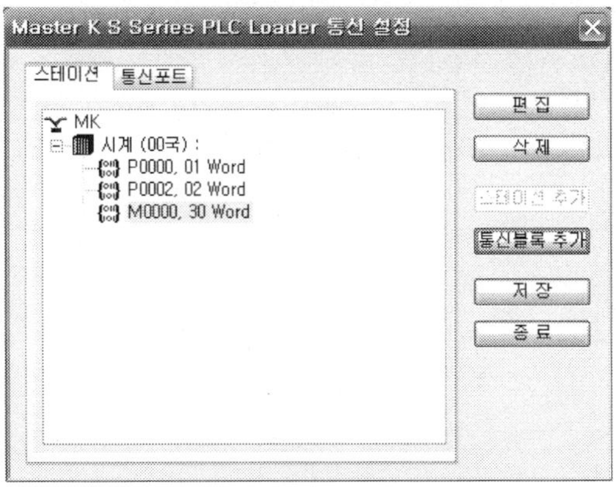

[그림 4-211]

(7) 탭 컨트롤 중에서 "통신포트"를 클릭한다.

- 통신과 관련된 특성을 설정한다. 여기서는 디폴트 값을 그대로 사용한다.
  단, 주의할 것은 통신포트를 컴퓨터와 맞추어야 한다.

(8) "Master K S Series PLC Loader 통신 설정" 대화상자의 "저장" 버턴과 "종료" 버턴을 순서대로 클릭한다.

(9) "I/O 디바이스 설정" 대화상자의 "닫기" 버턴을 클릭한다.

☑ 4-8-3 실태그 등록하기

(1) 그룹태그 등록

1) 데이터베이스 관리기를 이용해서 "초_일", "초_십", "분_일", "분_십", "시_일", "시_십", "출력", "조정", "요일", "BCD" 그룹태그를 등록한다.

- 좌측의 "시계제어"를 선택하고 그 위의 새태그를 클릭한다.
  태그편집 대화상자가 나타난다.

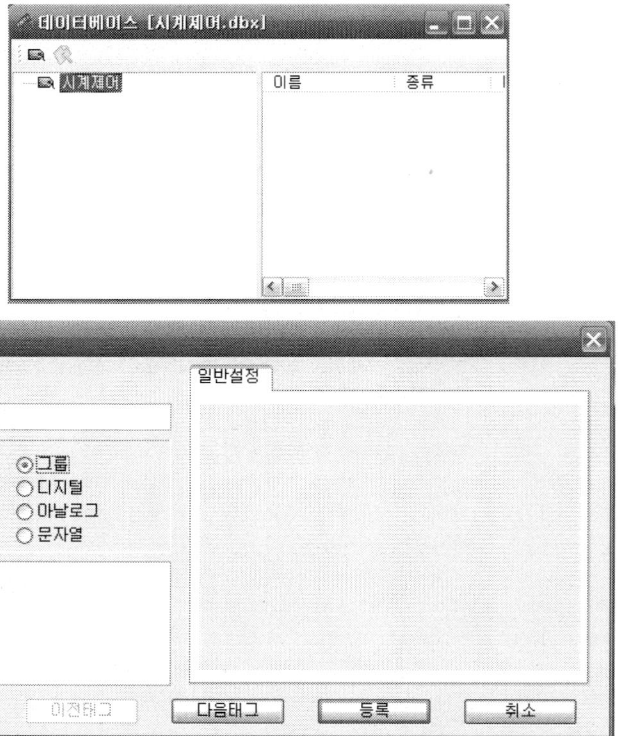

[그림 4-212]

· 이름 : 초_일
· 종류 : 그룹
태그편집 대화상자의 “다음태그” 클릭한다.

2) 이와 같이 “초_십”, “분_일”, “분_십”, “시_일”, “시_십”, “출력”, “조정”, “요일”, “BCD” 그룹태그를 등록한다. 등록하면 아래와 같이 그룹의 태그가 등록된다.

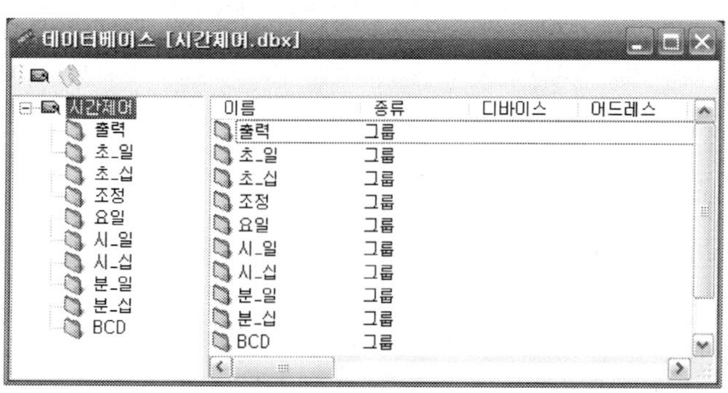

[그림 4-213]

(2) 그룹 내 태그 입력하기

1) 좌측의 "BCD" 그룹태그를 선택한다.

- "새태그" 아이콘으로 태그편집기를 표시한 다음
  - 종류 : 디지털
  - 이름 : 초일_1
- 일반설정에서 "실태그"로 선택한다.
- I/O 디바이스를 "MK.시간"을 선택한다.
- I/O 어드레스를 "P0030"으로 입력한다.
- 고급설정에서 초기값을 OFF로 설정한다.
- "다음태그" 버턴을 클릭한다.

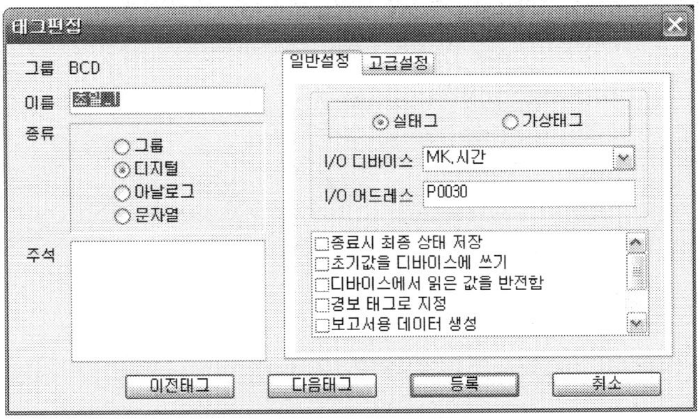

[그림 4-214]

- 이와 같이 하여 태그이름과 I/O 어드레스를 다음과 같이 입력시킨다.
  (다음태그를 누르면 이름과 I/O 어드레스만 변경하면 된다.)

[표 4-39]

이름	I/O 어드레스	이름	I/O 어드레스	이름	I/O 어드레스
초일_1	P0030	분일_1	P0020	시일_1	P0028
초일_2	P0031	분일_2	P0021	시일_2	P0029
초일_4	P0032	분일_4	P0022	시일_4	P002A
초일_8	P0033	분일_8	P0023	시일_8	P002B
초십_1	P0034	분십_1	P0024	시십_1	P002C
초십_2	P0035	분십_2	P0025	시십_2	P002D
초십_4	P0036	분십_4	P0026	시십_4	P002E
초십_8	P0037	분십_8	P0027	시십_8	P002F

– 아래 화면과 같이 실태그가 추가 등록된다.

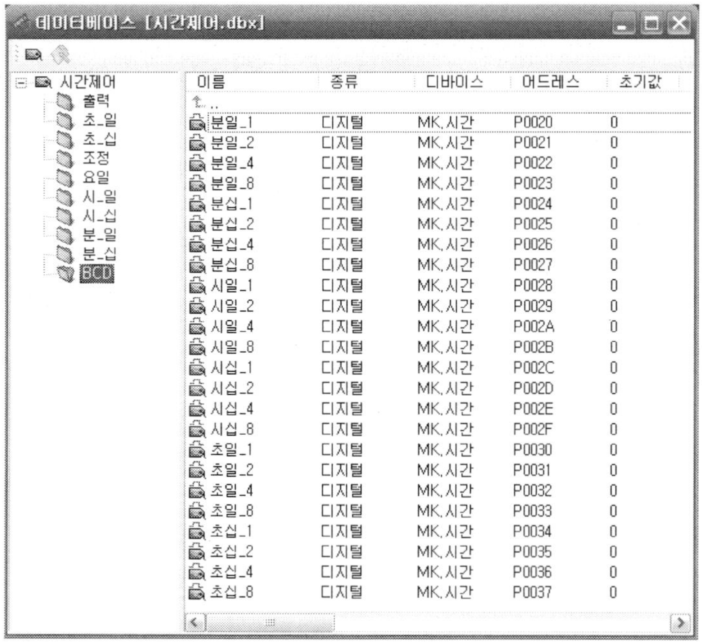

이름	종류	디바이스	어드레스	초기값
..				
분일_1	디지털	MK.시간	P0020	0
분일_2	디지털	MK.시간	P0021	0
분일_4	디지털	MK.시간	P0022	0
분일_8	디지털	MK.시간	P0023	0
분십_1	디지털	MK.시간	P0024	0
분십_2	디지털	MK.시간	P0025	0
분십_4	디지털	MK.시간	P0026	0
분십_8	디지털	MK.시간	P0027	0
시일_1	디지털	MK.시간	P0028	0
시일_2	디지털	MK.시간	P0029	0
시일_4	디지털	MK.시간	P002A	0
시일_8	디지털	MK.시간	P002B	0
시십_1	디지털	MK.시간	P002C	0
시십_2	디지털	MK.시간	P002D	0
시십_4	디지털	MK.시간	P002E	0
시십_8	디지털	MK.시간	P002F	0
초일_1	디지털	MK.시간	P0030	0
초일_2	디지털	MK.시간	P0031	0
초일_4	디지털	MK.시간	P0032	0
초일_8	디지털	MK.시간	P0033	0
초십_1	디지털	MK.시간	P0034	0
초십_2	디지털	MK.시간	P0035	0
초십_4	디지털	MK.시간	P0036	0
초십_8	디지털	MK.시간	P0037	0

[그림 4-215]

❖ BCD그룹의 태그는 PLC 출력을 이용하여 디스플레이를 동작하기 위한 것입니다.

①

②

③

[그림 4-216]

① : 디스플레이 표시(모니터에 작화하여 PLC 내부 메모리의 동작에 의해서 표시)

② : 7-세그먼트 출력을 위한 PLC 내부 메모리의 동작 표시

③ : 디스플레이 출력을 위한 PLC 출력부 동작 표시(BCD로 표시)

2) 좌측의 "초_일" 그룹태그를 선택한다.

초_일 그룹의 태그는 위의 [그림 4-216] ① 부분의 우측 끝 숫자인 초의 "일단위"를 나타내는 숫자를 디스플레이 하기 위한 실태그입니다.

[표 4-40]

이름	I/O 어드레스	비고
A	M0100	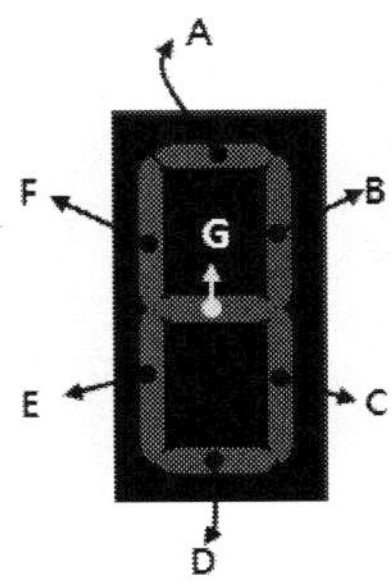
B	M0101	
C	M0102	
D	M0103	
E	M0104	
F	M0105	
G	M0106	

- 아래 화면과 같이 실태그가 추가 등록된다.

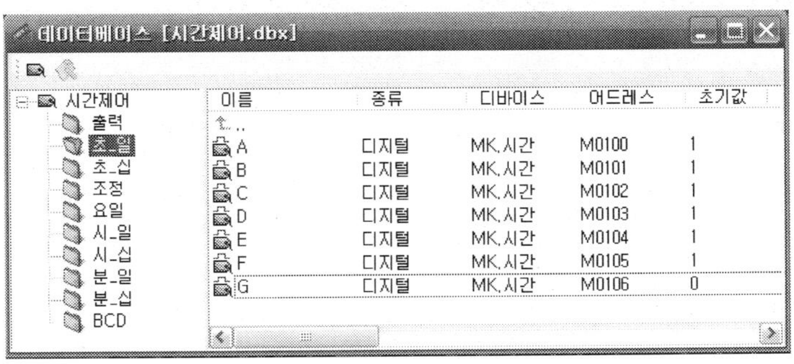

[그림 4-217]

❖ 위의 실태그에서 고급설정에서 초기값을 "G"를 제외하고 1을 선택한 이유는 실행시에 디스플레이 출력을 "0"으로 하기 위함입니다.

3) 좌측의 "초_십" 그룹태그를 선택한다.

초_십 그룹의 태그는 위의 [그림 4-216] ① 부분의 우측에서 두 번째 숫자인 초의 "십단위"를 나타내는 숫자를 디스플레이 하기위한 실태그입니다.

[표 4-41]

이름	I/O 어드레스
A	M0108
B	M0109
C	M010A
D	M010B
E	M010C
F	M010D
G	M010E

❖ 입력시 초_일의 내용을 복사하여 "초_십"에 붙여넣고 I/O 어드레스만 바꾸면 편리하게 태그를 등록할 수 있다.

- 아래 화면과 같이 실태그가 추가 등록된다.

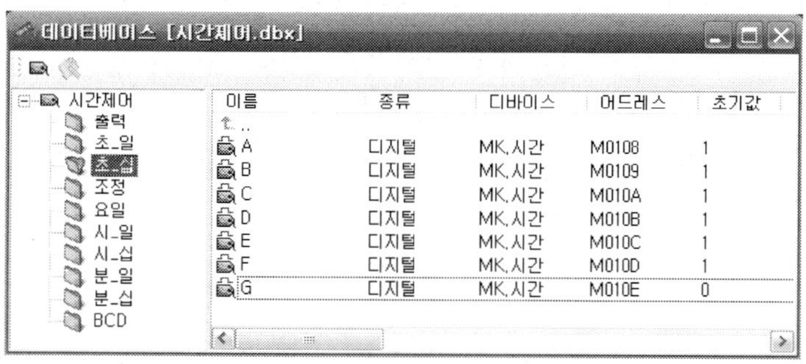

[그림 4-218]

4) 좌측의 "분_일" 그룹태그를 선택한다.

분_일 그룹의 태그는 위의 [그림 4-216] ① 부분의 우측에서 세 번째 녹색 숫자인 분의 "일단위"를 나타내는 숫자를 디스플레이 하기위한 실태그입니다.

[표 4-42]

이름	I/O 어드레스	이름	I/O 어드레스
A	M0110	E	M0114
B	M0111	F	M0115
C	M0112	G	M0116
D	M0113		

❖ 입력시 초_일의 내용을 복사하여 "분_일"에 붙여넣고 I/O 어드레스만 바꾸면 편리하다.(이때 편집 메뉴의 바꾸기 기능을 사용하면 좋음. 주의할 점은 바꾸는 범위를 꼭 "현재 선택된 범위"를 선택해야 한다. 방법은 찾을 문자열에서 "M010"을 바꿀 문자열에서 "M011"으로 하면 된다.)

5) 좌측의 "분_십" 그룹태그를 선택한다.
분_십 그룹의 태그는 위의 [그림 4-216] ① 부분의 우측에서 네 번째 녹색 숫자인 분의 "십단위"를 나타내는 숫자를 디스플레이하기 위한 실태그입니다.

[표 4-43]

이름	I/O 어드레스	이름	I/O 어드레스
A	M0118	E	M011C
B	M0119	F	M011D
C	M011A	G	M011E
D	M011B		

6) 좌측의 "시_일" 그룹태그를 선택한다.
시_일 그룹의 태그는 위의 ① 부분의 좌측에서 두 번째 녹색 숫자인 시(Hour)의 "일단위"를 나타내는 숫자를 디스플레이하기 위한 실태그입니다.

[표 4-44]

이름	I/O 어드레스	이름	I/O 어드레스
A	M0120	E	M0124
B	M0121	F	M0125
C	M0122	G	M0126
D	M0123		

7) 좌측의 "시_십" 그룹태그를 선택한다.
시_십 그룹의 태그는 위의 ① 부분의 좌측에서 첫 번째 녹색 숫자인 시(Hour)의 "십단위"를 나타내는 숫자를 디스플레이하기 위한 실태그입니다.

[표 4-45]

이름	I/O 어드레스	이름	I/O 어드레스
A	M0128	E	M012C
B	M0129	F	M012D
C	M012A	G	M012E
D	M012B		

8) 데이터베이스 창의 좌측 "조정" 그룹태그를 선택한다.

"조정" 그룹의 태그는 위의 요일, 시, 분, 초를 조정하기 위한 실태그입니다.

- 이름 : 초
- 종류 : 아날로그

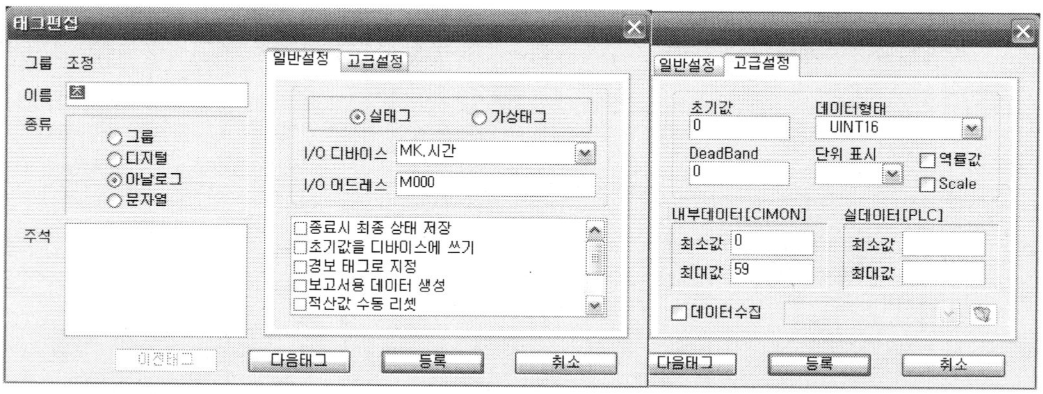

[그림 4-219]

- 일반 설정 : 실태그
  - · I/O 디바이스 : MK.시간
  - · I/O 어드레스 : M000

❖ M000 : 데이터 종류가 아날로그이므로 워드로 입력시킨다.

- 고급 설정 : 데이터 형태-UINT16

  내부데이터 - 최소(0), 최대(59)

❖ 최대입력 시간이 59초이기 때문

- 같은 방법으로 다음을 입력 한다.

[표 4-46]

이름	I/O 어드레스	데이터 형태	내부데이터 최대	비고
분	M001	UINT16	60	
시	M002	UINT16	24	
요일	M003	UINT16	7	

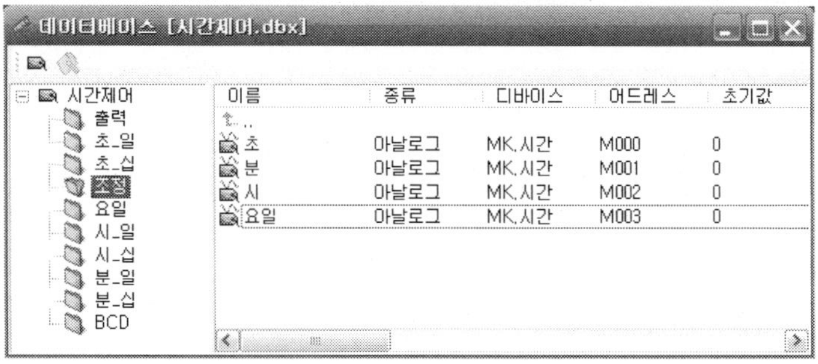

[그림 4-220]

9) 데이터베이스 창의 좌측 "출력" 그룹태그를 선택한다.
"출력" 그룹의 태그는 실태그와 가상태그로 되어있습니다.

[표 4-47]

이름	I/O 어드레스	기능
알람_시분		알람 시간을 입력
소리		알람 동작시 점멸기능을 이용하여 소리 표현
시_분	P002	알람시간을 시(hour)와 분(min)으로 출력
초	P003	알람시간을 초(sec)로 출력
알람	P003A	알람신호 출력

① 알람_시분
- 이름 : 알람_시분
- 종류 : 아날로그
- 일반 설정 : 가상태그
- 고급 설정 : 데이터 형태- UBCD16
내부데이터 - 최소(0), 최대(2359)

❖ 최대입력 시간이 23시 59분이기 때문

② 소리
- 이름 : 소리
- 종류 : 디지털
- 일반 설정 : 가상태그
- 고급 설정 : 초기값(0)

③ 초
- 이름 : 초
- 종류 : 아날로그
- 일반 설정 : 실태그
  I/O 디바이스 : MK.시간
  I/O 어드레스 : P003
- 고급 설정 : 데이터 형태- UBCD8
  내부데이터 - 최소(0), 최대(59)

❖ 최대입력 시간이 59초이기 때문

④ 시_분
- 이름 : 시_분
- 종류 : 아날로그
- 일반 설정 : 실태그
  I/O 디바이스 : MK.시간
  I/O 어드레스 : P002
- 고급 설정 : 데이터 형태- UBCD16
  내부데이터 - 최소(0), 최대(2359)

❖ 최대입력 시간이 23시 59분이기 때문

⑤ 알람
- 이름 : 알람
- 종류 : 디지털
- 일반 설정 : 실태그
  I/O 디바이스 : MK.시간
  I/O 어드레스 : P003A
- 고급 설정 : 초기값(0)
- 아래 화면과 같이 실태그와 가상태그가 등록된다.

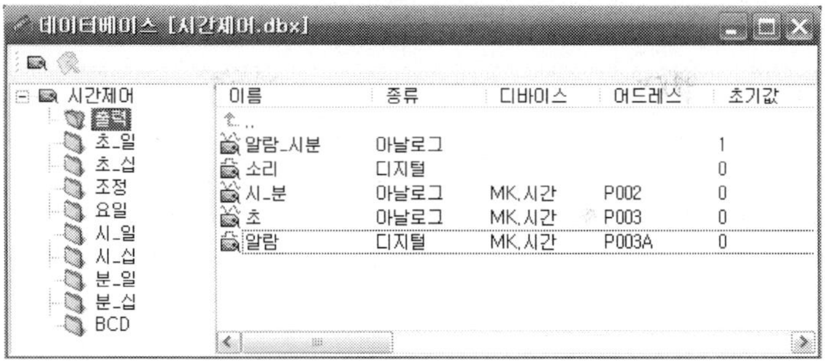

[그림 4-221]

10) 데이터베이스 창의 좌측 “요일” 그룹태그를 선택한다.
“요일” 그룹의 태그는 가상태그로 되어있습니다.

[표 4-48]

이름	종류	I/O 어드레스	기능
월	디지털		색변환 기능으로 표시
화	디지털		"
수	디지털		"
목	디지털		"
금	디지털		"
토	디지털		"
일	디지털		"

- 아래 화면과 같이 가상태그가 등록된다.

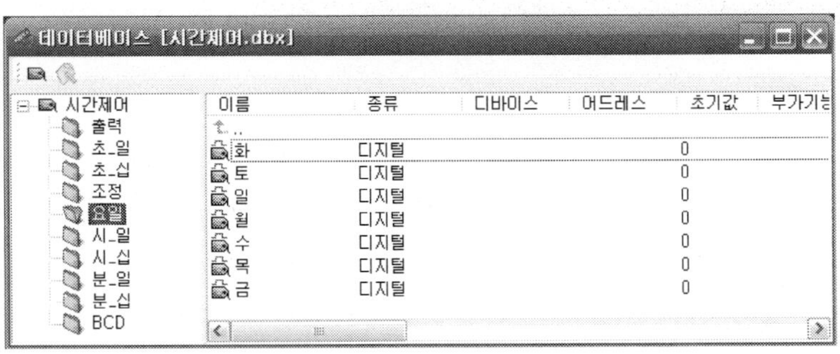

[그림 4-222]

11) 데이터베이스 창의 좌측 "시간제어" 데이터베이스명을 선택한다. 그룹 태그 외에 다음과 같이 입력한다.

[표 4-49]

이름	I/O 어드레스	기능
초		점멸 기능을 이용하여 1초 단위로 점멸 표시
P_SW	P0001	외부에서 입력스위치로 동작
H_SW	M020A	모니터에서 입력스위치로 동작

- 아래 화면과 같이 실태그와 가상태그가 등록된다.

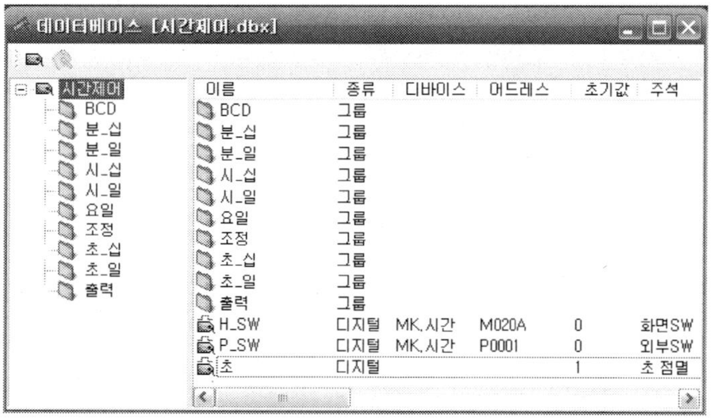

[그림 4-223]

☑ 4-8-4 모니터 화면 모니터링하기

(1) CimonD의 메뉴 중에서 "정렬"-"격자선에 맞추기"를 지정한다.

(2) 그림 메뉴를 이용하여 오브젝트를 등록한다.

(3) 화면 모니터링이 되면 C:₩Program Files₩CIMON₩시계제어(MK사용) 폴더에 "MAIN.pgx"의 확장자명으로 저장한다.

(4) 도구-사이먼 X환경에서 초기값을 "Main.pgx"로 설정한다.

4-8-5 오브젝트에 기능 부여하기

(1) 시간 동작 스위치 태그

1)  : 외부에서 입력스위치로 동작 표시 기능을 한다.
: 토글 스위치 2개로 구성되어 있습니다.

[표 4-50]

태그모양	설정	태그이름	조건	기타
	출몰	P_SW	OFF	
	출몰	P_SW	ON	

[그림 4-224]

2)  : 모니터에서 입력스위치로 동작 기능을 한다.

[표 4-51]

태그모양	설정	동작	태그이름	쓰기값	기타
	터치	디지털값쓰기	H_SW	toggle	

(2) 요일, 시, 분, 초를 조정하는 태그입니다.

1) 명령식을 이용한 조정 태그

[표 4-52]

조정별	태그모양	설정	동작	명령식-Down	명령식-up
시 (hour) 조정		터치	명령식	조정.시=조정.시+1	
		터치	명령식	조정.시=조정.시-1	
		터치	명령식	runscript("시증가")	stopscript("시증가")
		터치	명령식	runscript("시감소")	stopscript("시감소")
분 (min) 조정		터치	명령식	조정.분=조정.분+1	
		터치	명령식	조정.분=조정.분-1	
		터치	명령식	runscript("분증가")	stopscript("분증가")
		터치	명령식	runscript("분감소")	stopscript("분감소")

2) 데이터 입력을 이용한 조정 태그

[표 4-53]

조정별	태그모양	설정	동작	태그이름	최소	최대	화면표시방법
요일	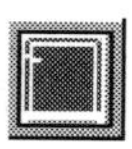	데이터입력	수치형태	조정.요일	0	6	윈도우형태 입력창1
시	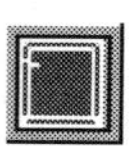	데이터입력	수치형태	조정.시	0	23	
분		데이터입력	수치형태	조정.분	0	59	
초		데이터입력	수치형태	조정.초	0	59	

(3) 알람에 관한 태그

[표 4-54]

태그모양	설정	동작	태그이름	기타
알람입력	데이터 입력	수치형태	출력. 알람_시분	- 입력최소: 0, 입력최대값: 1 - 화면표시 : 윈도우입력창1
####			출력. 알람_시분	- 그림메뉴 - 태그값에서 모양설정
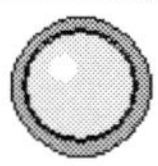	색변환		출력.알람	- 변환 배경색 : 적색 - 기준점 :on
	출몰		출력.소리	- 출몰조건 : on
	점멸		출력.소리	- 점멸조건 : on, 점멸간격 : 1
	터치	명령식		- 명령식-Down 탭에서 RunScript ("음조절")

(4) 요일에 관한 태그

[표 4-55]

태그모양	설정	태그이름	기준점	펜색	비고
일 SUN	색변환	요일.일	on	적색	일 SUN 2개의 오브젝트가 그룹으로 되어 있기 때문에 글자만 선택하여 색변환을 하여야 한다. 이때 펜색을 선택하여야 한다.
월 MON	색변환	요일.월	on	황색	
화 TUE	색변환	요일.화	on	황색	
수 WED	색변환	요일.수	on	황색	
목 THU	색변환	요일.목	on	황색	
금 FRI	색변환	요일.금	on	황색	
토 SAT	색변환	요일.토	on	청색	

(5) 시간에 관한 태그

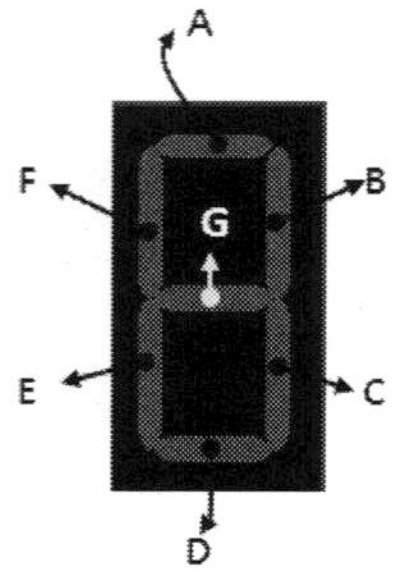

- 7_세그먼트의 구성은 좌측의 그림과 같이 구성되어 있으므로 A~G까지 하나씩 출몰기능을 주어야 한다.
- 각 시_십, 시_일, 분_십, 분_일, 초_십, 초_일의 태그그룹을 선택하여 기능을 주어야 한다.

❖ 바꾸기 기능을 사용하면 편리하다.
예) 초_ ==〉 분_

(6) 7-세그먼트와 BCD 출력에 관한 표시 오브젝트

- 설정 : 출몰	- 설정 : 출몰	- 설정 : 출몰	- 설정 : 출몰	- 설정 : 출몰	- 설정 : 출몰
- 태그이름	- 태그이름	- 태그이름	- 태그이름	- 태그이름	- 태그이름
시_십.A	시_일.A	분_십.A	분_일.A	초_십.A	초_일.A
시_십.B	시_일.B	분_십.B	분_일.B	초_십.B	초_일.B
시_십.C	시_일.C	분_십.C	분_일.C	초_십.C	초_일.C
시_십.D	시_일.D	분_십.D	분_일.D	초_십.D	초_일.D
시_십.E	시_일.E	분_십.E	분_일.E	초_십.E	초_일.E
시_십.F	시_일.F	분_십.F	분_일.F	초_십.F	초_일.F
시_십.G	시_일.G	분_십.G	분_일.G	초_십.G	초_일.G
- 출몰조건	- 출몰조건	- 출몰조건	- 출몰조건	- 출몰조건	- 출몰조건
ON	ON	ON	ON	ON	ON

시(hour)십단위	시(hour)일단위	분(min)십단위	분(min)일단위	초 십단위	초 일단위

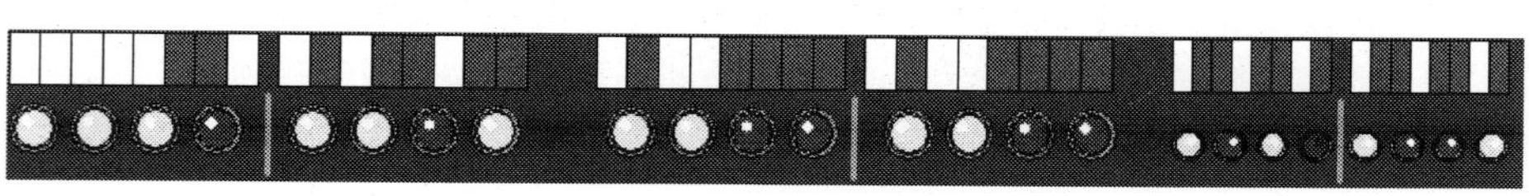

1) 7-세그먼트 비트 오브젝트
- 각 시, 분, 초에 해당하는 비트에 출몰대신 색변환으로 하면 된다.
  설정 : 색변환
  태그이름 : (3)번과 동일
  배경색 : 적색

❖ 각 바이트의 최상위 비트(좌측)는 색변환을 하지 않습니다.(A~G이기 때문)

❖ 위의 표시 시각은 12 : 33 : 56입니다.

2) BCD 출력 표시 오브젝트 BCD.초십_4
- 외부 디스플레이 표시기 출력을 내기 위한 PLC 출력부를 BCD로 출력 표시한 것입니다.
- 각 시, 분, 초에 해당하는 비트에 출몰대신 색변환으로 하면 된다.
  설정 : 색변환
  태그이름 : 아래표 참고
  배경색 : 녹색

- 설정 : 출몰	- 설정 : 출몰	- 설정 : 출몰	- 설정 : 출몰	- 설정 : 출몰	- 설정 : 출몰
- 태그이름 BCD.시십_1 BCD.시십_2 BCD.시십_4 BCD.시십_8	- 태그이름 BCD.시일_1 BCD.시일_2 BCD.시일_4 BCD.시일_8	- 태그이름 BCD.분십_1 BCD.분십_2 BCD.분십_4 BCD.분십_8	- 태그이름 BCD.분일_1 BCD.분일_2 BCD.분일_4 BCD.분일_8	- 태그이름 BCD.초십_1 BCD.초십_2 BCD.초십_4 BCD.초십_8	- 태그이름 BCD.초일_1 BCD.초일_2 BCD.초일_4 BCD.초일_8
- 출몰조건 ON	- 출몰조건 ON	- 출몰조건 ON	- 출몰조건 ON	- 출몰조건 ON	- 출몰조건 ON

❖ 위의 표시 시각은 12 : 47 : 22 입니다.

☑ 4-8-6 스크립터 작성하기

(1) 요일 조정하는 스크립터

```
Sub 요일()
    settagval"요일.일",1
while 1
```

```
    WEEK=gettagval("요일.현값")

   IF (WEEK=1) THEN
     settagval"요일.일",0:settagval"요일.월",1:settagval"요일.화",0:settagval"요일.수",0
     settagval"요일.목",0:settagval"요일.금",0:settagval"요일.토",0

  elseif (WEEK=2) THEN
     settagval"요일.일",0:settagval"요일.월",0:settagval"요일.화",1:settagval"요일.수",0
     settagval"요일.목",0:settagval"요일.금",0:settagval"요일.토",0

  elseif (WEEK=3) THEN
     settagval"요일.일",0:settagval"요일.월",0:settagval"요일.화",0:settagval"요일.수",1
     settagval"요일.목",0:settagval"요일.금",0:settagval"요일.토",0

  elseif (WEEK=4) THEN
     settagval"요일.일",0:settagval"요일.월",0:settagval"요일.화",0:settagval"요일.수",0
     settagval"요일.목",1:settagval"요일.금",0:settagval"요일.토",0

  elseif (WEEK=5) THEN
     settagval"요일.일",0:settagval"요일.월",0:settagval"요일.화",0:settagval"요일.수",0
     settagval"요일.목",0:settagval"요일.금",1:settagval"요일.토",0

  elseif (WEEK=6) THEN
     settagval"요일.일",0:settagval"요일.월",0:settagval"요일.화",0:settagval"요일.수",0
     settagval"요일.목",0:settagval"요일.금",0:settagval"요일.토",1

  elseif (WEEK=0) THEN
     settagval"요일.일",1 : settagval"요일.월",0 : settagval"요일.화",0 : settagval"요일.수",0
     settagval"요일.목",0:settagval"요일.금",0:settagval"요일.토",0

  else
     ettagval"요일.토",0
  end if
 sleep(100)
wend
End Sub
```

(2) 알람시간 설정하는 스크립터

```
Sub 알람()
while 1
    T1=gettagval("출력.시_분")
    T2=gettagval("출력.초")
    T4=gettagval("출력.알람_시분")

    IF ((T1=T4)AND(T2=0)) THEN
      playsound"기상":settagval"출력.소리",1:settagval"출력.알람",1:sleep(35000)

    else
      settagval"출력.알람",0
      settagval"출력.소리",0
    end if
  sleep(100)
wend
End Sub
```

(3) 음크기 조정하는 스크립터

```
Sub 음조절()
    "sndvol32.exe실행
    vol= Shell ("C:₩WINDOWS₩SYSTEM32₩sndvol32.exe",ebNormalFocus)
End Sub
```

❖ "알람" 스크립트와 "요일" 스크립트를 도구 메뉴-페이지 환경설정을 선택하여 다음과 같이 입력한다.

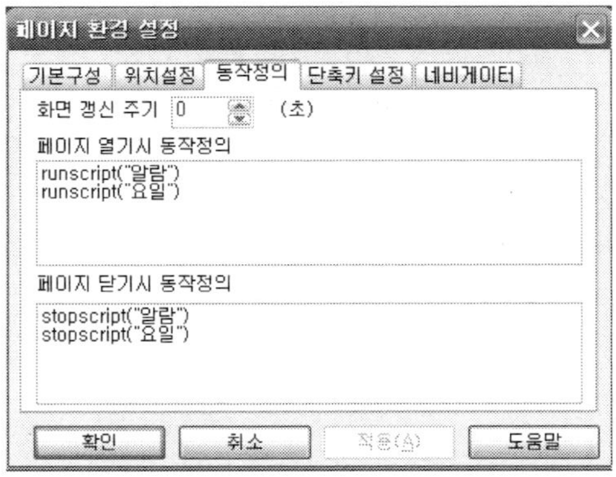

[그림 4-225]

(4) 시(hour)를 연속으로 증가하는 스크립터

```
Sub 시증가()
While 1
        H = GetTagVal("조정.시")
        SetTagVal "조정.시", H+1
        sleep (100)
Wend
End Sub
```

(5) 시(hour)를 연속으로 감소하는 스크립터

```
Sub 시감소()
While 1
        H = GetTagVal("조정.시")
        SetTagVal "조정.시", H-1
        sleep (100)
Wend
End Sub
```

(6) 분(min)를 연속으로 증가하는 스크립터

```
Sub 분증가()
While 1
        MIN = GetTagVal("조정.분")
```

```
        SetTagVal "조정.분", MIN+1
        sleep (100)
    Wend
    End Sub
```

(7) 분(min)를 연속으로 감소하는 스크립터

```
    Sub 분감소()
    While 1
        MIN = GetTagVal("조정.분")
        SetTagVal "조정.분", MIN-1
        sleep (100)
    Wend
    End Sub
```

☑ 4-8-7 CIMON X 프로그램 실행하기

- CimonD의 메뉴 중에서 "도구"-"Cimonx 환경"을 선택하여 클릭하면 Cimonx 환경설정 대화상자가 나타난다.
- Cimonx 환경설정 화면에 "MAIN.PGX"를 선택하여 확인을 클릭한다.
- CimonD의 메뉴 중에서 "도구"-"Cimonx 실행"을 선택하여 클릭한다.

☑ 4-8-8 동작 상태 확인

- 모니터의 "알람입력"을 클릭하여 "1200"을 입력한다.
- 모니터의 "시각 ON/OFF" 모니터 버턴을 클릭하면 초(SEC)가 동작하는지 확인한다.
- 모니터의 "요일조정" 버턴을 클릭하여 요일이 바뀌는지 확인한다.
- 모니터의 "시(hour)조정"의 1씩 증가 감소 화살표를 한 번씩 클릭하여 시(hour)가 증가, 감소하는지 확인한다.
- 모니터의 "시(hour)조정"의 연속 증가 감소 화살표를 클릭하여 시(hour)가 증가, 감소하는지 확인한다.
- 모니터의 "시(hour)조정"의 시간직접입력 버턴으로 시(hour)가 입력되는지 확인한다.
- 모니터의 "분(min)조정"의 1씩 증가 감소 화살표를 한 번씩 클릭하여 분(min)이 증가, 감소하는지 확인한다.

- 모니터의 "분(min)조정"의 연속 증가 감소 화살표를 클릭하여 분(min)이 증가, 감소하는지 확인한다.
- 모니터의 "분(min)조정"의 시간직접입력 버턴으로 분(min)이 입력되는지 확인한다.
- 위와 같은 시, 분, 초를 조정하여 11시 59분 50초를 맞추어 10초 후(12:00:00)에서 알람 램프와 알람 소리가 동작하는지 확인한다.

저자와의
협의에 의해
인지 생략

CIMON 활용, 모니터에 의한

PLC 제어

2판 5쇄 2020년 9월 3일

저 자	황석렬
발행인	송광헌
발행처	복두출판사
주 소	서울특별시 영등포구 경인로82길 3-4 (문래동1가) 807호 (우) 07371
전 화	(02) 2164-2580
FAX	(02) 2164-2584
등 록	1993. 11. 22. 제 10-902 호

정가 : 25,000원

ISBN : 978-89-8000-207-8 93560

한국과학기술출판협회 회원사

불법복사는 지적재산을 훔치는 범죄행위입니다.(저작권법 제97조 5항)